高等学校机械类学科"十二五"规划教材

冲压工艺与模具设计

主　编　杨连发

副主编　毛献昌　冯翠云

西安电子科技大学出版社

内 容 简 介

本书是根据模具行业发展对人才的能力要求，以及材料成形与控制工程、模具设计与制造等专业的特点和要求，基于系统性和通俗性的思想编写而成的。本书以培养学生从事模具设计与制造的工作能力为核心，将基本知识的掌握和综合设计技能的提高作为目标，将冲压的理论、设备、工艺、模具、材料等内容有机地融合，实现重组和优化，突出专业知识的连贯性、实用性、综合性和先进性。

全书共 10 章，系统介绍了冲压工艺及模具设计的相关知识，并适度地介绍了部分冲压新成果、新工艺。全书内容包括冲压加工设备、冲压成形理论基础、冲裁工艺、冲裁模具的设计、弯曲工艺、弯曲模具的设计、拉深工艺、拉深模具的设计、其他成形工艺、冲压模具设计内容及步骤等。主要章节配有大量例题和习题，并在第 10 章配有 3 个紧扣生产实际的冲压模具综合设计实例。为便于读者学习和掌握专业英语词汇，本书同时配有英文目录，并将专业术语以中英文对照形式附于书后以供参考。

本书可作为高等学校机械类、材料工程类专业的本科教材，亦可作为从事模具设计及制造的工程技术人员的参考书。

图书在版编目(CIP)数据

冲压工艺与模具设计/杨连发主编. —西安：西安电子科技大学出版社，2014.1
高等学校机械类学科"十二五"规划教材
ISBN 978-7-5606-3055-7

Ⅰ. ① 冲⋯ Ⅱ. ① 杨⋯ Ⅲ. ① 冲压—工艺—高等学校—教材 ② 冲模—设计—高等学校—教材 Ⅳ. ① TG38

中国版本图书馆 CIP 数据核字(2013)第 268002 号

策　　划　秦志峰
责任编辑　秦志峰
出版发行　西安电子科技大学出版社(西安市太白南路 2 号)
电　　话　(029)88242885　88201467　　　邮　　编　710071
网　　址　www.xduph.com　　　　　电子邮箱　xdupfxb001@163.com
经　　销　新华书店
印刷单位　陕西华沐印刷科技有限责任公司
版　　次　2014 年 1 月第 1 版　　2014 年 1 月第 1 次印刷
开　　本　787 毫米×1092 毫米　1/16　印　张　24.5
字　　数　584 千字
印　　数　1～3000 册
定　　价　42.00 元

ISBN 978-7-5606-3055-7/TG
XDUP　3347001-1
如有印装问题可调换
本社图书封面为激光防伪覆膜，谨防盗版。

前　言

　　模具工业是重要的基础工业，已经成为衡量一个国家制造业水平高低的重要标志，也是一个国家的工业产品保持国际竞争力的重要保证之一。模具是工业生产中极其重要的特殊基础工艺装备，在我国经济发展、国防现代化和高端技术服务中起到十分重要的支撑作用。冲压技术具有生产效率高、材料利用率高、产品一致性好、易于实现机械化与自动化等独特的优点，被广泛应用于机械、电子、汽车、航空、航天、通信、仪表、家电、医疗、生物、能源等制造领域。在我国模具总产值中，冲压模占 40%以上，处于主导地位。近年来，汽车、家用电器、IT 产品发展迅猛，更新换代频繁，大大促进了冲压技术和模具工业的发展。随着我国作为世界工厂地位的确立，产品更新换代的速度加快，模具产业有望迎来高速增长时期。据了解，目前我国模具设计制造专业人员短缺 100 多万，特别是既有扎实的理论，又有相当实践经验的技术人员。鉴于此，模具设计与制造方面人才的培养成为中国高等教育的紧迫任务之一。

　　冲压工艺与模具设计同其他设计、制造相比有其显著的特殊性，如它的综合性及实践性很强，涉及工艺、结构、设备、材料等诸多方面。要掌握和应用冲压工艺与模具设计知识，不仅需要有一定的实践经验，对初学者来说更重要的是要有一本通俗易懂、得心应手的教材。本书的编者来自两所不同的高校，在总结近几年部分院校材料成形与控制工程专业、模具设计与制造专业教学改革成果的基础上，根据多年来的教学实践经验合作编写了这本书。

　　本书的主要特点是：

　　(1) 内容丰富、系统，涉及冲压技术的理论、设备、工艺、模具、装配等诸多方面内容。

　　(2) 精简了部分深奥、冗长的理论知识介绍，尽量避免纯理论、公式、规律等内容的简单堆砌，不仅注重知识的实用性，而且注重学生学习兴趣和学习效率的提高。

　　(3) 用简洁的文字对各知识点进行深入浅出的分析、介绍，并配以丰富的、直观的图表、照片和三维模型来表示各种成形理论、工作原理、模具结构等内容。尽量做到压缩文字而不压缩内容，使整本书的内容通俗易懂，方便讲授和学习。

　　(4) 引入和更新了部分冲压新成果、新技术，以突出本书的先进性。如书中介绍和引用了新的国家冲压标准。

　　(5) 配备有大量的例题和实例，以突出本书的应用性和实用性。通过案例引导读者尽快掌握重点、难点内容。主要章节配有大量思考题、计算题和设计题，使读者尽快掌握冲压工艺计算和模具结构设计的基本知识，在第 10 章配有 3 个生产一线的综合设计实例，介绍冲压工艺及模具设计的内容及步骤，以提升读者综合运用专业知识进行模具设计的能力。

　　(6) 为便于读者学习和掌握专业英语词汇，本书附有英文目录，并将冲压词汇分类以中英文对照形式附于书后。

　　(7) 美化版面，便于阅读和学习。如配有大量二维图、三维图、渲染图来表示模具结构及工作原理；对模具结构图中的零件直接标注零件名称；以"扩展知识"方式增加相关知识点；各层次标题和内容、专业名称等以项目符号、醒目字型和字号等来表示。

　　本书可作为高等学校机械类、材料工程类专业的本科教材，亦可作为模具设计及制造工程技术人员的参考书。建议教学时数为 80～100 学时。

　　本书由杨连发担任主编，由毛献昌、冯翠云担任副主编。其中，第 1、2、3、4 章由杨连发(桂林电子科技大学)编写；第 5、6、7、8 章由毛献昌(贺州学院)编写，第 9、10 章由冯翠云(桂林电子科技大学信息科技学院)编写，全书由杨连发统稿。陶智华、陈家霆、胡国林、贾慧杰、陶中南、李昆等同志制作了部分图表，一些单位及个人为本书提供了图表和照片，在此不一一列出，作者一并表示衷心的感谢。

　　限于编者水平和经验有限，不足之处在所难免，敬请各位读者不吝赐教。

编　者

2013 年 10 月

目　　录

第1章 概 述

冲压涉及冲压工序、冲压模具、冲压设备、冲压材料等诸多方面内容知识。冲压材料内容将在第2章介绍。本章简单介绍冲压及冲模概念、冲压工序的类型、冲压模具的类型、冲压加工的特点、冲压加工的重要地位、现代冲压技术发展趋势等内容，并且介绍了几种常用的冲压加工设备结构及工作原理，重点讲述了曲柄压力机的工作原理、使用方法、技术性能等，这是本章的难点内容。

1.1 冲压及冲模概念

冲压是指在室温下，利用安装在压力机上的模具对材料施加压力，使其产生分离或塑性变形，从而获得所需零件的一种压力加工方法，如图 1.1 所示。由于冲压通常在常温状态下进行，所以也称为**冷冲压**；又因其主要用于加工板料零件，因此也可称为**板料冲压**。

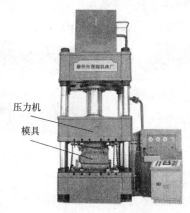

(a) 压力机及模具

(b) 冲压件

图 1.1 冲压加工及其零件

在冲压加工过程中，将材料加工成零件(或半成品)的一种特殊工艺装备称为**冲压模具**，俗称**冲模**，如图 1.2 所示。

冲压特征：

● 加工对象：板料，主要是指金属板料。

● 加工依据：板料冲压成形性能，主要是指材料的塑性。

● 加工设备：主要是冲压模具及压力机。

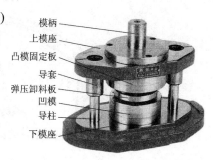

图 1.2 冲压模具

冲压生产三要素(如图 1.3 所示):

● 合理的冲压工艺。

● 先进的冲压模具。

● 高效的冲压设备。

冲压加工隶属学科领域:

● 冲压加工隶属于材料加工工程或材料成形与控制工程的学科范围。

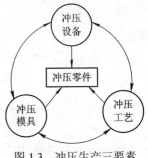

图 1.3　冲压生产三要素

1.2　冲压工艺的类型

由于冲压加工工件(简称冲压件)的形状、尺寸、精度、批量、原材料等各不相同,因此冲压方法也多种多样。从不同的角度来划分,冲压工艺有不同的类型。

1. 按工艺性质(工序特征)分类

按工艺性质或工序特征分类,冲压工艺可以分成四种基本工序。

(1) **冲裁**:使板料分离来获得工件的工序,如图 1.4(a)所示;

(2) **弯曲**:使板料由平变弯来获得工件的工序,如图 1.4(b)所示;

(3) **拉深**:使平板料变成开口壳体工件的工序,如图 1.4(c)所示;

(4) **成形**:使平板料或半成品产生局部凸凹变形的工序,如图 1.4(d)所示。

(a) 冲裁件　　　　(b) 弯曲件　　　　(c) 拉深件　　　　(d) 成形件

图 1.4　基本工序冲压件

上述四个基本工序是冲压生产中最典型、最常用的加工方法。一些复杂的冲压件由多个基本工序先后或共同来完成。如图 1.5 所示,汽车侧壁由冲裁、拉深、成形等多个工序来共同完成。

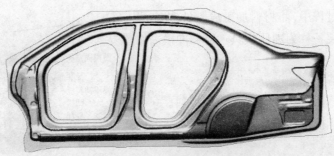

图 1.5　汽车侧壁冲压件

2. 按变形性质分类

(1) **分离**：板料在冲压力作用下，变形部分的应力超过材料的强度极限 σ_b，使板料发生断裂而相互分开的工序，如落料、冲孔、剪切等工序，如表 1-1 所示。

(2) **成形**：板料在冲压力作用下，变形部分的应力超过材料的屈服极限 σ_s，但未达到其强度极限 σ_b，使材料产生塑性变形，从而成形工件，如弯曲、拉深、翻边等，如表 1-2 所示。

表 1-1　分离工序分类

名称		图　例	特点及应用范围
冲裁	落料	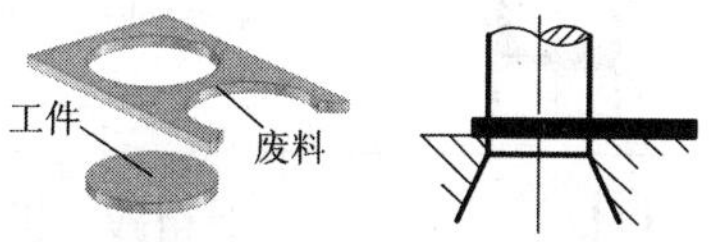	用模具沿封闭线冲切板材，冲下的部分为工件，剩余部分为废料
	冲孔	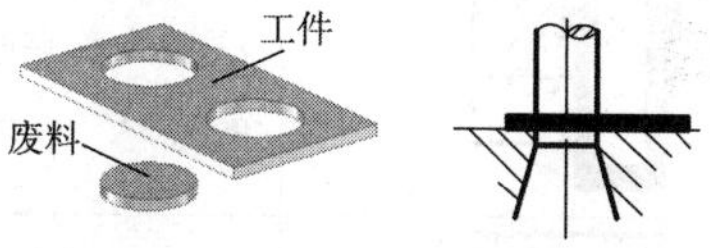	用模具沿封闭线冲切板材，冲下的部分是废料，剩余部分为工件
剪切			用剪刀或模具切断板材，切断线不封闭
切口		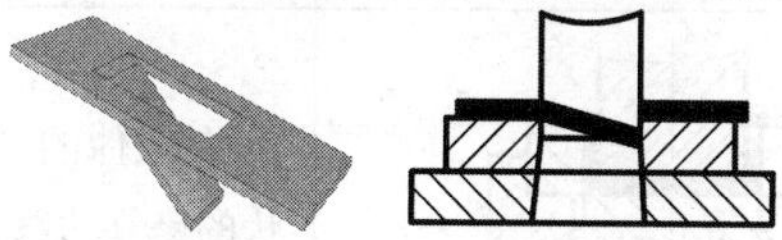	在坯料上将板材部分切开，切口根部发生弯曲，如通风板
修边		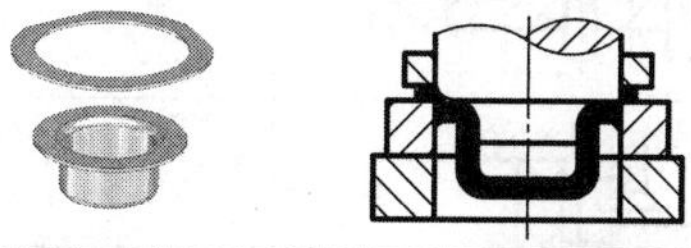	将拉深或成形后的半成品边缘部分的多余材料切掉
剖切		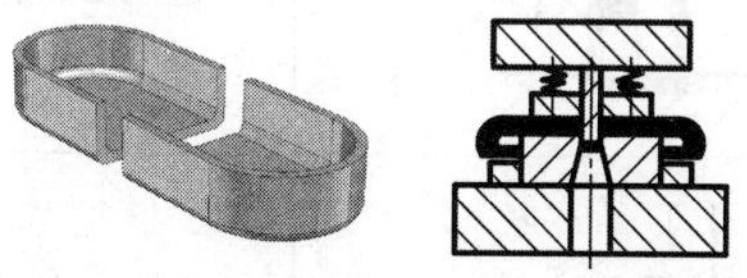	将半成品切成两个或几个工件，常用于成双冲压

表 1-2　成形工序分类

名称	图　例	特点及应用范围
弯曲	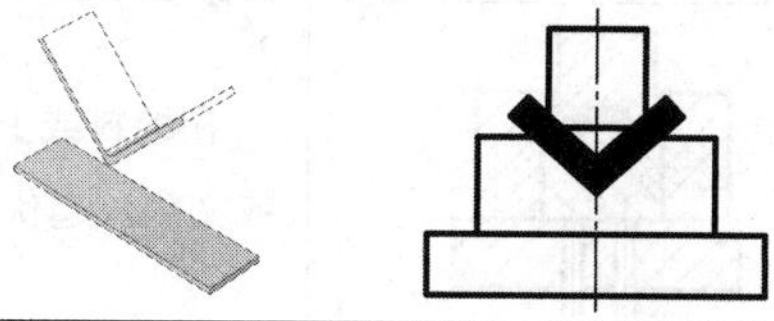	用模具将板料压弯成一定形状
卷圆	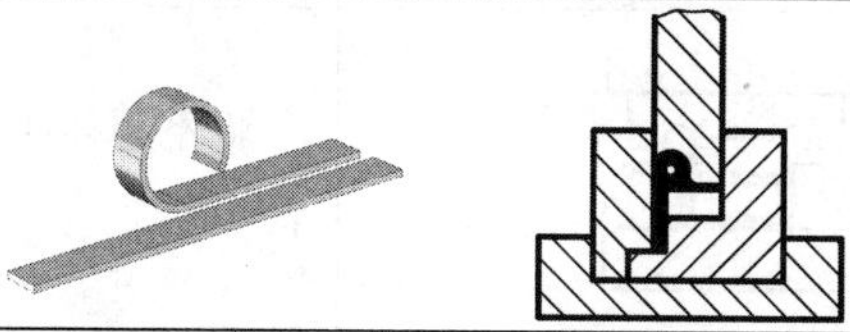	将板料端部卷圆，如合页

名称	图 例	特点及应用范围
扭曲		将平板毛坯的一部分相对于另一部分扭转一个角度
拉深	工件 坯料	将板料毛坯压制成开口空心形状工件，壁厚基本不变
变薄拉深		用减小壁厚、增加工件高度的方法来改变空心件的尺寸，得到要求的底厚、壁薄的工件
翻边	孔的翻边 翻孔前 翻孔后	将板料或工件上有孔的边缘翻成竖立边缘，翻孔即孔的翻边
	外缘翻边	将工件的外缘翻成圆弧或曲线状的竖立边缘
缩口	坯料 工件	将空心件的口部缩小
扩口	坯料 工件	将空心件的口部扩大，常用于管子成形
起伏		在板料或工件上压出肋条、花纹或文字，起伏处的厚度都将会变薄
卷边		将空心件的边缘卷成一定的形状

续表二

名称	图 例	特点及应用范围
胀形	坯料 工件	使空心件(或管料)的一部分沿径向扩张，呈凸肚形
旋压	芯模 工件 顶块 滚轮	利用擀棒或滚轮将板料毛坯擀压成一定形状(分变薄与不变薄两种)
整形	整形后 整形前	把形状不太准确的工件校正成形，如获得小的圆角半径
校平		将毛坯或工件不平的面或弯曲予以压平，以提高其平面度
压印		通过局部变形方式在表面上印刻文字或花纹

3. 按变形区受力结果分类

(1) **伸长类成形**：板料成形主要是靠板平面的伸长变形和厚度减薄来实现的成形工序，如孔的翻边、扩口、胀形等。

(2) **压缩类成形**：板料成形主要是靠板平面的压缩变形和厚度增加来实现的成形工序，如拉深、缩口等。

1.3 冲压模具的类型

冲压模具是实现冲压工艺必不可少的工艺装备，没有先进的模具技术，先进的冲压工艺就无法实现。冲压模具的类型很多，通常按如下方式进行分类。

1. 根据工艺性质分类

对应四种基本冲压工序，冲模可分为冲裁模、弯曲模、拉深模和成形模。

对应表 1-1 及表 1-2 相应的工序名称，冲模又可以进一步细分为落料模、冲孔模、剪切模等。

2. 根据工序组合程度分类

(1) **单工序模**：在压力机一次冲压行程中只完成一个冲压工序的冲模，如落料模、冲孔模、剪切模、切口模、修边模等。其工作示意图如图 1.6 所示。

(2) **复合模**：只有一个工位，在压力机一次冲压行程中完成至少两道冲压工序的冲模。其工作示意图如图 1.7 所示，其为冲孔和落料同时进行的复合模。

(3) **级进模**(又称**连续模**或**跳步模**)：沿送料方向至少有两个工位，在压力机一次冲压行程中依次完成多道冲压工序的冲模。其工作示意图如图 1.8 所示。

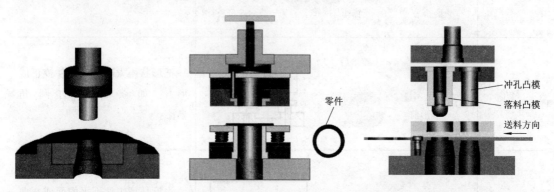

图 1.6 单工序模工作示意图　　图 1.7 垫圈复合模工作示意图　　图 1.8 垫圈连续模工作示意图

1.4 冲压加工设备

在冷冲压生产中，对于不同的冲压工艺，应采用相应的冲压设备。冲压加工设备也叫做压力机，属锻压机械。压力机的种类很多：

● 按传动方式分类，主要有**机械压力机**(俗称**冲床**)和**液压压力机**，前者应用较广。

● 按驱动滑块机构的种类，机械压力机可分为曲柄式(曲轴式和偏心式)压力机和摩擦式压力机，曲轴式压力机应用较广。

● 按作用在滑块上的着力点数(一个滑块上的曲柄数)可分为单点压力机和双点压力机。

● 按滑块个数可分为单动压力机和双动压力机。

● 按床身结构形式可分为开式(C 型床身)压力机和闭式(Ⅱ型床身)压力机。

● 按自动化程度可分为普通压力机和高速压力机等。

1.4.1 曲轴压力机

曲轴压力机是用来对板料进行冲压加工的主要设备，其工作机构一般是曲柄连杆机构。曲轴压力机也叫**曲柄压力机**或**曲轴冲床**，其工作行程不可改变。图 1.9 所示为曲轴压力机。

曲轴压力机的载荷是冲击性的，即在一个工作周期内冲压工作的时间很短。短时的最大功率比平均功率大十几倍以上，因此在传动系统中都设置有飞轮。曲轴压力机生产效率较高 (100~200 次行程/分钟)，适用于各类冲压加工。

(a) 开式单点压力机

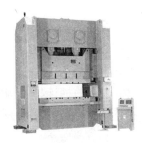
(b) 闭式双点压力机

(c) 闭式四点压力机

图 1.9 曲轴压力机

1. 曲轴压力机的工作原理

曲轴压力机的工作原理，是通过曲柄连杆机构将电动机的转动变成滑块(连接模具)的上下往复冲压运动，如图 1.10(a)所示。动力的传递路线为电动机→皮带轮(通常兼作飞轮)→齿轮→离合器→曲柄轴→连杆→滑块。冲压工作完成后滑块回程上行，离合器自动脱开，同时曲柄轴上的制动器接通，使滑块停止在上止点附近。

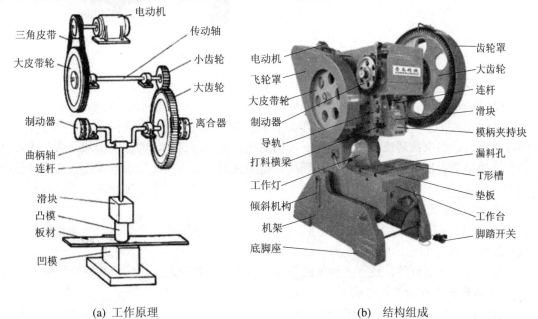

(a) 工作原理

(b) 结构组成

图 1.10 曲轴压力机工作原理及结构

在不切断电动机电源的情况下，滑块的动与停是通过操纵脚踏开关控制离合器和制动器来实现的。踩下脚踏开关，制动器松闸，离合器结合，将传动系统与曲柄连杆机构连通，动力输入，滑块运动；当需要滑块停止运动时，松开脚踏开关，离合器分离，将传动系统与曲柄连杆机构脱开，同时运动惯性被制动器有效地制动，使滑块及时停止运动。上模装在滑块上，下模固定在工作台上，滑块带动上模相对下模运动，对放在上、下模之间的材料实现冲压。

每个曲柄滑块机构称为一个"点"。最简单的机械压力机采用单点式，即只有一个曲柄滑块机构。大工作台面的压力机，为使滑块底面受力均匀和运动平稳而采用双点或四点，如图 1.9 所示。

2. 曲轴压力机的结构

1) 曲轴压力机的基本组成部分

曲轴压力机一般由以下几部分组成，如图 1.10(b)所示。

(1) 工作机构：即曲柄滑块机构(或称曲柄连杆机构)。它由曲柄轴、连杆、滑块等零件组成，如图 1.11 所示，其作用是将曲柄的旋转运动转变为滑块的直线往复运动，由滑块带动模具工作。

    (a) 曲柄轴　　　　　　　　　　(b) 连杆　　　　　　　　　　(c) 滑块

图 1.11　曲柄滑块机构

(2) 传动系统：包括齿轮传动、带传动等机构，起能量传递和速度转换作用。

(3) 操纵系统：包括离合器、制动器等零部件，用以控制工作机构的工作和停止。其中，离合器是用来接通或断开大齿轮→曲柄的运动传递的机构，即控制滑块是否产生冲压动作，由操作者操纵；制动器可确保当离合器脱开时，滑块能比较准确地停止在曲柄转动的上止点位置。

(4) 能源系统：包括电动机、飞轮。

(5) 支撑部分：主要指机身，它把压力机所有部分连接成一个整体，承受冲压载荷，应有足够的强度和刚度。

除上述基本部分外，还有多种辅助系统和装置，如润滑系统、保护装置及气垫等。

2) 曲轴压力机的其他组成部分

(1) 上模紧固装置：上模部分固定在滑块上，由夹持块、紧固螺钉压住模柄来进行固定。模柄装入曲轴压力机滑块的模柄孔后，旋紧夹持块上的两螺母，再用方头紧固螺钉顶紧模柄，如图 1.12 所示。

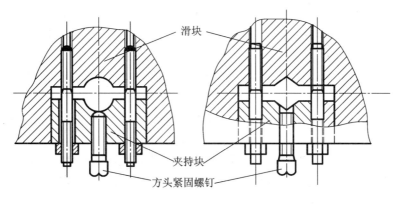

(a) 滑块的模柄孔截面图

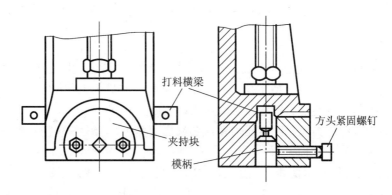

(b) 模柄的夹紧

图 1.12 滑块的上模紧固装置

(2) 打料装置：在有些模具的工作中，需要将工件从上模中排出，这时要通过模具的打料装置与曲轴压力机上的相应机构的配合来实现，如图 1.13 所示。滑块上有一水平长方形通孔，孔内自由放置**打料横梁**，俗称**扁担**，当滑块运行到下止点进行冲压时，工件(或废料)进入上模(凹模)将推杆顶起，推杆又将打料横梁抬起，当滑块上升时，打料横梁两端碰上固定在床身上的挡铁，使之不能继续随滑块向上运动，因而通过推杆将卡在上模(凹模)中的工件或废料打出。

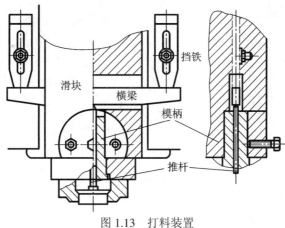

图 1.13 打料装置

(3) 滑块位置调节装置：由于连杆的一端与曲柄连接，另一端与滑块连接，所以旋拧调节螺杆就相当于改变连杆的长度，即可调整滑块行程下止点到工作台面的距离，如图 1.11 所示。

(4) 导轨：导轨装在床身上，为滑块导向，如图 1.11 所示。但因其导向精度有限，因此，模具往往自带导向装置，如图 1.2 所示的导柱和导套。

(5) 漏料孔：压力机工作台中设有落料孔(又称漏料孔)，以便冲下的工件或废料从孔中漏下，如图 1.9(a)所示。

(6) 床身倾斜机构：床身倾斜通过紧固螺杆的操作，使床身后倾，以便工件或废料向后滑落排出，如图 1.9(a)所示。这种压力机也可称为可倾式压力机。

3. 曲轴压力机的主要技术参数

压力机的技术参数不仅反映一台压力机的工艺能力和有关生产指标(包括工件的大小和生产率等)，也是选择、使用压力机和模具结构设计的重要依据。通用压力机的主要技术参数如下：

(1) **公称压力** F_c。通用压力机的公称压力是指滑块移至下止点前，在某一特定距离或曲柄旋转到离下止点前某一特定角度时，滑块所允许的最大工作压力。此处的特定距离称为**公称压力行程、额定压力行程**或**名义压力行程**($s_0 = 10\ mm\sim15\ mm$)，此时所对应的的特定压力角称为**公称压力角、额定压力角**或**名义压力角**($\alpha_0 = 15°\sim30°$)。图 1.14(a)显示了曲柄转角与滑块位移的对称关系。

(2) **压力机许用负荷曲线。**由压力机的压力能力和扭矩能力限定的压力-行程曲线称为压力机许用负荷曲线，如图 1.14(b)所示。该曲线是由压力机零件强度(主要是曲轴强度)确定的，曲线表明随着曲柄转角 α 的变化，滑块上所允许的作用力也随之改变。由于曲轴压力机在冲压时，曲轴在各种不同的角度上所允许使用的冲压力是不同的，压力机许用负荷曲线就是表明这种关系的曲线。由于压力机的许用负荷是随行程变化的，因此在选用压力机时，只根据最大冲压工艺力并不能正确选用压力机，正确的选用方法应该是根据工件工序分析，作出工件的力-行程曲线，并与压力机许用负荷曲线进行比较，压力取许用压力的 75%～80%，扭矩取许用扭矩的 90%～95%比较合理。

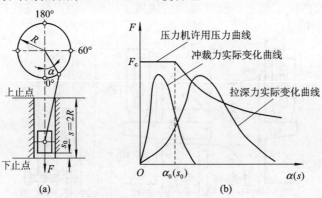

图 1.14　压力机许用负荷曲线

(3) **滑块行程** s。滑块行程是指压力机滑块从上止点到下止点所经过的距离，它是曲柄半径 R 的两倍，如图 1.14(a)所示。

(4) **滑块行程次数** n。滑块行程次数是指压力机空载连续运转时滑块每分钟从上止点到下止点然后再回到上止点的往复次数。通过改变机器的运行状态，可以使压力机实现单动或连续动作。

(5) 压力机闭合高度和装模高度(参见图 1.15)。

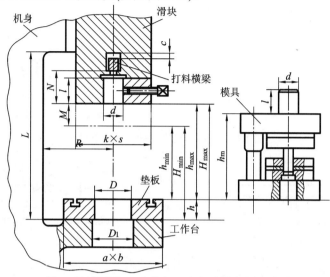

图 1.15　模具闭合高度与压力机装模高度的关系

① **压力机闭合高度**是指滑块在下止点时，滑块下表面到工作台上表面(即垫板下平面)的距离。

② **压力机的装模高度**是指压力机滑块处于下止点位置时，滑块下表面到工作垫板上表面的距离。压力机闭合高度是装模高度与垫板厚度 h 之和。没有垫板的压力机，其装模高度等于压力机的闭合高度。

③ **装模高度调节量**是指压力机上装模高度所能调节的距离(即连杆调节量)。当滑块位置调节装置将滑块调整到最上面位置时(即当连杆调至最短时)，闭合高度及装模高度均达最大值，分别称为**压力机最大闭合高度** $H_{max} = h_{max} + h$ 和**压力机最大装模高度** $h_{max} = H_{max} - h$；当滑块位置调节装置将滑块调整到最下面位置时(即当连杆调至最长时)，闭合高度及装模高度均达最小值，分别称为**压力机最小闭合高度** $H_{min} = H_{max} - M$ 和**压力机最小装模高度** $h_{min} = H_{min} - h = H_{max} - M - h$。

④ **模具的闭合高度** h_m 是指冲模在最低工作位置时，上模座上平面至下模座下平面之间的距离。h_m 应小于压力机的最大装模高度。

⑤ 考虑到修模，实际上应满足 $h_{min} + 10\ mm \leqslant h_m \leqslant h_{max} - 5mm$。其中，式中的 5 mm 是考虑装模方便所留的间隙，10 mm 是保证修模所留的空间。

(6) **压力机工作台面尺寸及滑块底面尺寸**。通常用螺钉、压板将下模座固定在压力机台面上。

① 图 1.16(a)所示为有平底孔的下模座，由螺钉施加压力紧固。螺钉固定准确可靠，但增加了冲模制造工时，且装、拆冲模也不方便，适用于大、中型冲模。

② 图 1.16(b)所示为开口槽的下模座，也由螺钉施加压力紧固。

③ 图 1.17 所示的压板固定下模座方式较为方便和经济，在生产中应用广泛。

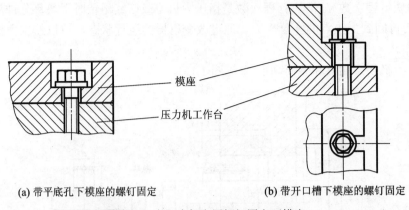

(a) 带平底孔下模座的螺钉固定　　　　　　(b) 带开口槽下模座的螺钉固定

图 1.16　在压力机上用螺钉固定下模座

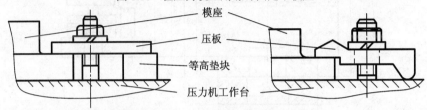

图 1.17　在压力机上用压板固定下模座

如图 1.15 所示，工作台面尺寸 $a \times b$ 与压力机滑块底面尺寸 $k \times s$ 是与模架安装平面尺寸有关的尺寸。为了用压板对模座进行固定，这两者尺寸应比模座尺寸大出必要的加压板空间，一般每边留出 60 mm～100 mm。

(7) **漏料孔尺寸 D 和 D_1**。工作台的中间设有漏料孔(如图 1.9(a)所示)，工作台或垫板上的漏料孔尺寸 D 和 D_1 均应大于模具下面的漏料孔尺寸。当模具需要装有弹性顶料装置时，弹性顶料装置的外形尺寸 D_T 应小于漏料孔尺寸 D_1，如图 1.18 所示。模具下模板的外形尺寸 D_M 应大于漏料孔尺寸 D_1，否则需要增加附加垫板。

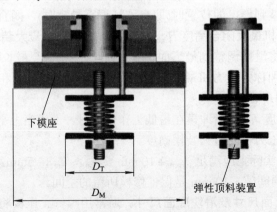

下模座

D_T

D_M

弹性顶料装置

图 1.18　模具及弹性顶料装置

(8) **模柄孔尺寸 d**。对中小型模具，最常用的方法是模柄固定上模，滑块内模柄孔的直径 d 和深度 l 应与模具模柄尺寸相协调(图 1.15)；对于无模柄的大型冲模，一般用螺钉等将上模座紧固在压力机滑块上。

曲轴压力机的主要技术参数见表 1-3。

表 1-3 开式曲轴压力机主要技术参数

名　　称		量　值														
公称压力/kN		40	63	100	160	250	400	630	800	1000	1250	1600	2000	2500	3150	4000
发生公称压力时滑块离下止点距离/mm		3	3.5	4	5	6	7	8	9	10	10	12	12	13	13	15
滑块行程/mm	固定行程	40	50	60	70	80	100	120	130	140	140	160	160	200	200	250
	调节行程	40	50	60	70	80	100	120	130	140	140	160	—	—	—	—
		6	6	8	8	10	10	12	12	16	16	20	—	—	—	—
标准行程次数(不小于)/(次·min⁻¹)		200	160	135	115	100	80	70	60	60	50	40	40	30	30	25
快速型	发生公称压力时滑块离下止点距离/mm	1	1	1.5	1.5	2	2	2.5	2.5	3	—	—	—	—	—	—
	滑块行程/mm	20	20	30	30	40	40	50	50	60	—	—	—	—	—	—
	行程次数(不小于)/(次·min⁻¹)	400	350	300	250	200	200	150	150	120	—	—	—	—	—	—
最大闭合高度/mm	固定台和可倾	160	170	180	220	250	300	360	380	400	430	450	450	500	500	550
	活动台位置 最低	—	—	—	300	360	400	460	480	500	—	—	—	—	—	—
	活动台位置 最高	—	—	—	160	180	200	220	240	260	—	—	—	—	—	—
闭合高度调节量/mm		35	40	50	60	70	80	90	100	110	120	130	130	150	150	170
标准型/mm	滑块中心到机身距离(喉深)	100	110	130	160	190	220	260	290	320	350	380	380	425	425	480
	工作台尺寸 左右	280	315	360	450	560	630	710	800	900	970	1120	1120	1250	1250	1400
	工作台尺寸 前后	180	200	240	300	300	420	480	540	600	650	710	710	800	800	900
	工作台孔尺寸 左右	130	150	180	220	260	300	340	380	420	460	530	530	650	650	700
	工作台孔尺寸 前后	60	70	90	110	130	150	180	210	230	250	300	200	350	350	400
	工作台孔尺寸 直径	100	110	130	160	180	200	230	260	300	340	400	400	460	460	530
	立柱间距离(不小于)	130	150	180	220	260	300	340	380	420	460	530	530	650	650	700
加大型/mm	滑块中心到机身距离(喉深)	—	—	—	—	290	—	350	—	425	—	480	—	—	—	—
	工作台尺寸 左右	—	—	—	—	800	—	970	—	1250	—	1400	—	—	—	—
	工作台尺寸 前后	—	—	—	—	540	—	650	—	800	—	900	—	—	—	—
	工作台孔尺寸 左右	—	—	—	—	380	—	460	—	650	—	700	—	—	—	—
	工作台孔尺寸 前后	—	—	—	—	210	—	250	—	350	—	400	—	—	—	—
	工作台孔尺寸 直径	—	—	—	—	260	—	310	—	460	—	530	—	—	—	—
	立柱间距离(不小于)	—	—	—	—	380	—	460	—	650	—	700	—	—	—	—
活动台压力机滑块中心到机身紧固工作台平面之距离/mm		—	—	—	150	180	210	250	270	300	—	—	—	—	—	—
模柄孔尺寸(直径×深度)/mm		φ30×50				φ50×70			φ60×75			φ70×80		T 形槽		
工作台板厚度/mm		35	40	50	60	70	80	90	100	110	120	130	130	150	150	170
倾斜角(不小于)/°		30	30	30	30	30	30	30	30	25	25	25	—	—	—	—

1.4.2　摩擦压力机

摩擦压力机是利用摩擦盘与飞轮之间相互接触传递动力，并根据螺杆与螺母相对运动使滑块产生上下往复运动的锻压机械。图 1.19 所示为摩擦压力机。

图 1.20 为摩擦压力机传动示意图。其工作原理如下：电动机通过 V 带及大带轮把运动传递给横轴及左、右摩擦盘，使其横轴与左、右摩擦盘始终在旋转。并且横轴可允许在水平方向(轴向)移动。当压下手柄时，横轴右移，使左摩擦盘与飞轮的轮缘相互压紧，迫使飞轮与螺杆顺时针旋转，带动滑块向下作直线运动，进行冲压加工。反之，手柄向上，滑块上升。

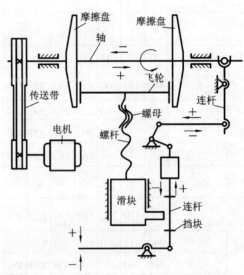

图 1.19　双盘摩擦压力机　　　　　图 1.20　摩擦压力机的传动示意图

滑块的行程用安装在连杆上的两个挡块来调节，压力的大小可通过手柄的压下量来控制飞轮与摩擦盘的接触力进行调整。

实际压力允许超过公称压力 25%～100%，即超负载时，由于飞轮与摩擦盘之间产生滑动，所以不会因过载而损坏机床。

摩擦压力机和普通压力机的区别在于摩擦压力机是利用飞轮积蓄能量，在打击时能量释放出来，打击力可以随需要的变形力自动调整；没有固定的下止点，即行程大小也随工艺的需要可以自动调整；压力机本身设计有顶出装置。摩擦压力机多用于校平、整形、冷挤压、精冲、切边和弯曲等工艺。

1.4.3　高速压力机

高速压力机是一种以连续式高速冲压为目的的自动冲床，其工作原理与曲轴压力机相同，但其刚度、精度、行程次数都比较高，一般带有自动送料装置、安全检测装置等辅助装置。图 1.21 所示为滑块行程达到 1000 次/分钟的高速冲床。

高速压力机因其生产效率很高，故适用于大批量生产，模具一般采用多工位级进模。

目前，一些高速压力机的行程次数甚至高达 2500～3000 次/分钟。压力机的高速化乃至超高速化对机器本身和外围设备都提出了苛刻的要求，比如机架须有极好的刚性，运动部件须保证最佳平衡，轴承质地必须优良，导向系统必须精确，模具须有较长的使用寿命，送料装置必须精度高、速度快、性能可靠等。采用各种措施后，高速机械压力机精度大为提高。如图1.22 所示，瑞士 Bruderer 公司的 BSTA25 型高速机械压力机冲压件的精度可达 ±0.01 mm。

图 1.21　TJS-40 高速压力机(1000 次/分钟)　　图 1.22　瑞士 Bruderer 公司的 BSTA25 型高速压力机

1.4.4　液压机

液压机是利用帕斯卡原理，以水或油作为工作介质，采用静压力传递进行工作，使滑块上、下往复运动。液压机一般由本机(主机)、动力系统及液压控制系统三部分组成。

如图 1.23 所示，(a)图为单柱液压机(单臂液压机)，(b)图为四柱液压机。

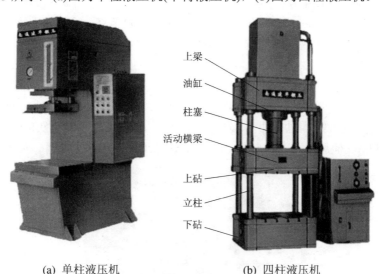

上梁
油缸
柱塞
活动横梁
上砧
立柱
下砧

(a) 单柱液压机　　　　　　　　　　　(b) 四柱液压机

图 1.23　液压机

单柱液压机三面敞开，操作方便，但刚性差。在上传动的立式四柱液压机中，油缸固定在上梁中，柱塞与活动横梁刚性连接，活动横梁由立柱导向，在工作液的压强作用下上下移动。在横梁上有可以前后移动的工作台，在活动横梁下和工作台面上分别安装上砧和下砧。工作力由上、下横梁和立柱组成的框架来承受。四柱液压机适用于冷(热)挤压金属成形、薄板拉深以及弯压、翻边、校正等工艺。

液压机按工作介质可分为水压机和油压机。以水基液体为工作介质的称为**水压机**，以油为工作介质的称为**油压机**。液压机的规格一般用公称工作力(kN)或公称吨位(t)来表示。锻造用液压机多是水压机，吨位较高。为减小设备尺寸，大型锻造水压机常用较高压强(35 MPa 左右)，有时也采用 100 MPa 以上的超高压。其他用途的液压机一般采用 6 MPa～25 MPa 的工作压强。油压机的吨位比水压机低。

液压机的压力较大，而且是静压力，但生产效率低，适合于拉深、挤压等成形工序。

1.5　冲压加工的特点

1. 冲压加工的优点

冲压加工与切削加工方法相比，无论在技术方面，还是在经济方面，都具有独特的优点。

(1) 生产效率高。冲压加工借助冲压设备和模具实现对板料毛坯的加工。一般冲压设备的行程次数为每分钟几十次，而高速压力机的行程次数则高达数百次，乃至数千次，所以冲压加工的生产效率很高，没有任何一种机械加工方法能与之相比，特别适宜产品零件的大批量生产。

(2) 材料利用率高。冲压加工是一种少、无切削加工方法，冲压加工的材料利用率一般可达 70%～85%。冲压加工通常在室温下进行，由于冷作硬化提高了零件的强度。另外，在零件受力面上设置的加强筋，可有效提高零件的刚度。因此，在耗材不大的情况下，可得到强度高、刚性足、重量轻的零件。

(3) 节约环保。冲压加工属于冷加工，一般不需加热毛坯，也不像切削加工那样大量切削金属而形成废屑，所以它不但节能，而且具有环保意义。

(4) 产品质量稳定。冲压件尺寸精度由模具保证，具有"一模一样"的特征，基本不受操作方法和其他偶然因素影响，一般不需机械加工便可直接用于装配或制成产品零件。

(5) 可加工形状复杂的零件。如美观、流线型的轿车车身覆盖件(如图 1.5 所示)大多由冷轧深冲钢板经落料、拉深、翻边、冲孔、修边等工序冲压而成，这是其他加工方法难以实现的。冲压加工可以制造其他加工方法所不能或难以制造的形状相当复杂的零件，如图 1.24 所示。

图 1.24　金属器件及制品

(6) 易于实现机械化与自动化。冲压件的质量依靠模具制造精度来保证，这使生产操作变得十分简单容易，为生产的机械化与自动化提供了十分有利的条件。2007 年济南第二机床集团为荣成华泰汽车有限公司提供的一条大型机器人自动化冲压生产线，如图 1.25 所示。该生产线的压力机部分由一台多连杆 2000 吨和三台 1000 吨压力机组成。在自动化送料系统的关键环节上，首次采用国际上广泛应用的六轴冲压专用机器人，运动精度高，柔性高，维护性更强，定位更准确。

图 1.25　机器人自动化冲压生产线

2. 冲压加工的缺点

(1) 冲压加工多用机械压力机，运行速度快，手工操作时劳动强度大。

(2) 冲压加工所用的模具一般比较复杂，制造周期长、成本较高。

(3) 冲压加工必须具备相应的模具，故最适合批量较大的生产，对于单件、小批量生产受到一定限制。

(4) 冲模设计偏重经典理论及经验，需要有较强的想象力和创造力，对模具的设计者和制造者要求较高。

1.6　冲压加工的重要地位

由于冲压技术具有上述一系列优点，因此在国民经济各个部门的产品零件生产中，得到了极为广泛的应用。据统计，薄板经过成形后，制造了相当于原材料价格 12 倍的附加值，在整个国民生产总值中，与薄板成形相关的产品约占总值的 1/4。在现代汽车工业中，冲压件的生产总值占 59%左右。可见，冲压技术作为板料投入直接消费前的主要深加工方法，在国民经济中占有非常重要的地位。

模具工业在国民经济中占重要地位，模具工业是高新技术产业的一个组成部分，是高新技术产业化的重要领域，是装备工业的一个组成部分；模具工业地位之重要，还在于国民经济的五大支柱产业——机械、电子、汽车、石化、建筑，都要求模具工业的发展与之相适应。模具是工业生产的基础工艺装备，在电子、汽车、电机、电器、仪器、仪表、家电和通信等产品中，60%～80%的零部件生产都要依靠模具成形。

先进国家的模具工业已摆脱了从属地位发展成为独立的行业。日本认为：“模具工业是其他工业的先行行业，是制造富裕社会的动力"。美国工业界认为"模具工业是美国工业的基石"。在德国，模具工业被冠以"金属加工业中的帝王"之称。近 20 多年来，美国、日本、德国等发达国家的模具总产值都已超过机床的总产值。目前，美国、日本模具工业企业的人年平均产值已高达 5 万～10 万美元。近年来，世界模具市场总量一直为 600 亿～650 亿美元，美、日、德等发达国家每年出口模具约占本国模具总产值的 1/3。

据国际生产技术协会测定，2000 年，工业品零件粗加工的 75%、精加工的 50% 是由模具成形完成的。据统计，利用模具制造的零件数量：

- 在飞机、汽车、拖拉机、电机、电器、仪器、仪表等机电产品中占 80% 以上；
- 在电视机、收录机、计算机等电子产品中占 85% 以上；
- 在自行车、摩托车、手表、洗衣机、电冰箱、空调、电风扇等轻工业产品中占 90% 以上；
- 在枪支、子弹等兵器产品中占 95% 以上。

在我国模具总产值中，冲压模占 40% 以上，一直处于主导地位。改革开放以来，我国模具工业虽然有了较大发展，但还满足不了汽车、家电、电子等产业迅猛发展的需求，尤其是大型、精密、复杂、长寿命的模具。2010 年我国模具工业进出口总量 42.58 亿美元，其中，进口总额为 20.62 亿美元，出口总额为 21.96 亿美元。进出口最高的仍是塑料橡胶模具，占进出口总额的 55.74%，其次是冲压模具，占进出口总额的 38.17%。进口模具主要来自日本、韩国和中国台湾，出口目的地主要是中国香港、美国、日本。进口最多的是广东、江苏和上海，出口模具主要来自广东、浙江和江苏。近五年来，我国模具工业销售总额及进出口统计见表 1-4。

表 1-4　2006—2010 年我国模具工业销售总额及进出口情况

年份	2006	2007	2008	2009	2010	2011	2012 前 6 个月
进口额(亿美元)	20.47	20	20.04	10.64	20.62	22.35	11.61
出口额(亿美元)	10.41	14.13	19.02	19	21.96	30.05	16.99
销售总额(亿人民币)	720	870	980	1000	1120	1240	—

近年来，汽车、家用电器、IT 产品发展迅猛，更新换代频繁，大大促进了冲压技术和模具工业的发展。冲压技术在汽车制造中尤为重要，因为汽车覆盖件大都采用薄板冲压成形。如图 1.26 所示，汽车覆盖件(简称覆盖件)是指构成汽车车身或驾驶室、覆盖发动机和底盘的异形体表面和内部的汽车零件。汽车覆盖件既是外观装饰性的零件，又是封闭薄壳状的受力零件，其冲压成形不仅影响汽车外观，更影响汽车制造的成本以及新产品的开发周期，因而影响整个汽车产品的综合经济效益。

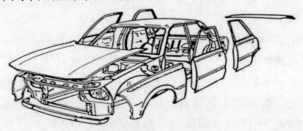

图 1.26　汽车覆盖件

习　题

1. 什么是冷冲压及冲压模具？
2. 冲压生产的三要素是什么？
3. 按工艺性质或工序特征分类，冲压工艺可以分成哪几种基本工序？
4. 什么是分离工序？什么是成形工序？试举例说明。
5. 按传动方式或驱动滑块机构类型，压力机可分成哪几种？
6. 曲轴压力机是由哪几个部分组成的？主要工作机构是什么？大齿轮起何作用？
7. 模具的上模安装在哪？怎样安装？模具的下模安装在哪里？怎样安装？
8. 压力机的打料装置是怎样将卡在上模(凹模)中的工件或废料打出的？
9. 简述压力机的闭合高度、压力机的装模高度、模具的闭合高度三者之间的关系。
10. 压力机的闭合高度、装模高度及滑块行程能否变动？
11. 模具的上模及下模怎样安装到压力机上？
12. 压力机的漏料孔、模柄孔分别在哪里？有何功能？
13. 什么是压力机的公称压力和滑块行程？
14. 曲轴压力机的床身可以倾斜吗？如何操作？
15. 什么是双点压力机？什么是双动压力机？
16. 摩擦压力机的工作原理是什么？
17. 摩擦压力机和普通压力机的区别是什么？
18. 为何摩擦压力机不会因过载而损坏机床？
19. 液压机由哪三部分组成？适合于什么冲压工序？
20. 高速压力机的特点是什么？每分钟行程次数可达多少？适合于什么冲压生产？
21. 与切削加工方法相比，冲压加工有何优点和缺点？
22. 试讨论冲压加工在产品零件生产中的重要地位。

第 2 章　冲压成形理论基础

冲压成形是金属塑性成形加工方法之一，是建立在金属塑性变形理论基础上的材料成形技术。要掌握冲压成形加工技术，就必须先了解金属塑性变形理论的基础知识。本章主要介绍塑性变形的基本概念、基础知识、基本规律，以及冲压材料及其冲压成形性能等内容。

2.1　基　本　概　念

为掌握金属塑性变形理论的基础知识，需要先了解以下几个基本概念：

(1) **变形**：对固体施加力，引起固体形状和尺寸发生变化的现象，如图 2.1 所示。变形分为弹性变形和塑性变形两种。

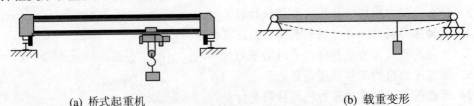

(a) 桥式起重机　　　　　　　　　　　　(b) 载重变形

图 2.1　桥式起重机的变形现象

(2) **弹性变形**：若作用于物体的外力去除之后，由外力引起的变化随之消失，物体能完全恢复到自己原来的形状和尺寸的现象。如图 2.2(a)所示弹簧的变形即为弹性变形。

(3) **塑性变形**：若作用于物体的外力去除之后，物体不能完全恢复到自己原来的形状和尺寸的现象。如图 2.2(b)所示管材的弯曲即为塑性变形。

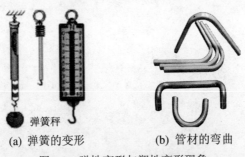

弹簧秤

(a) 弹簧的变形　　　　　　(b) 管材的弯曲

图 2.2　弹性变形与塑性变形现象

(4) **塑性**：指固体材料在外力作用下发生永久变形而不破坏其完整性的能力。通常用塑性表示材料塑性变形能力。塑性提高预示着金属具有更好的塑性成形能力，允许产生更大的塑性变形。如果材料没有塑性，则塑性成形就无从谈起。塑性不仅与材料固有性质(晶格、成分、组织等)有关，也与变形条件(变形方式、变形温度、变形程度、变形速度等)有关，如表 2-1 所示。

表 2-1　影响金属塑性的主要因素

影　响　因　素	影　响　规　律
材料组织结构	面心立方结构的金属塑性好于体心立方，密排六方最差；单相组织(纯金属或固溶体)比多相组织的塑性好，固溶体比化合物的塑性好；多相组织的晶粒愈细小、组织分布愈均匀，则塑性愈好
应力状态	主应力状态中的压应力个数越多，数值越大，金属的塑性越好；反之，拉应力个数越多，数值越大，其塑性越低
变形温度	就大多数金属和合金而言，一般随着温度的升高，塑性将会增加。但在升温过程中的某些温度区间，塑性会降低，出现脆性区
变形速度	变形速度对塑性的影响有正、反两个方面，对于大多数金属来说，塑性随着变形速度变化的一般趋势是先降低后增加

(5) **超塑性**：金属在一定的温度下，以适当的速度拉伸，其拉伸长度可以是原来长度的几倍，甚至十几倍。目前已有近百种金属具有这种超塑性能，如图 2.3 所示。

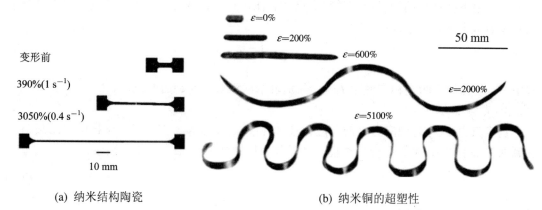

(a) 纳米结构陶瓷	(b) 纳米铜的超塑性

图 2.3　金属的超塑性现象

(6) **变形力 F**：塑性变形时，使金属产生变形的外力称为变形力。如图 2.4 所示。

(7) **变形抗力 F′**：金属塑性变形时，抵抗变形的力称为变形抗力，如图 2.4 所示。变形抗力与变形力大小相等、方向相反，一般用反作用在运动着的工具表面上的单位压力来表示。变形抗力大，则冲压设备功率需要增加，而且模具负载变大，模具磨损加剧，模具寿命短。与塑性类似，变形抗力不仅与材料的固有性质有关，也与变形条件有关。

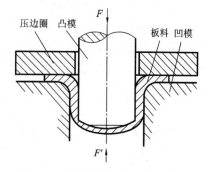

图 2.4　拉深中的变形力及变形抗力

2.2　塑性力学基础

冲压成形时，外力通过模具作用于板料毛坯，使之产生塑性变形，同时在毛坯内部引起反抗变形的内力。在一般情况下，毛坯各点的应力和变形都不相同，为了了解毛坯各点的内力和变形状态，就必须研究各点的应力状态和应变状态，以及它们之间的关系。

2.2.1　点的应力与应变状态

1. 应力和应变

1) 条件应力

条件应力(或称假想应力、名义应力、工程应力、公称应力)是指材料试样在外力作用下,试样的瞬时载荷与其原始截面积之比(没有考虑变形过程中试样截面积的减小)。通常用下式表示:

$$\sigma = \frac{F}{A_0} \qquad\qquad (2\text{-}1)$$

式中:F 为试样的瞬时载荷;A_0 为试样的原始截面积。

2) 条件应变

条件应变(或称假想应变、名义应变、相对应变、工程应变、公称应变)是指材料试样在外力作用下,试样的绝对形变量与原尺寸之比,只考虑变形前和变形后两个状态试样的尺寸。通常用下式表示:

$$\varepsilon = \frac{l - l_0}{l_0} \qquad\qquad (2\text{-}2)$$

式中:ε 为工程应变(简称应变);l_0 与 l 分别表示试样形变前、后的尺寸。

3) 真实应力

真实应力(或称对数应力、流动应力)是指材料试样在外力作用下,试样的瞬时载荷与其瞬时截面积之比(考虑了变形过程中试样截面积的减小)。通常用下式表示:

$$S = \frac{F}{A} \qquad\qquad (2\text{-}3)$$

式中:A 为试样的瞬时截面积。

4) 真实应变(或称对数应变)

真实应变是指材料试样在外力作用下,试样的瞬时伸长量除以瞬时长度,即 $d\varepsilon = dl/l$,考虑了材料变形是一个逐渐积累的过程,即应变与材料变形的全过程有关。对应变增量 $d\varepsilon$ 进行积分,求得试样由 l_0 变为 l 的整个变形过程的应变值:

$$\epsilon = \int_{l_0}^{l} \frac{dl}{l} = \ln\frac{l}{l_0} \qquad\qquad (2\text{-}4)$$

不难推出,真实应力 S 与条件应力 σ 之间的关系为

$$S = \sigma(1 + \varepsilon) \qquad\qquad (2\text{-}5)$$

不难推出,真实应变 ϵ 与条件应变 ε 之间的关系为:

$$\epsilon = \ln(1 + \varepsilon) \qquad\qquad (2\text{-}6)$$

当工程应变很小时,认为真实应变等于工程应变,即 $\epsilon = \varepsilon$。

2. 应力状态

毛坯内质点的受力情况通常称为**点的应力状态**。如图 2.5(a)所示,围绕变形区内某点(称为质点)取出一个微小正六面体(即所谓单元体),用该单元体上三个相互垂直面上的九个应

力分量来表示该点的应力状态，可由一个应力张量 σ_{ij} 来表示(i，$j=x$，y，z)，可写成

$$\sigma_{ij} = \begin{bmatrix} \sigma_x & \tau_{xy} & \tau_{xz} \\ \tau_{yx} & \sigma_y & \tau_{yz} \\ \tau_{zx} & \tau_{zy} & \sigma_z \end{bmatrix} \tag{2-7}$$

由于其中三对剪应力是相等的($\tau_{xy}=\tau_{yx}$，$\tau_{yz}=\tau_{zy}$，$\tau_{zx}=\tau_{xz}$)，故该张量 σ_{ij} 实际上只有六个独立的应力分量，即三个正应力和三个剪应力分量。

已知该点九个应力分量，则过该点沿任意方向截取的单元体的应力都可以求得。为了分析问题方便起见，一点的应力状态也可以用三个**主应力**(剪应力为零的三个主平面上的应力) σ_1、σ_2 及 σ_3 来表示。则式(2-1)可写成

$$\sigma_{ij} = \begin{bmatrix} \sigma_1 & 0 & 0 \\ 0 & \sigma_2 & 0 \\ 0 & 0 & \sigma_3 \end{bmatrix} \tag{2-8}$$

通常称主应力 σ_1、σ_2 及 σ_3 的作用方向为**应力主轴**。三个主应力一般按其代数值大小排列，即有 $\sigma_1 \geqslant \sigma_2 \geqslant \sigma_3$。用主应力的有无与方向表示质点受力情况的示意图称为**主应力状态图**，如图 2.5(b)所示。

单元体上三个主应力的平均值称为**平均应力**或**静水压力**，用 σ_m 表示：

$$\sigma_m = \frac{\sigma_1 + \sigma_2 + \sigma_3}{3} \tag{2-9}$$

塑性变形时，外力通过模具或其他工具作用在板料上，使板料内部产生应力，并且发生塑性变形。由于外力作用状况、板料的尺寸与模具的形状千差万别，从而引起板料内各点的应力与应变不同。如图 2.5(c)所示，为拉深时板料不同区域的应力状态不同。

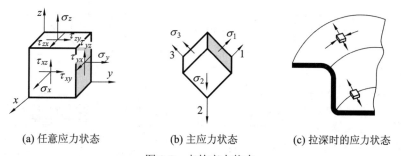

(a) 任意应力状态　　　　(b) 主应力状态　　　　(c) 拉深时的应力状态

图 2.5　点的应力状态

3. 应力状态对金属塑性的影响

人们从长期的实践中得知，同一金属在不同受力条件下表现出的塑性是不同的。例如，单向压缩比单向拉伸变形的塑性要好，挤压比拉拔更能发挥金属的塑性，如图 2.6 所示。

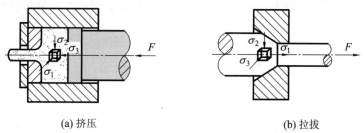

(a) 挤压　　　　　　　　　　　　(b) 拉拔

图 2.6　挤压和拉拔的应力状态

在 20 世纪，几位学者做了 3 个著名的压缩试验也证实了这一点。

(1) 1912 年，匈牙利人冯·卡尔曼(Von.Karman)对大理石和红砂石进行压缩试验，揭示了脆性材料在三向压应力下能产生塑性变形的事实，如图 2.7 所示。试验表明，在只有轴向压力作用下，大理石和红砂石才显示完全脆性；而在轴向及侧向压力(甘油)同时作用下，却表现出一定的塑性(大约 $\varepsilon = 8\%$)。侧压力越大，变形所需要的轴向压力也越大，塑性也越高。

(2) 前苏联人拉斯切拉耶夫在更大的侧压力下进行大理石压缩试验，得到了 78% 的压缩变形量，并在很大侧压力下拉伸大理石，得到了 25% 的延伸率，出现了与金属拉伸变形相似的颈缩现象。

(3) 1964 年，美国人勃立奇曼(P.W.Bridgman)在3040 MPa 的液压中对中碳钢试棒进行拉伸试验，获得了 99% 的断面收缩率，由此提出了静水压力能提高材料塑性的概念。

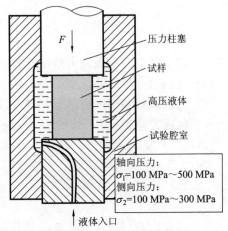

图 2.7　卡尔曼压缩试验

如图 2.8 所示为金属塑性变形可能出现九种主应力状态。其中，单向(或线性)应力状态两种，平面(或双向)应力状态三种，立体(或三向)应力状态四种。从图 2.8 可以看出，应力状态对金属塑性的影响规律：压应力成分越多(σ_m 负值越大)，材料受各向等压作用越强(即静水压力越大)，则越有利于塑性的发展，金属越不易破坏；相反，拉应力成分越多(σ_m 正值越大)，金属越易破坏，可塑性越差。

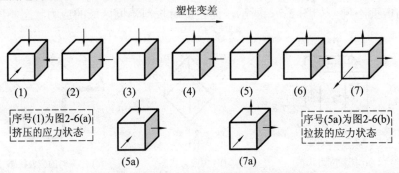

图 2.8　主应力状态图及对塑性的影响规律

4．应变状态

应力产生应变。点的应变状态是通过单元体的变形来表示的。应变具有与应力相同的表现形式：单元体上也有正应变和剪应变。与应力状态一样，对于不同的坐标系，虽然一点的应变状态没有改变，但表示该点应变状态的六个应变分量会有不同的数值。因此应变状态也是一个张量，它可表示为

$$\varepsilon_{ij} = \begin{bmatrix} \varepsilon_x & \gamma_{xy} & \gamma_{xz} \\ \gamma_{yx} & \varepsilon_y & \gamma_{yz} \\ \gamma_{zx} & \gamma_{zy} & \varepsilon_z \end{bmatrix} \tag{2-10}$$

同样，可用主应变表示点的变形情况，称为**主应变状态图**：单元体 6 个面上只有 3 个

主应变分量，而没有剪应变分量。

5．体积不变定律

实践证明，塑性变形时，物体主要是发生形状的改变，而体积的变化极小，可以忽略不计，这就是塑性变形的**体积不变定律**。即三个真实主应变的代数和为零，其表达式为

$$\varepsilon_1 + \varepsilon_2 + \varepsilon_3 = 0 \tag{2-11}$$

式(2-11)反映了三个正应变之间的关系。它常作为对塑性变形过程进行应力、应变分析的一个前提条件，也可用于工艺设计中计算毛坯的体积。该式还表明：三个正应变分量或三个主应变分量不可能全部同号，如果其中两个分量已知，则第三个正应变分量或主应变分量即可确定。

根据体积不变定律，塑性变形时不可能有单向应变状态，只可能有立体和平面应变状态，如图 2.9 所示。在平面应变状态下，不为零的两个应变绝对值相等，符号则相反。将主应力状态图和主应变状态图放在一起，统称为**变形力学简图**，它在板料冲压工序的应力、应变分析中可起到重要作用。板料冲压成形时，一般板厚方向的应力较小，可以忽略不计，其变形力学简图如图 2.10 所示，可以从应力状态得到相应的应变状态，但反过来则不一定成立。

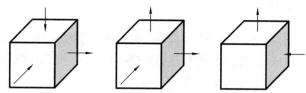

图 2.9　塑性变形的主应变状态图

应力状态

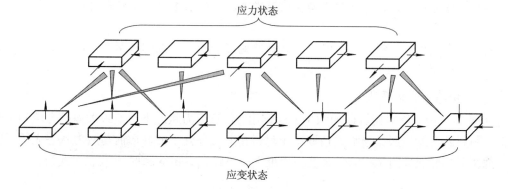

应变状态

图 2.10　板料冲压变形力学简图

6．等效应力和等效应变

等效应力和等效应变是两个具有特征意义的参数，它们使复杂的三维应力、应变状态等效为单向拉伸时的应力、应变状态。

(1) 等效应力的数学表达式为：

● 对于一般坐标系：

$$\bar{\sigma} = \frac{1}{\sqrt{2}} \sqrt{(\sigma_x - \sigma_y)^2 + (\sigma_y - \sigma_z)^2 + (\sigma_z - \sigma_x)^2 + 6(\tau_{xy}^2 + \tau_{yz}^2 + \tau_{zx}^2)} \tag{2-12}$$

● 对于主轴坐标系：

$$\overline{\sigma} = \frac{1}{\sqrt{2}} \sqrt{(\sigma_1 - \sigma_2)^2 + (\sigma_2 - \sigma_3)^2 + (\sigma_3 - \sigma_1)^2} \tag{2-13}$$

在单向拉伸时，$\sigma_1 = \sigma$，$\sigma_2 = \sigma_3 = 0$，代入式(2-12)，得 $\overline{\sigma} = \sigma$。

(2) 等效应变的数学表达式为：

● 对于一般坐标系：

$$\overline{\varepsilon} = \sqrt{\frac{2}{9}[(\varepsilon_x - \varepsilon_y)^2 + (\varepsilon_y - \varepsilon_z)^2 + (\varepsilon_z - \varepsilon_x)^2 + \frac{3}{2}(\gamma_{xy}^2 + \gamma_{yz}^2 + \gamma_{zx}^2)]} \tag{2-14}$$

● 对于主轴坐标系：

$$\overline{\varepsilon} = \sqrt{\frac{2}{9}[(\varepsilon_1 - \varepsilon_2)^2 + (\varepsilon_2 - \varepsilon_3)^2 + (\varepsilon_3 - \varepsilon_1)^2]} \tag{2-15}$$

在单向拉伸时，$\varepsilon_1 = \varepsilon$，$\varepsilon_2 = \varepsilon_3 = -\frac{1}{2}\varepsilon_1$，代入式(2-14)，得 $\overline{\varepsilon} = \varepsilon$。

这样，由单向拉伸所建立的真实应力应变曲线，便可和复杂应力状态下以等效应力和等效应变表示的曲线联系起来。试验结果表明，它们可认为是同一曲线。

2.2.2　金属的塑性条件

当质点处于单向应力状态时，只要该点应力达到某一数值，质点即屈服进入塑性状态。例如，标准试样拉伸时，若拉伸应力达到屈服点(即 $\sigma = \sigma_s$)，则试样就由弹性变形状态转为塑性变形状态。在复杂应力状态下，判断质点是否进入塑性状态必须同时考虑所有的应力分量。研究表明，只有当各应力分量之间符合一定的关系时，质点才能进入塑性状态，这种关系称为**屈服准则**，也称为**塑性条件**或**塑性方程**。屈服准则是求解塑性成形问题必要的补充方程。

对于各向同性的材料，经实践检验并被普遍接受的屈服准则有两个：屈雷斯加屈服准则和密席斯屈服准则。

1. 屈雷斯加屈服准则

1864 年法国工程师屈雷斯加(H.Tresca)提出：任意应力状态下只要最大剪应力达到某临界值，材料就开始屈服。该临界值取决于材料在变形条件下的性质而与应力状态无关。因此，**屈雷斯加屈服准则**又称为**最大剪应力准则**，当设 $\sigma_1 > \sigma_2 > \sigma_3$ 时，其表达式为

$$\tau_{\max} = \frac{|\sigma_1 - \sigma_3|}{2} = \frac{\sigma_s}{2} \quad 或 \quad |\sigma_1 - \sigma_3| = \sigma_s \tag{2-16}$$

在事先不知道主应力的大小次序时，屈雷斯加屈服准则的普遍表达式为

$$\left. \begin{array}{l} |\sigma_1 - \sigma_2| = \sigma_s \\ |\sigma_2 - \sigma_3| = \sigma_s \\ |\sigma_3 - \sigma_1| = \sigma_s \end{array} \right\} \tag{2-17}$$

只要其中任何一式得到满足，材料即屈服。

2. 密席斯屈服准则

1913 年德国学者密席斯(Von Mises)提出另一个塑性条件，即**密席斯屈服准则**，又称能

量准则：当某点的等效应力 σ_i 达到某临界值时材料就开始屈服。同样，通过简单拉伸试验，可以确定该临界值就是材料的屈服点，由式(2-13)可写出密席斯屈服准则的表达式为

$$\bar{\sigma} = \frac{1}{\sqrt{2}}\sqrt{\left[(\sigma_1 - \sigma_2)^2 + (\sigma_2 - \sigma_3)^2 + (\sigma_3 - \sigma_1)^2\right]} = \sigma_s \qquad (2\text{-}18)$$

$$(\sigma_1 - \sigma_2)^2 + (\sigma_2 - \sigma_3)^2 + (\sigma_3 - \sigma_1)^2 = 2\sigma_s^2 \qquad (2\text{-}19)$$

3. 两屈服准则的比较

屈雷斯加屈服准则未考虑中间应力 σ_2 对材料屈服的影响，但在密席斯屈服准则中，中间应力 σ_2 对材料屈服是有影响的。当 $\sigma_2 = \sigma_1$ 或 $\sigma_2 = \sigma_3$ (轴对称应力状态)时，两个屈服准则是一致的；当 $\sigma_2 = (\sigma_1 + \sigma_3)/2$ (即平面应变状态)时，两个屈服准则的差别最大，达 15.5%；在其余应力状态下，两个屈服准则的差别小于 15.5%，视中间应力 σ_2 的相对大小而定。

2.2.3　塑性变形时应力与应变的关系

在单向应力状态下，应力与应变关系可以用单向拉伸时得到的硬化曲线来表示。绝大多数冲压成形过程中毛坯的塑性变形区都不处于单向应力状态，而是受到二向或三向应力的作用。在复杂应力状态下，处于塑性变形状态的毛坯变形区内应力与应变的关系(即本构关系)常用增量理论和全量理论来表述。

(1) **增量理论**(列维-密席斯方程)。一般说来，在塑性状态下，应力与全量应变之间不存在对应关系，二者的主轴方向也不一致。为了建立物体受力和变形之间的联系，只有撇开整个变形过程，而取变形过程中的某一微小时间间隔 dt 来研究。在 dt 时间内，单元体的每个应变分量都将产生一个应变增量。列维-密席斯提出：如果材料是理想的刚塑性材料，并且符合密席斯屈服准则，则应力主轴与应变增量的主轴方向一致。

取整个加载过程中某个微量时间间隔 dt 来研究，每个应变增量的分量与对应的应力偏量成正比。这就是**列维-密席斯方程**，或称为塑性变形的**增量理论**或**流动理论**。其表达式为

$$\frac{d\varepsilon_1 - d\varepsilon_2}{\sigma_1 - \sigma_2} = \frac{d\varepsilon_2 - d\varepsilon_3}{\sigma_2 - \sigma_3} = \frac{d\varepsilon_3 - d\varepsilon_1}{\sigma_3 - \sigma_1} = d\lambda \qquad (2\text{-}20)$$

式中：$d\lambda$ 为正值瞬时比例系数。

(2) **全量理论**。在简单加载条件下(即在塑性变形发展过程中，只加载不卸载，各应力分量一直按同一比例系数增长，亦称**比例加载**)，应力与应变增量的主轴方向不会发生变化，而且与全量应变的主轴重合，全量应变与应力之间也存在类似的比例关系。因此可以将上述增量理论中的所有应变增量均改用对应的全量应变来代替，使应力应变关系得到简化，得到全量理论公式为

$$\frac{\varepsilon_1 - \varepsilon_2}{\sigma_1 - \sigma_2} = \frac{\varepsilon_2 - \varepsilon_3}{\sigma_2 - \sigma_3} = \frac{\varepsilon_3 - \varepsilon_1}{\sigma_3 - \sigma_1} = \mathrm{con}st \qquad (2\text{-}21)$$

全量理论除用于简单加载的情况以外，一般用来研究小变形问题。对于非简单加载的大变形问题，只要变形过程中主轴方向的变化不是太大，应用全量理论也不会引起太大的误差。增量理论虽然比较严密，更接近于实际情况，但对于实际的变形过程，要由每一瞬时的应变

增量积分得到整个变形过程的应变全量是困难的，若要考虑冷作硬化，计算就更复杂了。

在板料成形中，要严格满足简单加载条件是不现实的。实践证明，工程问题的分析计算，只要近似满足简单加载条件，使用全量理论是容许的，这将大大简化分析计算过程。利用全量理论可对某些冲压成形过程中毛坯的变形和应力的性质作出定性的分析和判断。利用全量理论分析可以得出：

(1) 应力分量与应变分量符号不一定一致，即拉应力不一定对应拉应变，压应力不一定对应压应变(如图 2.10 所示)；

(2) 某方向应力为零其应变不一定为零(如图 2.10 所示)；

(3) 在任何一种应力状态下，应力分量的大小与应变分量的大小次序是相对的，即当 $\sigma_1 > \sigma_2 > \sigma_3 > 0$ 时，则有 $\varepsilon_1 > \varepsilon_2 > \varepsilon_3$；

(4) 若有两个应力分量相等，则对应的两个应变分量也相等，即若 $\sigma_1 = \sigma_2$，则有 $\varepsilon_1 = \varepsilon_2$。举例说明：

- 当 $\sigma_1 > 0$，且 $\sigma_2 = \sigma_3 = 0$ 时，材料受单向拉应力，由式(2-17)可得 $\varepsilon_1 > 0$，$\varepsilon_2 = \varepsilon_3 = -1/(2\varepsilon_1)$，即单向拉伸时拉应力作用方向为伸长变形其余两方向上的应变为压缩变形，且为拉伸变形的一半。

- 当 $\varepsilon_2 = 0$ 时，称为**平面应变状态**(或称**平面变形**)，必有 $\sigma_2 = (\sigma_1 + \sigma_3)/2$。当宽板弯曲时，在宽度方向的变形为零，即属于这种情况。

- 当 $\sigma_1 = \sigma_2 > 0$，而 $\sigma_3 = 0$ 时，必有 $\varepsilon_1 = \varepsilon_2 > 0$ 和 $\varepsilon_1 = \varepsilon_2 = -\varepsilon_3/2$。平板毛坯胀形中心部位即属于这种情况。

- 当 $\sigma_1 > \sigma_2 > \sigma_3 > 0$ 时，则 $\varepsilon_1 > 0$ 和 $\varepsilon_3 < 0$。

- 当 $0 > \sigma_1 > \sigma_2 > \sigma_3$ 时，则 $\varepsilon_3 < 0$ 和 $\varepsilon_1 > 0$。

2.3　塑性变形的基本规律

2.3.1　加工硬化规律

1. 加工硬化现象

一般而言，冲压加工属于冷塑性变形。对于常用的金属材料，塑性变形对金属组织和性能有影响——金属受外力作用产生塑性变形后不仅形状和尺寸发生变化，而且金属内部组织也会发生变化，因而金属的性能也发生相应的改变：

- 最显著的变化是金属的机械性能随着变形程度的增加，金属的强度和硬度逐渐增加，而塑性和韧性逐渐降低；

- 晶粒会沿变形方向伸长排列形成纤维组织，使材料产生各向异性；

- 由于变形不均匀，在材料内部会产生内应力，变形后作为残余应力保留在材料内部。

在冷塑性加工中，材料表现出的强度指标(硬度 HB，屈服 σ_s，抗拉强度 σ_b)上升和塑性指标(伸长率 δ，断面收缩率 ψ)下降，以及进一步塑性变形抗力增加的现象称为**加工硬化**或**冷变形强化**。

材料不同，变形条件(变形方式、变形温度、变形程度、变形速度等)不同，其加工硬化的程度不同。

加工硬化是金属塑性变形时的一个重要特性，也是强化金属的重要途径。在某些场合下，加工硬化对于改善板料成形性能亦有积极的意义。例如伸长类成形工艺中的内孔翻边、胀形、局部成形等，加工硬化率高的板材能够减少过大的局部变形(减少厚度的局部变薄量)，使变形趋向均匀，增大成形极限，尤其是对伸长类变形有利。但是，加工硬化对金属塑性成形也有不利的一面，因为它会使金属的塑性下降，变形抗力升高，继续变形困难，特别是对于高硬化率金属的多道次成形更是如此，有时需要增加中间退火热处理工艺来消除硬化，以使成形加工能继续进行下去。其结果是降低了生产率，增加了生产成本。由此可见，在处理冲压生产中的许多实际问题时，必须掌握和研究材料的硬化规律及其主要影响因素，以便在工艺设计中合理运用。

2. 加工硬化曲线

材料的变形抗力随变形程度变化的曲线称为**硬化曲线**，也称为**实际应力曲线**或**真实应力曲线**。硬化曲线一般可以通过对材料进行单向拉伸、单向压缩或板材胀形试验等多种方法获得。实际应力曲线与材料力学中所学的工程应力-应变曲线(也称假想应力-应变曲线或条件应力-应变曲线)是有所区别的，如表 2-2 及如图 2.11 所示。实际应力曲线不像工程应力-应变曲线那样在载荷达到最大值后转而下降，而是继续上升直至断裂，这说明金属在塑性变形过程中不断地发生加工硬化，从而使外加应力必须不断增高，才能使变形继续进行，即使在出现缩颈之后，缩颈处的真实应力仍在升高，这就排除了应力-应变曲线中应力下降的假象，即实际应力曲线能真实反映变形材料的加工硬化现象。

表 2-2　两种应力应变曲线的对比

硬化曲线	应　　力	应　　变	特　　点
条件应力曲线	条件应力(或称假想应力、名义应力、工程应力)：$\sigma = F/A_0$	假想应变(或称条件应变、名义应变、相对应变、工程应变)：$\in = (l - l_0)/l_0$	(1) 应力是按试样的原始截面积计算的条件应力，而没有考虑变形过程中试样截面积的减小。 (2) 应变也是用的条件应变，只考虑变形前和变形后两个状态试样的尺寸
实际应力曲线	真实应力(或称对数应力)：$S = F/A$	真实应变(或称对数应变)：$\in = \int_{l_0}^{l} \dfrac{\mathrm{d}l}{l} = \ln \dfrac{l}{l_0}$	(1) 应力是按试样的瞬时截面积计算的真实应力，考虑了变形过程中试样截面积的减小。 (2) 应变是用的真实应变，考虑了材料变形是一个逐渐积累的过程，即应变与材料变形的全过程有关
两者关系	$S = \sigma(1 + \varepsilon)$	$\varepsilon = \ln(1 + \varepsilon)$	(1) 根据真实应力 S 与真实应变 ε 作出的曲线叫做真实应力-应变曲线(又叫硬化曲线或变形抗力曲线) (2) 真实应力-应变曲线真实地反映变形材料的加工硬化现象，更符合塑性变形的实际情况，故在塑性加工中被广泛采用

对于同一种材料，由于变形温度和变形速率的不同，其真实应力-应变曲线亦不同。对于没有特别注明变形条件的真实应力-应变曲线是指材料在室温和准静载条件下的真实应

力-应变曲线。图 2.12 给出了几种金属材料室温拉伸试验所得的真实应力-应变曲线。

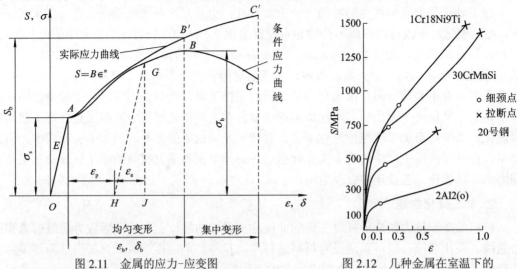

图 2.11 金属的应力-应变图

图 2.12 几种金属在室温下的真实应力-应变曲线图

加工硬化曲线虽然可由普通的拉伸试验方法求得，但因试验曲线的变化规律很复杂，因此试验工作必须十分精细、且繁琐。为了计算和使用上的方便，需要将试验所得的真实应力-应变曲线用某一数学表达式来近似描述。研究表明，很多金属材料的真实应力-应变曲线可以简化成幂函数强化模型，表示为

$$S = B\varepsilon^n \tag{2-22}$$

式中：B 为强度系数，与材料性能有关的系数；n 为**加工硬化指数**，表示硬化的程度。

加工硬化指数 n 表征材料在变形过程中的加工硬化速率，反映材料在拉伸时抗局部变形(失稳)的能力。n 值大的材料，其均匀伸长的能力也大，这对于以伸长为主的冷塑性成形是有利的。常用材料的 B 和 n 值见表 2-3。

表 2-3 各种材料的 B 和 n 值

材 料	B/MPa	n
软钢	710~750	0.19~0.22
黄铜(60/40)	990	0.46
黄铜(65/35)	760~820	0.39~0.44
磷青铜	1100	0.22
磷青铜(低温退火)	890	0.52
银	470	0.31
铜	420~460	0.27~0.34
硬铝	320~380	0.12~0.13
铝	160~210	0.25~0.27

注：表中数据均指退火材料在室温和低变形速度下试验求得的。

2.3.2 卸载回弹和反载软化现象

物体受力产生变形，所以应力与应变之间一定存在着某种关系：

• 弹性变形阶段：应力与应变之间的关系是线性的、可逆的，是单值的关系，与变形的加载历史无关，弹性变形是可恢复的；

• 塑性变形阶段：应力与应变之间的关系是非线性的、不可逆的，不是单值关系，与变形的加载历史有关。

由图 2.11 所示的硬化曲线可知，在弹性变形范围内(OA 段)，应力与应变的关系是线性函数关系 $\sigma = E\varepsilon$ (E 为材料的弹性模量，为常数)；在弹性变形的范围内卸载，应力、应变仍然按照同一直线(AO 段)回到原点，变形完成消失，没有残留的永久变形，多次加载、卸载均如此，即变形是可逆的、弹性变形是可以恢复的。一点的应变状态仅仅取决于该点的应力状态，一定的应力对应一定的应变，反之亦然，与已经经历的变形过程无关，即应力与应变之间的关系是单值的关系，与变形的加载历史无关。

如果进入塑性变形范围，即超过屈服点 A，则显然应力与应变之间的关系是非线性的(AB 段)；当变形到达某点 $G(\sigma, \varepsilon)$时，逐渐减小外载荷，应力应变的关系就按另一条直线 GH 逐渐降低，不再重复加载曲线所经过的路线(OAG)，卸载直线正好与加载时弹性变形的直线段 OA 相平行，直至载荷为零($\sigma=0$)。于是，加载时的总变形(即 G 点处的变形)就分为两部分：一部分(ε_e)因弹性恢复而消失，另一部分(ε_p)则保留了下来，成为永久变形，即总的变形为 $\varepsilon = \varepsilon_e + \varepsilon_p$。如果卸载后再重新同向加载，应力应变关系将沿直线 HG 逐渐上升，而与初始加载时所经历的的路线(OAG)不同，因此变形过程是不可逆的；到达 G 点应力 σ 时，材料才开始屈服，随后应力应变关系继续沿着加载曲线 GB 变化。而且在同一个应力 σ 时，因为加载历史不同，应变也不同，即应力与应变不是单值关系，与变形的加载历史有关。

经过加载、卸载、再加载，到达 G 点应力 σ 时，材料才开始屈服，所以塑性加载曲线 AGB 上的任意点 σ 又可理解为材料在变形程度为 ε 时的屈服点。推而广之，在塑性变形阶段，应力应变曲线上每一点的应力值都可以理解为材料在相应的变形程度下的屈服点。

这种加载进入塑性变形后再卸载，塑性变形保留了下来，而弹性变形完全恢复的现象，叫做**卸载弹性恢复**，简称**回弹**或**弹复**。如图 2.13 所示，板料弯曲后，回弹现象特别明显。

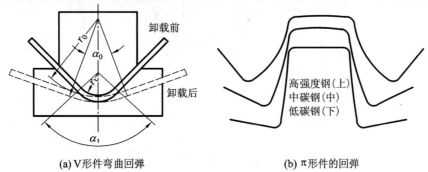

(a) V形件弯曲回弹　　　　　　　　　　　(b) π形件的回弹

图 2.13　板料弯曲回弹现象

试验表明，如果卸载后反向加载，即由拉伸改为压缩，反向加载时，材料的屈服应力较拉伸时的屈服应力有所降低，即 $\sigma_s > \sigma_s'$，如图 2.14 所示，出现所谓的**反载软化现象**。反向加载，材料屈服后(过 A' 点)，应力与应变之间基本按照加载时的曲线规律变化。

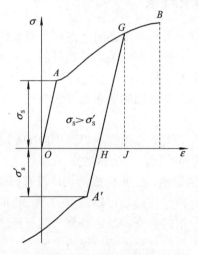

图 2.14　反载软化曲线

反向加载时屈服应力的降低量，因材料的种类和正向加载的变形程度不同而异。关于反载软化现象，有人认为可能是正向加载时材料中的残余应力而引起的。

2.3.3　最小阻力定律

在塑性变形过程中，金属的整体平稳性被破坏，金属被强制流动，当金属质点中有向几个方向移动的可能性时，它将向阻力最小的方向移动。换句话说，在冲压加工时，板料在变形过程中总是沿着阻力小的方向发展，这就是塑性变形中的**最小阻力定律**。例如，将一块方形板料拉深成圆筒形制件，当凸模将板料拉入凹模时，距凸模中心愈远的地方(即方形料的对角线处)，流动阻力愈大，愈不易向凹模洞口流动，拉深变形后，凸缘形成弧状而不是直线边，如图 2.15 所示。

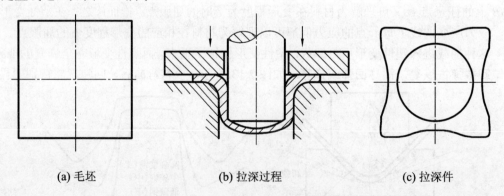

(a) 毛坯　　　　　　　　　(b) 拉深过程　　　　　　　　　(c) 拉深件

图 2.15　方板拉深试验——最小阻力定律试验

最小阻力定律说明了在冲压生产中金属板料流动的趋势，控制金属流动就可控制变形的趋势。影响金属流动的主要因素是材料本身的特性和应力状态，而应力状态与冲压工序的性质、工艺参数和模具结构参数(如凸模、凹模工作部分的圆角半径、间隙、摩擦等)有关。如图 2.15 所示的方形件拉深，若直边与四角的间隙值相同时，不是四角拉破就是直壁

部分起皱。若直边采用较小间隙，四角采用较大间隙；或使凹模四角的圆角半径大于直边
部分的圆角半径，则可消除上述现象。

2.4　冲压成形性能及冲压材料

2.4.1　冲压成形性能的概念

1. 冲压成形性能的涵义

冲压成形加工方法与其他加工方法一样，都是以自身性能作为加工依据的。对材料实
施冲压成形加工必须要有好的冲压成形性能。

材料对各种冲压加工方法的适应能力称为材料的**冲压成形性能**。材料的冲压成形性能
好，就是指材料便于冲压加工，一次冲压工序的极限变形程度和总的极限变形程度大，生
产率高，容易得到高质量的冲压件，模具的使用寿命长。由此可见，冲压成形性能是一个
综合性的概念。

2. 成形极限

1) 两种失稳现象

板料在冲压过程中可能会出现两种失稳现象：

(1) **拉伸失稳**：板料在拉应力的作用下局部出现缩颈和破裂的现象，如图 2.16(a)和(c)
所示；

(2) **压缩失稳**：板料在压应力的作用下出现的起皱现象，如图 2.16(b)所示。

(a) 拉伸试样的缩颈　　　(b) 压缩起皱　　　(c) 盒形件的顶部边缘发生破裂

图 2.16　板料成形过程中的失稳现象

2) 成形极限及其分类

板料发生失稳之前可以达到的最大变形程度叫做**成形极限**。其值越高，表示板料的狭
义冲压成形性能越好。成形极限分为总体成形极限和局部成形极限。

(1) **总体成形极限**：反映材料失稳前总体尺寸可以达到的最大变形程度，如最小相对
弯曲半径$(r/t)_{min}$、极限拉深系数 m_{min}、最大胀形深度 h_{max} 和极限翻边系数 K_{fmin} 等。这些极
限系数通常作为规则形状板料零件工艺设计的重要依据。对不同的成形工序，成形极限应
采用不同的极限变形系数来表示。这些极限变形系数可以在各种冲压手册中查到，也可通
过直接试验法求得。

(2) **局部成形极限**：是反映板料失稳前局部尺寸可达到的最大变形程度。如复杂零件

在成形时，由于变形的不均匀性，板料各处变形差异很大，因此必须用局部成形极限来描绘零件上各点的变形程度，局部极限应变即属于局部成形极限。

3. 成形极限图

如图 2.17 所示，在冲压成形时，金属薄板上局部缩颈区或破裂区的表面应变量称为**表面极限应变量**(即**局部极限应变**)，在板平面二维应变坐标系中，用不同应变路径下的表面极限应变量连成的曲线或勾画出的条带形区域称为**成形极限曲线**(简称 FLC)，表面极限应变量与成形极限曲线共同构成了**成形极限图**(简称 FLD)，它全面反映了板材在单向和双向拉应力作用下的局部成形极限。

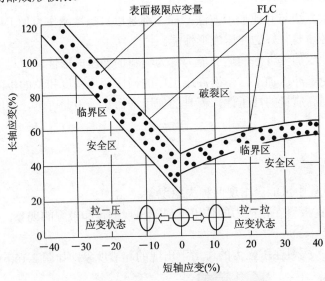

图 2.17　板料成形极限图

成形极限图是判断和评定板材局部成形性能的最为简便和直观的一种定量描述方法，同时也是对冲压工艺成败性的一种判断曲线，是解决板材冲压成形问题(破裂和起皱)的一个非常有效的工具。

成形极限图的应用：根据绘制的成形极限图，将金属板料的成形区域划分为安全区、破裂区和临界区三个区域。不同的冲压工艺和工艺参数都会导致板料表面应变量的不同，从而可以根据该工艺所处成形极限图的位置，确定板材在冲压成形过程中抵抗局部缩颈或破裂的能力。

2.4.2　板料机械性能与冲压成形性能的关系

板料的冲压成形性能是通过试验来测定的。板料冲压性能的试验方法很多，但概括起来可以分为直接试验法与间接试验法。**直接试验法**有反复弯曲试验、胀形性能试验、拉深性能试验等，在试验中，试样所处的应力状态和变形情况与真实冲压过程基本相同，所得的结果比较准确，能直接可靠鉴定板料某类冲压成形性能，但需要专用试验设备或工装。**间接试验法**(Indirect Testing)有拉伸试验、剪切试验、硬度试验、金相检查等，在试验中，试样所处的应力状态和变形情况与真实冲压时有一定区别，所得的结果只能在分析的基础上间接地反映板料的冲压性能。但由于这些试验在通用试验设备上即可进行，故常常被采用。

　　板料的单向拉伸试验是确定其机械性能的简单而常用的试验方法，如图 2.11 所示。一般而言，它提供的机械性能指标，可用来定性地评估材料的冲压成形性能。

　　(1) **强度指标**(屈强比 σ_s/σ_b)：表示材料的屈服强度与抗拉强度之比。若 σ_s/σ_b 小，则表示允许的塑性变形区域大，成形过程稳定性好，断裂危险性小，有利于提高极限变形程度、减少工序数目，且回弹也较小，这对所有冲压成形都是有利的。

　　(2) **弹性指标**(弹性模量 E)：弹性模量 E 愈大，在成形中抗压失稳能力愈强，卸载后弹性恢复愈小，有利于提高零件的尺寸精度。

　　(3) **塑性指标**(均匀延伸率 δ_b)：表示板料产生均匀或稳定变形的塑性变形的能力。而一般冲压成形都是在板料的均匀变形范围内进行的，故 δ_b 直接影响板料在以伸长为主的变形的冲压性能。例如在圆孔翻边、胀形等工序中，δ_b 愈大，则表明极限变形程度愈大。

　　(4) **刚性指标**(硬化指数 n)：当 n 值大时，表示硬化效应大，金属薄板抵抗缩颈能力强，从而阻止了局部集中变形的进一步发展，具有扩展变形区、使应变均匀化和增大极限变形程度的作用，对伸长类变形是有利的。

　　(5) **塑性各向异性**(板厚方向性系数 γ 和板平面各向异性度 $\Delta\gamma$)：指金属板料塑性性能的方向性，即由于板料在轧制时出现的纤维组织等因素，板料的塑性会因方向不同而出现差异，这种现象称为板料的塑性各向异性。其通常可分为塑性厚向异性与塑性平面各向异性两种类型，如图 2.18 所示。

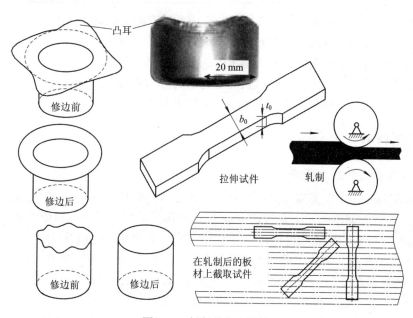

图 2.18　板材的各向异性

　　① **塑性厚向异性**：金属板料厚度方向与其平面内任一方向的塑性性能之差异称为塑性厚向异性。可以用**厚向异性系数** $\gamma=\varepsilon_b/\varepsilon_t=\ln(b/b_0)/\ln(t/t_0)$(又称**塑性应变比**)——板料拉伸试验时的宽向应变与厚向应变之比来表示。γ 值的大小反映板料平面方向与厚度方向变形程度的差异，γ 值愈大，则表明在板平面方向上愈容易产生变形，而在厚度方向上较难变形，这对拉深成形是很有利的。

　　② **塑性平面各向异性**：由于材料在不同方位上厚向异性系数不同，因此在板平面内形

成各向异性。金属板料平面内不同方向的塑性性能之差异称为塑性平面各向异性。塑性平面各向异性经常会使拉深成形制件的口部边沿凸凹不齐,其中突出部分称为**凸耳**,如图 2.18 所示。塑性平面各向异性通常用拉伸试验时的**板平面各向异性系数** $\Delta\gamma=(r_0+r_{90}-2r_{45})/2$ 来表示,$\Delta\gamma$ 的绝对值大,表明板平面内各向异性越严重,变形越不均匀。拉深成形时凸耳问题严重,既浪费材料又要增加一道修边工序,所以在生产中应尽量设法降低板材的 $\Delta\gamma$ 值。表 2-4 为一些材料的 γ 值和 $\Delta\gamma$ 值。

表 2-4 一些材料的 γ 值和 $\Delta\gamma$ 值

材料	γ	$\Delta\gamma$
沸腾钢	1.16	0.50
铝镇静钢	1.58	0.77
冷轧拉深钢板	1.63	1.13
不锈钢板	1.16～1.25	0.74～1.34
铝(半硬)	0.87	−0.54
紫铜(软)	0.89	−0.10
黄铜(软)	1.05	−0.14
钛	5.51	−0.04

综上所述,可总结出板料机械性能与冲压成形性能的关系如下:

- 板料的强度指标越高,产生相同变形量时所需的力就越大;
- 塑性指标越高,成形时材料所能承受的极限变形量就越大;
- 刚度指标越高,成形时材料抵抗失稳起皱的能力就越大;
- 不同冲压工序对板料的机械性能的具体要求有所不同。

2.4.3 冲压材料

1. 对冲压材料的基本要求

冲压所用材料,不仅要满足产品设计的技术要求,还应当满足冲压工艺的要求和冲压后续的加工要求(如切削加工、焊接、电镀等)。冲压工艺对材料的基本要求如下。

(1) 具有良好的冲压成形性能。为了有利于冲压变形和制件质量的提高,材料应具有良好的冲压成形性能。而冲压成形性能与材料的机械性能有着密切的关系。例如,屈强比 (σ_s/σ_b) 小、弹性模量(E)大、塑性指数(均匀延伸率 ε_b)高、厚向异性系数(γ)大、板平面各向异性系数($\Delta\gamma$)小的材料,有利于冲压的各种塑性变形。

(2) 具有较高的表面质量。材料表面应光滑,无氧化皮、裂纹、划伤等缺陷。表面质量高的材料,成形时不易破裂和擦伤模具,零件表面质量好。对优质碳素结构钢薄钢板,按国家标准 GB/T 710-1991 规定,钢板的表面质量分为 Ⅰ(特别高级的精整表面)、Ⅱ(高级的精整表面)、Ⅲ(较高的精整表面)、Ⅳ(普通的精整表面)组。

(3) 厚度公差应符合国家标准。在一些塑性变形工序中,凸、凹模的间隙是根据板料厚度来确定的,所以圆网格厚度公差必须符合国家标准。否则,不仅会影响零件的质量,还可能在校正弯曲、整形等工序中,因厚向的正偏差过大而引起模具或冲床的损坏。对厚度在 4 mm 以下的轧制薄钢板，按国家标准 GB/T 708－1991 规定，钢板的厚度精度分为高级(A)、较高级(B)和普通极(C)三种。

2. 常用冲压材料

常用冲压材料多为各种规格的板料、条料、带料和块料，它们的尺寸规格均可在有关标准中查到。板料的尺寸较大，常见规格有 710 mm × 1420 mm 和 1000 mm × 2000 mm 等，一般用于大型零件的冲压。对于中小型零件，多数是将板料剪裁成条料后使用。带料(又称卷料)有各种规格的宽度，展开长度可达几千米，适用于大批量生产的自动送料。块料只用于少数钢号的价格昂贵的有色金属的冲压。常用冲压材料有：

(1) 黑色金属：普通碳素钢、优质碳素钢、碳素工具钢、碳素结构钢、合金结构钢、不锈钢、硅钢等，如表 2-5 所示。

表 2-5　常用黑色金属材料牌号与分类

类　别	牌　号	类　别	牌　号
普通碳素结构钢	Q195　Q215A Q215B　Q235A Q235B　Q255A Q255B　Q275	优质碳素结构钢	08F　10 15　20 20F　35 45　50Mn
碳素工具钢	T7　T7A T8　T8A T10　T10A T12　T12A	合金结构钢	12CrNi3 15Mn2　20Cr 40CrNiMo 40Cr　40Mn2
合金工具钢	Cr12MoV　Cr12 9SiCr　3Cr2W8V 9Mn2V　CrWMn Cr6WV　9Cr2	电工硅钢	D11　D12 D21　D31 D32　D370 D310－340
高速工具钢	W18Cr4V W6Mo5Cr4V2	弹簧钢	65Mn　60Si2Mn 65Si2WA
轴承钢	GCr15 GCr9 GCr6	不锈钢	1Cr13　2Cr13 3Cr13　4Cr13 1Cr18Ni9Ti

(2) 有色金属：铜及铜合金、铝及铝合金，镁合金、钛合金等，如表 2-6 所示。

(3) 非金属材料：纸板、胶木板、塑料板、纤维板、石棉、皮革、云母等，主要是冲压加工的分离工序。

一般深拉深低碳薄钢板(钢号 08F，08，10，15，20)按拉深级别可分为 Z(最深拉深)、S(深拉深)、P(普通拉深)级；用于拉深复杂零件的铝镇静钢板(钢号 08Al)，按拉深性能可分为 ZF、HF、F 三级，如表 2-7 所示。

表2-6　常用有色金属材料牌号与分类

类　别	牌　号	类　别	牌　号
工业纯铝	1070A　1060 1050A　1200	硬铝	2A11　2A12
防锈铝	5A21　5A02 5A03　5A05	锻铝	2A14　2A50
纯铜	T1　T2　T3	黄铜	H96　H68 H62
青铜	QSn4-3　QA17 QBe2	工业纯钛	TA2　TA3 TA5
钛合金	TC1　TC2 TC3　TB2	镁锰合金	MB1　MB8
镍合金	NSi0.19　NMg0.1 NCu28-2.5-1.5		

表2-7　深拉深冷轧薄钢板的力学性能(GB/T5213－1985 和 GB/T710—1991)

钢号	级别	厚度/mm	σ_b/MPa	σ_s/MPa	δ_{10}(%)	σ_s/σ_b
				不　小　于		
08Al		全部	260～330	210	44	0.66
	ZF	全部	260～340	210	42	0.70
	HF	>1.2	260～350	220	39	—
	F	1.2	260～350	220	42	—
		<1.2	260～350	240	42	—
08F	Z	≤4	280～370	—	34	—
	S		280～390	—	32	—
	P		280～390	—	30	—
08	Z	≤4	280～400	—	32	—
	S		280～420	—	30	—
	P		280～420	—	28	—
10	Z	≤4	300～420	—	30	—
	S		300～440	—	29	—
	P		300～440	—	28	—
15	Z	≤4	340～460	—	27	—
	S		360～480	—	26	—
	P		360～480	—	25	—
20	Z	≤4	360～500	—	26	—
	S		360～510	—	25	—
	P		360～510	—	24	—

注：铝镇静钢 08Al 按拉深质量分为三级：ZF—拉深最复杂零件；HF—拉深很复杂零件；F—拉深复杂零件。表中，Z—最深拉深级；S—深拉深级；P—普通拉深级。

板料供应状态可分为退火状态(或软态)M、淬火状态 C、硬态 Y、半硬态(1/2 硬)Y_2 等。板料有冷轧和热轧两种轧制状态。

各种材料的牌号、规格和性能，可查阅有关手册和标准。表 2-8 及表 2-9 给出了常用冲压材料的机械性能，从表中数据可以近似判断材料的冲压成形性能。

表 2-8　部分常用冲压材料的力学性能

材料名称	牌号	材料状态	抗剪强度 τ / MPa	抗拉强度 σ_b / MPa	伸长率 δ_{10}/%	屈服强度 σ_s / MPa
电工用纯铁 (C < 0.025)	DT1、DT2、DT3	已退火	180	230	26	—
普通碳素钢	Q195	未退火	260～320	320～400	28～33	200
	Q235		310～380	380～470	21～25	240
	Q275		400～500	500～620	15～19	280
优质碳素结构钢	08F	已退火	220～310	280～390	32	180
	08		260～360	330～450	32	200
	10		260～340	300～440	29	210
	20		280～400	360～510	25	250
	45		440～560	530～685	16	360
	50		440～580	540～715	13	380
	65Mn		600	750	12	400
不锈钢	1Cr13	已退火	320～380	400～470	21	—
	1Cr18Ni9Ti	热处理退软	430～550	540～700	40	200
铝	L2、L3、L5	已退火	80	75～110	25	50～80
		冷作硬化	100	120～150	4	—
铝锰合金	LF21	已退火	70～110	110～145	19	50
硬铝	LY12	已退火	105～150	150～215	12	—
		淬硬后冷作硬化	280～320	400～600	10	340
纯铜	T1、T2、T3	软态	160	200	30	7
		硬态	240	300	3	—
黄铜	H62	软态	260	300	35	—
		半硬态	300	380	20	200
	H68	软态	240	300	40	100
		半硬态	280	350	25	—

表 2-9　非金属材料的极限抗剪强度　　　　　　　　MPa

材料名称	极限抗剪强度 τ		材料名称	极限抗剪强度 τ	
	管状凸模冲裁	普通凸模冲裁		管状凸模冲裁	普通凸模冲裁
纸胶版	100～130	140～200	软钢纸板	20～40	20～30
布胶版	90～100	120～180	有机玻璃	70～80	90～100
玻璃布胶板	120～140	160～185	聚氯乙烯	60～80	100～130
金属箔的玻璃布胶板	130～150	160～220	氯乙烯	30～40	50
金属箔的纸胶版	110～130	140～200	赛璐珞	40～60	80～100
环氧酚醛玻璃布板	180～210	210～240	皮革	6～8	30～50
工业橡胶板	1～6	20～80	工业用皮革	—	45～55
石棉橡胶	40	—	工业用毛毡	4～5	—
人造橡胶、硬橡胶	40～70	—	桦木胶合板	10	—
层压纸板	100～130	140～200	漆布、绝缘漆布	30～60	—
层压布板	90～100	120～180	云母	50～80	60～100
绝缘布板	40～70	60～100	人造云母	120～150	140～180
厚纸板	30～40	40～80	硬钢纸板	30～50	40～45

习 题

1. 什么是塑性、塑性变形及变形抗力？

2. 塑性是金属固定不变的性能吗？变形条件可以改变塑性吗？

3. 什么是条件应力和条件应变？什么是真实应力和真实应变？它们之间有什么差别？

4. 什么是平均应力或静水压力？它对塑性的影响规律是什么？

5. 什么是金属塑性变形时的体积不变定律？试用写出其表达式。

6. 试画出金属塑性变形时各种可能出现的应力状态图、应变状态图。

7. 等效应力和等效应变的含义是什么？

8. 金属的屈服准则或塑性条件有哪两个？举例说明两者在什么情况下一致？在什么情况下差别最大？

9. 试写出塑性变形时应力与应变的关系式。

10. 什么是金属的加工硬化现象？在冲压工艺中，加工硬化总是一个不利的因素吗？

11. 实际应力曲线与条件应力曲线，哪个更能真实反映变形材料的加工硬化现象？为什么？

12. 什么是卸载回弹和反载软化现象？

13. 塑性变形中的最小阻力定律有何功用？

14. 板料在冲压过程中可能出现哪两种失稳现象？

15. 什么是成形极限图？它有何功用？

16. 什么是板料的冲压成形性能？用哪些机械性能指标可以间接地评价冲压成形性能？

17. 对冲压材料有哪些基本要求？

18. 表2-10列出4种材料的3种性能指标$(\sigma_s; \gamma_0, \gamma_{45}, \gamma_{90}; n)$，试讨论：

(1) 哪种材料的拉深性最好？

(2) 哪种材料的凸耳程度最小？

(3) 哪种材料的均匀延伸率最大？

(4) 哪种材料的胀形高度最大？

(5) 上述材料分别适于何种冲压成形工艺？

表2-10 材料性能指标

性能 材料	屈服强度 σ_s/MPa	原向异性系数 γ			硬化指数 n
		γ_0	γ_{45}	γ_{90}	
1	28.4	0.60	0.53	0.94	0.27
2	178	0.82	0.93	0.81	0.44
3	206	1.32	1.05	1.64	0.21
4	307	2.25	2.08	1.61	0.11

第3章 冲裁工艺

　　冲裁是最基本的冲压工序。本章主要介绍冲裁的工艺设计基础，这是本课程的重点内容。在分析冲裁变形过程及冲裁件质量的基础上，介绍冲裁工艺计算及工艺设计的基本知识。本章涉及冲裁变形规律、冲裁件质量及影响因素、冲裁间隙的重要作用及确定、冲裁各工艺力的计算、冲裁模刃口尺寸计算原则和方法、冲裁件的排样方式及排样图设计等内容。工艺力的计算及工艺设计是模具结构设计、模具零部件设计、冲压设备选用的基础及依据。

　　冲裁是利用模具使板料沿着一定的轮廓形状产生分离的一种冲压工序，如图3.1所示。它包括落料、冲孔、切口、切边、剖切、整修、精密冲裁等，但通常是指落料和冲孔工序。冲裁后若封闭曲线以内的部分为零件，则称为**落料**；冲裁若封闭曲线以外的部分为零件，则称为**冲孔**。如图3.2所示的垫圈即是由落料和冲孔两道工序共同完成的。

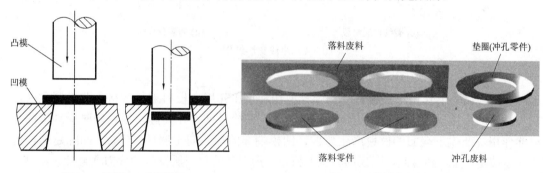

图 3.1　冲裁加工示意图　　　　　　　　　图 3.2　落料件与冲孔件

　　冲裁工艺是冲压生产的主要工艺方法之一，在冲压加工中应用极广，它既可以直接冲制成品零件，又可为弯曲、拉深和成形等工序制备毛坯。如图3.3所示的桑塔纳汽车仪表盘极板、极环即是由冲裁直接得到的。

图 3.3　桑塔纳汽车仪表盘极板和极环

3.1　冲裁变形分析

　　为了合理设计冲裁工艺与冲裁模，控制冲裁件质量，就必须分析冲裁变形过程，了解和掌握冲裁变形规律。

3.1.1　冲裁变形过程

　　从凸模接触板料到板料被一分为二的过程即为板料的冲裁变形过程，这个过程是瞬间完成的，在间隙正常、凸模及凹刃口锋利情况下，冲裁变形过程可分为三个阶段，如图3.4所示。

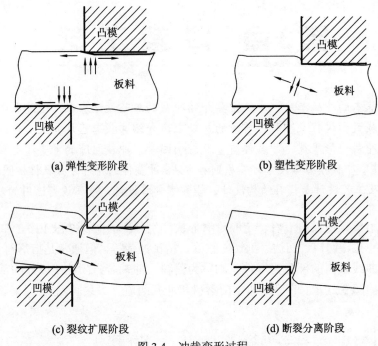

(a) 弹性变形阶段　　　　　　　　　　　　(b) 塑性变形阶段

(c) 裂纹扩展阶段　　　　　　　　　　　　(d) 断裂分离阶段

图 3.4　冲裁变形过程

1. 弹性变形阶段(图 3.4(a))

在凸模压力的作用下，板料受到弹性剪切和挤压作用，板料被稍微挤入凹模洞孔内，在与凸、凹模接触处形成很小的圆角。由于凸、凹模之间存在间隙，板料同时受到弯曲和拉伸作用，凸模下端面的板料产生弯曲，凹模端面的板料向上翘曲(穹弯)。间隙越大，弯曲和翘曲越严重。随着凸、凹模刃口压入板料，刃口处的材料所受到的应力逐渐增大，直至达到板料的弹性极限，但未超过板料的屈服应力。此时，若使凸模回升，板料即可恢复原状。

2. 塑性变形阶段(图 3.4(b))

凸模继续下压，由于板料翘曲，凸模、凹模与板料仅在刃口处接触，此时刃口处将会产生应力集中，此处的材料应力产生达到屈服极限，塑性变形便从刃口附近的材料表面处开始。凸模挤入板料上部，同时板料下部挤入凹模洞孔，在对应凸、凹模刃口的板料上、下表面处形成圆角(或塌角)，同时形成一个与板料表面垂直的、环形的、光亮的塑性剪切面。随着凸模挤入板料深度的增大，塑性变形区由刃口附近的材料表面向材料深度发展、扩大，直到在板料的整个厚度方向上产生塑性变形，塑性变形程度增大，同时加工硬化加剧，变形抗力不断上升，应力也随之增加，直至刃口附近处的材料达到极限应力值而出现裂纹时，塑性变形阶段便告结束，此时冲裁力达到最大值。

3. 断裂分离阶段(图 3.4(c)和图 3.4(d))

材料内裂纹的起点是在凸、凹模刃口侧面距刃尖很近的材料处，裂纹在凹模一侧开始产生，然后才在凸模刃口侧面产生。随着凸模继续下压，在拉应力的作用下，已产生的上、下裂纹沿最大剪应力方向不断向材料内部扩展(图 3.4(c))。当间隙合理时，上、下裂纹扩展相遇，材料被切断分离(图 3.4(d))。随后，凸模将分离的材料推入凹模洞孔内。

3.1.2　冲裁力-行程曲线

冲裁变形过程中冲裁力与凸模行程关系曲线如图 3.5 所示。

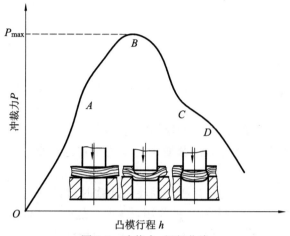

图 3.5　冲裁力-行程曲线

图中 *OA* 段对应冲裁的弹性变形阶段，近似直线上升。凸模开始接触材料时，由于板料翘曲等原因，冲裁力增加相对缓慢，之后便迅速上升。*AB* 段对应塑性变形阶段：模具切刃一旦挤入材料，由于加工硬化，冲裁力上升，但同时由于材料的几何软化(即厚度方向上的承载面积在减小，抵抗变形的能力在下降)，冲裁力的上升速度有所缓慢。当加工硬化与几何软化作用影响相当时，冲裁力便达到最大值，在此点(*B* 点)材料开始出现裂纹。*BC* 段对应于裂纹扩展直至板料断裂阶段，几何软化超过了加工硬化的影响，于是冲裁力下降。*CD* 段主要是用于克服摩擦力将工件推入凹模洞孔时所需的力。

3.1.3　冲裁过程受力分析

图 3.6 是无压边装置冲裁时板料的受力图。从图中可以看出，冲裁过程中板料主要受到四对力的作用，它们分别是：

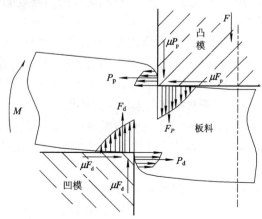

图 3.6　冲裁过程板料受力情况分析

(1) **剪切力 F_p 与 F_d**：凸、凹模端面对板料施加的垂直压力，使作用力点(凸、凹模刃口处)间的板料产生剪切变形，并使对着刃口处的板料形成圆角。由于凸、凹模之间存在间隙 $Z/2$，F_p 与 F_d 不在同一垂直线上，故板料受到弯矩 $M \approx F_p Z/2$ 而翘曲，使模具表面与板料的接触面仅限制在刃口附近的狭小区域，其接触宽度约为板厚的 0.2~0.4 倍。剪切力 F_p 与 F_d 在接触面上呈不均匀分布，随着向刃尖靠近而急剧增大。

(2) **横向侧压力 P_p 与 P_d**：板料因翘曲而挤压凸、凹模侧面，因受模具的横向反作用力，材料受横向挤压变形而形成光亮带。横向侧压力 P_p 与 P_d 在接触面上也呈不均匀分布，随着向刃尖靠近而增大。

(3) **端面摩擦力 μF_p 与 μF_d**：凸、凹模端面与板料间的摩擦力，其方向与间隙大小有关，一般是指向刃尖。

(4) **侧壁摩擦力 μP_p 与 μP_d**：凸、凹模侧壁与板料之间的摩擦力，其方向是指向刃尖。

上述摩擦力的值较小，因此对冲裁变形过程的影响也较小，但可以造成模具刃口的磨损。

由以上分析可知，由于有间隙存在，因此在冲裁时材料将会受到垂直方向压力(剪切力)、横向侧压力、摩擦力、弯矩和拉力的作用，变形不是纯剪切过程，除产生剪切变形外，还伴随着弯曲、拉伸、挤压等。间隙越大，弯曲和拉伸变形也越大，而挤压变形却越小。

3.1.4　冲裁断面的特征

由于冲裁变形的上述特点，冲裁件的断面具有明显的四个区域特征，如图 3.7 所示。

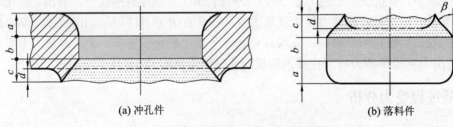

(a) 冲孔件　　　　　　　　　　(b) 落料件

图 3.7　冲裁件断面的四个区域特征

(1) **圆角带 a**：又称塌角，凸模刃口刚切入材料时，刃口附近的材料被牵连拉入间隙、产生弯曲和伸长变形的结果。

(2) **光亮带 b**：光亮、垂直的断面，通常占整个断面的 1/2~1/3。该区域在塑性变形阶段形成，由于凸模压入材料，材料受到凸、凹模侧面的强烈挤压和摩擦所致。

(3) **断裂带 c**：表面粗糙且带有锥度的部分。该区域在断裂分离阶段形成，是由于刃口附近的微裂纹在拉应力的作用下不断扩展而形成的撕裂面。

(4) **毛刺 d**：在断裂带周边上形成的不规则的撕裂毛边。它是由于微裂纹的起点在模具侧面距刃尖不远处发生而产生的。若凸模继续下行，则将使已形成的毛刺拉长并残留在冲裁件上。

断裂带与毛刺的形成过程如下(图 3.8)：当刃尖附近材料达到极限应力与应变时，材料便开始产生裂纹。由于凸、凹模端面的静水压力比侧面的高，裂纹起点不在刃尖，而是在距刃尖很近的刃口侧面 A、E 点处产生。显然，裂纹产生的同时也就形成了毛刺，当凸模继续下压时，毛刺将会逐渐被拉长。因为裂纹是在刃口侧面开始产生，所以在普通冲裁时，毛刺的产生是不可避免的。

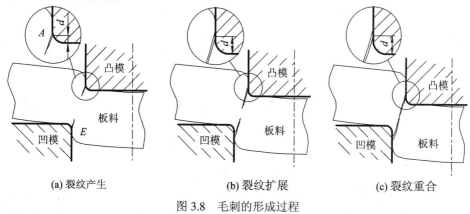

(a) 裂纹产生　　　　　　　　(b) 裂纹扩展　　　　　　　　(c) 裂纹重合

图 3.8　毛刺的形成过程

3.2　冲裁件质量的分析

冲裁件质量主要是指断面质量、尺寸精度及形状误差三个方面。冲裁件质量好的标志：断面应尽可能垂直光滑、光洁，尺寸精度及零件外形应满足图纸要求，毛刺小，表面尽可能平整，即拱弯小。如图 3.9 所示。

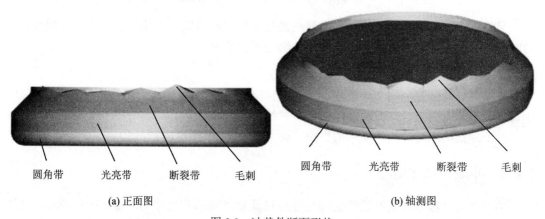

圆角带　光亮带　断裂带　毛刺　　　　　圆角带　光亮带　断裂带　毛刺

(a) 正面图　　　　　　　　　　　　　　　(b) 轴测图

图 3.9　冲裁件断面形状

3.2.1　冲裁件断面质量

冲裁件断面应平直、光滑、无裂纹、无撕裂、无夹层和无毛刺等缺陷。在冲裁断面的四个特征区中，光亮带越宽，断裂带越窄，圆角及毛刺越小，冲裁件的质量就越好。影响断面质量的因素主要有冲裁间隙、材料力学性能、模具刃口状态等，其中影响最大的是冲裁间隙，这将在 3.3.1 节中详细论述。

1. 材料力学性能

塑性好的材料，冲裁时裂纹出现得较迟，材料被塑性剪切的深度较大，光亮带所占的比例较大，圆角、毛刺和穹弯也较大，断裂带则窄一些；而塑性差的材料，容易被拉断，材料被塑性剪切不久便会出现裂纹，使光亮带所占比例大、圆角所占比例小，并且大部分是粗糙的断裂面。

2．模具刃口状态

模具刃口越锋利则拉力越集中。当模具刃口变钝出现圆角时，不能很好地使材料分离，刃口与材料的接触面积增加，应力集口效应减轻，挤压作用增强，延缓了裂纹的产生，光亮带宽、圆角与断裂带增大，但裂纹发生点由刃口侧面向上移动，毛刺高度加大，如图 3.10 所示。当凸模磨钝后，会在落料件上端产生毛刺(图 3.10(a))；当凹模磨钝后，会在冲孔件的孔口下端产生毛刺(图 3.10(b))；当凸、凹模同时磨钝时，冲裁件上、下端面都会产生毛刺(图 3.10(c))。

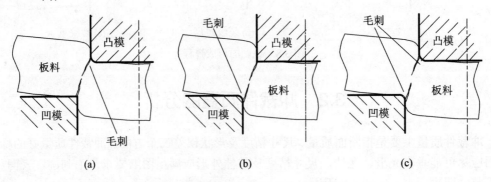

(a)　　　　　　　　　(b)　　　　　　　　　(c)

图 3.10　模具磨损时毛刺的形成情况

另外，由于长期受到振动冲击而使凸模与凹模中心线发生变化，轴线不重合致使凸模与凹模之间的间隙不均匀，在间隙大的一侧毛刺会增大。

3．模具和设备情况

若模具导向装置(图 1.2 中的导柱、导套)具有较高的精度，压力机滑块导向精确可靠，则可保证冲裁时间隙合理，冲裁件断面质量好。

关于冲裁间隙对冲裁件质量的影响，将会在 3.3.1 节中讲述。

3.2.2　冲裁件尺寸精度

冲裁件尺寸精度是指冲裁件实际尺寸与设计要求的基本尺寸的差值，差值越小，表明冲裁件精度越高。这个差值包括两方面的偏差：一是由模具本身的制造、磨损引起的偏差；二是冲裁件相对于凸、凹模尺寸的偏差。后者是由于冲裁时模具和冲裁件的弹性变形引起的。

1．模具的制造精度

如图 3.11 所示，由于凸、凹模之间存在间隙，因此无论是冲孔件还是落料件，其断面均带有锥度。而在冲裁件尺寸的测量和使用中，都是以光亮带的尺寸为准。落料件的光亮带处于大端尺寸，是因凹模刃口挤切材料产生的；而冲孔件的光亮带处于小端尺寸，是由凸模刃口挤切材料产生的。

落料件的大端(光面)尺寸等于凹模尺寸，冲孔件的小端(光面)尺寸等于凸模尺寸。即

- 冲孔件：冲孔尺寸 = 凸模尺寸 d_p
- 落料件：落料尺寸 = 凹模尺寸 D_d

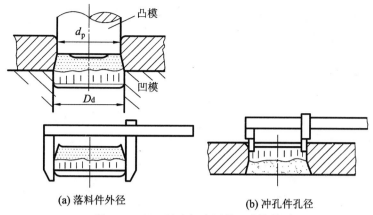

(a) 落料件外径   (b) 冲孔件孔径

图 3.11 刃口尺寸与冲压件尺寸的关系

冲裁模具制造精度越高，冲压件的精度也越高。刃口的尺寸及公差必须根据零件的尺寸及公差来决定，一般模具精度要比零件精度高 2～4 级。模具精度与冲裁件精度的关系如表 3-1 所示。

表 3-1 模具精度与冲裁件精度关系表

工件精度 模具精度	材料厚度 (mm) 0.5	0.8	1.0	1.5	2	3	4	5	6	8	10	12
IT6～7	IT8	IT8	IT9	IT10	IT10	—	—	—	—	—	—	—
IT7～8	—	IT9	IT10	IT10	IT12	IT12	IT12	—	—	—	—	—
IT9	—	—	—	IT12	IT12	IT12	IT12	IT12	IT14	IT14	IT14	IT14

2．模具的磨损和弹性变形

模具的磨损和弹性变形对冲裁件的尺寸精度有影响，而且会影响到冲裁间隙及材料的应力状态。

对于薄板冲裁模，由于模具受到的冲击载荷不大，在正常的使用过程中，模具因摩擦产生的刃口磨损是主要的失效形式。磨损过程可分为初期磨损、正常磨损和急剧磨损三个阶段，如图 3.12 所示。

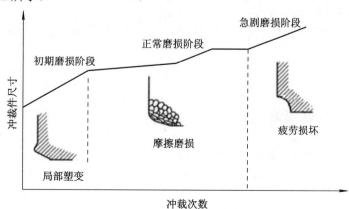

图 3.12 冲裁件尺寸与冲裁次数的关系

(1) 初期磨损阶段：模具刃口与板料相碰时接触面积很小，致使刃口的单位压力很大，造成了刃口端面的塑性变形，一般称为塌陷磨损。磨损集中在刃尖处，由于此处有应力集中，故磨损较快。

(2) 正常磨损阶段(或称为稳定磨损)：当初期磨损达到一定程度后，刃口部位的单位压力会逐渐减轻，同时刃口表面因应力集中产生应变硬化，刃尖略呈圆角。这时，刃口和被加工坯料之间的摩擦磨损成为主要磨损形式。刃尖略呈圆角，使应力集中有所缓和，进入长期稳定的正常磨损阶段，该阶段时间越长，说明其耐磨性能越好。

(3) 急剧磨损阶段(或称为过度磨损)：刃口经长期工作以后，经受了频繁冲压会产生疲劳磨损，表面出现了损坏剥落。此时进入了急剧磨损阶段，磨损加剧，刃口呈现疲劳破坏，模具已无法正常工作。在使用模具时，必须控制在正常磨损阶段以内，当出现急剧磨损时，要立即刃磨修复。

对于厚板冲裁模，由于凸、凹模受到的作用力增大，在过大应力的作用下，不仅会产生磨损，而且可能造成刃口变形、疲劳崩刃等现象。当冲裁凸模较细长时，还会引起弯曲变形或折断，如图 3.13 所示。

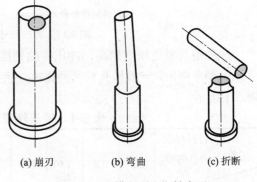

(a) 崩刃　　　(b) 弯曲　　　(c) 折断

图 3.13　凸模断裂和塑性变形

3．冲裁件的弹性变形

冲裁后板料的挤压、拉深、穿弯变形都会产生弹性恢复，使冲孔件、落料件与模具尺寸不会完全相等。详细内容参见 3.3.1 节。

材料性能对冲裁过程中的弹性变形量有很大的影响，如软钢的弹性变形量小，冲裁后的回弹量小，因而冲裁件的精度较高，硬钢则相反。板料轧制造成各向异性(各方向回弹不同)，使各向偏差值不同。

4．冲裁件的形状及尺寸

冲裁件的形状越简单，其精度越高。冲裁件的厚度大，因穿弯小，弹性变形量小，所以精度高。若冲裁件小，则相对误差大，绝对误差小；若冲裁件大，则精度易保证，相对误差小，绝对误差大。

此外，工艺过程(如操作的偶然因素造成定位不准)、模具结构形式对冲裁件精度也有影响。

关于冲裁间隙对冲裁件尺寸精度的影响，将会在 3.3.1 节中讲述。

3.2.3　冲裁件的形状误差

冲裁件的形状误差是指变形、翘曲、扭曲等缺陷。冲裁件的变形是由于坯料的边缘冲孔与孔距太小等原因，因胀形而产生的，如图 3.14(b)所示。冲裁件呈曲面不平现象称之为**翘曲**，如图 3.14(c)所示。它是由于间隙过大，弯矩增大、变形拉伸和弯曲成分增多而造成的，另外，材料的各向异性和卷料未矫正也会产生翘曲。冲裁件呈扭弯曲现象称为**扭曲**，如图 3.14(d)所示，它是由于材料的不平、间隙不均匀等对材料摩擦不均匀等原因而造成的。

(a) 正常零件　　　　　(b) 右边孔变形　　　　(c) 翘曲　　　　　　　(d) 扭曲

图 3.14　冲裁件的变形、翘曲、扭曲现象

3.2.4　冲裁件的毛刺

在正常冲裁时允许的毛刺高度如表 3-2 所示。若冲裁过程不正常，毛刺会明显增大，影响工件的正常使用。影响毛刺大小的主要因素有冲裁间隙和模具刃口状态等。

表 3-2　毛刺的允许高度　　　　　　　　　　　mm

料　厚	0～0.3	0.3～0.5	0.5～1.0	1.0～1.5	1.5～2.0
生产时	≤0.05	≤0.08	≤0.10	≤0.13	≤0.15
试模时	≤0.015	≤0.02	≤0.03	≤0.04	≤0.05

1. 冲裁间隙

间隙过小，部分材料被挤出材料表面形成高而薄的毛刺；间隙过大，材料易被拉入间隙中，形成拉长的毛刺。

2. 模具刃口锋利程度

模具刃口越锋利，则拉力越集中，毛刺越少。若落料凹模形孔有倒锥，则当落料件从凹模孔通过时，工件边缘将被拉出毛刺。

当冲模工作部分由于长期磨损而出现毛刺时，就不能起到很好的材料分离作用，整个断面因断裂而不规则，产生较大的毛刺。刃口磨损后，压缩力增大，容易形成根部很厚的大毛刺，尤其是在落料时的凸模刃口及冲孔时的凹模刃口不锋利时所产生的毛刺更为严重，如图 3.8 所示。

3. 模具使用时的振动

凸模与凹模由于长期受振动冲击而使中心线发生变化，轴线不重合则易产生单边毛刺。

3.3　冲　裁　间　隙

冲裁间隙是指冲裁模的凹模刃口横向尺寸与凸模刃口横向尺寸的差值，如图 3.15 所示。常用 Z 表示冲裁双边间隙，单边间隙用 $Z/2$ 表示。如无特殊说明，冲裁间隙就是指双边间隙。Z 可为正值，也可为负值，但在普通冲裁中均为正值。

对于圆形冲裁凸、凹模，双边间隙为：$Z = D_d - D_p$。式中：D_d 为冲裁模凹模洞口直径，mm；D_p 为冲裁模凸模直径，mm。

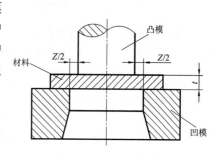

图 3.15　冲裁间隙图

3.3.1　间隙对冲裁件质量的影响

冲裁间隙直接影响到冲裁时的弯曲、拉伸、挤压等附加变形的大小，因此其对冲裁件质量、冲裁力大小、模具寿命等有很大的影响。冲裁间隙是冲裁工艺及模具设计中一个主要的工艺参数。

1．间隙对冲裁件断面质量的影响

由 3.2.1 节内容可知，影响断面质量的主要因素有冲裁间隙、材料力学性能、模具刃口状态、模具和设备的情况等，其中冲裁间隙是影响断面质量的主要因素。提高断面质量的关键在于推迟裂纹的产生，以增大光亮带宽度，其主要途径就是减少冲裁间隙。

另外，断面质量还与裂纹走向有关，裂纹走向不同会造成冲裁断面斜度不同，而裂纹走向与冲裁间隙有关。

(1) 间隙过小时(图 3.16(a))：冲裁变形区的弯矩小、压应力成分高。裂纹由凹模刃口附近材料进入凸模下面的压应力区面停止发展。上、下裂纹不重合，在两条裂纹之间的材料被第二次剪切。当上裂纹压入凹模时，受到凹模壁的挤压，产生第二光亮带，同时部分材料被挤出，在表面形成薄而高的毛刺。光亮带宽度增加，圆角、毛刺、断面斜度、翘曲、拱弯等弊病都有所减小，工件质量较好；但断面有撕裂夹层，端面易形成挤长的毛刺。

(2) 间隙合理时(图 3.16(b))：上、下裂纹重合，断面斜度很小，圆角及毛刺较小，无裂纹分层，稍不平坦，有较好的综合断面质量。

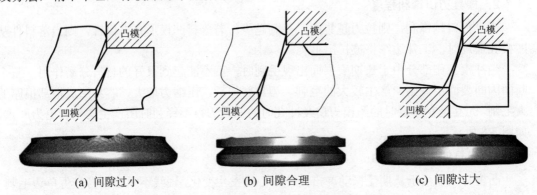

(a) 间隙过小　　　　　　　　(b) 间隙合理　　　　　　　　(c) 间隙过大

图 3.16　间隙大小对断面质量的影响

(3) 间隙过大时(图 3.16(c))：上、下裂纹不重合，出现第二次拉裂及断裂带；塑性变形阶段结束较早，致使光亮带较窄，圆角与斜度较大，穿弯厉害，毛刺大，并且断面会出现两个斜度，断面质量也不理想。

2．间隙对尺寸精度的影响

如图 3.17 所示，是反映间隙对尺寸精度的影响规律。图中圆阵列箭头表示冲裁过程中冲孔时的内孔(虚线)及落料时的外形(虚线)受力情况，冲裁后内孔及外形的回弹方向与箭头相反，回弹后的内孔及外形为细实线圆。

(1) 冲裁间隙大时，变形区材料受拉应力作用大，冲裁结束后因材料弹性恢复，冲裁件尺寸向实体方向收缩，使冲孔尺寸大于凸模直径，落料件尺寸小于凹模尺寸。

(2) 冲裁间隙小时，变形区材料受凸、凹模的挤压力作用大，压缩变形大，冲裁后材料必然弹性伸展，使冲孔尺寸小于凸模直径，落料件尺寸大于凹模尺寸。

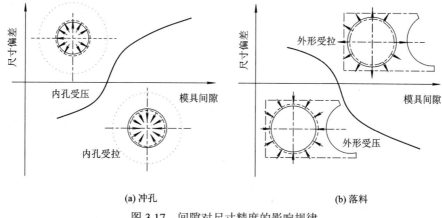

(a) 冲孔   (b) 落料

图 3.17 间隙对尺寸精度的影响规律

3. 间隙对平面度的影响

在冲裁过程中，材料受到弯矩作用产生穹弯，会影响工件的平面度(弯曲度)，产生翘曲现象，如图 3.14(c)所示。通常间隙愈大，因弯矩增大，变形拉伸和弯曲成分增多，弯曲现象就愈严重；有时在小间隙情况下，由于凹模侧面对工件有挤压作用，也会出现较大的弯曲。如图 3.18 所示。

为了减小弯曲，可在模具上加压料板，或在凹模中加反向压板，如图 3.19 所示；当冲压件平整度要求较高时，须另加校平工序。

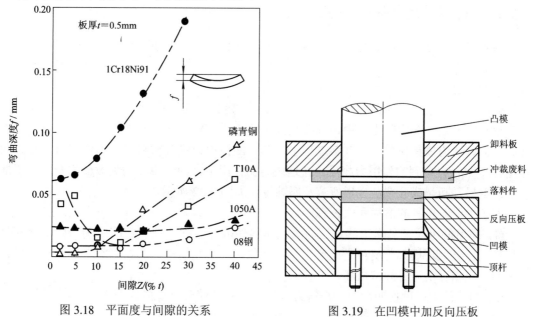

图 3.18 平面度与间隙的关系   图 3.19 在凹模中加反向压板

3.3.2 间隙对冲裁力的影响

如图 3.20 所示，当冲裁间隙大时，材料所受的拉应力增大，冲裁力有一定程度的降低。此时落料件小于凹模尺寸，冲孔件大于凸模尺寸，如图 3.17 所示。因此，卸料力、推件力及顶件力均小。但若继续增大间隙值，则会由于刃口处上、下裂纹不重合的影响，冲裁力的下降会变缓。当单边间隙介于材料厚度的 5%～20%时，冲裁力的降低并不显著(不超过 5%～10%)。另一方面，冲裁间隙减小，材料所受到的拉应力将会减小，压应力增大，材料不易产生撕裂，使冲裁力增大。在间隙合理的情况下(一般为料厚的 10%～15%)，冲裁力最小。

　　间隙对卸料力、推件力的影响比较显著。随着间隙的增大，从凸模上卸料或从凹模孔中推料都省力，卸料力和推件力都将减小。当单边间隙增大到材料厚度的 15%～25%时，卸料力几乎降到零。但当间隙继续增大时，因毛刺增大等因素，卸料力将会迅速增大。如图 3.21 所示。

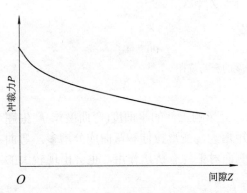

图 3.20　间隙对冲裁力的影响规律

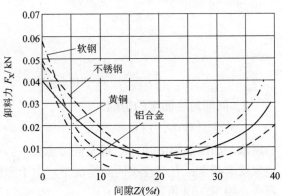

图 3.21　卸料力和间隙的关系

3.3.3　间隙对模具寿命的影响

　　模具寿命通常以保证获得合格产品时的冲压次数来表示。模具寿命分为刃磨寿命和模具总寿命。**刃磨寿命**是用两次刃磨之间的合格工件数来表示的。**模具总寿命**是用到模具失效为止的总的合格工件数来表示。

　　模具因某种原因损坏，或者模具损伤积累至一定程度而导致模具损坏，无法继续服役，称为模具的失效。在实际生产中，凡模具的主要工作部件损坏，不能继续冲压出合格的工件时，即可认为**模具失效**。在冲裁过程中，凸、凹模刃口受到材料对它的作用力，其方向与图 3.6 中材料受到的作用力相反。在这些力的作用下，冲压模具的失效形式一般为塑性变形、磨损、断裂或开裂、金属疲劳及腐蚀等，如图 3.22 所示。

　　间隙主要对模具的磨损和胀裂有影响：

　　(1) 间隙偏小：模具作用的挤压力大，落料件或废料往往梗塞在凹模洞口内，使模具磨损加剧，甚至使模具与材料之间产生粘结现象，并引起崩刃、凹模胀裂、小凸模折断、凸模与凹模相互啃刃等异常损坏。

　　(2) 间隙偏大：可使冲裁力、卸料力等减少，从而使刃口磨损减少；但当间隙过大时，零件毛刺会增大，从而引起卸料力增大，加剧刃口的磨损。

　　(3) 间隙适当：模具磨损小，起到延长模具使用寿命的作用。

　　如图 3.23 所示，不均匀间隙对模具使用寿命也是不利的，与均匀间隙相比，磨损显著增加。所以，为了减少凸、凹模的磨损，延长模具使用寿命，在保证冲裁件质量的前提下适当采用较大的间隙值是十分必要的。

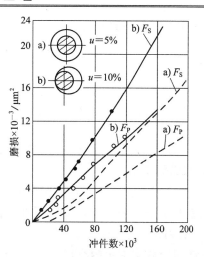

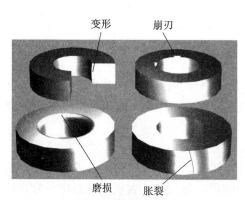

图 3.22　凹模的失效形式

形状：圆形；模具×210Cr12(C:2.1%，Cr:12%)
被加工材料：电工钢板，0.5 mm 厚
F_S：凸模磨损；F_P：凹模磨损

图 3.23　间隙不均匀对模具磨损的影响

3.3.4　合理间隙的确定

由上述分析可知，冲裁间隙对冲裁件质量及精度、冲裁力、模具寿命等都有很大的影响，很难找到一个固定的间隙值能同时满足冲裁件质量最佳、精度最高、冲模寿命最长、冲裁力最小等各方面的要求。在冲压实际生产中，主要根据冲裁件断面的质量(包括毛刺)、尺寸精度和模具寿命这三个因素综合考虑，把间隙选择在彼此比较接近的某一范围内作为**合理间隙**。只要间隙在这个范围内，就能得到合格的产品和较长的模具寿命。这个范围的最小值称为**最小合理间隙**(Z_{min})，这个范围的最大值称为**最大合理间隙**(Z_{max})。

考虑到在冲压生产过程中，模具的磨损使间隙变大，故设计与制造新模具时应采用最小合理间隙 Z_{min}。确定合理间隙值的方法有理论计算法和经验数表法两种。

1．理论计算法

理论计算法的主要根据是保证上、下裂纹重合，以获得良好的冲裁断面质量。如图 3.24 所示为冲裁过程中开始产生裂纹的瞬时状态。

根据图中三角形的几何关系可以确定边间隙 Z，即

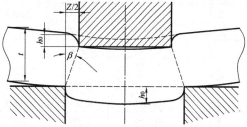

$$Z = 2(t - h_0)\tan\beta = 2t\left(1 - \frac{h_0}{t}\right)\tan\beta \quad (3\text{-}1)$$

式中：h_0 为产生裂纹时凸模压入板料的深度，mm；t 为材料厚度，mm；β 为裂纹方向与垂线间的夹角。

图 3.24　冲裁过程中产生裂纹的瞬时状态

从式(3-1)可以看出，间隙 Z 与材料厚度 t、相对切入深度 h_0/t 及裂纹方向角 β 有关。而 h_0、β 又与材料有关。因此，影响间隙值的主要因素是材料的性质和厚度，材料越硬、越厚，所需的合理间隙值越大。h_0/t 与 β 值可查表 3-3。由于理论计算法在生产中使用不便，故目

前广泛采用的是经验数表法。

表 3-3　部分材料的 h_0/t 与 β 值

材料	h_0/t		β	
	退火	硬化	退火	硬化
软钢、纯铜、黄铜	0.5	0.35	6°	5°
中硬钢、硬黄铜	0.3	0.2	5°	4°
硬钢、硬青铜	0.2	0.1	4°	4°

2．经验数表法

经验数表法是工厂设计模具时普遍采用的方法之一。根据研究及实际生产经验，间隙值可按要求查分类表确定。不同行业的冲裁间隙值也有所不同，可详见国家标准(GB/T 16743—1997)。

1) 选用合理间隙值的原则

(1) 对于断面垂直度、尺寸精度要求不高的零件，在保证零件精度要求的前提下，应以降低冲裁力，提高模具寿命为主，采用大的间隙值，如汽车、农机及五金用品等行业用间隙值如表 3-4 所示。

表 3-4　汽车、农机及五金用品等行业用冲裁模初始双边间隙值　　　　mm

材料厚度 t/mm	08、10、35、09Mn、Q235		16Mn		40、50		65Mn	
	Z_{min}	Z_{max}	Z_{min}	Z_{max}	Z_{min}	Z_{max}	Z_{min}	Z_{max}
小于 0.5	极小间隙							
0.5	0.040	0.060	0.040	0.060	0.040	0.060	0.040	0.060
0.6	0.048	0.072	0.048	0.072	0.048	0.072	0.048	0.072
0.7	0.064	0.092	0.064	0.092	0.064	0.092	0.064	0.092
0.8	0.072	0.104	0.072	0.104	0.072	0.104	0.064	0.092
0.9	0.090	0.126	0.090	0.126	0.090	0.126	0.090	0.126
1.0	0.100	0.140	0.100	0.140	0.100	0.140	0.090	0.126
1.2	0.126	0.180	0.132	0.180	0.132	0.180	—	—
1.5	0.132	0.240	0.170	0.240	0.170	0.240	—	—
1.75	0.220	0.320	0.220	0.320	0.220	0.320	—	—
2.0	0.246	0.360	0.260	0.380	0.260	0.380	—	—
2.1	0.260	0.380	0.280	0.400	0.280	0.400	—	—
2.5	0.360	0.500	0.380	0.540	0.380	0.540	—	—
2.75	0.400	0.560	0.420	0.600	0.420	0.600	—	—
3.0	0.460	0.640	0.480	0.660	0.480	0.660	—	—
3.5	0.540	0.740	0.580	0.780	0.580	0.780	—	—
4.0	0.640	0.880	0.680	0.920	0.680	0.920	—	—
4.5	0.720	1.000	0.680	0.960	0.780	1.040	—	—
5.5	0.940	1.280	0.780	1.100	0.980	1.320	—	—
6.0	1.080	1.440	0.840	1.200	1.140	1.500	—	—
6.5	—	—	0.940	1.300	—	—	—	—
8.0	—	—	1.200	1.680	—	—	—	—

(2) 对于断面垂直度、尺寸精度要求较高的零件，应选用较小的间隙值，如在 IT 行业，仪器、仪表，精密机械等行业，间隙值如表 3-5 所示。

表 3-5 IT 行业，仪器、仪表，精密机械等行业用冲裁模初始双边间隙值　　mm

材料厚度 t/mm	软 铝		紫铜、黄铜、软钢 (含碳量0.08%～0.2%)		杜拉铝、中硬钢 (含碳量0.3%～0.4%)		硬 钢 (含碳量0.5%～0.6%)	
	Z_{min}	Z_{max}	Z_{min}	Z_{max}	Z_{min}	Z_{max}	Z_{min}	Z_{max}
0.2	0.008	0.012	0.010	0.014	0.012	0.016	0.014	0.018
0.3	0.012	0.018	0.016	0.020	0.018	0.024	0.020	0.026
0.4	0.016	0.024	0.020	0.028	0.024	0.032	0.028	0.036
0.5	0.020	0.030	0.024	0.036	0.030	0.040	0.036	0.044
0.6	0.024	0.036	0.030	0.042	0.036	0.048	0.042	0.054
0.7	0.028	0.042	0.036	0.048	0.042	0.056	0.048	0.062
0.8	0.032	0.048	0.040	0.056	0.048	0.064	0.056	0.072
0.9	0.036	0.054	0.044	0.062	0.054	0.072	0.062	0.080
1.0	0.040	0.060	0.050	0.070	0.060	0.080	0.070	0.090
1.2	0.050	0.084	0.072	0.096	0.084	0.108	0.096	0.120
1.5	0.076	0.104	0.090	0.120	0.104	0.136	0.120	0.150
1.8	0.090	0.126	0.108	0.144	0.126	0.162	0.144	0.180
2.0	0.100	0.140	0.120	0.160	0.140	0.180	0.160	0.200
2.2	0.132	0.176	0.154	0.198	0.176	0.220	0.198	0.242
2.5	0.150	0.200	0.176	0.224	0.200	0.250	0.224	0.276
2.8	0.168	0.224	0.196	0.252	0.224	0.280	0.252	0.308
3.0	0.180	0.240	0.210	0.270	0.240	0.300	0.270	0.330
3.5	0.244	0.316	0.280	0.350	0.316	0.384	0.350	0.420
4.0	0.280	0.360	0.320	0.400	0.360	0.440	0.400	0.480
4.5	0.316	0.404	0.360	0.450	0.404	0.490	0.450	0.540
5.0	0.350	0.450	0.400	0.500	0.450	0.550	0.500	0.600
6.0	0.480	0.600	0.540	0.660	0.600	0.720	0.660	0.780
7.0	0.560	0.700	0.630	0.770	0.700	0.840	0.770	0.910
8.0	0.720	0.880	0.800	0.960	0.880	1.040	0.960	1.120
9.0	0.870	0.990	0.900	1.080	0.990	1.170	1.080	1.260
10.0	0.900	1.100	1.000	1.200	1.100	1.300	1.200	1.400

注：1. 初始间隙的最小值相当于间隙的公称数值；2. 初始间隙的最大值是考虑凸模和凹模制造公差所增加的数值；3. 在使用过程中，由于模具工作部分的磨损，间隙将有所增加，因而间隙的使用最大值要超过表列数值。

常用非金属材料冲模间隙如表 3-6 所示。

表 3-6 常用非金属材料冲裁间隙值　　mm

材 料	初始双边间隙/(%t)
酚醛层压板、石棉板、橡胶板、有机玻璃板、环氧酚醛玻璃布	3.0～6.0
红纸板、胶纸板、胶布板	1.0～4.0
云母片、皮革、纸	0.5～1.5
纤维板	4.0
毛毡	0～0.4

2) 增减冲裁间隙值的情形

由于各类间隙值之间没有绝对的界限,因此,必须根据冲裁件的尺寸与形状、模具材料和加工方法,以及冲压方法、速度等因素来酌情增减间隙值。对下列情况,应酌情增减冲裁间隙值:

(1) 在同样条件下,非圆形比圆形间隙大,冲孔间隙比落料间隙可大些。

(2) 冲小孔(孔径小于料厚)时间隙应大些。这时要采取有效措施,防止废料回升。

(3) 硬质合金冲裁模应比钢模的间隙大 30%左右。

(4) 复合模的凸凹模壁单薄时,为防止胀裂,应放大冲孔凹模间隙。

(5) 硅钢片随着含硅量的增加,间隙值应相应取大些。

(6) 采用弹性压料装置时,间隙可大些。

(7) 高速冲压时间隙应增大,行程次数超过每分钟 200 次,间隙值应增大 10%左右。

(8) 电火花穿孔加工凹模型孔时,其间隙值应比磨削加工小 0.5%～2%。

(9) 加热冲裁时,间隙应减小。

(10) 凹模为斜壁刃口时,应比直壁刃口间隙小。

(11) 对需攻丝的孔,间隙值应取小些。

需要指出的是,当模具采用线切割加工时,若直接从凹模中制取凸模,此时凸、凹模间隙决定于电极丝直径、放电间隙和研磨量,但其总和不能超过最大单边初始间隙值。

3.3.5　冲裁间隙的取向

在设计落料模时,以凹模为基准(即先设计计算好凹模刃口尺寸),间隙取在凸模上(即凸模刃口尺寸由凹模刃口尺寸减去冲模间隙得到);在设计冲孔模时,以凸模为基准,间隙取在凹模上。

3.4　冲裁各工艺力的计算

3.4.1　冲裁力的计算

冲裁力是冲裁过程中凸模对材料施加的压力,如图 3.25 所示,F' 可理解为材料对模具施加的反作用力。冲裁力随凸模行程而变化,如图 3.5 所示,通常所说的冲裁力是指冲裁力的最大值。冲裁力是压力机选用、模具设计以及模具强度校核的重要依据。影响冲裁力的因素很多,主要有材料的力学性能、厚度、冲裁件周边长度、模具间隙以及刃口锋利程度等。

冲裁力的计算方法如下。

(1) 冲裁是一个剪切过程,普通平刃冲模的冲裁力可按下式来计算:

$$F=KLt\tau \qquad (3-2)$$

式中: F 为冲裁力, N; L 为冲裁周边长度, mm; t

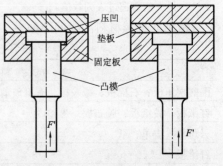

图 3.25　凸模所受冲裁力

为材料厚度，mm；τ 为材料抗剪强度，MPa；K 为安全系数，一般取 $K=1.3$。安全系数 K 是考虑到实际生产中，冲裁间隙值的波动和不均匀、刃口的磨损、板料力学性能和厚度波动等因素的影响而增加的安全系数。

(2) 为了计算简便，也可用材料的强度极限 σ_b(MPa)，按下式估算冲裁力：

$$F=Lt\sigma_b \tag{3-3}$$

式中：σ_b 为材料的抗拉强度，MPa。

(3) 通过实测材料的维氏硬度值，也可按下式计算冲裁力：

$$F=Ltp \tag{3-4}$$

式中：p 为单位冲裁力，MPa，根据材料维氏硬度 HV 值由表 3-7 可查得。

表 3-7　材料维氏硬度与单位冲裁力 p 的关系

硬度 HV	单位冲裁力 p/MPa	硬度 HV	单位冲裁力 p/MPa	硬度 HV	单位冲裁力 p/MPa	硬度 HV	单位冲裁力 p/MPa
10	5	160	404	310	689	460	858
15	20	165	416	315	696	465	862
20	35	170	427	320	704	470	865
25	50	175	438	325	711	475	869
30	65	180	449	330	718	480	872
35	79	185	460	335	725	485	875
40	94	190	471	340	732	490	878
45	108	195	481	345	739	495	881
50	123	200	492	350	745	500	884
55	137	205	502	355	752	505	887
60	151	210	512	360	758	510	889
65	165	215	522	365	764	515	892
70	178	220	532	370	771	520	894
75	192	225	542	375	777	525	896
80	206	230	552	380	782	530	898
85	219	235	561	385	788	535	900
90	232	240	571	390	794	540	902
95	245	245	580	395	799	545	903
100	258	250	589	400	804	550	905
105	271	255	598	405	810	555	906
110	284	260	607	410	815	560	907
115	297	265	616	415	820	565	908
120	309	270	624	420	824	570	909
125	322	275	633	425	829	575	910
130	334	280	641	430	834	580	911
135	346	285	650	435	838	585	911
140	358	290	658	440	842	590	912
145	370	295	666	445	847	595	912
150	381	300	674	450	851	600	912
155	393	305	681	455	855		

例 3-1　如图 3.26 所示落料件,材料为 50 钢,料厚 $t=3.0$ mm,试计算其冲裁力。

解：查表 2-9 可知,材料的抗剪强度 $\tau=440\sim$ 580 MPa,取中间值 510 MPa。此落料件冲裁周边长度为各轮廓长度之和(图 3.26(b)),即 $L=570$ mm。

$L=100+32.5+60+105+60+32.5+55+20+45+60$
　$=570$ mm

由式(3-2)得到

$F=KLt\tau=1.3\times570\times3\times510=1\ 133\ 730$ N

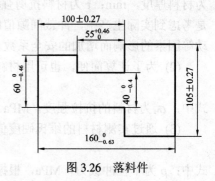

图 3.26　落料件

3.4.2　卸料力、推件力及顶件力的计算

冲裁结束时,由于材料的弹性回复(包括径向弹性回复和弹性翘曲的回复)及摩擦的存在,使落料件或冲孔废料梗塞在凹模内,而带孔板料紧箍在凸模上。为了使冲裁工作继续进行,必须将箍在凸模上的板料卸下,将卡在凹模内的工件或废料向下推出或向上顶出。如图 3.27 所示,将紧箍在凸模上的带孔板料(零件或废料)脱下所需的力称为**卸料力** F_x；将材料从凹模内顺着冲裁方向推出所需的力称为**推件力** F_t；将材料从凹模内逆着冲裁方向顶出所需的力称为**顶件力** F_d。

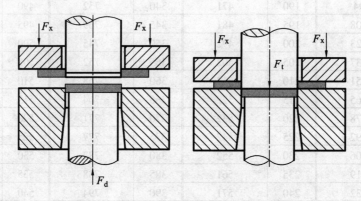

图 3.27　冲裁时的卸料力、推件力、顶件力

影响卸料力、推件力和顶件力的因素较多,主要有材料性能及厚度、冲裁间隙、零件形状及尺寸、模具结构以及润滑情况等。因此,不可能准确计算这些力,在生产中一般用经验公式来计算：

$$F_x=K_xF \tag{3-5}$$

$$F_t=nK_tF \tag{3-6}$$

$$F_d=K_dF \tag{3-7}$$

式中：F_x、F_t、F_d 分别为卸料力、推件力、顶件力,N；K_x、K_t、K_d 分别为卸料力、推件力、顶件力系数,其数值见表 3-8。n 为同时卡在凹模洞口内零件或废料的数目,$n=h/t$ (h 为凹模刃口直壁高度,mm,如图 3.28 所示。其中,t 为板料厚度,mm)。

表 3-8　系数 K_x、K_t、K_d 的数值

材料及厚度/mm		K_x	K_t	K_d
钢	≤0.1	0.065～0.075	0.1	0.14
	>0.1～0.5	0.045～0.055	0.065	0.08
	>0.5～2.5	0.04～0.05	0.055	0.06
	>2.5～6.5	0.03～0.04	0.045	0.05
	>6.5	0.02～0.03	0.025	0.03
铝、铝合金		0.025～0.08	0.03～0.07	
紫铜、黄铜		0.02～0.06	0.03～0.09	

注：K_x 在冲多孔、大搭边和轮廓复杂时取上限值。

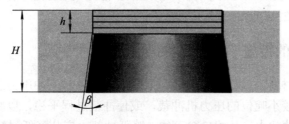

图 3.28　凹模刃口直壁高度

例 3-2　如图 3.26 所示落料件，假设凹模刃口直壁高度 $h=9$ mm，试分别计算其卸料力、推件力及顶件力。

解：因板料厚度 $t=3$ mm，查表 3-8 可知，$K_x=0.035$(取中间值)，$K_t=0.045$，$K_d=0.05$，同时卡在凹模洞口内零件的数目 $n=h/t=9/3=3$ 个。

由例 3-1 知，冲裁力 $F=1\,133\,730$ N，则由式(3-5)～式(3-7)得到：

$$F_x=K_xF=0.035\times1\,133\,730=39\,680\text{ N}$$

$$F_t=nK_tF=3\times0.045\times1\,133\,730=153\,053\text{ N}$$

$$F_d=K_dF=0.05\times1\,133\,730=56\,687\text{ N}$$

3.4.3　压力机吨位的确定

压力机吨位必须大于或等于各种工艺力的总和 P_z。P_z 的计算应根据不同的模具结构分别对待。

(1) 当采用刚性卸料装置和下出料方式时(如图 3.29(a)所示)：

$$F_z=F+F_t \tag{3-8}$$

(2) 当采用弹性卸料装置和刚性出料方式时(如图 3.29(b)所示)：

$$F_z=F+F_x \tag{3-9}$$

(3) 当采用弹性卸料装置和下出料方式时(如图 3.29(c)所示)：

$$F_z=F+F_x+F_t \tag{3-10}$$

(4) 当采用弹性卸料装置和弹性上出料方式时(如图 3.29(d)所示)：

$$F_z=F+F_x+F_d \tag{3-11}$$

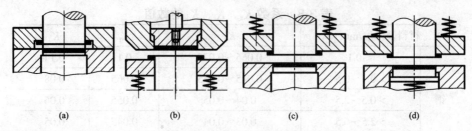

图 3.29　卸料及出料方式

例 3-3　如图 3.26 所示落料件，若分别采用图 3.29 所示的卸料及出料方式，则所需的压力机吨位分别是多少？

解：若分别采用图 3.29 所示的卸料及出料方式，根据式(3-8)～式(3-11)计算得到所需的压力机吨位分别为 1 286 783 N(约 128.7 吨)，1 173 410 N(约 117.3 吨)，1 326 463 N(约 132.6 吨)，1 230 097 N(约 123.0 吨)。

3.4.4　降低冲裁力的措施

当冲裁高强度的材料，或者外形尺寸和厚度大的零件时，冲压力总和可能超过车间设备吨位。为了实现用较小吨位的压力机冲裁，或使冲裁过程平稳，以减少压力机的振动和噪音，应想办法降低冲裁力。从式(3-2)可知，降低冲裁力应从降低材料的抗剪强度 τ 及冲裁周边长度 L 着手，常采用下列几种方法。

1．阶梯凸模冲裁

阶梯凸模是指在多凸模的冲模中，将凸模做成不同长度，使其工作端面呈阶梯式布置，如图 3.30 所示。在几个凸模相距很近的情况下，将小尺寸凸模做短一些，能避免因大凸模冲裁时材料侧向流动而造成小尺寸凸模折断或倾斜的现象(见图 3.13)。

采用阶梯凸模的作用是使各凸模冲裁力的最大峰值不同时出现，以此降低总的冲裁力。但此类结构由于刃磨不方便，因此仅在小批量生产时采用。

(1) 凸模高度差 h 应大于冲裁断面光亮带高度，与板料厚度 t 有关：当 $t<3$ mm 时，$h=t$；当 $t>3$ mm 时，$h=0.5t$。

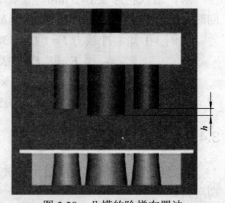

图 3.30　凸模的阶梯布置法

(2) 当布置各层凸模时，位置应对称，使冲裁合力位于模具中心，以免工作时模具偏斜。

(3) 阶梯凸模冲裁力应按相同高度凸模的最大冲裁力之和来确定，以选择冲床。

2．斜刃冲裁

用平刃口模具冲裁时，整个零件周边同时被剪切，冲裁力较大。如图 3.31 所示，若将凸模(或凹模)平面刃口做成与其孔口轴线倾斜一个角度的斜刃，冲裁时刃口不是全部同时切入材料，而是逐步地将材料切离，这样就相当于把冲裁件整个周边长分成若干小段进行剪切分离，因而冲裁力能显著下降；同时，还可减小冲裁时的振动和噪声。采用这种凸模(或凹模)端面呈斜刃的冲裁叫做**斜刃冲裁**。

采用斜刃冲裁时,材料会产生弯曲。因而斜刃配置的原则是必须保证零件平整,只允许废料发生弯曲变形。所以,冲孔时凹模应做成平刃,凸模做成斜刃,如图 3.31(a)所示;落料时凸模应做成平刃,凹模做成斜刃,如图 3.31(b)所示。

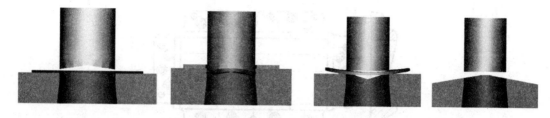

　　　　(a) 冲孔模(凸模为斜刃)　　　　　　　　(b) 落料模(凹模为斜刃)

图 3.31　斜刃冲裁模

斜刃主要参数设计:斜刃角 φ 和斜刃高度 H 与板料厚度有关(如图 3.32 所示),斜刃参数可按表 3-9 选用。设计斜刃时应注意:

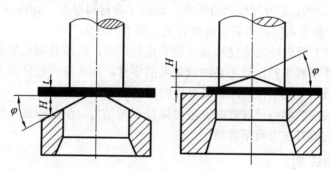

图 3.32　斜刃尺寸

表 3-9　斜刃参数

材料厚度 t / mm	斜刃高度 H/mm	斜刃角 φ/°	K'
<3	$2t$	<5	0.3~0.4
3~10	t	<8	0.6~0.65

(1) 应将斜刃对称布置,以避免冲裁时模具承受单向侧压力而发生偏移,啃伤刃口,如图 3.31 所示。

(2) 向一边斜的斜刃,只能用于切舌或切开,如图 3.33 所示。

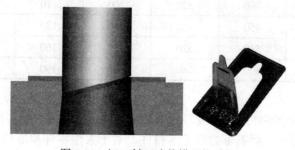

图 3.33　切口斜刃冲裁模及蚊香架

(3) 如图 3.34 所示，对于大型冲裁模，斜刃应按波浪式对称布置。

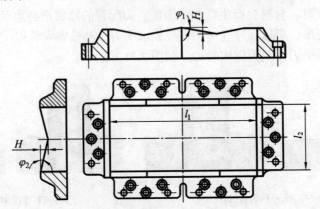

图 3.34　矩形件的斜刃冲裁模

斜刃冲裁力 F' 用下面简化公式来进行计算：

$$F' = K'Lt\tau \tag{3-12}$$

式中：F' 为冲裁力，N；L 为冲裁周边长度，mm；t 为材料厚度，mm；τ 为材料抗剪强度，MPa；K' 为降低冲裁力系数，与斜刃高度有关，可查表 3-9。

斜刃冲模虽然有降低冲裁力使冲裁过程平稳的优点，但模具制造复杂，刃口易磨损，修磨困难，冲裁件不够平整，且不易冲裁复杂的零件，因此在一般情况下尽量不使用斜刃冲模，斜刃冲模只用于大型件的冲裁或厚板的冲裁。

采用斜刃冲裁或阶梯凸模冲裁时，虽然降低了冲裁力，但凸模进入凹模较深，冲裁行程增加，因此这些模具省力而不省功。

3．加热冲裁(红冲)

在常温时，金属的抗剪强度 τ 是一定的。但是当板料被加热到一定温度后，抗剪强度 τ 会明显下降，从而降低了冲裁力。材料加热后易产生氧化皮及热变形，且因高温、劳动条件差，因此加热冲裁应用比较少，一般只适用于厚板或表面质量及精度要求不高的零件。

加热冲裁力可按平刃冲裁力公式(3-2)计算，但材料的抗剪强度 τ 值应取冲裁温度时的数值，如表 3-10 所示。应注意，实际冲裁温度要比加热温度低 150℃～200℃。

表 3-10　钢在加热状态的抗剪强度

材料牌号	加热到以下温度时的 τ_k/MPa					
	200℃	500℃	600℃	700℃	800℃	900℃
Q195、Q215、10、15	360	320	200	110	60	30
Q235、Q255、20、25	450	450	240	130	90	60
Q275、30、35	530	520	330	160	90	70
Q295、40、45、50	600	580	380	190	90	70

4．部分冲裁法

部分冲裁法是指沿零件周边将废料分别切除，剩下的为零件。如图 3.35 所示，一块毛坯，分别冲下废料①～⑥后剩下的就是落料件。对于大型零件和形状复杂的零件，为了降低冲裁力，可采用部分冲裁法，但零件精度较低。

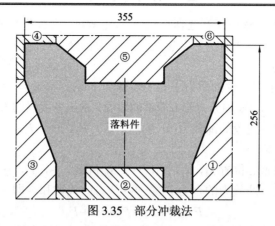

图 3.35　部分冲裁法

3.4.5　压力中心的确定

　　冲压力合力的作用点称为压力中心，如图 3.36 所示。为了保证压力机和冲模正常平稳地工作，必须使压力中心、冲模中心、模柄轴线、压力机的滑块中心四者相重合，否则，在冲裁过程中压力机滑块和冲模将会受到偏心载荷，使滑块导轨和冲模导向部分产生不正常磨损，合理间隙得不到保证，刃口迅速变钝，从而影响冲压件质量和模具寿命，甚至损坏模具致使发生冲压事故。因此，在设计冲模时,应正确计算出冲裁时的压力中心 O'-O'，并尽量使压力中心与模柄轴线 O-O 相重合。在实际生产中，可能会出现由于冲压件的形状特殊或排样特殊的情况，从模具结构设计与制造角度考虑不能使压力中心与模柄中心线相重合，这时应注意须使压力中心的偏离不致超出所选压力机允许的范围。

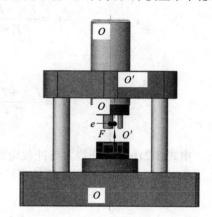

图 3.36　模具压力中心与压力机滑块的中心

　　压力中心的确定有解析法、图解法和实验法，这里主要介绍解析法。

　　1. 形状简单冲压件压力中心的确定

　　形状简单或对称的单个冲压件，其压力中心位于冲压件轮廓图形的几何中心上：

　　(1) 对称冲压件的压力中心，位于冲压件轮廓图形的几何中心上；

　　(2) 冲裁直线段时，其压力中心位于直线段的中心；

　　(3) 冲裁圆弧线段时，其压力中心位于圆弧中心角分线上，如图 3.37 所示，具体位置按下面公式计算：

$$y = \frac{180 R \sin \alpha}{\pi \alpha} = \frac{Rs}{b} \qquad (3\text{-}13)$$

式中：b 为弧长，mm。其余符号含义如图 3.37 所示。

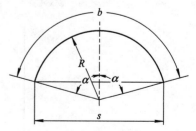

图 3.37　简单冲压件的压力中心

　　2. 形状复杂冲压件压力中心的确定

　　可以先将复杂冲压件形状分成简单的直线段及圆弧段，分别计算各段冲裁力即各分力，由各分力之和算出合力。然后任意选择直角坐标轴 xOy，并计算出各线段的压力中心至 x 轴和 y 轴的距离。最后根据"合力对某轴之力距等于各分力对同轴力距之和"的力学原理，即可求出压力中心坐标。

求解如图 3.38 所示冲压件的压力中心的步骤如下：

(1) 将组成图形的轮廓线划分为若干简单的线段，求出各线段的长度 L_1, L_2, L_3, $\cdots$, L_n；

(2) 按式(3-2)求出各线段的冲裁力(分力)F_1, F_2, F_3, $\cdots$, F_n；

(3) 选定坐标轴 x 和 y；

(4) 确定各线段的重心位置 x_1, x_2, x_3, $\cdots$, x_n 和 y_1, y_2, y_3, $\cdots$, x_n；

(5) 对于平行力系，冲裁力的合力 F 等于各分力的代数和。即

$$F = F_1 + F_2 + F_3 + \cdots + F_n \tag{3-14}$$

(6) 根据力学原理"合力对某轴之力距等于各分力对同轴力距之和"，则可得到压力中心坐标(x_0, y_0)计算公式：

$$x_0 = \frac{F_1 x_1 + F_2 x_2 + \cdots + F_n x_n}{F_1 + F_2 + \cdots + F_n} = \frac{\sum_{i=1}^{n} F_i x_i}{\sum_{i=1}^{n} F_i} \tag{3-15}$$

$$y_0 = \frac{F_1 y_1 + F_2 y_2 + \cdots + F_n y_n}{F_1 + F_2 + \cdots + F_n} = \frac{\sum_{i=1}^{n} F_i y_i}{\sum_{i=1}^{n} F_i} \tag{3-16}$$

由式(3-2)可知，冲裁力与冲裁轮廓长度成正比，所以式(3-15)及式(3-16)中各冲裁力 F_1, F_2, F_3, $\cdots$, F_n 可分别用冲裁轮廓长度 L_1, L_2, L_3, $\cdots$, L_n 来代替。即

$$x_0 = \frac{L_1 x_1 + L_2 x_2 + \cdots + L_n x_n}{L_1 + L_2 + \cdots + L_n} = \frac{\sum_{i=1}^{n} L_i x_i}{\sum_{i=1}^{n} L_i} \tag{3-17}$$

$$y_0 = \frac{L_1 y_1 + L_2 y_2 + \cdots + L_n y_n}{L_1 + L_2 + \cdots + L_n} = \frac{\sum_{i=1}^{n} L_i y_i}{\sum_{i=1}^{n} L_i} \tag{3-18}$$

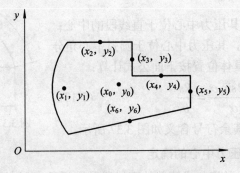

图 3.38　复杂形状件的压力中心计算

3. 多凸模模具压力中心的确定

确定多孔冲模、级进模等多凸模模具的压力中心，是将各凸模的压力中心确定后，再计算模具的压力中心。

多凸模模具的压力中心的计算原理与复杂形状冲裁时的计算原理基本相同：如图 3.39 所示，选定坐标系后，按前述办法计算出每一图形的压力中心到坐标轴的距离(x_i, y_i)，并计算每一图形轮廓的周长 L_i，将计算数据分别代入式(3-17)及式(3-18)，即可求得压力中心坐标(x_0, y_0)。

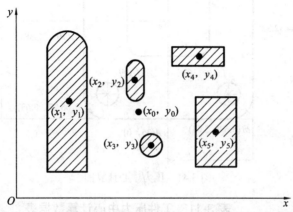

图 3.39 多凸模模具的压力中心

例 3-4 如图 3.40 所示排气管垫片，采取复合模一次性将所有孔及外形冲出，试计算其压力中心。

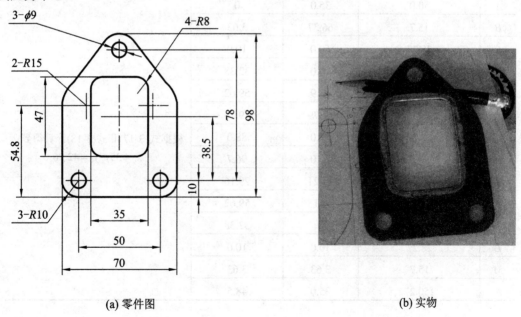

(a) 零件图   (b) 实物

图 3.40 排气管垫片

解： 画出坐标轴 x，y，按比列画出每一个凸模刃口轮廓的位置并确定其坐标系，计算出各段压力中心坐标点，如图 3.41 所示。

冲裁压力中心计算数据见表 3-11。

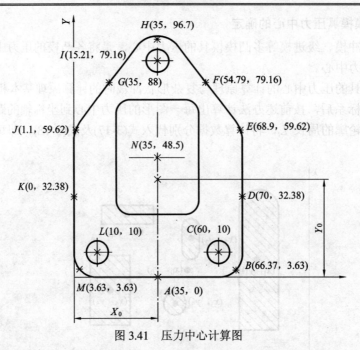

图 3.41　压力中心计算图

表 3-11　工件压力中心计算数据表　　　　　　　　mm

各段	基本要素长度 L_i	各基本要素压力中心的坐标值		冲裁件的压力中心坐标
		x_i	y_i	
A	50.0	35.0	0	
B	15.7	66.37	3.63	
C	28.27	60.0	10.0	
D	44.77	70.0	32.38	
E	10.07	68.9	59.62	
F	38.46	54.79	79.16	
G	28.27	35.0	88.0	
H	18.0	35.0	96.7	根据式(3-17)和式(3-18)计算得到：
I	38.46	15.21	79.16	$x_0 = 35$，$y_0 = 42.96$
J	10.0	1.1	59.62	
K	44.77	0	32.38	
L	28.27	10.0	10.0	
M	15.7	3.63	3.63	
N	150.27	35.0	48.5	

3.5　冲裁模刃口尺寸的计算

模具工作部分即凸、凹模刃口部分的尺寸及精度决定得合理与否，将直接影响冲裁件的尺寸精度及合理间隙能否得到保证，也关系到模具的加工成本和使用寿命，是冲模设计中一项重要的工作。

3.5.1　刃口尺寸的计算原则

1．计算冲裁凸、凹模刃口尺寸的依据

(1) 冲裁变形规律：从图 3.11 可知，冲裁时落料件的大端(断面光亮带)尺寸等于凹模尺寸，冲孔件的小端(断面光亮带)尺寸等于凸模尺寸；

(2) 模具磨损规律：在冲裁过程中，凸、凹模与冲裁零件或废料之间发生摩擦，凸模轮廓越磨越小，凹模轮廓越磨越大，结果使间隙越磨越大。

(3) 合理的间隙值：设计模具时应采用最小合理间隙值，以保证模具磨损在一定范围内，仍能冲出合格的冲压件。

(4) 冲裁件尺寸精度：一般模具精度要比冲裁件尺寸精度高 2～4 级；

(5) 冲模的加工方法：一般有凸、凹模分别加工法与配合加工法。

2．凸、凹模刃口尺寸的计算原则

(1) 设计落料模时应以凹模为基准件，凹模刃口基本尺寸 D_d 应接近或等于冲裁件的最小尺寸 D_{min}；间隙取在凸模上，即凸模刃口的基本尺寸 D_p 按凹模刃口基本尺寸 D_d 减去一个最小合理间隙 Z_{min}。

(2) 设计冲孔模时应以凸模为基准件，凸模刃口基本尺寸 d_p 应接近或等于冲裁件的最大尺寸 d_{max}；间隙取在凹模上，即凹模刃口的基本尺寸 d_d 按凸模刃口基本尺寸 d_p 加上一个最小合理间隙 Z_{min}。

(3) 凸模、凹模刃口的制造公差(模具制造精度)一般要比冲裁件精度高 2～4 级，冲裁件的精度与模具制造精度的关系见表 3-1。

① 为保证新模具的间隙值不小于最小合理间隙 Z_{min}，一般凹模公差标注成 $+\delta_d$，凸模公差标注成 $-\delta_p$。

② 对于形状简单的圆形、方形刃口，其制造偏差值可按 IT6～IT7 级来选取；

③ 对于形状复杂的刃口，制造偏差可按冲裁件相应部分公差的 1/4 来选取；

④ 若冲裁件未标注公差，则按国家标准"非配合尺寸的公差数值"IT14 精度处理，冲模则按 IT11 精度制造。

3.5.2　凸、凹模刃口尺寸的计算方法

由于冲模加工方法不同，刃口尺寸的计算方法也不同，基本上可以分为以下两类。

1．凸模与凹模分别加工法

凸、凹模分别加工法是指凸模与凹模分别按各自的图纸加工至最后的尺寸。在凸模、凹模图纸上要分别标注凸模、凹模刃口基本尺寸及公差，如图 3.42 所示；在加工制造时可以分别进行，互不影响。此方法适用于圆形或简单、规则形状的冲裁件。冲模刃口与冲裁件尺寸及公差分布情况如图 3.43 所示。

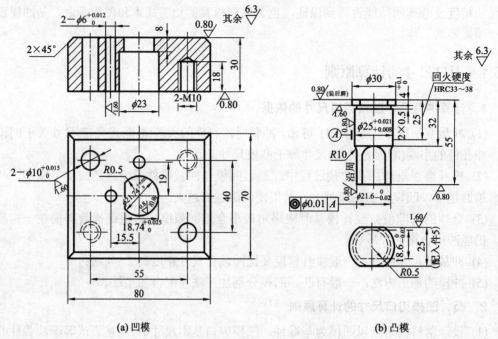

(a) 凹模　　　　　　　　　　　　　**(b) 凸模**

图 3.42　凸模、凹模分别加工的图纸

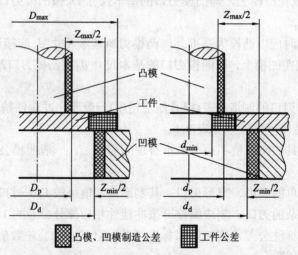

图 3.43　落料与冲孔时模具及零件的尺寸和公差分布

下面对落料和冲孔两种情况分别进行讨论。

1) 落料

根据上述原则，落料时以凹模为设计基准。首先确定凹模的刃口尺寸 D_d，使其接近或等于落料件的最小尺寸 $D_{min}=(D_{max}-\Delta)$；将凹模的刃口尺寸减去最小合理间隙值 Z_{min}，便得到凸模刃口尺寸 D_p。

$$D_d = (D_{max} - x\Delta)^{+\delta_d}_0 \tag{3-19}$$

$$D_p = (D_d - Z_{min})^0_{-\delta_p} = (D_{max} - x\Delta - Z_{min})^0_{-\delta_p} \tag{3-20}$$

2) 冲孔

根据上述原则，落料时以凸模为设计基准。首先确定凸模的刃口尺寸 d_p，使其接近或等于冲孔件的最大尺寸 $d_{max} = (d_{min} + \Delta)$；将凸模的刃口尺寸加上最小合理间隙值 Z_{min}，便得到凹模刃口尺寸 d_d。

$$d_p = (d_{min} + x\Delta)_{-\delta_p}^{0} \tag{3-21}$$

$$d_d = (d_p + Z_{min})_0^{+\delta_d} = (d_{min} + x\Delta + Z_{min})_0^{+\delta_d} \tag{3-22}$$

3) 中心距

孔心距属于磨损后基本不变的尺寸，如图 3.44 所示。在同一工步中，在冲裁件上冲出孔距为 L 的 2 个孔时，其凹模型孔中心距(或 2 个凸模之间距离)L_d 可按下式确定：

$$L_d = (L_{min} + 0.5\Delta) \pm 0.125\Delta \tag{3-23}$$

式(3-19)~(3-23)中：D_p、D_d 分别为落料凸、凹模刃口尺寸，mm；d_p、d_d 为冲孔凸、凹模刃口尺寸，mm；D_{max} 为落料件的最大尺寸，mm；d_{min} 为冲孔件的最小尺寸，mm；L、L_d 为冲裁件孔心距和凹模孔心距的公称尺寸，mm；Δ 为冲裁件公差，mm；Z_{min} 为最小合理间隙，mm；δ_p、δ_d 分别为凸、凹模制造公差，mm，可分别按 IT6、IT7 级来选取(查表 3-12)，也可直接查表 3-13 选取。$x \cdot \Delta$ 为磨损量，磨损系数 x 是为了使冲裁件的实际尺寸尽量接近冲裁件公差带的中间尺寸，其值在 0.5~1 之间，与冲裁件精度有关。可按下列关系选取：

(1) 零件精度在 IT10 以上，取 $x = 1$。

(2) 零件精度在 IT11~IT13 之间，取 $x = 0.75$。

(3) 零件精度在 IT14 以下，取 $x = 0.5$。

为了保证合理间隙，必须满足下列间隙公差条件：

$$|\delta_p| + |\delta_d| \leqslant Z_{max} - Z_{min} \tag{3-24}$$

(4) 如果出现 $|\delta_p| + |\delta_d| > Z_{max} - Z_{min}$ 的情况，则只好缩小 δ_p 和 δ_d，即提高制造精度才能保证间隙在合理范围内，此时凸、凹模的制造公差应按下式选取：

$$\delta_p = 0.4(Z_{max} - Z_{min}) \tag{3-25a}$$

$$\delta_d = 0.6(Z_{max} - Z_{min}) \tag{3-25b}$$

(5) 如果出现 $|\delta_p| + |\delta_d| \gg Z_{max} - Z_{min}$ 的情况，则应采用凸、凹模配作法。

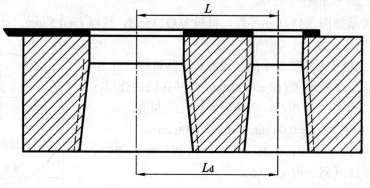

图 3.44　模具及零件的中心距

表 3-12　标准公差数值表

基本尺寸		公　差　值														
		IT4	IT5	IT6	IT7	IT8	IT9	IT10	IT11	IT12	IT13	IT14	IT15	IT16	IT17	IT18
大于	到	μm								mm						
—	3	3	4	6	10	14	25	40	60	0.10	0.14	0.25	0.40	0.60	1.0	1.4
3	6	4	5	8	12	18	30	48	75	0.12	0.18	0.30	0.48	0.75	1.2	1.8
6	10	4	6	9	15	22	36	58	90	0.15	0.22	0.36	0.58	0.90	1.5	2.2
10	18	5	8	11	18	27	43	70	110	0.18	0.27	0.43	0.70	1.10	1.8	2.7
18	30	6	9	13	21	33	52	84	130	0.21	0.33	0.52	0.84	1.30	2.1	3.3
30	50	7	11	16	25	39	62	100	160	0.25	0.39	0.62	1.00	1.60	2.5	3.9
50	80	8	13	19	30	46	74	120	190	0.30	0.46	0.74	1.20	1.90	3.0	4.6
80	120	10	15	22	35	54	87	140	220	0.35	0.54	0.87	1.40	2.20	3.5	5.4
120	180	12	18	25	40	63	100	160	250	0.40	0.63	1.00	1.60	2.50	4.0	6.3
180	250	14	20	29	46	72	115	185	290	0.46	0.72	1.15	1.85	2.90	4.6	7.2
250	315	16	23	32	52	81	130	210	320	0.52	0.81	1.30	2.10	3.20	5.2	8.1
315	400	18	25	36	57	89	140	230	360	0.57	0.89	1.40	2.30	3.60	5.7	8.9
400	500	20	27	40	63	97	155	250	400	0.63	0.97	1.55	2.50	4.00	6.3	9.7

注：当基本尺寸小于 1 mm 时，无 IT14 至 IT18。

表 3-13　规则形状(圆形、方形)冲裁凸、凹模的极限偏差　　　mm

基本尺寸	凸模偏差 δ_p	凹模偏差 δ_d
≤18		+0.020
>18~30	−0.020	+0.025
>30~80		+0.030
>80~120	−0.025	+0.035
>120~180	−0.030	+0.040
>180~200		+0.045
>260~360	−0.035	+0.050
>360~500	−0.040	+0.060
>500	−0.050	+0.070

注：本表适用于汽车拖拉机行业。

例 3-5　冲裁如图 3.45 所示零件，材料为 Q235 钢，料厚 $t = 0.5$ mm。计算冲裁凸、凹模刃口尺寸及制造公差。

解：该零件属于无特殊要求的一般冲孔、落料件。外形 $\phi36$ 由落料获得，$2 \times \phi6$ 及 (18 ± 0.09) mm 由冲孔同时获得。由于零件形状简单，故采用凸、凹模分别加工法制造。

查表 3-4 可得：$Z_{min} = 0.04$ mm，$Z_{max} = 0.06$ mm。

查标准公差表 3-12 得：孔 $\phi6^{+0.12}$ 为 IT12 级，取 $x = 0.75$；外形 $\phi36_{-0.62}$ 为 IT14 级，取 $x = 0.5$。

(1) 冲孔 $\phi6^{+0.12}$：

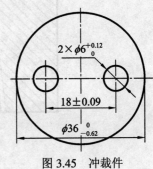

图 3.45　冲裁件

$$d_p = (d_{min} + x\Delta)_{-\delta_p}^{\ 0} = (6 + 0.75 \times 0.12)_{-\delta_p}^{\ 0} = 6.09_{-0.008}^{\ 0}$$

$$d_d = (d_p + z_{min})_0^{+\delta_d} = (6.09 + 0.04)_0^{+\delta_d} = 6.13_0^{+0.012}$$

(注：根据基本尺寸 6.09 mm 及 6.13 mm，凸、凹模制造公差分别先按 IT6、IT7 级查标准公差表 3-12 得 $\delta_p = 0.008$ mm，$\delta_d = 0.012$ mm。)

校核 $|\delta_p| + |\delta_d| \leqslant Z_{max} - Z_{min}$：有 $0.009 + 0.015 \leqslant 0.06 - 0.04$，即满足间隙公差条件，故上述 d_p、d_d 及 δ_p、δ_d 即为模具刃口尺寸与公差。

(2) 落料 $\phi36_{-0.62}$：

$$D_d = (D_{max} - x\Delta)_0^{+\delta_d} = (36 - 0.5 \times 0.62)_0^{+\delta_d} = 35.69_0^{+0.025}$$

$$D_p = (D_d - z_{min})_{-\delta_p}^{\ 0} = (35.69 - 0.04)_{-\delta_p}^{\ 0} = 35.65_{-0.016}^{\ 0}$$

校核 $|\delta_p| + |\delta_d| \leqslant Z_{max} - Z_{min}$：有 $0.016 + 0.025 > 0.06 - 0.04$，即不满足间隙公差条件，则凸、凹模制造公差 δ_p、δ_d 应重新确定：

$$\delta_p = 0.4(Z_{max} - Z_{min}) = 0.4 \times (0.06 - 0.04) = 0.008 \text{ mm}$$

$$\delta_d = 0.6(Z_{max} - Z_{min}) = 0.6 \times (0.06 - 0.04) = 0.012 \text{ mm}$$

故落料时模具刃口尺寸为：$D_d = 35.69_0^{+0.012}$，$D_p = 35.65_{-0.008}^{\ 0}$。

(3) 中心距

$$L_d = (l_{min} + 0.5\Delta) \pm 0.125\Delta = [(18 - 0.09) + 0.5 \times 0.18] \pm 0.125 \times 0.18 = (18 \pm 0.023) \text{ mm}$$

(4) 凸模及凹模的尺寸标注如图 3.46 所示。

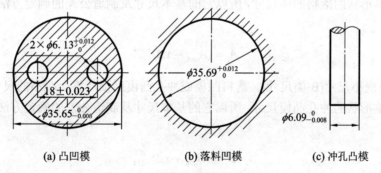

(a) 凸凹模　　　　　　(b) 落料凹模　　　　　　(c) 冲孔凸模

图 3.46　凸模及凹模的尺寸标注

2. 凸模与凹模配作加工法

采用凸模与凹模分别加工法时，为了保证凸、凹模间有一定的间隙值，必须严格限制冲模制造公差 δ_p 和 δ_d，以免造成冲模制造困难。此时宜采用凸模与凹模配作加工法。

配作加工法是指制作模具时，先按冲压件尺寸设计并制造出一个基准件(冲孔以凸模为基准件，落料以凹模为基准件)，然后根据基准件的实际尺寸，按最小合理间隙 Z_{min} 配作另一件(凹模或凸模)。此方法适合于薄料冲裁件(因 Z_{max} 与 Z_{min} 的差值很小)、形状复杂的冲裁件或单件生产的冲模。

当采用配作法计算凸模或凹模刃口尺寸时，首先是根据凸模或凹模磨损后轮廓变化情况，正确判断出模具刃口各个尺寸在磨损过程中是变大、变小还是不变这 3 种情况，然后分别按不同的公式计算。

如图 3.47 及图 3.48 所示，模具基准件刃口磨损后的轮廓如虚线所示，其刃口尺寸可分为 3 类。

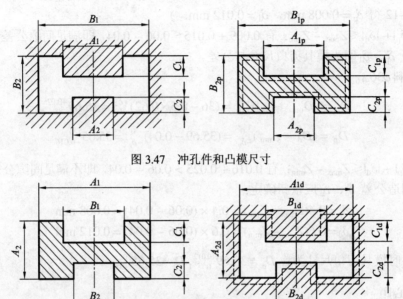

图 3.47　冲孔件和凸模尺寸

图 3.48　落料件和凹模尺寸

(1) 磨损变大尺寸(A 类尺寸)。落料凹模或冲孔凸模磨损后将会增大的尺寸，其磨损规律相当于简单形状的落料凹模尺寸，所以它的基本尺寸及制造公差的确定方法与公式(3-19)相同。

$$A_j = (A_{max} - x\Delta)_0^{+\Delta/4} \qquad (3-26)$$

(2) 磨损变小尺寸(B 类尺寸)。落料凹模或冲孔凸模磨损后将会减小的尺寸，其磨损规律相当于简单形状的冲孔凸模尺寸，所以它的基本尺寸及制造公差的确定方法与公式(3-21)相同。

$$B_j = (B_{min} + x\Delta)_{+\Delta/4}^0 \qquad (3-27)$$

(3) 磨损不变尺寸(C 类尺寸)。落料凹模或冲孔凸模磨损后基本不变的尺寸，不必考虑磨损的影响，其磨损规律相当于简单形状的孔心距尺寸，所以它的基本尺寸及制造公差的确定方法与公式(3-23)相同。

$$C_j = (C_{min} + 0.5\Delta) \pm 0.125\Delta \qquad (3-28)$$

根据式(3-26)～式(3-28)来计算模具基准件的尺寸及公差，而在配作件上只标注上述三个公式计算出的公称尺寸，不标注制造公差，同时在配作件零件图纸中的"技术要求"中注明"凹模(或凸模)刃口尺寸按凸模(或凹模)刃口实际尺寸配作，保证最小双边间隙值为 $Z_{min} \sim Z_{max}$"。

例 3-6 如图 3.26 所示落料件，试计算其冲裁凸、凹模刃口尺寸及制造公差。

解： 由于落料件的形状比较复杂，故采用配合加工法。该冲裁件属落料件，故选凹模为设计基准件，只需计算落料凹模刃口尺寸及制造公差，凸模刃口尺寸由凹模的实际尺寸按间隙要求配作。

查表 3-4 可得：$Z_{max} = 0.66$ mm，$Z_{min} = 0.48$ mm。

查标准公差表 3-12 得：冲裁件所标注的 6 个尺寸精度均为 IT13 级，故对于所有尺寸均取 $x = 0.75$。

凹模的磨损示意图如图 3.49 所示。

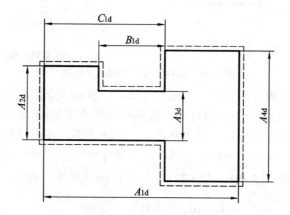

图 3.49　落料件及其凹模磨损示意图

落料凹模刃口尺寸及制造公差计算如下：

(1) 凹模磨损后尺寸 $160_{-0.63}^{0}$、$60_{-0.46}^{0}$、$40_{-0.4}^{0}$、(105 ± 0.27)mm 变大(A 类尺寸)，由式(3-26)得

$$A_{1d} = (160 - 0.75 \times 0.63)_{0}^{+\Delta/4} = 159.5_{0}^{+0.16}$$

$$A_{2d} = (60 - 0.75 \times 0.46)_{0}^{+\Delta/4} = 59.7_{0}^{+0.12}$$

$$A_{3d} = (40 - 0.75 \times 0.4)_{0}^{+\Delta/4} = 39.7_{0}^{+0.10}$$

$$A_{4d} = (105 + 0.27 - 0.75 \times 0.54)_{0}^{+\Delta/4} = 104.9_{0}^{+0.14}$$

(2) 凹模磨损后尺寸 $55_{0}^{+0.46}$ 变小(B 类尺寸)，由式(3-27)得

$$B_{1d} = (55 + 0.75 \times 0.46)_{-\Delta/4}^{0} = 55.35_{-0.12}^{0}$$

(3) 凹模磨损后尺寸 (100 ± 0.27)mm 不变(C 类尺寸)，由式(3-28)得

$$C_{1d} = (100 - 0.27 + 0.5 \times 0.54) \pm 0.125 \times 0.54 = (100 \pm 0.07)\text{mm}$$

落料凹模尺寸标注如图 3.50(a)所示。凸模刃口带*的尺寸按凹模实际尺寸配作，保证双边间隙 0.48 mm～0.66 mm，如图 3.50(b)所示。

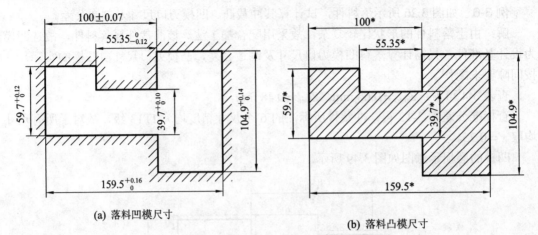

(a) 落料凹模尺寸　　　　　　　　　　　　　　(b) 落料凸模尺寸

图 3.50　落料凹模、凸模尺寸标注

电火花加工已成为模具加工的一种主要方法。一般是用成形磨削加工凸模与电极，然后用尺寸与凸模相同或相近的电极(有时直接用凸模作为电极)在电火花机床上加工凹模。对电火花加工来说，制造公差只适用于凸模，对于凹模不存在机械加工的制造公差，只有放电火花间隙的误差，它的尺寸精度主要靠电极精度来保证，如图 3.51 所示。采用电火花加工时，凸模的尺寸由式(3-20)、式(3-21)和式(3-23)转换而来，即

冲孔时：
$$d_p = (d_{min} + x\Delta)_{-\Delta/4}^{0}$$

落料时：
$$D_p = (D_{max} - x\Delta - Z_{min})_{-\Delta/4}^{0}$$

孔中心距：
$$L_d = (L_{min} + 0.5\Delta) \pm 0.125\Delta \quad (落料与冲孔相同)$$

电火花加工属于配合加工法，无论是冲孔还是落料，均要在凸模上标注尺寸及公差，而在凹模图纸上应注明"按凸模实际尺寸配制，保证双边间隙值为 $Z_{min} \sim Z_{max}$"字样。

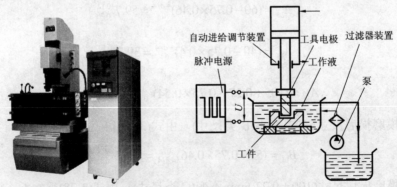

图 3.51　电火花加工机床及工作原理

3.5.3　模具分别加工法及配作加工法对比

根据凸模与凹模分别加工法及配作加工法来计算冲裁刃口尺寸时，两者具有不同特点及应用场合，如表 3-14 所示。

表 3-14 分别加工法与配作加工法的比较

比较内容	分别加工法	配合加工法
设计与制造基准件	冲孔为凸模, 落料为凹模	冲孔为凸模, 落料为凹模
冲裁间隙的保证措施	由凸、凹模制造公差保证, 必须校核 $\|\delta_p\| + \|\delta_d\| \leqslant Z_{max} - Z_{min}$	由加工配作保证, 工艺比较简单, 不必校核 $\|\delta_p\| + \|\delta_d\| \leqslant Z_{max} - Z_{min}$
刃口尺寸计算与标注	凸、凹模须分别计算及标注基本尺寸及公差, 比较复杂	只须计算与标注基准件, 配作件上只标注公称尺寸, 不标注公差, 比较简单
模具制造特点	加工周期短, 但模具制造困难	加工周期长, 模具制造简单
适用范围	圆形、矩形、方形等简单形状件。便于成批制造, 适用于大批量生产	适用于单件生产, 薄料零件、形状复杂零件

3.6 冲裁件的排样设计

3.6.1 排样的意义

排样是指冲裁件在条料、带料或板料上的布置方法, 如图 3.52 所示。排样方案是模具结构设计的重要依据之一。

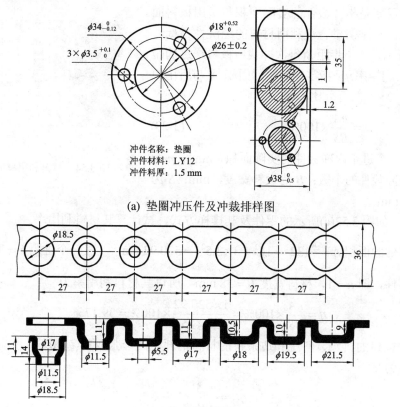

(a) 垫圈冲压件及冲裁排样图

(b) 拉深件的排样图

图 3.52 排样图

　　排样的意义在于保证用最低的材料消耗和最高的劳动生产率得到合格的零件。排样方式不同，材料利用程度、模具结构及生产效率也不同，如图 3.53 所示冲裁件。若采用如图 3.53(a)所示的排样方式，仅需要一副落料模具，一次冲裁即可得到零件，生产效率高，但废料多；若采用如图 3.53(b)所示的排样方式，则需要两副模具，先冲孔后切断，生产效率低，但废料少。因此，合理的排样是提高材料利用率、降低成本、保证冲压件质量及延长模具寿命的有效措施。

(a) 一次冲裁　　　　　　　　　　　　(b) 二次冲裁(先冲孔后切断)

图 3.53　同一冲裁件的不同排样方式

3.6.2　材料的经济利用

1. 材料利用率

　　在冲压零件的成本中，材料费用约占总成本的 60% 以上，因此材料的经济利用具有非常重要的意义，特别是对贵重的有色金属。排样是否合理，经济性是否良好，均可用材料利用率来衡量。

　　材料利用率是指冲裁件的实际面积与所用板料面积的百分比，它是衡量合理利用材料的经济性指标。如图 3.54 所示，一个步距 S(每次冲裁后板料送进的距离)内的材料利用率 η 是指零件的实际面积 A 与所用矩形板料面积 $B \times S$ 的百分比，即

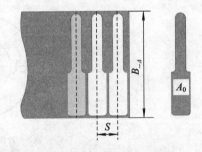

图 3.54　材料利用率的计算

$$\eta = \frac{nA}{BS} \times 100\% \qquad (3\text{-}29)$$

式中：A 为一个进距内冲裁件的实际面积，mm^2；n 为一个进距内冲裁件的个数；B 为板料宽度，mm；S 为送料进距，mm。

　　例 3-7　如图 3.52(a)所示的零件及其排样方式，试计算其材料利用率。

　　解：零件的面积 $A = \dfrac{\pi}{4}(32^2 - 18^2 - 3 \times 3.5^2) = 520.92\ mm^2$，在一个进距 $S = 35$ mm 内冲裁出一个零件，即 $n = 1$，材料宽度 $B = 38$ mm。所以其材料利用率为

$$\eta = \frac{nA}{BS} \times 100\% = \frac{1 \times 520.92}{38 \times 35} \times 100\% = 39.17\%$$

　　考虑到板料的料头、料尾和边余料的材料消耗，同一张板料(或带料、条料)上总的材料利用率 η_Σ 为

$$\eta_\Sigma = \frac{n_\Sigma A}{LB} \times 100\% \qquad (3\text{-}30)$$

式中：n_Σ 为一张板料或带料、条料上冲裁件的总数目；L 为板料总长度，mm。

2．提高材料利用率的方法

冲裁所产生的废料分为结构废料和工艺废料，如图 3.55 所示。

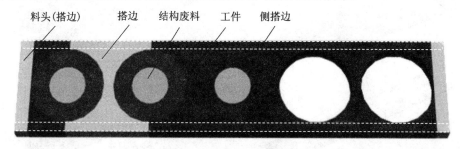

图 3.55　结构废料与工艺废料

(1) **结构废料**：是由零件的结构特点产生的废料，一般不能改变，但可以利用大尺寸的废料冲制小尺寸的零件。

(2) **工艺废料**：是排样图中零件之间、零件与条料侧边之间的废料，以及料头、料尾和边余料。

结构废料由工件的形状特点决定，一般不能改变。因此，提高材料利用率主要从减少工艺废料着手：设计合理的排样方案，选择合适的板料规格和合理的裁板法(减少料头、料尾和边余料)，或利用废料冲裁小零件等。此外，在不影响使用条件许可下，当取得零件设计单位同意后，也可以改变零件结构形状，提高材料利用率，见图 3.56。若将图 3.56(a)所示零件设计成图 3.56(b)所示的零件形状，可以使材料利用率提高 40%，而且一次能冲出 2 个零件，生产率提高 1 倍。

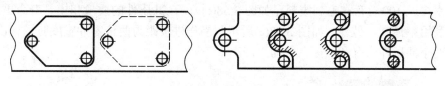

(a) 有废料排样　　　　　　　　　　　　(b) 少废料排样

图 3.56　改善零件结构的示例

3.6.3　排样方式

1．排样类型

如图 3.57 所示，对于同一冲裁件，采用不同的排样方式，材料的利用率也不同。其对应的材料利用率如表 3-15 所示。

表 3-15　不同排样条件下的材料利用率

排样方式	排样角度/°	材料利用率/%	步距/mm	料宽/mm
普通单排	170	53.01	93.05	131.68
普通双排	170	54.96	93.05	274
对头单排	115	63.15	156.29	141.97
对头双排	115	62.23	155.35	144.94

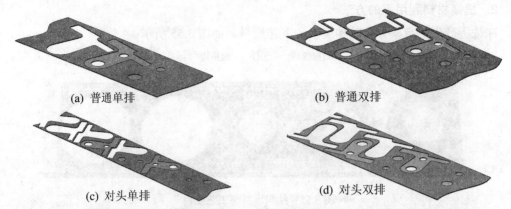

(a) 普通单排　　　　　　　　　　　　　(b) 普通双排

(c) 对头单排　　　　　　　　　　　　　(d) 对头双排

图 3.57　不同的排样方式

根据材料的合理利用情况，条料排样方法可分为三种，如图 3.58 所示。

(1) **有废料排样**：沿工件全部外形冲裁，冲压件周边都留有余料(搭边)，如图 3.58(a) 所示。冲压件尺寸完全由冲模来保证，因此冲压件精度高，模具使用寿命也高，但材料利用率低。

(2) **少废料排样**：沿冲压件部分外形切断或冲裁，只在冲压件局部有余料，如图 3.58(b) 所示。因受冲裁前剪裁板料质量和冲裁时板料定位误差的影响，冲压件质量稍差，同时条料边缘毛刺被凸模带入冲裁间隙也影响模具寿命，但材料利用率稍高，冲模结构简单。另外，用宽度等于零件的条料冲裁，缩短了刃口长度，减轻了冲床的负载。

(3) **无废料排样**：冲压件周边无任何余料，沿直线或曲线切断条件而获得冲压件，材料利用率接近 100%(存在毛刺废料)，如图 3.58(c)所示。冲压件的质量和模具寿命更差一些，但材料利用率最高。另外，如图 3.58(c)所示，当送进步距为两倍零件宽度时，一次切断便能获得两个冲压件，有利于提高劳动生产率。

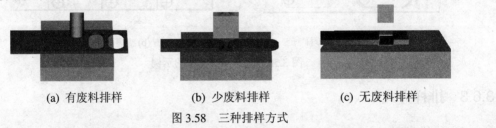

(a) 有废料排样　　　　　　(b) 少废料排样　　　　　　(c) 无废料排样

图 3.58　三种排样方式

采用少、无废料的排样可以简化冲裁模结构，减小冲裁力，提高材料利用率。但是，因条料本身的公差以及条料导向与定位所产生的误差影响，冲裁件公差等级低，如图 3.59 所示。同时，由于模具单边受力(单边切断时)，不但会加剧模具磨损，降低模具寿命，而且也会直接影响冲裁件的质量。为此，排样时必须统筹兼顾、全面考虑。

(a) 送料准确时　　　　　　　　　　　　(b) 送料不准确时

图 3.59　少、无废料的送料造成的零件误差

上述三种排样方法，按工件的外形特征，又可以分多种排样方式，如表 3-16 所示。

表 3-16　按工件外形特征分类的排样方式

排样形式	有废料排样	应用	少、无废料排样	应用
直排		用于简单几何形状(方形、圆形、矩形)的冲件		用于矩形或方形冲件
斜排		用于 T 形、L 形、S 形、十字形、椭圆形冲件		用于 L 形或其他形状的冲件，在外形上允许有不大的缺陷
直对排		用于 T 形、Π 形、山形、梯形、三角形、半圆形的冲件		用于 T 形、Π 形、山形、梯形、三角形冲件，在外形上允许有少量的缺陷
斜对排		用于材料利用率比直对排高时的情况		多用于 T 形冲件
混合排		用于材料和厚度都相同的两种冲件		用于两个外形互相嵌入的不同冲件(铰链等)
多行排		用于大批量生产中尺寸不大的圆形、六角形、方形、矩形冲件		用于大批量生产中尺寸不大六角形、方形、矩形冲件
裁搭边		大批量生产中用于小的窄冲件(表针及类似的冲件)或带料的连续拉深		用于以宽度均匀的条料或带料冲裁长形件

2. 排样方式的选择

一个冲裁件，可有多种排样方式，排样时必须选择一个合理的排样方式。选择排样方式时必须考虑如下几个因素。

(1) 零件形状。由表 3-15 可见，零件的合理排样与其形状有密切关系，例如圆形零件是不可能实现无废料排样的。

(2) 零件质量及精度要求。当零件的断面质量和尺寸精度要求较高且形状复杂时，应采用有废料排样方式。

(3) 冲模结构。有废料排样的冲模结构比较复杂，例如小、无废料排样冲裁多用连续模、导板模，当零件孔与外形相对位置公差很小时，可采用复合模。在无废料冲裁中，多数凸模单边切割，受到很大的侧向力及偏心载荷，为此，凸模后面要有支撑，它与凸模固定在一起，同时又起挡料作用，如图 3.60 所示。

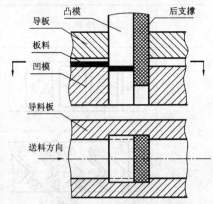

图 3.60　无废料排样冲裁模简图

(4) 模具寿命。有废料排样模具全部刃口参与冲裁，受力均匀，模具使用寿命高。少、无废料排样时凸模单边切割，有时毛刺会被凸模带入间隙，致使模具寿命较短。

(5) 操作方式与安全。有废料排样模具的零部件较为齐全，操作方便、安全；少、无废料排样的模具结构简单，操作时往往欠方便与安全。

(6) 生产率。如图 3.58 所示，有的少、无废料排样模具一次冲裁即可获得两个以上的零件，有利于提高生产率。

3.6.4　冲裁搭边

1. 搭边及其作用

(1) **搭边**：排样图中冲裁件之间以及冲裁件与条料侧边之间留下的工艺废料称为搭边，如图 3.55 所示。

(2) 搭边的作用有三个：① 搭边可以补偿定位误差，防止由于条料的宽度误差、送料误差而冲出残缺的废品，确保冲出合格零件；② 搭边可以保持条料在冲裁过程中的强度和刚度，方便条料送进，提高劳动生产率；③ 搭边可以避免冲裁时条料边缘的毛刺被拉入冲裁间隙，从而提高模具寿命。

搭边值对冲裁过程及冲裁质量有很大的影响，因此一定要合理确定搭边值。搭边值过大，材料利用率低；搭边值过小，搭边的强度及刚度不够，冲裁时容易产生翘曲或被拉断现象(如图 3.61 所示)，不仅增大了冲裁件毛刺，甚至出现单边拉入冲裁间隙而造成冲裁力不均，从而损坏模具刃口，降低冲裁质量和模具寿命。根据实际生产的统计，正常搭边比无搭边冲裁时的模具寿命高 50% 以上。

图 3.61　冲裁搭边过小出现的翘曲或拉断现象

2．影响搭边值的因素

(1) 材料的力学性能：硬材料的搭边值可小一些，软材料、脆材料的搭边值要大一些。

(2) 材料厚度：材料越厚，搭边值越大。

(3) 冲裁件的形状与尺寸：零件外形越复杂，圆角半径越小，搭边值则应取大些。

(4) 送料及挡料方式：用手工送料，有侧压装置的搭边值可以小一些；用侧刃定距比用挡料销定距的搭边值应小一些。

(5) 卸料方式：弹性卸料比刚性卸料的搭边值应小一些。

3．搭边值的确定

搭边值通常是由经验来确定的，表 3-17 所列搭边值为普通冲裁时经验数据之一，供设计时参考。

表 3-17 工件间搭边 a_1 和侧搭边 a 数值(低碳钢) mm

材料厚度 t	圆件及 $r>2t$ 的圆角		矩形件边长 $L\leqslant50$ mm		矩形件边长 $L>50$ mm 或圆角 $r\leqslant2t$	
	工件间 a_1	沿边 a	工件间 a_1	沿边 a	工件间 a_1	沿边 a
0.25 以下	1.8	2.0	2.2	2.5	2.8	3.0
0.25~0.5	1.2	1.5	1.8	2.0	2.2	2.5
0.5~0.8	1.0	1.2	1.5	1.8	1.8	2.0
0.8~1.2	0.8	1.0	1.2	1.5	1.5	1.8
1.2~1.6	1.0	1.2	1.5	1.8	1.8	2.0
1.6~2.0	1.2	1.5	1.8	2.5	2.0	2.2
2.0~2.5	1.5	1.8	2.0	2.2	2.2	2.5
2.5~3.0	1.8	2.2	2.2	2.5	2.5	2.8
3.0~3.5	2.2	2.5	2.5	2.8	2.8	3.2
3.5~4.0	2.5	2.8	2.5	3.2	3.2	3.5
4.0~5.0	3.0	3.5	3.5	4.0	4.0	4.5
5.0~12.0	0.6t	0.7t	0.7t	0.8t	0.8t	0.9t

3.6.5　条料宽度和导料板间距离

在排样方式及搭边值确定之后，就可以确定条料的宽度了，进而可以确定导料板间的距离。确定条料宽度的原则：

- 最小条料宽度要保证冲裁时工件周围有足够的搭边值。
- 最大条料宽度能在导料板间送进，并与导料板间有一定的间隙。

条料宽度的大小还与模具是否采用侧压装置或侧刃有关，下面分别叙述。

(1) 有侧压装置时条料的宽度与导料板间距离。如图 3.62 所示，有侧压装置的模具，能使条料始终沿着一侧的基准导料板送进，故可按下式计算：

条料宽度：
$$B_{-\Delta}^{0} = (D_{max} + 2a)_{-\Delta}^{0} \tag{3-31}$$

导料板间距离：
$$A = B + C = D_{max} + 2a + C \tag{3-32}$$

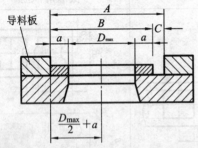

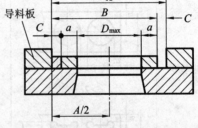

图 3.62　有侧压装置时条料宽度的确定　　　图 3.63　无侧压装置时条料宽度的确定

(2) 无侧压装置时条料的宽度与导料板间距离。如图 3.63 所示，无侧压装置的模具，应考虑在送料过程中因条料的摆动而使侧面搭边减少。为了补偿侧面搭边的减少，条料宽度应增加一个条料可能的摆动量，故可按下式计算：

条料宽度：
$$B_{-\Delta}^{0} = [D_{max} + 2a + C]_{-\Delta}^{0} \tag{3-33}$$

导尺间距：
$$A = B + C = D_{max} + 2a + 2C \tag{3-34}$$

式中：D_{max} 为条料宽度方向(垂直于送料方向)冲裁件的最大尺寸，mm；a 为条料侧搭边，mm，可参考表 3-17；Δ 为条料宽度的单边(负向)偏差，mm，可参考表 3-18 和表 3-19；C 为导料板与最宽条料间的单边间隙，mm，其最小值见表 3-20。

表 3-18　条料宽度偏差 Δ　　　　　　　　　　　　　　mm

条料宽度 B	材料厚度 t			
	～1	1～2	2～3	3～5
～50	0.4	0.5	0.7	0.9
50～100	0.5	0.6	0.8	1.0
100～150	0.6	0.7	0.9	1.1
150～220	0.7	0.8	1.0	1.2
220～300	0.8	0.9	1.1	1.3

表 3-19 条料宽度偏差 $\varDelta$ mm

条料宽度 B	材料厚度 t		
	～0.5	0.5～1	1～2
～20	0.05	0.08	0.10
>20～30	0.08	0.10	0.15
>30～50	0.10	0.15	0.20

表 3-20 导料板与条料之间的最小间隙 C mm

材料厚度 t	无侧压装置			有侧压装置	
	条料宽度 B			条料宽度 B	
	100 以下	100～200	200～300	100 以下	100 以上
～0.5	0.5	0.5	1	5	8
0.5～1	0.5	0.5	1	5	8
1～2	0.5	1	1	5	8
2～3	0.5	1	1	5	8
3～4	0.5	1	1	5	8
4～5	0.5	1	1	5	8

(3) 有侧刃定距时条料的宽度与导料板间距离(如图 3.64 所示)。

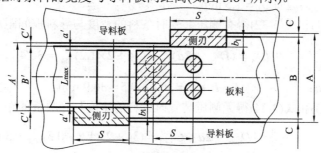

(a) 侧刃定距排样图

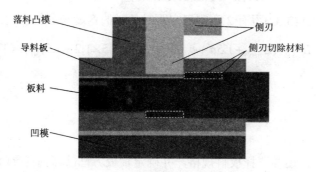

(b) 侧刃工作原理

图 3.64 侧刃冲裁

当条料的送进用侧刃定位时，条料宽度必须增加侧刃切去的部分，故可按下式计算：

条料宽度：
$$B_{-\varDelta}^{\ 0} = (D_{max} + 2a' + nb_1)_{-\varDelta}^{\ 0} = (D_{max} + 1.5a + b_1)_{-\varDelta}^{\ 0} \quad (a' = 0.75a) \qquad (3\text{-}35)$$

导尺间距：
$$A = B + C = D_{max} + 1.5a + nb_1 + C \qquad (3\text{-}36)$$

$$A' = B + C_1 = D_{max} + 1.5a + C_1 \tag{3-37}$$

式中：n 为侧刃数；b_1 为侧刃冲切的料边宽度，mm，见表 3-21；C 为冲切前的条料宽度与导料板间的单边间隙，mm，见表 3-20。C' 为冲切后的条料宽度与导料板间的单边间隙，mm，见表 3-21。

表 3-21　　b_1 及 C' 值　　　　　　　　　　　　　　mm

条料厚度 t	b_1		C'
	金属材料	非金属材料	
< 1.5	1.5	2	0.10
> 1.5～2.5	2.0	3	0.15
> 2.5～3	2.5	4	0.20

例 3-8　如图 3.52(a)所示的零件，试分别确定在有侧压装置、无侧压装置及在有侧刃定距时条料的宽度与导料板间距离。

解：条料宽度方向(垂直于送料方向)冲裁件的最大尺寸如 $D_{max} = 34$ mm；查表 3-17 得条料侧搭边 $a = 1.2$ mm，查表 3-18 得条料宽度的单边(负向)偏差 $\Delta = 0.2$ mm；分别查表 3-20、表 3-21 可得冲切前、后的条料宽度与导料板间的单边间隙 $C = 0.5$ mm，$C_1 = 0.1$ mm；查表 3-21 得侧刃冲切的料边宽 $b_1 = 1.5$ mm。

(1) 由式(3-31)和式(3-32)得有侧压装置时条料的宽度与导料板间距离分别为

条料宽度：　　　　$B_{-\Delta}^{\ 0} = (D_{max} + 2a)_{-\Delta}^{\ 0} = (34 + 2 \times 1.2)_{-0.2}^{\ 0} = 36.4_{-0.2}^{\ 0}$ mm

导料板间距离：　　　　$A = B + C = 36.4 + 0.5 = 36.9$ mm

(2) 由式(3-33)和式(3-34)得无侧压装置时条料的宽度与导料板间距离分别为

条料宽度：　　　$B_{-\Delta}^{\ 0} = [D_{max} + 2a + C]_{-\Delta}^{\ 0} = (34 + 2 \times 1.2 + 0.5)_{-0.2}^{\ 0} = 36.9_{-0.2}^{\ 0}$ mm

导尺间距：　　　　$A = B + C = (36.9 + 0.5)_{-0.2}^{\ 0} = 37.4_{-0.2}^{\ 0}$ mm

(3) 由式(3-31)和式(3-32)得有 2 个侧刃定距时条料的宽度与导料板间距离分别为

条料宽度：　　　$B_{-\Delta}^{\ 0} = (D_{max} + 1.5a + b_1)_{-\Delta}^{\ 0} = (34 + 1.5 \times 1.2 + 1.5)_{-0.2}^{\ 0} = 37.3_{-0.2}^{\ 0}$ mm

导尺间距：　　　　$A = B + C = 37.3 + 0.5 = 37.8$ mm

　　　　　　　　　　$A' = B + C_1 = 37.3 + 0.1 = 37.4$ mm

3.6.6　排样图

条料宽度确定后，还要选择板料规格，并确定裁板方法(纵向剪裁或横向剪裁)。值得注意的是，在选择材料规格和确定裁板方法时，还应综合考虑材料利用率、纤维方向(对弯曲件)、操作是否方便和材料供应情况等因素。当条料长度确定后，就可以绘出**排样图**。

采用有两个侧刃定距时的排样图如图 3.65 所示，一张完整的排样图应标注条料宽度 B 及偏差、条料长度 L、端距 l、步距 S、工件搭边 a_1 和侧搭边 a、材料利用率 η。要习惯以剖面线表示冲压位置。排样图是排样设计的最终表达形式，它应绘在冲压工艺规程卡片上和冲裁模总装图的右上角，分别参见图 10.23 和图 10.30。

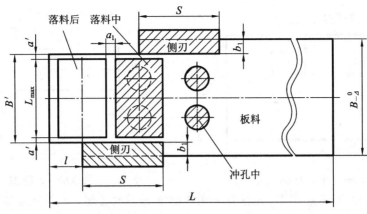

图 3.65   有两个侧刃定距时的排样图

习   题

1. 冲裁变形过程可分为哪几个阶段？裂纹在哪个阶段产生？首先在什么位置发生？
2. 试比较冲裁力 - 行程曲线与材料的单向拉伸曲线。
3. 冲裁断面具有哪些区域特征？它们是如何形成的？
4. 金属的塑性对冲裁断面的区域特征有何影响？
5. 影响冲裁断面质量的因素有哪些？
6. 影响冲裁件尺寸精度的因素有哪些？
7. 冲裁凸模、凹模刃口磨损后，通常是在分离的材料哪一侧产生毛刺？
8. 冲裁间隙是怎样影响冲裁断面质量的光亮带的？断裂带所占的比例是多少？
9. 冲裁间隙对上、下裂纹走向的影响规律是什么？
10. 简述冲裁间隙对冲裁力、模具寿命的影响规律。
11. 为了提高模具寿命或提高制件的精度，应该分别怎样选取冲裁模间隙？
12. 什么是冲裁力、顶件力、推料力、卸料力？
13. 采用斜刃冲裁模时，冲孔、落料时应分别在哪个工作零件上做成斜刃？为什么？
14. 降低冲裁力的措施有哪些？
15. 何谓冲模压力中心？计算它有何意义？
16. 冲裁凸、凹模刃口尺寸计算方法有哪几种？各有何特点？分别适用于什么场合？
17. 什么是搭边？其作用是什么？
18. 什么是材料的利用率？在冲裁工作中应如何提高材料的利用率？
19. 试比较有废料排样、无废料排样、少废料排样三者的制件质量、材料利用率。
20. 如图 3.66 所示落料件，S1～S5 为零件基本尺寸，其对应的上、下偏差值分别为 $\Delta\delta1\sim\Delta\delta5$。假设凸、凹模的合理双边间隙为 Z_{min}、Z_{max}，所有尺寸的精度均高于(优于)IT10 级。试按配合加工法确定模具工作零件的尺寸和公差。(用代数式表达)
21. 如图 3.67 所示落料件，材料是 35 钢，料厚 $t = 3$ mm，已知 $Z_{min} = 0.24$ mm，$Z_{max} = 0.29$ mm，所有尺寸的精度均低于(劣于)IT14 级。试按配合加工法确定模具工作零件的尺寸和公差。

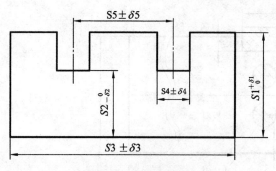

图 3.66　习题 20 图

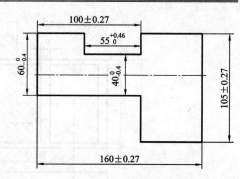

图 3.67　习题 21 图

22. 如图 3.67 所示落料件，若采用如图 3.68 所示排样方案，并用弹压卸料板、侧刃定距的连续模进行冲裁，试分别计算：(1) 条料宽度 B 及导料板间距 A 及 A'；(2) 进距 S；(3) 材料利用率 η；(4) 冲裁力 P。已知搭边为 2.0 mm，侧搭边为 2.4 mm，条料与导料板之间的双边间隙 $b_0 = b_1 = 0.5$ mm，条料宽度公差为 $\Delta = 0.5$ mm，$\tau = 400$ MPa。

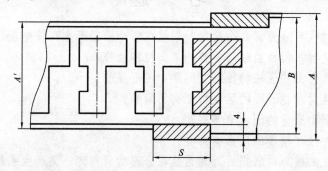

图 3.68　习题 22 图

23. 如图 3.69 所示落料件，所有尺寸精度介于 IT11～IT13 之间。板材厚度 $t = 1$ mm，材料为 D42 硅钢板，抗拉强度 $\sigma_b = 650$ MPa。已知 $Z_{min} = 0.13$ mm，$Z_{max} = 0.16$ mm。试按配合加工法计算凸、凹模的刃口尺寸及制造公差，并计算冲裁力。

图中，已知：$a = 80_{-0.42}^{0}$ mm，$b = 40_{-0.34}^{0}$ mm，$c = 35_{-0.34}^{0}$ mm，$d = (22 \pm 0.14)$ mm，$e = 15_{-0.12}^{0}$ mm。

24. 如图 3.70 所示冲孔落料件，所有尺寸精度介于 IT9～IT10 之间。板材厚度 $t = 2$ mm，材料为 Q235，抗拉强度 $\sigma_b = 400$ MPa。已知 $Z_{min} = 0.22$ mm，$Z_{max} = 0.26$ mm。试按分别加工法计算冲孔、落料的凸、凹模的刃口尺寸及制造公差。(注：孔冲凸、凹模的制造公差 δ_p、δ_d 初步取为 0.011，0.018；落料凸、凹模的制造公差 δ_p、δ_d 初步取为 0.019、0.030。)

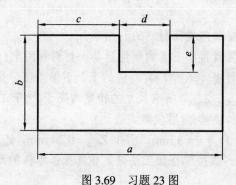

图 3.69　习题 23 图　　　　　　　　图 3.70　习题 24 图

第 4 章　冲裁模具的设计

冲裁模具是冲压生产的主要工艺设备，冲裁模的结构设计对冲压件品质、生产率及经济效益影响很大。在前一章冲裁工艺的基础上，本章介绍冲裁模设计的基本知识，这是本课程的重点章节。涉及冲裁模的分类及组成、冲裁模(尤其是级进模和复合模)的典型结构及特点、构成冲裁模的主要零部件的设计及模具标准应用，最后举例说明冲裁工艺与冲裁模具设计的方法和步骤。

冲裁模具(可简称冲模或冲裁模)是冲压生产中必不可缺少的工艺装备，良好的模具结构是实现工艺方案的可靠保证。冲压零件质量的好坏和精度的高低，主要取决于冲裁模的质量和精度。冲裁模是否先进、合理，又直接影响到生产效率、冲裁模的使用寿命及操作的安全性、方便性等。

4.1　冲裁模的分类及组成

4.1.1　冲裁模的分类

由于冲裁件的形状、尺寸、精度和生产批量及生产条件不同，因此冲裁模的结构类型也不同。为了便于区分和了解冲模结构，必须对其进行合理地分类。

(1) 按工序性质分类：落料模、冲孔模、切断模、切口模、切舌模、剖切模、修边模、整修模、精冲模等，见表 1-1；

(2) 按工序的组合方式分类：单工序模、复合模和级进模，分别如图 1-6、图 1-7 和图 1-8 所示；

(3) 按模具使用的通用程度分类：专用模(包括简易模)、通用模和组合模等；

(4) 按上、下模的导向方式分类：无导向(开式)模和有导向的导板模、导柱模、导筒模等；

(5) 按凸、凹模的材料分类：金属冲模、钢皮冲模、硬质合金冲模、锌基合金模、非金属冲模(如橡胶冲模和聚氨脂冲模等)；

(6) 按卸料方式分类：带固体卸料板冲模和弹压卸料板冲模；

(7) 按挡料和定料的形式分类：分为带固定挡料销、活动挡料销、导正销或侧刃的冲模；

(8) 按凸、凹模的结构和布置方法分类：整体模和镶拼模，正装模和倒装模；

(9) 按进料、出料及排除废料方式分类：手动冲模、半自动冲模、自动冲模；

(10) 按模具轮廓尺寸分类：大型冲模、中型冲模、小型冲模。

4.1.2　冲裁模的组成

各种类型冲裁模的复杂程度不同，所含零部件各有差异，但根据其用途，冲裁模一般是由以下五类零部件组成的，如图 4.1 及图 4.2 所示。

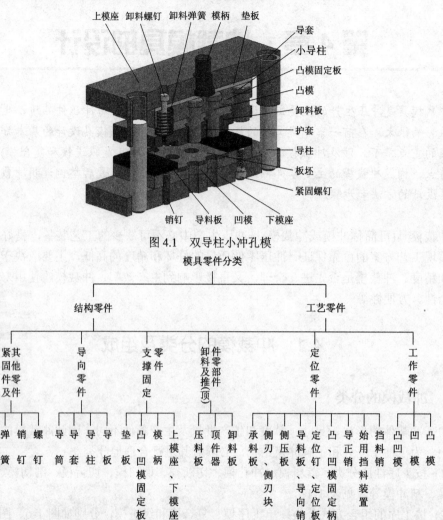

图 4.1　双导柱小冲孔模

图 4.2　冲裁模零件的分类及应用

(1) 工作零件。工作零件接触被加工坯料，使其变形、分离而成为工件，如凸模、凹模、凸凹模等。

(2) 定位零件。定位零件接触被加工坯料，控制条料的送进方向和送料进距，确保条料在冲模中的正确位置，如挡料销、导正销、导尺、定位销、定位板、导料板、侧压板和侧刃等。

(3) 卸料与推(顶)件零部件。卸料与推(顶)件零部件接触被加工板料，在冲压完毕后，将工件或废料从模具中排出，以使下次冲压工序顺利进行。卸料与推(顶)件零部件包括卸料板、顶件器、废料切刀、拉深模中的压边圈等。拉深模中的压边圈的主要作用是防止板料毛坯发生失稳起皱。

(4) 导向零件。导向零件的作用是保证上模对下模相对运动的精确导向，使凸模与凹模之间保持均匀的间隙，以提高冲压件品质，导柱、导套、导筒即属于这类零件。

(5) 固定零件。固定零件包括上模板、下模板、模柄、凸模和凹模的固定板、垫板、限位器、弹性元件、螺钉、销钉等。这类零件的作用是使上述四类零件联结和固定在一起，构成整体，保证各零件的相互位置，并使冲模能安装在压力机上。

需要指出的是，不是所有的冲裁模都必须具备上述五种零件，尤其是单工序模具，但是工作零件和固定零件等是必不可少的。

综上所述，冲裁模通常由上、下模两部分构成，组成模具的零部件主要有两大类：

(1) **工艺零件**：与坯料直接接触并参与冲压工艺过程的完成，包括工作零件、定位零件、卸料与推(顶)件零部件等。

(2) **结构零件**：不与坯料直接接触，也不直接参与冲压工艺过程的完成，只对模具完成工艺过程起保证作用，或对模具功能起完善作用，包括导向零件、固定零件等。

4.2 冲裁模的典型结构及特点

要分析和掌握设计模具的方法，不但要了解冲裁模的类型和组成，还要对冲裁模结构有较全面而基本的认识。本节将介绍一些冲裁模的典型结构及特点。

4.2.1 单工序模

单工序模：在压力机一次冲压行程中只完成一个冲压工序的模具，如落料模、冲孔模、切断模、切口模、切边模等。下面介绍六个典型的单工序模结构。

1. 无导向简单落料模

1) 结构组成

图 4.3 是无导向简单落料模。工作零件为凸模和凹模，定位零件为两个导料板和定位板。其中，导料板对条料送进起导向作用，定位板用于限制条料的送进距离，卸料零件为左、右两个固定卸料板，固定零件为上模座(带模柄)和下模座、紧固螺钉等。

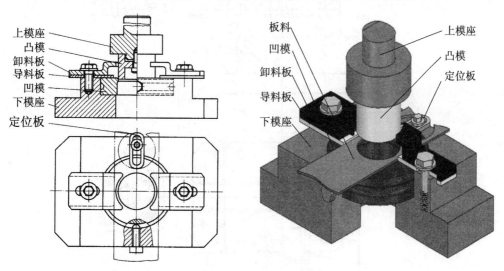

图 4.3 无导向简单落料模

2) 工作原理

工作时，条料沿导料板送进(从前向后)，由定位板控制进距。凸模下行，与凹模共同对板料实施冲裁，分离后的工件靠凸模直接从凹模洞口依次推出，然后从压力机的台面孔漏下(图 1-9(a))，箍紧在凸模上的废料由两个固定卸料板刮下。

3) 主要特征

上、下模之间没有直接导向关系(即无导向零件)，为敞开式结构，凸、凹模间隙由压力机滑块的导向精度来保证。

4) 模具特点

这种模具结构简单、尺寸较小、质量较小、制造容易、成本低廉，但是，模具在压力机上的安装、调整较麻烦，且模具间隙不易保证，使模具使用寿命降低，冲件精度不高，而且因为模具前后左右四面敞开，操作环境不够安全。

5) 应用场合

无导向简单落料模仅适用于精度要求不高、形状简单和生产批量小的冲裁件，特别适合于使用边角余料的冲裁，常用于板料厚度较大、精度要求较低的小批量生产。

2. 导板式简单落料模

1) 结构组成

图 4.4 是导板式简单落料模。工作零件为凸模和凹模，定位零件为导料板和活动挡料销、始冲挡料销，导向零件是固定导板，固定零件是凸模固定板、垫板、模柄、上模座和下模座。此外，还有紧固螺钉、销钉等零件。

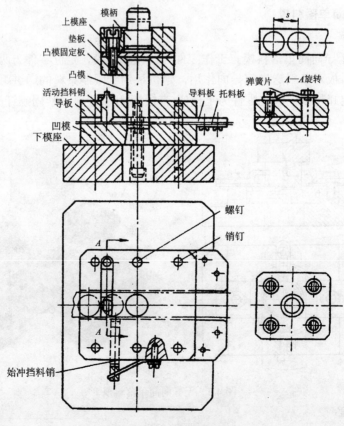

图 4.4 导板式简单落料模

2) 工作原理

如图 4.5 所示，当条料沿托料板、导料板从右向左送入模具时，用手压入临时挡料销限定条料初始位置，凸模由导板导向进入凹模，完成了首次冲裁。当冲裁下一个零件时，条料继续送至条料活动挡料销，活动挡料销有一斜面，其上端由弹簧片压住，送料时条料搭边通过斜面将活动挡料销抬起，并越过活动挡料销，然后反向拉拽条料(即向右拉)，使挡料销的后端面抵住条料搭边定位，进行第二次冲裁。此后，条料继续送进，其送进距离就由活动挡料销来控制，临时挡料销被弹簧弹出，不再起挡料作用，分离后的零件靠凸模从凹模洞口中依次推出。

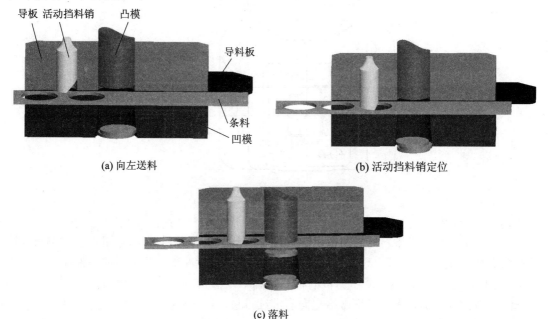

(a) 向左送料　　　　　　　　　　　　　　(b) 活动挡料销定位

(c) 落料

图 4.5　活动挡料销工作原理

3) 主要特征

上、下模的导向是依靠导板与凸模之间的间隙配合(一般 H7/h6，且小于冲裁间隙)进行，导板兼作刚性卸料板，故称为**导板模**。为了保证导向精度和导板的使用寿命，凸模回程时始终不脱离导板，凸模刃磨后也不应该脱离导板。

4) 模具特点

导板模比无导向简单冲裁模的精度高，使用寿命也较长，在压力机上的安装较容易，而且模具间隙易保证，冲件精度较高，操作较安全，轮廓尺寸也不大。

5) 应用场合

导板模一般适用于形状简单、尺寸不大、料厚大于 0.3 mm 冲裁件的中小批量生产。

3. 导柱式简单落料模

1) 结构组成

图 4.6 是导柱导套式落料模，简称导柱模。工作零件为凸模和凹模，定位零件为导料板和固定挡料销，导向零件是导柱及导套，卸料零件为固定卸料板，固定零件是凸模固定板、模柄、上模座和下模座。此外，还有紧固螺钉、销钉等零件。

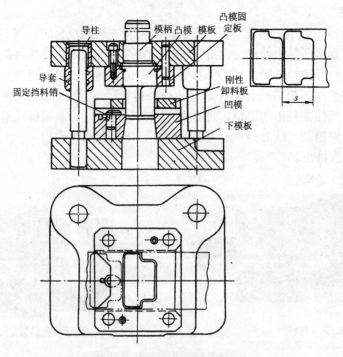

图 4.6　导柱式简单落料模

2) 工作原理

如图 4.7 所示，当条料沿导料板从右向左送入模具时，条料端头碰到固定挡料销(亦称定位销)而停止送料，凸模由导柱导套导向进入凹模，进行冲裁。分离后的冲件靠凸模直接从凹模洞口依次推出，然后从压力机的台面孔漏下，箍紧在凸模上的废料由固定卸料板刮下。完成首次冲裁后，将条料稍微抬起向右继续推进，使条料搭边越过固定挡料销后放下，将条料上的废料孔挂入固定挡料销，使固定挡料销的前端面(从送料方向看)抵住条料搭边定位，进行第二次冲裁，又落下一个零件。

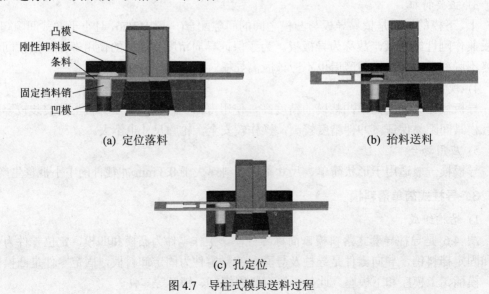

(a) 定位落料　　　　　　　　　　　　　　　　(b) 抬料送料

(c) 孔定位

图 4.7　导柱式模具送料过程

3) 主要特征

上、下模由导柱、导套的滑动配合(一般 H7/h6 或 H6/h5)精确导向，采用后置式导向方式，在冲压过程中，导柱始终不离开导套。

4) 模具特点

虽然采用导柱、导套导向会加大模具轮廓尺寸，使模具笨重，增加模具成本，但导柱、导套系圆柱形结构，制造不复杂，容易达到较高的精度，且可进行热处理，使导向面具有较高的硬度，还可制成标准件。所以，采用导柱、导套进行导向比一般导板导向更可靠，导向精度更高，使用寿命更长，在冲床上安装使用较方便。

5) 应用场合

对于精度要求较高、生产批量较大的冲裁件，广泛采用导柱式冲裁模。

4. 带小导柱的小冲孔模

所谓小孔，一般指孔径小于被冲板料的厚度或直径 $d < 1$ mm 的圆孔和面积 $A < 1$ mm^2 的异形孔。小冲孔模的结构与一般落料模相似。但冲孔模的对象是已经落料或其他冲压加工后的半成品，所以冲孔模必须解决半成品在模具中如何送进、定位及取出问题；对于小孔冲模，必须考虑凸模的稳定性和刚度，以及快速更换凸模的结构。

1) 结构组成

图 4.8 为带小导柱弹性卸料板冲孔模。冲件上的所有孔一次全部冲出，是多凸模的单工序冲裁模。工作零件为凸模和凹模，定位零件为导料板及挡料板，导向零件是导柱及导套、小导柱，卸料零件为弹性卸料板，固定零件是凸模固定板、上模座和下模座。此外，还有紧固螺钉、销钉等零件。

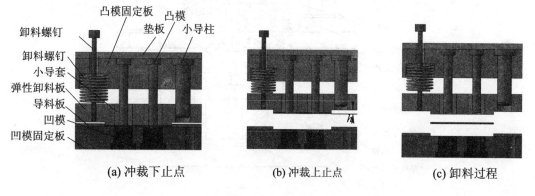

(a) 冲裁下止点　　　　　　(b) 冲裁上止点　　　　　　(c) 卸料过程

图 4.8　小冲孔模

2) 工作原理

矩形毛坯由前向后送入模具，左右靠导料板导向，前进方向有挡料板挡料、定位(图中未画出)。冲孔后凸模将废料从凹模洞口推下，弹性卸料板将箍在凸模上的零件卸下。

3) 主要特征

这种模具的主要特征是具有导柱与导套模架(图中未画出)、小导柱与弹性卸料板内的小导套的双重导向装置。其中，导柱与导套在上、下模之间进行导向；小导柱对弹性卸料板导向，使弹性卸料板在运动过程中保持与上、下模座平行；弹性卸料板对凸模兼起局部保护与导向作用，使凸模即使受到侧向力也不致会发生弯曲。

4) 模具特点

在弹性卸料板、凹模固定板内分别压入淬火导套及凹模，可提高卸料板及凹模的寿命。由于有凸模导向装置，细小凸模不易折断，模具易调整、使用方便，模具使用寿命长；由于有双重导向装置，模具间隙容易保证，冲件质量稳定、精度较高。但模具结构复杂、体积大、制造困难。

5) 应用场合

这种模具适用于冲小孔及高速冲孔。

5. 全长导向小孔冲模

由于受到凸模的强度和刚度的限制，小冲孔模存在一个最小极限孔径。对于一般的软钢，其最小极限孔径 $d_{\min}$ 等于板料厚度 t，即 $d_{\min}=t$；若采用专门的装置保护凸模，则可以做到 $d_{\min}=0.35t$。

1) 结构组成

图 4.9 是一副全长导向结构的小孔冲模。工作零件为凸模和凹模，导向零件是导柱及导套、凸模护套，卸料零件为弹性卸料板，固定零件是凸模固定板、扇形块固定板、浮动模柄、上模座和下模座。此外，还有紧固螺钉、销钉等零件。

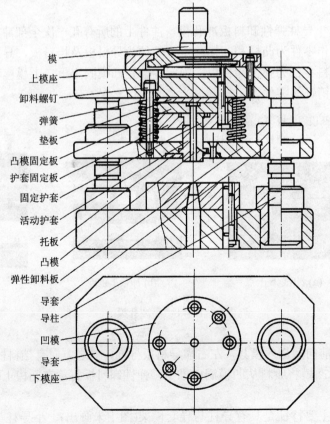

模柄
上模座
卸料螺钉
弹簧
垫板
凸模固定板
护套固定板
固定护套
活动护套
托板
凸模
弹性卸料板
导套
导柱
凹模
导套
下模座

图 4.9　全长导向结构的小孔冲模

2) 工作原理

这副模具导向方式的工作原理如图 4.10 所示。凸模固定板下面是护套固定板，上面装有一个固定护套(三瓣扇形块)，固定护套以三瓣内圆柱面与凸模过盈配合。活动护套(三瓣扇形块)装在卸料板上，伸出于卸料板(冲压时卸料板不接触板料)，并与凸模小间隙配合，其上段开有三个扇形槽与扇形块形状一致，凹凸相嵌，如图 4.11 所示。冲裁时，固定护套的三瓣扇形块分别互相插入到活动凸模的三个扇形槽瓣间，从而起到导向作用。

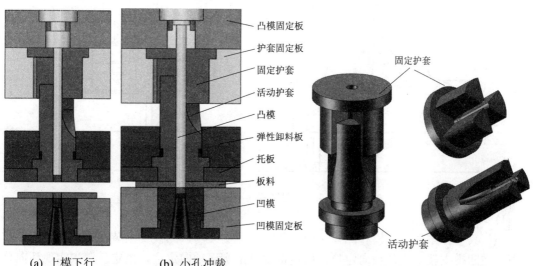

(a) 上模下行   (b) 小孔冲裁

图 4.10　凸模导向组件在工作始末情况

图 4.11　活动护套与固定护套结构

3) 主要特征

该模具采用三瓣结构护套对凸模全长进行导向(即在冲孔过程中凸模基本不外露)，保护凸模不被折断；不但在上、下模座之间导向，而且对卸料板也进行导向，使在冲裁过程中，卸料板能与上、下模座精确地保持平行；装在卸料板中的活动凸模护套精确地与凸模滑动配合，凸模伸出护套后，即冲出一个孔，而当凸模受侧向力时，卸料板通过凸模护套承受侧向力，保护凸模不致发生弯曲。

4) 模具特点

该模具由于采用了双重导向结构，故导向精度高；因采用了凸模全长导向结构，大大提高了凸模的稳定性和刚度，细小凸模不易折断；由于凸模护套对板料的强制挤压作用(接触面积小)，冲孔断面光洁度高；该模具由于采用了活动模柄(如图 4.12 所示)，排除了压力机导轨的干扰，模具间隙容易得到保证。该模具易调整、使用方便，模具使用寿命长、冲件质量稳定、精度较高。但模具结构复杂、体积大、制造困难。

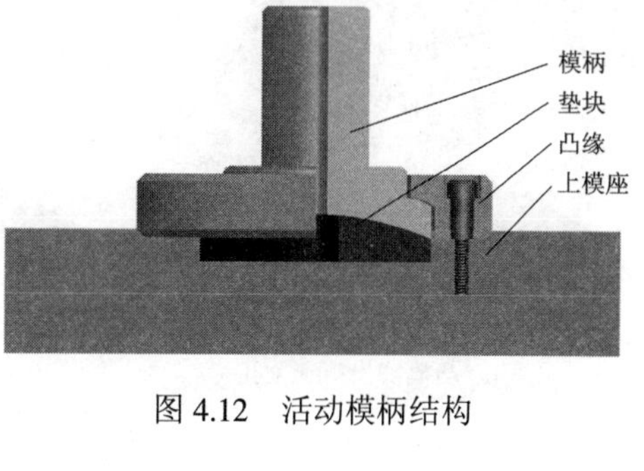

图 4.12　活动模柄结构

5) 应用场合

这种模具适用于冲小孔及高速冲孔。

6. 悬壁式孔冲模

图 4.13 是一副悬壁式孔冲模，用于冲裁筒形拉深件侧壁上均布的三个孔。

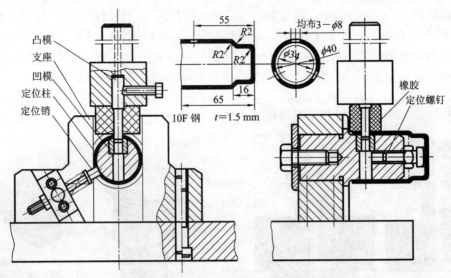

图 4.13　悬壁式孔冲模结构

1) 结构组成

该模具工作零件为凸模和凹模, 凹模装在凹模支架内, 凹模支架装在支座内。工件靠内形套在凹模支架上实现径向定位, 由定位螺钉来实现轴向定位, 由定位销来实现环向分度定位。凸模采用快换方式。压料和卸料由橡胶完成。凹模支架为悬壁梁。定位销、定位螺钉、橡胶用来压紧工件。

2) 工作原理

筒壁上三个孔分别由三个冲程冲出。工作时将工件套在定位柱上, 凸模下行, 橡胶首先压紧工件筒形壁部, 继续压缩橡胶, 凸模露出, 凸、凹模冲出第一个孔(图 4.14(a)), 废料由凹模支架漏料孔排出。之后将工件逆时针转动, 当定位销插入已经冲好的孔后开始冲第二个孔(图 4.14(b)), 如此依次冲完三个等分孔。上模回程时, 橡胶压紧工件, 以防被凸模带起而导致工件变形, 手工取出工件(图 4.14(c))。

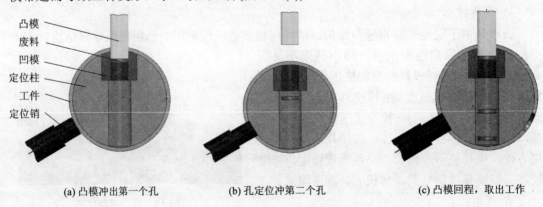

(a) 凸模冲出第一个孔　　　　(b) 孔定位冲第二个孔　　　　(c) 凸模回程, 取出工作

图 4.14　悬壁式孔冲模工作原理

3) 主要特征

该模具采用圆形凹模支架对工件进行径向定位, 采用定位销进行环向分度定位, 从而实现筒形件筒壁上多个均布孔的冲裁。

4) 模具特点

该模具结构简单，操作较方便，易损件凸、凹模更换方便。

5) 应用场合

该模具适于小批量生产。

4.2.2　复合模

复合模：只有一个工位，在压力机一次冲压行程中完成至少两道冲压工序的冲模，属于多工序的冲模。

复合模结构的主要特征：工作部分除凸模、凹模外，还有一个既是落料凸模又是冲孔凹模的凸凹模。

如图 4.15 所示是落料冲孔复合模的基本结构。在模具的一方是落料凹模，其中间装着冲孔凸模；另一方是凸凹模，其外形是落料的凸模，内孔是冲孔的凹模。若落料凹模装在上模上，则将之称为**倒装复合模**；反之，则称为**顺装复合模**。

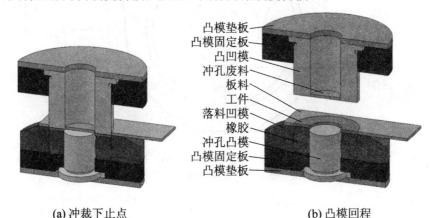

凸模垫板
凸模固定板
凸凹模
冲孔废料
板料
工件
落料凹模
橡胶
冲孔凸模
凸模固定板
凸模垫板

(a) 冲裁下止点　　　　　　　　　　(b) 凸模回程

图 4.15　复合模的基本结构

1. 倒装复合模

1) 结构组成

图 4.16 所示为垫圈冲孔落料倒装复合模。处在上模部分的落料凹模和冲孔凸模通过冲孔凸模固定板、垫板，由销钉定位、螺钉固定在上模座上。处在下模部分的凸凹模通过凸凹模固定板、垫板装在下模座上。为了推件和卸料，上模装有刚性推件装置(由打杆、推块、推销、推件块组成)，下模装有弹性卸料装置(由弹性卸料板、卸料螺钉、卸料弹簧组成)，并由弹性卸料板对条料起校平作用。

2) 工作原理

如图 4.17 所示，冲裁时条料自右向左送进，上模下行，落料凹模将弹性卸料板压下，凸凹模进入落料凹模内完成落料，与此同时，冲孔凸模也进入凸凹模孔内完成冲孔。冲孔废料由凸模顺着凸凹模内孔推下。当上模回程时，弹性卸料板在弹簧的作用下将箍在凸凹模上的条料卸下，而打杆受到压力机横梁的推动，通过推块、推杆、推件块将冲件从落料凹模推下，可用压缩空气吹走，以便继续冲裁。

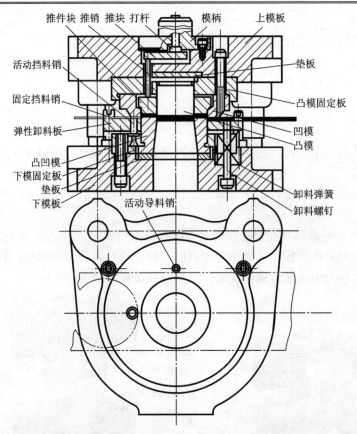

垫圈外径ϕ44 mm，内径ϕ22 mm，板厚2 mm，材料为Q235

图4.16 垫圈的倒装冲孔落料复合模结构

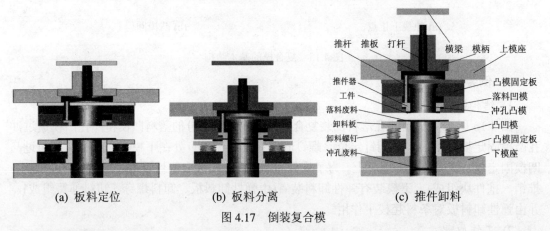

(a) 板料定位   (b) 板料分离   (c) 推件卸料

图4.17 倒装复合模

3) 主要特征

该模具落料凹模在上，落料凸模在下，且有凸凹模，一次行程能同时完成垫圈的落料和冲孔工序，从而保证零件的内孔与外缘的相对位置精度。

4) 模具特点

倒装复合模通常采用刚性推件装置把卡在凹模中的冲件推下，推件力大，推件可靠，便于机械化出件；冲孔废料直接从凸凹模内孔推下，无需推件装置，容易取出这些排出件，因此，模具结构简单，操作方便安全，有利于安装送料装置。但如果采用直壁型洞口，凸凹模内有积存废料，胀力较大，当凸凹模壁厚较小时，可能会导致凸凹模胀裂，需要增大凸凹模壁厚。采用刚性推件的倒装式复合模，板料不是处在压紧的状态下分离，因而冲件平直度较低(图 4.16)。而采用弹性推件的倒装式复合模，由于弹顶器和弹性卸料装置的作用，分离后的冲件容易被嵌入边料中而影响操作，从而影响了生产率。参见图 4.18。

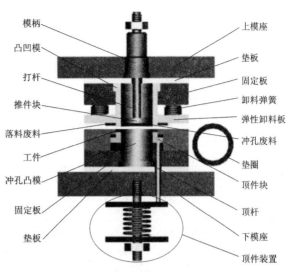

图 4.18　垫圈正装复合模(单排)

5) 应用场合

因该模具结构简单，故应用十分广泛。但不适合于冲制孔边距离较小的冲件。其中，刚性推件的倒装式复合模适用于冲裁较硬的或厚度大于 0.3 mm 的板料。弹性推件的倒装式复合模可以用于材质较软的或厚度小于 0.3 mm，且平直度要求较高的冲裁件。

2. 正装复合模(顺装式复合模)

图 4.18 为冲制垫圈的正装复合模。

1) 结构组成

正装复合模工作部分为凸模、凹模和凸凹模，定位及挡料部分为固定挡料销，上模装有刚性推件装置(由打杆、推件块组成)和弹性卸料装置(由弹性卸料板、卸料弹簧等组成)，弹性卸料板对条料起校平作用。下模装有弹性顶件装置(由弹簧、顶杆、顶件块组成)。

2) 工作原理

工作时，条料从前向后送进模具，上模下压，凸凹模外形与凹模进行落料，落下的工件卡在凹模洞口中，同时凸模与凸凹模进行冲孔，冲孔废料卡在凸凹模洞口内。上模回程时，由打杆、推杆推出冲孔废料，由安装在下模座下的弹性顶件装置将卡在落料凹模中的冲裁件由下向上顶出。箍在凸凹模外形上的落料边料由弹性卸料板刮下。

3) 主要特征

该模具落料凹模在下，落料凸模在上，且有凸凹模，一次行程能同时完成垫圈的落料、冲孔工序，从而保证零件内孔与外缘的相对位置精度。

4) 模具特点

该模具采用装在下模座底下的弹顶器推动顶杆和顶件块，弹性元件高度不受模具有关空间的限制，顶件大小容易调节，可获得较大的顶件力。每冲裁一次，冲孔废料被推下一次，凸凹模孔内不积存废料，胀力小，不易破裂，凸凹模壁厚可比倒装复合模的小。冲孔废料落在下模工作面上，当孔较多时清除废料麻烦，生产效率较倒装式复合模低。板料在压紧的状态下分离，冲出的冲件平直度较高。由于弹顶器和弹性卸料装置的作用，分离后的冲件容易被嵌入边料中而影响操作，从而影响了生产率。

5) 应用场合

该模具适合于材质较软或板材较薄的平直度要求较高的冲裁件，还可以冲制孔边距离较小的冲件。

3. 正装复合模与倒装复合模比较

复合模正装和倒装的比较如表 4-1 所示。

表 4-1　复合模正装和倒装的比较

序号	正　　装	倒　　装
1	对于薄工件能达到平整要求	不能达到平整要求
2	操作不方便，不安全，孔的废料由打棒打出	操作方便，能装自动拨料装置，既能提高生产效率又能保证安全生产，孔的废料通过凸凹模的孔往下漏掉
3	废料不会在凸凹模孔内积聚，每次由打棒打出，可减少孔内废料的胀力，有利于凸凹模减小最小壁厚	废料在凸凹模孔内积聚，凸凹模要求有较大的壁厚以增加强度
4	装凹模的面积较大，有利于冲压复杂工件时采用拼块结构	若凸凹模较大，可直接将凸凹模固定在底座上，省去固定板

4. 复合模正、倒装结构的选择

复合模正、倒装结构的选择，需要综合考虑以下问题：

(1) 为使操作方便、安全，要求冲孔废料不出现在模具工作区域，此时应采用倒装结构，以使冲孔废料通过凸凹模孔向下漏掉。

(2) 提高凸凹模强度为首要问题，尤其在凸凹模壁厚较小时，应考虑采用正装结构。

(3) 当凹模的外形尺寸较大时，若上模能布置下凹模，则优先采用倒装结构。只有当上模不能容纳凹模时，才考虑采用正装结构。

(4) 当制件有较高的平整度要求时，采用正装结构可获得较好的效果。但在倒装式复合模中采用弹性推件装置时，也可获得与正装复合模同样的效果。在这种情况下，还是优先考虑采用正装结构。

总之，在保证凸凹模强度和制件使用要求的前提下，为了操作安全、方便和提高生产率，应尽量采用倒装结构。

4.2.3　连续模

连续模：沿送料方向至少有两个工位，在压力机一次冲压行程中依次完成多道冲压工序的冲模，又称**级进模**或**跳步模**，它属于多工序模。

连续成形是工序集中的工艺方法，可使冲孔、切边、切口、切槽、切断、落料等分离工序在一副模具上完成，如图 4.19 所示。它不但可以完成冲裁工序，还可以完成成形工序，甚至装配工序，许多需要多工序冲压的复杂冲压件可以在一副模具上完全成形，为高速自动冲压提供了有利条件。对于特别复杂

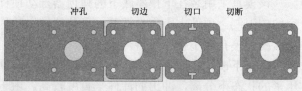

图 4.19　连续冲裁

或孔边距较小的冲件，用简单或复合模冲制有困难时，可用连续模逐步冲出。

根据连续模定位零件的特征，连续模有以下几种典型结构。

1．导正销定距连续模

图 4.20 为用导正销定距的冲孔落料连续模。

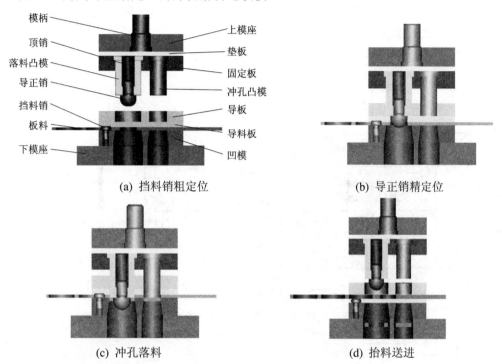

（a）挡料销粗定位　　　　　　　　（b）导正销精定位

（c）冲孔落料　　　　　　　　（d）抬料送进

图 4.20　导正销定距连续模

1）结构组成

该模具工作部分为冲孔凸模，落料凸模、凹模，定位及挡料部分为始冲挡料销、固定挡料销、导板、导正销。导板既是卸料装置，又是凸模导向装置，还对板料起导向作用。

2）工作原理

如图 4.20 所示，条料自右向左沿导板下部送进，用手推进始冲挡料销，挡住条料端部定位，上模下行，凸模完成冲孔，并将冲孔废料从凹模孔中推下，松手后始冲挡料销复位，条料继续送进，条料端部被固定挡料销定位。上模二次下行，导正销插入第一工步冲得的孔中，紧接着落料凸模冲下垫圈，并从凹模孔中推下，与此同时，冲孔凸模又冲了一个孔。凸模每次回程时，箍在凸模上面的条料被导板卸下。每件条料冲完第一孔后不再使用始冲挡料销，以后靠固定挡料销定位。压力机每次行程中落下一个垫圈，并冲得一个孔。

3）主要特征

该零件分冲孔、落料两步完成。为保证垫圈内孔与外形的同轴度，在落料凸模上设置了 1 个导正销；为冲第一个孔时定位，设置了始冲挡料销。

4）模具特点

冲孔凸模与落料凸模之间的距离就是送进步距 s，导正销与落料凸模的配合为 H7/r6，落料凸模安装导正销的孔是通孔。送料时由固定挡料销初定位，由导正销进行精定位。导正销头部的形状应有利于在导正时插入已冲的孔，它与孔的配合应略有间隙。为了保证首件的正确定距，采用始冲挡料装置。

5) 应用场合

这种定距方式多用于较厚的板料，冲件上有孔、精度低于 IT12 级的冲件冲裁。不适于软料或板厚 $t < 0.3$ mm 的冲件，以及孔径小于 1.5 mm 或落料凸模较小的冲件。

2. 侧刃定距的连续模

图 4.21 所示为用双侧刃定距的冲孔落料连续模。

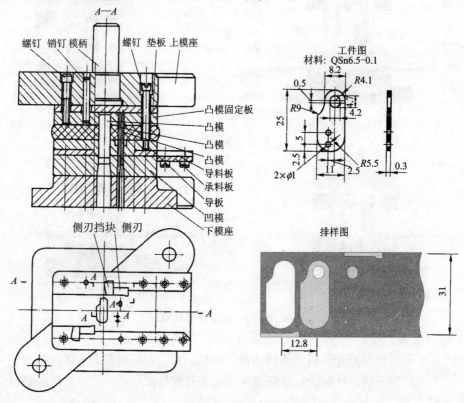

图 4.21　双侧刃定距的冲孔落料连续模

1) 结构组成

该模具工作部分是凹模、落料凸模、冲孔凸模；定位及挡料部分为定距侧刃、导料板、托板；导板既是卸料板，又是导向装置。由于板料较薄(< 0.3 mm)，故宜选用弹压卸料方式。

如图 3.64 所示，侧刃是特殊功用的凸模，其作用是在压力机每次行程中沿条料边缘裁下长度等于步距的料边。由于沿送料方向上，在侧刃前后，两导料板间距不同，前宽后窄形成一个凸肩，只有侧刃切去料边后条料才能向前送进一个步距。

2) 工作原理

如图 4.21 所示，条料自右向左沿导料板送至右面侧刃孔，被侧刃挡块挡住，上模下行，完成冲孔及侧刃切边，条料变窄，可向前送进一步距，冲得的孔便移至落料凸模的下方，上模二次下行，冲得长圆形零件，从凹模孔中推下，同时冲孔工步又冲得一组孔，侧刃又切去一个料边，条料继续送进一工步，从这时起左侧刃才开始定位。凸模上行，箍在凸模上的条料被导料板卸下。

3) 主要特征

该模具装有左、右两侧刃(指沿送进方向)，以代替始冲挡料销、固定挡料销和导正销控制条料送进距离(进距或俗称步距)。

4) 模具特点

侧刃定距连续模工作时不需要将条料抬起，生产效率高。但因侧刃剪裁条料边缘料边，材料利用率低。

5) 应用场合

该模具适于自动化大批量生产及材料太薄($t \leqslant 0.3$ mm)、落料凸模径向尺寸太小、窄长零件不宜用导正销的场合。

3. 导正销-侧刃定距的连续模

在实际生产中，在精密多工位的连续模中，不采用定位销定位，因定位销有碍自动送料且定位精度低。设计时常使用既有侧刃(粗定位)又有导正销定位(精定位)的连续模。此时侧刃长度应大于步距 0.05 mm～0.1 mm，以便导正销导入孔时条料可以略向后退。如图 4.22 所示。

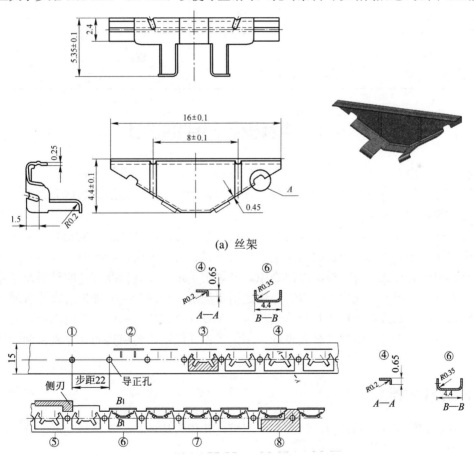

(a) 丝架

(b) 排样图

①冲导正孔；②压筋；③冲外形；④L 形弯曲；⑤切外形；⑥U 形弯曲；⑦弯曲整形；⑧切断分离

图 4.22　导正销-侧刃定距的连续模

4.2.4　三种模具的比较

一个冲压件，如垫圈，可以用两套简单模冲裁，也可以用复合模或连续模冲裁。到底采用何种类型的模具，是在拟订冲压工艺方案和设计模具时要确定的问题。对上述三种形式模具的比较总结见表 4-2，以便在选择模具类型时作以参考。

表 4-2　三种形式模具的比较

模具 项目	单工序模	连续模	复合模
外形尺寸	小	大	中
复杂程度	简单	较复杂	复杂
工作条件	不太好	好	较好
生产效率	低	最高	高
工件精度	IT14～IT15	IT11	IT8
模具成本	低	高	高
模具加工	易	难	难
设备能力	小	大	中
材料利用	高	较高	高
生产批量	中小批量为主	以大批量为主	

4.3　冲裁模零部件的设计

模具主要由工件零件、定位零件、卸料及顶件装置、导向零件、固定零件等五个部分组成。设计冲模，就是针对不同的工件，选择和设计出不同结构形式的这五大部分组成冲模，完成预定的冲压工艺。

在选择和设计出不同结构形式的模具及其零部件时，可以参照 GB2851～2875～90 等冷冲模国家标准。该标准根据模具类型、导向方式、送料方向、凹模形状等不同，规定了十四种典型组合形式。每一种典型组合中，又规定了多种模具标准部件的种类及尺寸。实行标准系列并组织专业化生产，以充分满足用户选用，使冲裁模零部件可以像普通工具一样在市场上销售和选购。在进行模具设计时，仅设计直接与冲压件有关的部分，其余都可从标准中选取。标准化简化了模具设计，缩短了设计周期，为模具的计算机辅助设计奠定了基础。

4.3.1　工作零件

模具的工作零件包括凸模、凹模和凸凹模，其作用是使被加工材料变形、分离，如图 4.23 所示。

模具的工作零件主要由两部分组成，一是工作部分(刃口)，用于成形、分离零件；二是固定部分，用来使凸模、凹模正确地固定在模架上。设计模具工作部分时，主要就是确定刃口形式和固定方法。

(a) 圆形凸模

(b) 矩形凸模

(c) 凸凹模

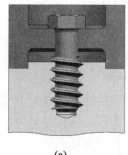
(d) 矩形凹模

(e) 圆形凹模

图 4.23　模具的工作零件

1. 凸模

1) 凸模结构形式及固定方法

凸模又称为**冲头**，是冲模的关键零件之一。由于冲件的形状及尺寸不同，凸模的结构形式很多。

- 按外形结构分类：整体式(图 4.23(a)～(c))和镶拼式(图 4.24)。
- 按截面形状分类：圆形凸模和非圆形凸模(图 4.23(a)、(b))。
- 按刃口形状分类：平刃凸模(图 4.23(a)～(c))和斜刃凸模(图 3.31)。
- 按加工方法分类：直通式和台阶式(图 4.23(b))。直通式凸模的工作部分和固定部分的形状与尺寸一样，这类凸模一般采用线切割方法进行加工；台阶式凸模一般采用机械加工，若模具形状复杂，成形部分则常采用成形磨削。

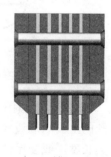

图 4.24　镶拼式凸模

　　凸模在模架内的固定应满足如下的要求：保证足够的稳定性和工作的可行性，当损坏和修理时应保证拆卸方便。

　　(1) 对于圆形凸模。GB2863.1～5—81 的冷冲模标准已制定出这类凸模的标准结构形式与尺寸规格，设计时可按国标来进行选择。标准圆形凸模有三种形式，均为台阶式结构，如图 4.25 所示。台阶式凸模强度刚性好，装配修磨方便，其工作部分尺寸(即刃口直径)d

可以由计算而得到;固定部分(即头部)直径 D 与固定板按过渡配合为 H7/m6 或 H7/n6 制造,工作部分与固定部分为圆滑过渡的阶梯形,以避免应力集中,表面粗糙度一般为 $Ra =$ 1.6 μm~0.4 μm;尾部最大直径部分 D_1 的作用是其台肩保证卸料时凸模不致被拔出。凸模顶面与凸模固定板装配后一起磨平。

- 图 4.25(a)所示台肩固定结构用于 ϕ8 mm~30 mm 的凸模。
- 图 4.25(b)所示台肩固定结构在中部增加过渡段,以改善凸模强度,用于 ϕ1 mm~15 mm 的凸模。
- 图 4.25(c)所示结构为快换式的小凸模,维修更换方便。

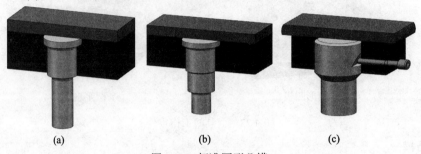

图 4.25　标准圆形凸模

(2) 非圆形断面凸模。在实际生产中应用广泛的是非圆形断面凸模,凡是截面为非圆形的凸模,如果采用台阶式的结构,其固定部分应尽量简化成简单形状的几何截面,如圆形或矩形,以便于加工和装配,如图 4.26 所示。

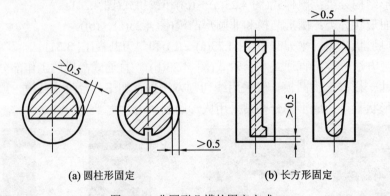

(a) 圆柱形固定　　　　　　　　　　(b) 长方形固定

图 4.26　非圆形凸模的固定方式

① 台肩固定(图 4.27(a))和铆接固定(图 4.27(b))方法应用较广泛。以铆接法固定时,安装孔的上端沿周边要加工成斜角,作为铆窝。铆接时一般用手锤击打头部,因此必须限定淬火长度,或交尾部回火,以便使头部一端的材料保持较低的硬度,凸模铆接后还要与固定板一起将铆端磨平。但无论哪一种固定方法,只要工作部分截面是非圆形的,而固定部分是圆形的,都必须在固定端接缝处加防转销,凸模与固定板安装孔仍按 H7/m6 或 H7/n6 配合。

② 具有复杂外形的凸模应设计成直通式,采用铆接固定方式,如图 4.27(c)所示。直通式凸模用线切割加工或仿形铣、成形磨削加工,采用 N7/h6,P7/h6 配合。截面形状复杂的凸模,广泛应用这种结构。如凸模横断面足够大,可采用图 4.27(d)所示的固定方式。

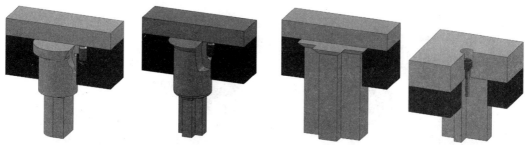

(a) 圆形凸模台肩固定 (b) 圆形凸模铆接固定 (c) 直通式凸模铆接固定 (d) 大断面直通式凸模的固定

图 4.27 非圆形凸模

③ 较小的凸模、多凸模冲裁(如发电机定子、转子冲槽孔)或冲薄板的凸模除用机械固定外，还可采用低熔点合金固定(图 4.28)或环氧树脂粘结固定(图 4.29)，可以简化凸模固定板加工工艺，便于在装配时保证凸模与凹模的配合间隙。此时，凸模固定板上安装凸模的孔的尺寸较凸模大，留有一定的间隙，以便充填粘结剂，间隙的表面粗糙度一般为 $Ra = 6.3~\mu m \sim 12.5~\mu m$。为了粘结牢固，在凸模的固定端或固定板相应的孔上应开设一定的槽形，装配时，将凸模与凹模的间隙调整好，然后在空槽中灌注低熔点合金或环氧树脂，冷却后即可把凸模紧固住。这两种固定方法不如机械固定法的紧固强度高，但可使模具制造和装配大为简化。

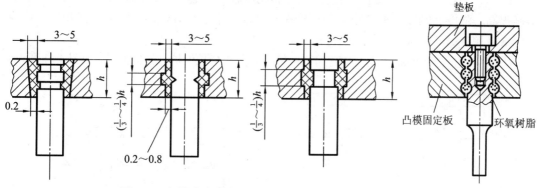

图 4.28 低熔点合金浇注固定方式   图 4.29 环氧树脂固定方式

(3) 大、中型凸模。大、中型的冲裁凸模，有整体式和镶拼式两类。

① 图 4.30(a)是大、中型整体式圆形凸模，采用止口(窝孔)定位，窝孔与模板或凸模为过渡配合，再用螺钉紧固，为了减少精加工面积，凸模外圆非加工表面直径可略小一些，刃口端面要加工成凹坑形状，不用凸模固定板。

② 薄刃口组合圆凸模，如图 4.30(b)所示。它由刃口部分和本体部分组成，相互之间采用螺钉或其他连接方式紧固。刃口部分材料与一般凸模相同，本体部分用普通材料，如 Q235 钢。本体部分可不进行热处理。

③ 图 4.30(c)为镶拼式结构，镶块镶嵌在凸模固定座上，两者之间用螺钉紧固，然后再将凸模固定座用螺钉和销钉紧固在模板上。工作部分用工具钢制造并进行热处理，非工作部分采用一般的结构钢，这样不但可以节约贵重的模具钢，而且减少了锻造、热处理和机械加工的困难，因而大型凸模宜采用这种结构。同样，为了减少凸模的磨削面积，通常是将其中部挖成空心。

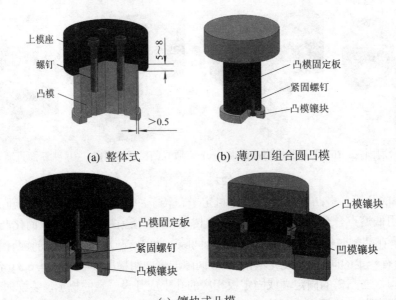

(a) 整体式　　　　　　(b) 薄刃口组合圆凸模

(c) 镶块式凸模

图 4.30　大、中型圆形凸模

(4) 冲小孔凸模。小孔凸模的凸模强度和刚度较差，容易弯曲和折断，所以必须采取措施提高其强度和刚度，如冲小孔凸模轴端不允许打中心孔等，而且要采取措施保护凸模 (图 4.8 及图 4.9)，从而提高其使用寿命。

① 冲小孔凸模加保护与导向，有局部保护与导向和全长保护与导向两种，如图 4.31 所示。

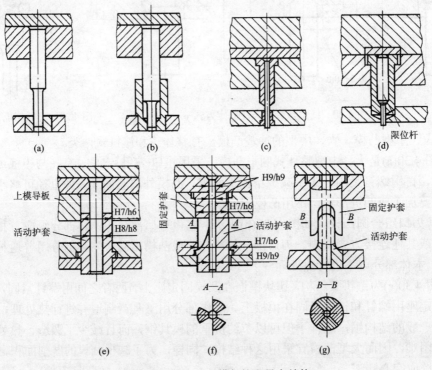

图 4.31　冲小孔凸模保护和导向结构

- 图 4.31(a)、(b)是局部导向结构，它利用弹压卸料板对凸模工作端进行保护和导向。
- 图 4.31(c)、(d)是以简单的凸模保护套来保护凸模，以卸料板导向，其效果较好。凸模装在护套内，再将护套固定在凸模固定板上，既可以提高凸模的抗弯曲能力，又能节省模具钢材料。
- 图 4.31(e)、(f)、(g)是全长保护与导向，凸模的活动护套装在卸料板或导板上，在工作过程中始终不离开上模导板或固定护套。模具处于闭合状态，活动护套上端也碰不到凸模固定板。当上模下行时，活动护套相对上滑，凸模从活动护套中伸出进行冲裁。这种结构避免了小凸模可能受到的侧压力，以防止小凸模弯曲和折断。图 4.31(f)(其三维结构图如图 4.11 所示)具有三个等分扇形槽的活动护套，可在固定护套的三瓣扇形块中滑动，使凸模始终处于三向保护与导向之中，效果较图 4.31(e)好，但结构较复杂，制造困难。而图 4.31(g)(其三维结构图如图 4.32 所示)和图 4.31(e)的结构较简单，导向效果也较好。

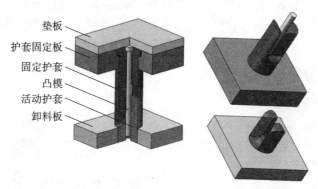

垫板
护套固定板
固定护套
凸模
活动护套
卸料板

图 4.32　全长保护与导向结构

② 采用短凸模的冲孔模。图 4.33 为采用厚垫板超短凸模结构，零件板厚 4 mm，最小孔径约为 0.5t。这副模具采用冲击块冲击凸模进行冲裁工作。小凸模由小压板进行导向，而小压板是由两个小导柱进行导向的。当上模下行时，大压板与小压板先后压紧工件，小凸模上端露出小压板的上平面，上模压缩弹簧继续下行，冲击块冲击小凸模对零件进行冲孔。卸下零件由大压板完成。冲裁的零件在凹模上由定位板定位，并由后侧压块使冲裁件紧贴定位面。模具结构采用缩短凸模的方式，以防止其在冲裁过程中产生弯曲变形而折断的现象，由于凸模大大缩短，同时凸模又以卸料板为导向，因此大大提高了凸模的刚度。采用这种模具结构制造比较容易。

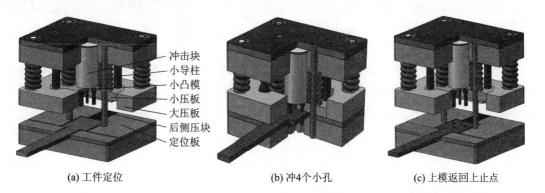

冲击块
小导柱
小凸模
小压板
大压板
后侧压块
定位板

(a) 工件定位　　　　　　　(b) 冲4个小孔　　　　　　　(c) 上模返回上止点

图 4.33　超短凸模的小孔冲模

③ 在冲模的其他结构设计与制造上采取的保护小凸模措施。如采用提高模架刚度和精度，采用较大的冲裁间隙，采用斜刃壁凹模以减小冲裁力，取较大的卸料力(一般为冲裁力的 10%)，保证凸、凹模间隙的均匀性，并减小工作表面粗糙度等措施。

2) 凸模长度

凸模的长度尺寸应根据模具的具体结构来确定，同时要考虑凸模的修磨量及固定板与卸料板之间的安全距离等因素。

(1) 当采用固定卸料板和导料板时，如图 4.34(a)所示，其凸模长度按下式计算：

$$L = h_1 + h_2 + h_3 + h \tag{4-1}$$

(2) 当采用弹压卸料板和导料板时，如图 4.34(b)所示，其凸模长度按下式计算：

$$L = h_1 + h_2 + t + h \tag{4-2}$$

式中：L 为凸模总长，mm；h_1 为凸模固定板厚度，mm；h_2 为卸料板厚度，mm；h_3 为导料板厚度，mm；t 为材料厚度，mm；h 为附加长度，主要考虑：凸模进入凹模的深度(0.5 mm～1 mm)；卸料板到凸模固定板间的安全距离(15 mm～20 mm)；刃口总修磨量等因素(4 mm～6 mm)。

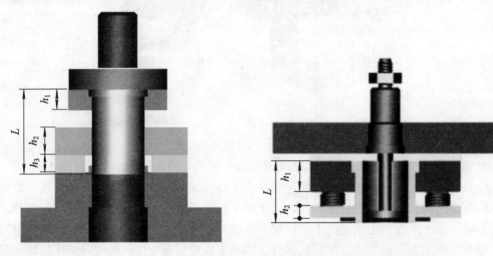

(a) 固定卸料时凸模长度　　　　　　　　　　(b) 弹压卸料时凸模长度

图 4.34　凸模长度的确定

若选用标准凸模，按照上述方法计算出凸模长度后，还应根据冲模标准中的凸模长度系列选取最接近的标准长度作为实际凸模的长度。

3) 凸模强度

一般情况下，凸模的强度是足够的，不必作强度校验，但是在凸模特别细长或凸模的断面尺寸很小而坯料厚度较大的情况下，必须进行承压能力及失稳弯曲应力的校验。

(1) 承压能力的校核。冲裁时，凸模承受的压应力 σ_c 应小于或等于凸模材料的允许压应力 $[\sigma_c]$，即

$$\sigma_c = \frac{P}{A_{\min}} \leqslant [\sigma_c] \tag{4-3}$$

① 对于圆形凸模，由式(4-3)可得

$$d_{\min} \geqslant \frac{4t\tau}{[\sigma_c]} \tag{4-3a}$$

② 对于非圆形凸模，由式(4-3)可得：

$$A_{\min} \geqslant \frac{F}{[\sigma_c]} \tag{4-3b}$$

式中：$d_{\min}$ 为凸模的最小直径，mm；t 为料厚，mm；τ 为材料抗剪强度，MPa；P 为冲裁力，N；$A_{\min}$ 为凸模的最小截面积，mm^2；$[\sigma_c]$ 为凸模材料的许用压应力，MPa。$[\sigma_c]$ 的值取决于材料、热处理和冲模的结构。

(2) 凸模抗弯能力的校核。凸模的抗弯能力，即抵抗压杆失稳的能力。根据模具的结构特点，可分为无导向装置凸模和有导向装置凸模两种情况，如图 4.35 所示。

① 对于无导向装置凸模的圆形凸模：

$$L_{\max} \leqslant 90\frac{d^2}{\sqrt{P}} \tag{4-4}$$

② 对于无导向装置凸模的非圆形凸模：

$$L_{\max} \leqslant 425\sqrt{\frac{I}{P}} \tag{4-5}$$

③ 对于有导向装置凸模的非圆形凸模：

$$L_{\max} \leqslant 270\frac{d^2}{\sqrt{P}} \tag{4-6}$$

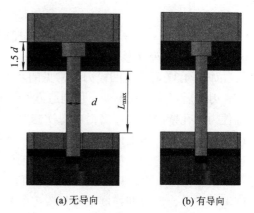

(a) 无导向　　　　(b) 有导向

图 4.35　无导向装置凸模和有导向装置凸模

④ 对于有导向装置凸模的圆形凸模：

$$L_{\max} \leqslant 1200\sqrt{\frac{I}{P}} \tag{4-7}$$

式中：$L_{\max}$ 为凸模不失稳弯曲的最大自由长度，mm；d 为凸模的最小直径，mm；P 为冲裁力，N；I 为凸模最小断面的惯性矩，mm^4。

2. 整体凹模

凹模的结构形式也较多，按外形可分为标准圆凹模和板状凹模，按结构可分为整体式凹模和镶拼式凹模，按刃口形式也有平刃凹模和斜刃凹模两种。

1) 凹模外形结构及其固定方法

图 4.36(a)所示为整体式凹模结构，其俯视外形按毛坯和工件形状可做成矩形或圆形，用螺钉和销钉(一般为 2 个)直接固定在模板上。这种凹模板已经有标准，它与标准固定板、垫板和模座等配合使用(图 4.36(a))。整体式凹模的特点是制造简单，但工作部分与非工作部分做成一体，全由优质钢制造，使用时，若局部损坏就得整体更换。因此，整体式凹模只适用于冲制中、小型工件。

图 4.36(b)所示为组合式凹模结构。该结构凹模的工作部分与非工作部分是分开制成的，非工作部分(图中凹模套)可以用普通钢材制造。凹模以过渡配合压装在凹模套内，然后再

用螺钉和销钉把凹模套紧固在模板上。组合式凹模可以节约贵重的模具材料，且当凹模损坏后易于维修更换。这种凹模适用于冲制大、中型工件上的小孔。

图 4.36(c)所示为快换式冲孔凹模的固定方法。凹模与模座之间呈间隙配合。松开螺钉后即可方便地更换凹模。

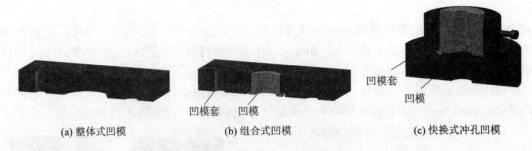

(a) 整体式凹模　　　　　　　(b) 组合式凹模　　　　　　　(c) 快换式冲孔凹模

图 4.36　凹模形式及其固定方法

2) 凹模的刃口形式

如图 4.37 所示为凹模刃口常见的几种形式。图 4.37(a)、图 4.37(b)为直壁形，刃口强度高，刃磨后工作尺寸不变，且制造方便。但是在孔内易积存工件或废料，增大了凹模胀力、推件力和孔壁的磨损；磨损后每次修磨量大，凹模总使用寿命较短。该形式的凹模刃口内可安装压料板，向上顶出工件或废料，适用于冲裁精度较高、厚度较大的工件。图 4.37(a)适用于形状较复杂或精度要求较高的工件，图 4.37(b)适用于圆形或矩形工件。

图 4.37(c)、图 4.37(d)的刃口为锥形，排料孔内不易积存工件或废料，孔壁所受的胀力、摩擦力较小，所以凹模磨损及每次刃磨量小，但刃口强度较低，且刃口尺寸在修磨后会略有增大。一般用于形状简单、精度要求不高和较薄的冲裁件。图 4.37(c)用于冲裁薄料和凹模厚度较薄的情况，图 4.37(d)适用较复杂的冲裁件。

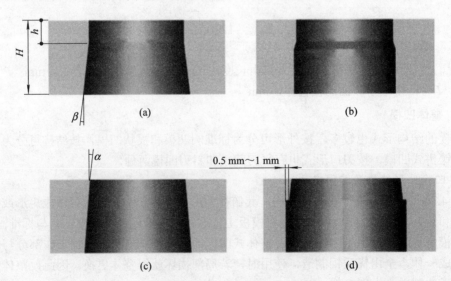

图 4.37　常见凹模的刃口形式

凹模孔型的刃口高度(h)、刃口斜度角(α 和 β)与工件的材料厚度和加工方法有关，其数值见表 4-3。

表 4-3　凹模孔型参数

t/mm	主要参数			备　　注
	h/mm	α	β	
<0.5	≥4			α、β 值仅适用于钳工加工。当采用电
0.5～1	≥5	15′	2°	火花加工时，一般 $\alpha = 4' \sim 20'$ (复合模取
1.0～2.5	≥6			小值)，$\beta = 30' \sim 50'$；当采用带斜度装置
2.5～6.0	≥8	30′	3°	的线切割加工时，$\beta = 1° \sim 1.5°$
>6.0	—			

3) 整体式凹模外形尺寸的确定

冲裁时，凹模受力比较复杂，凹模尺寸的精确计算相当复杂，在生产中一般按经验公式来进行概略计算。凹模的形状及尺寸已趋标准化，一般可根据冲裁件的形状和尺寸来选用。

对于非标准尺寸凹模的设计，主要是确定凹模体的外形和尺寸(如图 4.38 所示)：

- 凹模厚度：　　　　　　　　　　$H = kl_{max} \geqslant 8 \text{ mm}$　　　　　　　　　　(4-8)
- 凹模壁厚(刃口到外边的距离)：　$C_1 = (1.5 \sim 2)H \geqslant 30 \text{ mm} \sim 40 \text{ mm}$　　　(4-9)

式中：l_{max} 为冲裁件的最大外形尺寸，mm；k 为系数，考虑坯料厚度 t 的影响，其值可查表 4-4。

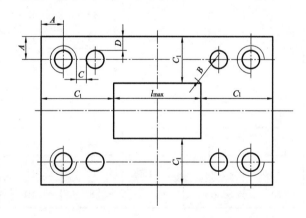

图 4.38　凹模外形尺寸及孔洞位置

表 4-4　系数 K 值表

l_{max} /mm ＼ t /mm ＼ k	0.5	1	2	3	>3
< 50	0.3	0.35	0.42	0.5	0.6
50～100	0.2	0.22	0.28	0.35	0.42
100～200	0.15	0.18	0.2	0.24	0.3
> 200	0.1	0.12	0.15	0.18	0.22

4) 凹模上孔口间的最小距离

凹模多采用机械法固定，由螺钉将其紧固在下模座上，并使用两个圆柱销来进行固定。对螺钉、圆柱销等在凹模上的位置有一定的要求，如图 4.38 所示。

(1) 当凹模用螺钉、销钉固定时，凹模外缘到螺孔的距离 A 不得小于螺孔直径的 1.13～1.5 倍。

(2) 凹模外缘到圆柱销中心距离 D 不得小于圆柱销孔直径的 1～2 倍。

(3) 螺钉到凹模孔间和螺孔到销孔间的距离 C 不得小于螺孔直径的 1～1.3 倍。

螺孔之间、螺孔与销孔之间及至刃口边的最小距离可参考表 4-5。

表 4-5　螺孔、销孔之间及至刃口边的最小距离　　　　　　mm

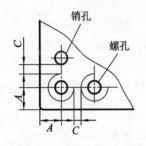 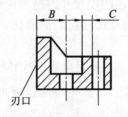 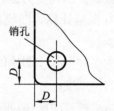

螺钉孔		M4	M6	M8	M10	M12	M16	M20
A	淬火	8	10	12	14	16	20	25
	不淬火	6.5	8	10	11	13	16	20
B	淬火	7	12	14	17	19	24	28
C	淬火				5			
	不淬火				3			
销钉孔		$\phi 4$	$\phi 6$	$\phi 8$	$\phi 10$	$\phi 12$	$\phi 16$	$\phi 20$
D	淬火	7	9	11	12	15	16	20
	不淬火	4	6	7	8	10	13	16

3. 凸凹模

凸凹模是复合模中同时具有落料凸模和冲孔凹模作用的工作零件。其工作端的内外缘均为刃口，内外缘之间的壁厚取决于冲裁件的尺寸。凸凹模的最小壁厚与模具的结构有关。如图 4.18 所示，当模具为正装结构时，凸凹模的内孔不积存废料，胀力小，最小壁厚可以小些；如图 4.17 所示，当模具为倒装结构时，若内孔为直筒形刃口形式，且采用下出料方式，则内孔会积存废料，胀力大，故最小壁厚应大些。

凸凹模的最小壁厚一般按经验数据来确定。不积存废料的凸凹模的最小壁厚：当冲制黑色金属和硬材料时，约为工件料厚 t 的 1.5 倍，但不小于 0.7 mm；当冲制有色金属和软材料时，约等于工件料厚 t，但不小于 0.5 mm。积存废料的凸凹模最小壁厚可查表 4-6。

表 4-6　倒装复合模的凸凹模最小壁厚　　　　　mm

t	0.4	.0.5	0.6	0.7	0.8	0.9	1.0	1.2	1.5	1.75
a	1.4	1.6	1.8	2.0	2.3	2.5	2.7	3.2	3.8	4.0
D			15				18		21	
t	2.0	2.1	2.5	2.75	3.0	3.5	4.0	4.5	5.0	5.5
a	4.9	5.0	5.8	6.3	6.7	7.8	8.5	9.3	10.0	12.0
D	21	25		28		32		35	40	45

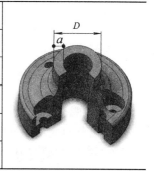

4. 凸、凹模的镶拼结构

1) 应用场合及镶拼办法

大、中型和形状复杂、局部薄弱的整体凹模，往往给锻造、机械加工、热处理、维修带来很大困难，当它局部磨损后会造成整个凹模报废。为此，常采用镶拼结构式组合凹模。多工位级进模基本上不采用整体结构式凹模，而是采用镶拼结构式组合凹模(图 4.36(b))。但是，镶拼凹模的装配较整体式凹模困难，同时因凹模是由多块镶块拼接而成的，势必会使累积误差增大，给装配带来一定的困难，制造成本较高。

镶拼结构一般有镶接与拼接两种。镶接模是将局部易磨损部分另制作一件，然后镶入凹模体或凹模固定板内，如图 4.39 所示；拼接模是将整体凸、凹模按刃口形状分割成若干个块，分别加工后拼接起来，如图 4.40 所示。

图 4.39　镶接凹模

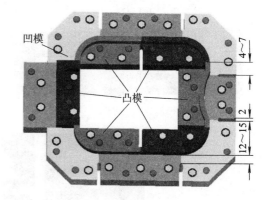

图 4.40　拼接结构

镶拼式组合凹模的优点：每个拼块都可以磨削，刃口尺寸和模具间隙可以得到精确控制；冲模制造精度高，使用寿命长；分块后消除了应力集中，减少或消除了热处理的内应力、变形与开裂，使冲裁件的断面均匀；便于维修与更换损坏部件，减少了模具制造与维修费用，节约了模具钢；凹模分块后，可以用小设备加工大模具。其缺点是要求各拼块尺寸精度高，加工工艺复杂，装配和调整也比整体结构式模具复杂。

2) 镶拼结构的设计原则

(1) 改善加工工艺性，减少钳工工作量，提高模具的加工精度。具体办法是：

① 尽量将形状复杂的内形分割后变为外形加工，以便于机械加工和成形磨削，如图

4.41(a)、(b)、(d)、(g)等所示；同时，拼块断面可以做得较均匀，以减小热处理变形，从而提高模具的制造精度。

② 如有对称轴线，应沿对称轴线分割，对于圆形件应尽量沿径向线分割。这样形状、尺寸相同的分块可以同时加工磨削，并便于装配紧固，见图 4.41(d)、(f)、(g)等。

③ 应沿转角、尖角分割，拼块角度应≥90°，以便于机械加工，并避免热处理开裂，见图 4.41(j)。

④ 圆弧应尽量单独做成一块，拼接线应在离切点 4 mm～7 mm 的直线处。大弧线、长直线可以分为几块，见图 4.40。

⑤ 拼接线要与刃口垂直，结合面接触处不宜过长，以减少磨削量，一般为 12 mm～15 mm，见图 4.40。

(2) 便于装配调整和维修。

① 比较薄弱或易磨损的局部凸出或凹进部分，可以单独做成一块，如图 4.41(a)所示。

② 拼块之间可以通过增减垫片或磨接合面的方法，以调整间隙或中心距，如图 4.41(h)、(i)。

③ 拼块之间应尽量以凸、凹槽形相嵌，以便于拼块定位，防止在冲压过程中发生相对移动，如图 4.41(k)。

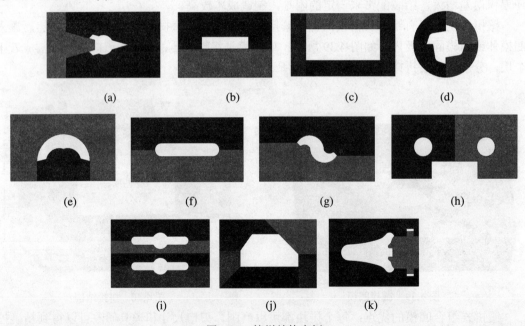

图 4.41　镶拼结构实例

(3) 满足冲压工艺要求，提高冲压件质量。

① 如果凸模与凹模都采用镶拼结构，凸模与凹模的拼接线应错开 4 mm～7 mm，以避免在拼接处产生冲裁毛刺，如图 4.40 所示。

② 为减小冲裁力，大型或厚料冲裁件的镶拼模可以将冲孔凸模或落料凹模做成波浪形斜刃，如图 4.42 所示，斜刃要对称，分块线一般取在波浪的高点或低点，每块最好取一个或半个波形，以便于加工制造。

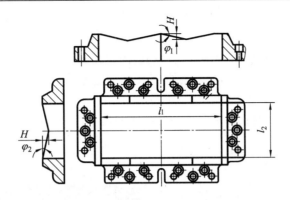

图 4.42　斜刃冲裁模的镶拼结构

3) 镶拼结构的固定方法

镶块或拼块的固定可以采用热套，锥套，框套，螺钉、销钉紧固以及低熔点合金和环氧树脂浇注等方法。当采用螺钉、销钉固定时，螺钉布置应接近刃口，而销钉则应远离刃口，两者参差排列，每个镶块应以两个销钉定位，如图 4.43(a)所示。

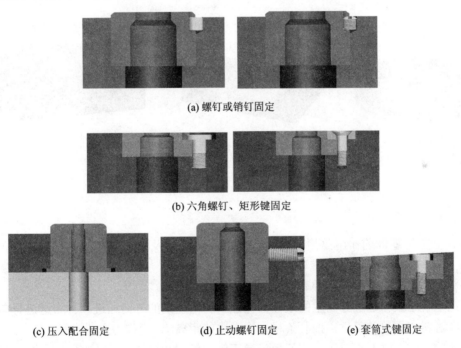

(a) 螺钉或销钉固定

(b) 六角螺钉、矩形键固定

(c) 压入配合固定　　　　　(d) 止动螺钉固定　　　　　(e) 套筒式键固定

图 4.43　小孔筒状凹模结构及安装

镶拼结构的固定方法主要有以下几种：

(1) 平面式固定：即把拼块直接用螺钉、销钉紧固定位于固定板或模座平面上，并根据模块面积允许采用一至几个螺钉紧固，如图 4.44(a)所示。这种固定方法主要用于大型的镶拼凸、凹模。

(2) 嵌入式固定：即把各拼块拼合后，采取过渡配合(K7/h6)嵌入固定板凹槽内，再用螺钉紧固，如图 4.44(b)所示。这种方法多用于中小型凸、凹模镶块的固定。

(3) 压入式固定：即把各拼块拼合后，以过盈配合(U8/h7)压入固定板孔内，如图 4.44(c)

所示。这种方法常用于形状简单的小型镶块的固定，紧固外套可以做成圆形的，也可以做成方形或长方形的。

(4) 斜楔式固定：利用斜楔和螺钉把各拼块固定在固定板上，如图 4.44(d)所示。这种方法也是中、小型凹模镶块(特别是多镶块)常用的固定方法。

(5) 粘结剂浇注等固定方法，如图 4.44(e)所示。

冲小孔凹模采用镶嵌筒状凹模，为使废料顺利落下，废料孔可采用阶梯扩大。筒状凹模的安装采用螺钉或键连接，或用凸缘压接，必须注意对其定位止转。小孔筒状凹模的结构及安装方法如图 4.43 所示。

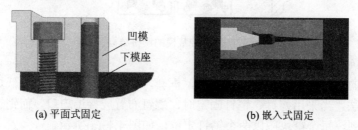

(a) 平面式固定 (b) 嵌入式固定

(c) 压入式固定 (d) 斜楔式固定 (e) 低熔点合金固定

图 4.44　镶拼结构的固定方法

4.3.2　定位零件

模具上**定位零件**的作用是用来保证条料的正确送进及毛坯或半成品在模具中的正确位置。

条料在模具送料平面中必须有两个方向的限位：

- 在垂直于条料送进方向上的限位，保证条料沿正确的方向送进，称为**送进导向**；
- 在送料方向上的限位，控制条料一次送进的距离(步距)称为**送料定距**。

常见的定位零件有挡料销、定位板、导正销、侧刃和导料尺(导尺)等。根据毛坯形状、尺寸以及模具的结构形式，可以选用不同的定位方式。

- 属于送进导向的定位零件：导料销、导料板、侧压板等；
- 属于送料定距的定位零件：挡料销、导正销、侧刃等；
- 属于块料或工序件的定位零件：定位销、定位板等。

1. 定位板和定位销

定位板和**定位销**用于单个坯料或工序件的定位。其定位方式有两种：工件外形简单时，应以外缘定位(图 4.45(a))；工件外形复杂时，应以内孔定位(图 4.45(b))。

1) 定位销的常见形式

(1) 固定定位销：主要用于单件毛坯或半成品再次冲压时的定位(图 4.45)。

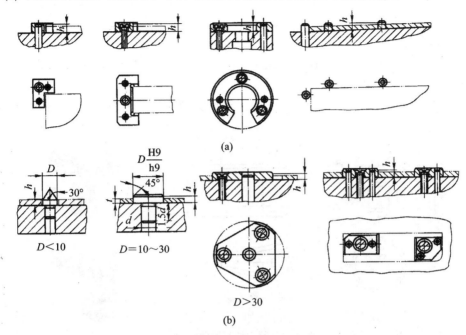

图 4.45　定位板和定位销

(2) 弹性定位销：适用于薄壁凹模及拉深模的毛坯定位(图 4.46)。

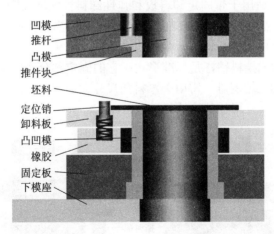

图 4.46　弹性定位销的结构形式

2) 设置定位板或定位销的注意事项

(1) 定位板应有两个销钉固定，以防止移动。

(2) 定位要可靠，放置毛坯和取出工件要方便，确保操作安全；

(3) 若工件须经几道冲压工序才能完成，各套冲模应尽可能利用工件上的同一个定位基准，以避免产生累积误差。

(4) 定位板或定位销与毛坯件的配合一般按 H9/f9 配合。

(5) 定位板或定位销头部高度 h 值可按表 4-7 来进行选取。

表 4-7　定位板厚度或定位销高度　　　　　　　　　mm

板料厚度 t	<1	1~3	3~5
h	$t+2$	$t+1$	t

2. 挡料销

挡料销起定位作用，用它挡住搭边或冲件轮廓，以限定条料的送进距离。它可以分为固定挡料销、活动挡料销和始用挡料销等。

(1) 固定挡料销。固定挡料销适用于手工送料的简单模或级进模。其结构如图 4.47 所示。

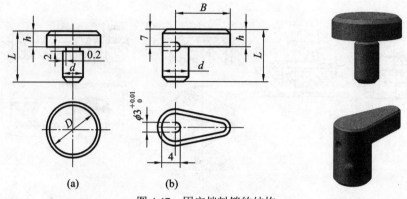

图 4.47　固定挡料销的结构

① 图 4.48(a)为台肩式挡料销，常用的为圆头形式，一般装在凹模上，是标准形式。其结构简单、容易制造，适用于带固定卸料板和弹性卸料板的冲模中。因工件部分(头部)与固定部分(凹模)直径相差较大，故不会削弱凹模强度。但当销孔离凹模刃口较近时，会削弱凹模强度，此时宜采用钩式挡料销。

② 图 4.48(b)为钩式挡料销，是标准形式，它的固定部分离凹模刃口的距离更远，不会削弱凹模强度，但加工较困难，常用于厚料和尺寸大的零件。为了防止钩头在使用过程中发生转动，需考虑防转，增加结构的复杂性。

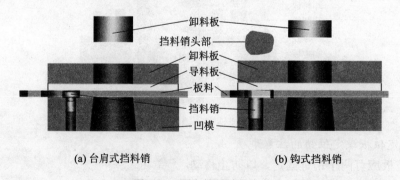

图 4.48　固定挡料销的安装

(2) 活动挡料销。活动挡料销的后端有弹簧或弹簧片，挡料销能自由伸缩，标准结构如图 4.49 所示。

① 伸缩式挡料销(图 4.49(a))：冲压时随着上模下行而压入孔内，工作方便，常用在下方带有弹性卸料板的模具中，如倒装复合模结构中。其安装位置如图 4.46 所示。

　　② 回带式挡料销(图 4.49(b))：在其送进方向带有斜面，送料时搭边碰撞斜面使挡料销抬起越过搭边，然后将条料拉回，挡料销后端面抵住搭边定位，如图 4.50 所示。每次送料都是先送后拉，做方向相反的两个动作，操作比较麻烦。回带式挡料销的优点是不必将条料抬起即可在挡料销钉上套进套出，常安装于上方的固定卸料板上，通常用在级进模中。

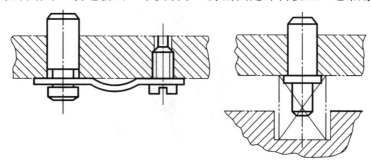

(a) 伸缩式挡料销

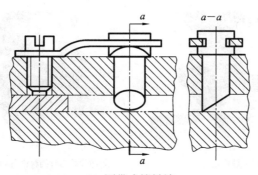

(b) 回带式挡料销

图 4.49　活动挡料销

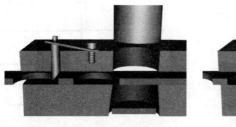

(a) 板料向左推，挡料销抬起

(b) 板料向左推，挡料销越过搭边

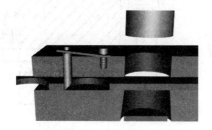

(c) 板料向右拉，挡料销抵住搭边定位

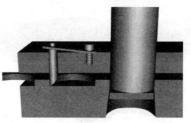

(d) 板料定位后，进行冲裁

图 4.50　回带式挡料销工作原理

　　(3) 始用挡料销。**始用挡料销**又称**始冲挡料销**或**临时挡料销**。这种挡料销在级进模中用得较多。级进模有数个工位，条料首次冲压时需用临时挡料销。使用时，用手动往里压，挡住条料而定位，完成第一次冲裁后就不再使用，如图 4.51 所示。始用挡料销的常见形式如图 4.52 所示。

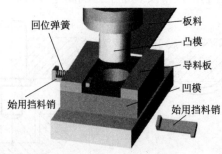

(a) 始用挡料销伸出导料板

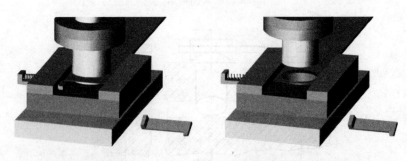

(b) 板料端头进行定位　　　　　(c)冲裁后临时挡料销自动退回

图 4.51　始用挡料销工作原理

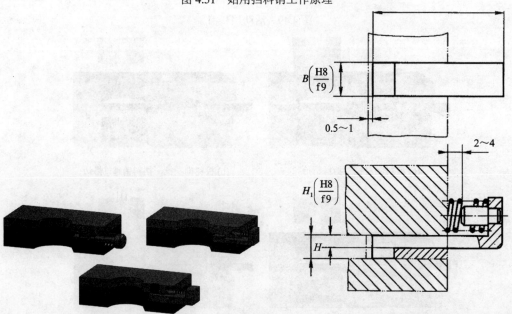

(a) 始用挡料销的三种结构形式　　　　　(b) 始用挡料销的公差配合

图 4.52　始用挡料销的常见形式

3. 导料销、导料板

条料在送料时一般都是靠着**导料板**或**导料销**的一侧导向，以免送偏。在条料的同一侧设置两个固定导料销，保持条料沿导料销一侧送进，即可保证条料送进方向正确。从右向左送料时，导料销装在后侧，如图 4.53(a)所示；从前向后送料时，导料销装在左侧，如图 4.53(b)所示。

导料销可以设在凹模面上，一般为固定式的，如图 4.53(a)所示；也可以设在弹压卸料板上，一般为活动式的，如图 4.53(b)所示；还可以设在固定板或下模座平面上，如图 4.53(c)所示。

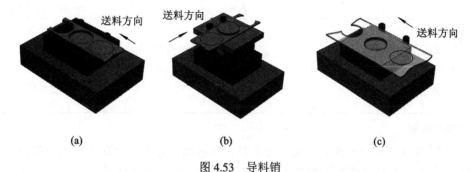

（a）　　　　　　　　　（b）　　　　　　　　　（c）

图 4.53　导料销

导料销的结构与挡料销相同，其结构形式有固定式和活动式两种，可选用标准结构。为了保证条料在首次或末次冲裁时的送料方向正确，可专门设置一活动导料销。导料销结构简单，制造容易，多用于简单模或复合模。

当采用导料销导料时，条料宽度可按有侧压装置的公式来进行计算。

导料板导料适用简单模和级进模，常设在条料两侧，使条料沿导料板送进以保证送进方向。导料板与导板(卸料板)可以分开制造，为标准结构，如图 4.54(a)所示；也可以与导板(卸料板)制成整体的，如图 4.54(b)所示，适用于条料宽度小于 60 mm 的小型模具。

为使条料顺利通过，两导料板之间的距离应大于条料宽度 0.2 mm～1 mm。

导料板的长、宽可与凹模外形尺寸相同，其厚度(H)要大于挡料销顶端高度(h)和条料厚度(t)之和 2 mm～8 mm，才能使条料从挡料销顶部通过，其数值可参考表 4-8 来进行选取。

导料板常用 45 钢制成，两侧面导向面必须相互平行。

（a）分离结构　　　　　　　　　　　（b）整体结构

图 4.54　导料板

表 4-8　导料板的厚度　　　　　　　　　　　　　mm

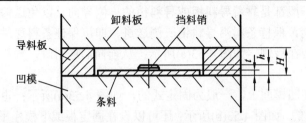

t	h	H	
		固定挡料销	自动挡料销或侧刃
0.3~2.0	3	6~8	4~8
2.0~3.0	4	8~10	6~8
3.0~4.0	4	10~12	6~10
4.0~6.0	5	12~15	8~10
6.0~10.0	8	15~25	10~15

4. 侧压装置

如果条料宽度尺寸公差较大，为避免条料在导料板中偏摆，使最小搭边值得到保证，应在进料方向一侧装**侧压装置**，迫使条料始终紧靠另一侧导料板送进。

常用侧压装置形式如图 4.55 所示。其中图(a)是弹簧式侧压装置，其侧压力较大，常用于被冲材料较厚的冲裁模；图(b)是簧片式侧压装置，侧压力较小，常用于被冲材料厚度为 0.3 mm～1 mm 的冲裁模；图(c)是簧片压块式侧压装置，其应用场合同图(b)；图(d)是压板式侧压装置，侧压力大且均匀，一般装在模具进料一端，适用于侧刃定距的连续模。图(a)及图(b)为标准结构。

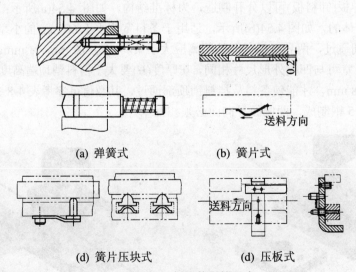

(a) 弹簧式　　　　　　　　(b) 簧片式

(d) 簧片压块式　　　　　　(d) 压板式

图 4.55　侧压装置的形式

在一副模具中，侧压装置的数量和位置应视实际需要而定。

不宜设置侧压装置的场合：① 板料厚度在 0.3 mm 以下的薄板冲压；② 具有辊轴自动送料装置的模具，因有侧压装置，送料阻力较大。

5. 导正销

导正销的作用是保证冲裁件内孔与外缘的相对位置精度，消除送进导向和送料定距或定位板等粗定位的误差。其工作原理如图 4.20 所示。冲裁时，导正销插入前工位已经冲好的孔中，导正条料位置，使孔与外缘相对位置准确，然后落料。

导正销主要用于连续模中，常安装在第二工位以后的落料凸模上。为了使导正销工作可靠，避免折断，导正销的直径一般应大于 2 mm。孔径小于 2 mm 不宜采用导正销导正，但可另冲直径大于 2 mm 的工艺孔进行导正。

导正销结构有标准形式，其特点和应用范围如表 4-9 所示。导正销的工作面由导入部分和定位部分组成，导入部分一般为圆弧或圆锥形；定位部分为圆柱面，其高度不宜太大，一般可取 $(0.8 \sim 1.2)t$（料薄时取大值，导正孔大时取大值）。考虑到冲孔后孔径会缩小，为使导正销顺利地进入孔中，导正销定位圆柱直径取间隙配合 H7/h6 或 H7/h7 或按下式计算：

$$d = d_p - 2a \tag{4-10}$$

式中：d 为导正销定位圆柱直径，mm；d_p 为冲孔凸模直径，mm；a 为导正销定位部分直径与冲孔凸模直径的差值，见表 4-10。

表 4-9　导正销的结构形式

形式	简图	特点及适用范围
固定式导正销	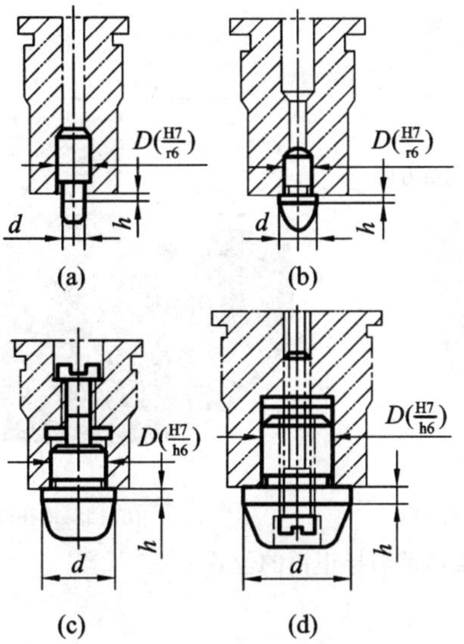	(1) 导正销固定在凸模上，与凸模之间不能相对滑动，送料失误时易发生事故。 (2) 常见于工位少的级进模中。图(a)用于 $d < 6$ mm 的导正孔；图(b)用于 $d < 10$ mm；图(c)用于 $d = 10$ mm~30 mm；图(d)用于 $d = 20$ mm~50 mm
活动式导正销	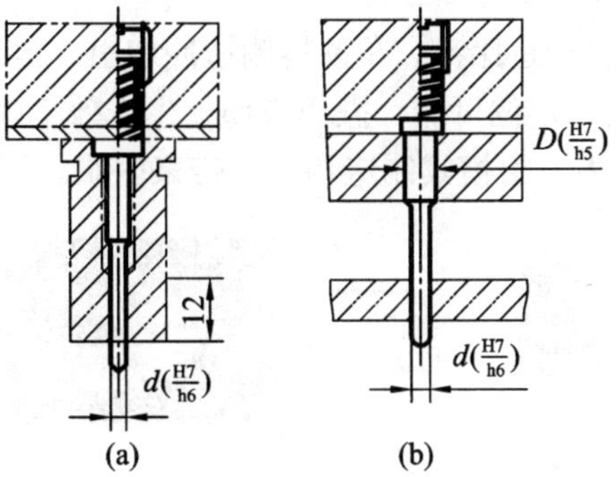	(1) 导正销装于凸模或固定板上，与凸模之间能相对滑动，送料失误时导正销可缩回，故在一定程度上能起到保护模具的作用。 (2) 活动导正销常见于多工位级进模中，一般用于 $d \leqslant 10$ mm 的导正孔

表 4-10　导正销定位部分直径与冲孔凸模直径的差值　　　　　mm

材料厚度	冲孔凸模直径 d_p						
t	1.5~6	>6~10	>10~16	>16~24	>24~32	>32~42	>42~60
<1.5	0.04	0.06	0.06	0.08	0.09	0.10	0.12
>1.5~3	0.05	0.07	0.08	0.10	0.12	0.14	0.16
>3~5	0.06	0.08	0.10	0.12	0.16	0.18	0.20

在连续模中，常采用导正销与挡料销配合使用进行定位，挡料销只起粗定位作用，导正销进行精定位。所以，在设置挡料销的位置时，应考虑到导正销在导正过程中条料有被前推或后拉少许的可能。挡料销到导正销的距离如图 4.56 所示。

(1) 若按图 4.56(a)方式定位，则挡料销到导正销的中心距为

$$e = s - \frac{D_d}{2} + \frac{d}{2} + 0.1 \tag{4-11}$$

(2) 若按图 4.56(b)方式定位，则挡料销到导正销的中心距为

$$e = s + \frac{D_d}{2} - \frac{d}{2} - 0.1 \tag{4-12}$$

式中：s 为步距，mm；D_d 为落料凸模直径，mm；d 为挡料销头部直径，mm；e 为挡料销到导正销的中心距，mm。

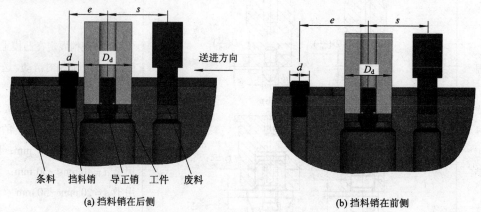

条料　挡料销　导正销　工件　废料

(a) 挡料销在后侧　　　　　　　　　　　　(b) 挡料销在前侧

图 4.56　挡料销与导正销的位置关系

6. 侧刃

1) 侧刃概念

侧刃：在级进模中，为了限定条料送进距离，在条料侧边冲切出一定尺寸缺口的凸模，如图 4.57 所示。侧刃定距具有精度高、定位可靠、操作方便、生产效率高等优点；其缺点是造成一定的板料消耗，增大了冲裁力，给模具制造和维修带来困难。

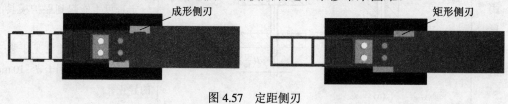

图 4.57　定距侧刃

侧刃定距适合于薄料、定距精度和生产效率要求高的情况。在下列情况下也常采用侧刃：

(1) 当材料太薄($t \leqslant 0.3$ mm)，采用导正销会压弯孔时。

(2) 当落料凸模横向尺寸太小，不宜使用导正销时。

(3) 当冲裁件窄长，送进步距小(小于 6 mm～8 mm)，不能安装始用挡料销和固定挡料销时。

(4) 在某些少、无废料排样，且用别的挡料形式有困难时。

2) 侧刃结构形式

按侧刃的断面形状可分为如下三种：

(1) **矩形侧刃**(如图 4.58(a)所示)：制造和使用简单，但刃尖磨损后，条料侧边产生的毛刺将会影响条料送进与定位(图 4.58(d))。一般用于板料厚度小于 1.5 mm、冲件精度要求不高时的送料定距。

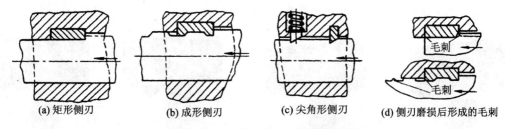

(a) 矩形侧刃　　　(b) 成形侧刃　　　(c) 尖角形侧刃　　　(d) 侧刃磨损后形成的毛刺

图 4.58　侧刃形式及磨损后形成的毛刺

(2) **成形侧刃**(如图 4.58(b)所示)：结构较复杂，制造较为困难，废料也增加，但毛刺位于条料侧边凹进处，毛刺离开了导料板和侧刃挡板的定位面，不影响条料送进与定位(图 4.58(d))。一般用于板料厚度小于 0.5 mm、冲件精度要求较高时的送料定距。

(3) **尖角形侧刃**(如图 4.58(c)所示)：需与弹簧挡料销配合使用。先在条料边缘冲切尖角缺口，当条料送进缺口滑过弹簧挡料销后，反向后拉条料至挡料销卡住缺口而定距。尖角形侧刃定距废料少，但操作较麻烦，生产率低。可用于冲裁贵重金属。

(4) **特殊侧刃**(如图 4.59 所示)：在实际生产中，往往遇到两侧边或一侧边有一定形状的冲裁件。对这种冲件，如果用侧刃定距，则可以设计与侧边形状相应的特殊侧刃，这种侧刃既可定距，又可冲裁冲件的部分轮廓。

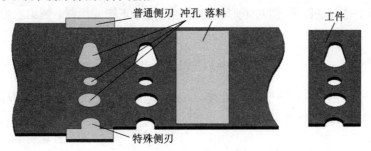

普通侧刃　冲孔　落料　　　工件

特殊侧刃

图 4.59　特殊侧刃

矩形侧刃和成形侧刃有标准结构形式，按侧刃的工作端面形状可分为 I 和 II 型两类。I 型为无导向侧刃，具有制造与刃磨方便等优点，但冲裁时，侧压力大，不能保证正确定位。II 型为有导向侧刃，冲裁前凸出部分先进入凹模导向，以免由于侧压力导致侧刃损坏(工作时侧刃是单边冲裁)，如图 4.60 所示，多用于厚度为 1 mm 以上较厚板料的冲裁。

在用侧刃定位的导料板上部分常局部淬硬，或加上淬硬的侧刃挡块，如图 4.21 所示。

凸模
侧刃
卸料板
板料
导料板
凹模

(a) 卸料板压紧板料　　　　　　(b) 凸模、侧刃冲裁　　　　　　(c) 凸模、侧刃返程

图 4.60　导向侧刃工作过程

3) 侧刃的固定

侧刃的固定可以采用图 4.61 所示的几种方法，其中铆固法用得最多。如图所示，料厚时侧刃工作端部通常做成台阶形；当被冲材料很薄时，则采用无台阶的平断面侧刃。

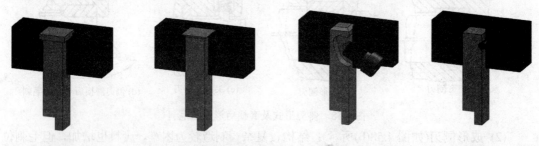

(a) 用侧刃的凸缘固定　　(b) 侧刃铆固在凸模固定板上　　(c) 用螺钉固定　　(d) 用销钉固定

图 4.61　侧刃的固定方法

4) 侧刃的布置

侧刃的数量可以是 1 个，也可以是 2 个，两个侧刃可以对称布置(图 4.19)，也可以错开布置(图 4.21)，后者的材料利用率略高。

5) 侧刃尺寸

侧刃凸模及凹模按冲孔模确定其刃口尺寸，侧刃凹模孔按侧刃实际尺寸配制，取单边间隙。侧刃断面的主要尺寸是侧刃厚度 m 及宽度 b。侧刃厚度 $m = 6\text{ mm} \sim 10\text{ mm}$；侧刃宽度 b 原则上等于送料进距 s，但对矩形侧刃和侧刃与导正销兼用时，侧刃宽度 b 与送料进距 s 的关系为

$$b = \left[s - (0.05 \sim 0.1) \right]_{\delta_c}^{0} \tag{4-13}$$

式中：s 为送料步距，mm；b 为侧刃宽度，mm；δ_c 为侧刃制造偏差，一般按基轴制 h6 或取负偏差 -0.02，精密连续模取 h4。

4.3.3　卸料装置与推(顶)件装置

1. 卸料装置

卸料装置用于把卡箍在凸模、凸凹模外围的冲裁件或废料卸下来，以保证冲压继续进

行。卸料装置有刚性卸料装置、弹性卸料装置和废料切刀等形式。

　　1) 刚性卸料装置

　　刚性卸料装置主要是指**固定卸料板**，一般装在凹模和导料板上，如图 4.62 所示。其中图(a)及图(b)用于平板的冲裁卸料。图(a)是卸料板与导料板为一整体，图(b)为卸料板与导料板是分开的。图(c)及图(d)一般用于成形后的工序件的冲裁卸料。图(c)所示结构也称为**悬臂式卸料板**，适合于冲裁窄而长的冲件或经弯曲成形后的较厚工序件($\geqslant$0.8 mm)的冲裁卸料，在制作冲孔和切口的冲模上使用。

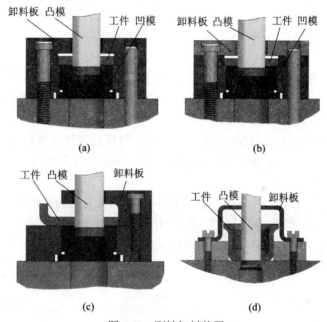

图 4.62　刚性卸料装置

　　固定卸料板结构简单，卸料力大，卸料可靠。但冲裁时材料得不到压紧，卸料时零件可能发生变形。因此，刚性卸料装置适合于板料较厚($t\geqslant$0.5 mm)、卸料力较大、平直度要求不太高的冲裁件。

　　固定卸料板的平面外形尺寸一般与凹模板相同，其厚度可取凹模厚度的 0.8～1 倍。当固定卸料板仅起卸料作用时，卸料孔与凸模之间的双边间隙一般取 0.2 mm～0.5 mm 之间；当卸料板还兼作凸模导板作用时(如图 4.4 所示)，卸料孔与凸模之间一般取按 H7/h6 配合并应保证小于凸、凹模之间的间隙，以保证凸、凹模的正确配合。

　　2) 弹性卸料装置

　　弹性卸料装置一般由卸料板、弹性元件(弹簧和橡胶)和卸料螺钉组成。弹性卸料装置既可装在上模上(图 4.8 和图 4.9)，也可装在下模上，此时卸料力大小容易调节(图 4.16 和图 4.17)。

　　弹性卸料装置如图 4.8 所示，是在以导料板为送进导向的冲模中使用的弹性卸料装置，卸料装置装在上模上。为了防止细长凸模纵向失稳弯折，可以弹性卸料板作为细长小凸模的导向板，卸料板本身又以两个以上的小导柱作导向，以免弹性卸料板产生水平摆动，从而保护小凸模不被折断，弹性卸料板同时还起弹压导板作用。卸料板凸台部分的高度 h 为(图 4.8(b))：

$$h = H - (0.1 \sim 0.3)t \tag{4-14}$$

式中：h 为卸料板凸台高度，mm；H 为导料板高度，mm；t 为板料厚度，mm。

由于弹性卸料板兼起卸料及压料作用，冲件质量较好，平直度较高，所以适合于平面度要求高的零件冲裁，被广泛用于复合模中；由于卸料力由弹性元件提供，故卸料力一般较小，所以多用于薄料冲裁。

弹性卸料板的平面外形尺寸一般与凹模板相同，其厚度可取凹模厚度的 0.8～1 倍。当弹性卸料板仅起卸料作用时，卸料孔与凸模之间的双边间隙一般取 0.1 mm～0.2 mm 之间；当卸料板还兼作凸模导板作用时，卸料孔与凸模之间一般取按 H7/h6 配合，并应保证小于凸、凹模之间的间隙，以保证凸、凹模的正确配合。此外，在模具的开启状态，卸料板应高出模具工作零件刃口 0.3 mm～0.5 mm，以便顺利卸料。

3) 废料切刀

对于大型零件落料或成形切边时，一般采用废料切刀代替卸料板，将废料分段切断，以达到卸料的目的。如图 4.63 所示，当凹模向下切边时，同时把落料废料压向废料切刀刃口上，从而将其切开。

废料切刀已经标准化，其结构如图 4.64 所示，可根据冲件及废料尺寸、料厚进行选用。图(a)为圆废料切刀，用于小型模具和切薄板废料；图(b)为方形废料切刀，适用于大型模具和切断厚废料。

对于形状简单的冲裁模，一般设两个切刀；对于形状复杂的冲裁模，可设置可多废料切刀。废料切刀夹角 α 一般为 78°～80°，其刃口应比废料宽一些，高度低于模具切边刃口 $3t$。

废料切刀卸料方式不受卸料力大小的限制，且卸料可靠，多用于大型落料件或带凸缘拉深件切边时的卸料。

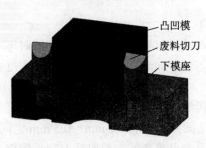

凸凹模
废料切刀
下模座

图 4.63　废料切刀的安装

(a) 小尺寸、薄料废料切刀　　(b) 大尺寸、厚料废料切刀

图 4.64　废料切刀结构

2．推(顶)件装置

推件和顶件装置的作用是把梗塞在凹模内的零件或废料推顶出来，以保证冲压继续进行。向下推出的机械称为推件装置，一般装在上模内；向上顶出的机械称为顶件装置，一般装在下模内。

1) 推件装置

推件装置也有刚性推件装置和弹性推件装置两种。

(1) 刚性推件装置。如图 4.65(a)所示，刚性推件装置一般装于上模，它由推杆(也叫打杆)、推板(也叫打料板)、推销(也叫打料杆)、推件块(也叫推件器)组成，亦称为**打杆机构**，生产中用得较多。有的推件装置不需要推板和推销组成中间传递结构，而是由推杆直接推动推件块，甚至直接由推杆来推件，如图 4.65(b)所示。其工作原理是在冲压结束后上模回程时，利用压力机滑块上的横梁(如图 1.13 所示)，撞击上模内的推杆与推件块，将凹模内的工件推出，因此，推件力大，工作可靠。复合模中的刚性推件装置如图 4.66 所示。

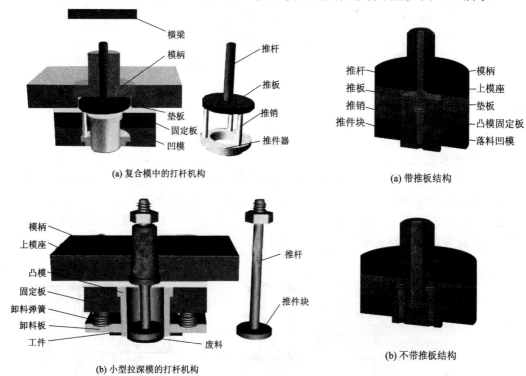

(a) 复合模中的打杆机构

(a) 带推板结构

(b) 小型拉深模的打杆机构

图 4.65 打杆机构

(b) 不带推板结构

图 4.66 复合模中的刚性推件装置

打杆的长度应高出压力机滑块模柄孔 5 mm～10 mm；推件块需高出凹模刃口平面 0.5 mm～1 mm；为了使推件力均衡分布，需要推销 2～4 根，且分布均匀，长短一致。推板一般装在上模的孔内，要有足够的刚度，其厚度与工件尺寸和推件力有关，推板其平面形状尺寸只要能够覆盖到推销，不必设计得太大，以免安装推板的孔太大，对于中小件，一般取 5 mm～10 mm。为了保证凸模的支撑刚度和强度，放推板的孔不能全部挖空。

推杆、推板、推销、推件块等已经标准化，设计时可以根据实际需要选用。为了使上模板强度不过分降低，同时增加凸模的支承面积，应把推板设计成一定形状，如图 4.67 所示。

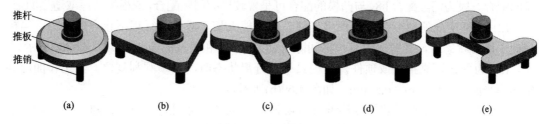

| (a) | (b) | (c) | (d) | (e) |

图 4.67 几种推板形式

(2) 弹性推件装置。弹性推件装置的弹力来源于弹性元件，如图 4.68 所示。弹性推件装置兼起压料和卸料作用，可使材料处于压紧状态下分离，因而冲件的平直度高，出件平稳无撞击。但开模时冲件易嵌入边料中而影响操作，且受模具结构空间限制；弹性组件产生的弹力有限，所以主要用于冲裁大型薄件以及精度要求较高的零件。

(a) 弹性装置在上模　　　　　　　　　　　　(b) 弹性装置在下模

图 4.68　弹性推件装置

2) 顶件装置

顶件装置一般是弹性的，通过弹性元件在模具冲压时贮存能量，模具回程时，能量的释放将材料从凹模洞中顶出。其结构主要由顶件块、顶杆和装在下模底下的弹顶器组成。弹顶器可做成通用的，一般装于下模，其弹性元件是弹簧或橡胶，如图 4.69 所示。这种结构的顶件装置顶件力容易调节，工作可靠性高，冲件平直度较高。

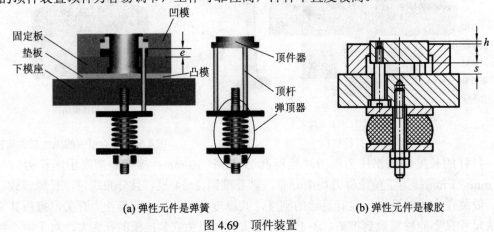

(a) 弹性元件是弹簧　　　　　　　　　　　　(b) 弹性元件是橡胶

图 4.69　顶件装置

3) 出件机构设计

对推件块和顶件块的设计有如下要求：

(1) 其与凹模和凸模的配合应保证顺利滑动，不发生干涉：推件块或顶件块的外形与凹模的配合一般为间隙配合 h8，与凸模的配合可呈现较松的间隙配合，或根据料厚取适当间隙。

(2) 顶杆应能使顶板有效地顶出工件，但不能太长，避免在行程下止点时受力，当模具处于闭合状态时，其背后应有一定间隙 e，以备修磨和调整的需要，如图 4.69(a) 所示。

(3) 为保证可靠推件或顶件，当模具处于开启状态时，必须顺利复位，其工作面应高出凹模平面 $h = 0.2\ mm \sim 0.5\ mm$，如图 4.69(b) 所示。

(4) 顶出装置要有足够的位移量 s(图 4.69(b))，可以容纳几个工件。这样，一旦顶出装置失效，工件没有顶出时，操作者可以有足够的时间停车。

3．弹性元件的选用

目前常规弹性元件有弹簧、橡胶、气垫和氮气弹簧，主要用于卸料、压料或推件和顶件等，前三种弹性元件的结构及其压边力与行程的关系如图 4.70 所示。

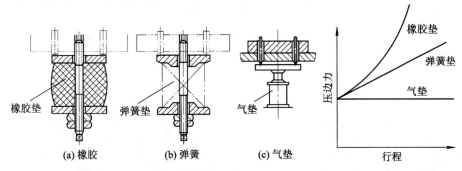

图 4.70　弹性元件的结构及其压边力与行程的关系

模具用的普通弹簧有圆钢丝螺旋弹簧、方钢丝(或矩形钢丝)螺旋弹簧和碟形弹簧等。圆钢丝螺旋弹簧制造方便，应用最广。方钢丝螺旋弹簧所产生的压力比圆钢丝螺旋弹簧大得多，主要用于卸料力或压料力较大的模具。

在中、小型工厂，冲模的弹性零件还广泛使用橡胶，优点是使用方便，价格便宜。但橡胶和油接触容易被腐蚀损坏。使用聚氨酯橡胶作为弹性零件，比橡胶的压力大，寿命也长，但价格较贵。

小型压力机一般不配置空气气垫，大型压力机的气垫所使用的介质是低压空气，需要有压缩空气气源系统与之配套，结构比较庞大，调整压力既不方便，也不精确。而且模具在压力机上的位置需要相对固定，缺乏灵活性。

氮气弹簧也称**氮气缸**、**氮缸**。它将高压氮气密封在确定的容器内，外力通过柱塞杆将氮气压缩。当外力去除时，靠高压氮气膨胀来获得一定的弹簧力。它在不同程度上克服了其他弹簧、橡胶和气垫的缺点。氮气弹簧在冲裁、弯曲、拉深、成形、整形等模具中均有应用(参见国家标准 GB/T20914.1～2－2007)。

4.3.4　导向零件

对于生产批量大、精度要求高、寿命要求长的冲压模具，都应采用导向装置，用于保证上、下模正常位置，使它们不产生位置偏差。常用的导向装置有导板、导筒、导柱、导套。

1．导板

如图 4.4 所示，导板的导向孔按凸模断面形状加工，导板(又是固定卸料板)与凸模之间采用间隙配合 H7/h6，其单面间隙应小于凸、凹模单面间隙。模具工作时凸模始终不脱离导板，以保证对凸模的导向作用，因此要求导板模所用的压力机的行程要短(一般不大于 20 mm)。为了使导向可靠，导板必须有足够的厚度，一般为凹模厚度的 0.8～1 倍。导板平面尺寸与凹模平面尺寸相同。

与敞开式模相比，有导板的模具精度较高、寿命长，但制造要复杂一些，常用于料厚大于 0.3 mm 的简单冲压件。

冲压件形状复杂时，导板孔加工困难。为了避免热处理变形，一般不进行热处理，所以其耐磨性差，实际上很难达到和保持稳定的导向精度。因此，生产中广泛地采用导柱、导套导向。

2. 滑动式导柱、导套

最常用的滑动式导柱、导套结构如图 4.71 所示。导柱和导套都呈圆柱形，加工方便，装配容易，是应用最广的导向装置之一。

　　(a) 卸料用导向零件　　　　　　　　　　(b) 模架用导向零件

图 4.71　导柱和导套

导柱与导套的结构与尺寸都可直接从国家标准中选用(GB/T2861.1—1990，GB/T2861.6—1990)。对于冲裁模，导柱与导套间隙应小于凸、凹模间隙。

* 导柱直径(d)一般在 16 mm～60 mm 之间，长度(L)在 90 mm～320 mm 之间。导柱和导套为间隙配合(当板料厚度 $t < 0.8$ mm 时，取 H6/h5；当 $t = 0.8$ mm～4 mm 时，取 H7/h6)，对于硬质合金模或复杂的级进模，应取 H6/h5；导柱下部与下模板导柱孔采用过盈配合(H7/r6)，如图 4.72 所示。

* 导套孔径(d)上有油槽，用以存油润滑，导套外径 D 与上模板导套孔也是过盈配合，配合时导套孔径会收缩，所以导套过盈配合部分的孔径，应比导套和导柱间隙配合部分导套孔径 d 增大 1 mm，如图 4.72 所示。

导柱下端面和下模板下平面的距离不小于 2 mm～3 mm。导套的上端面与上模板上平面的距离应大于 3 mm，用以排气和出油，如图 4.72 所示。

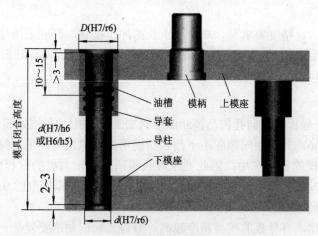

图 4.72　导柱、导套和上下模板的尺寸关系

导柱与导套结构及精度要求如图 4.73 所示。要求导柱与导套的配合表面坚硬耐磨、且有一定的强韧性;常用 20 钢经渗碳淬火处理而成,其渗碳深度为 0.8 mm~1.2 mm,硬度为 HRC58~62。

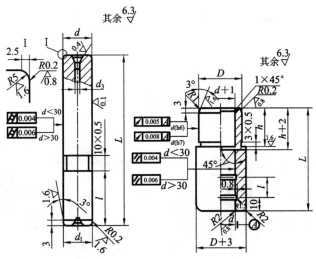

图 4.73 导柱与导套尺寸

常见的导柱、导套布置方式有后侧布置、中间两侧布置、对角布置和四角布置等几种,分别称为后侧导柱模架、中间导柱模架、对角导柱模架、四导柱模架,如图 4.74 所示。国内有专业厂生产销售。

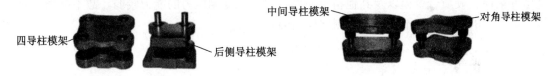

图 4.74 滑动导向模架

• 当采用后侧布置时,导柱、导套受力不平衡,影响导向精度,但它三个方向敞开,送料操作方便,容易实现自动化生产。当有偏心载荷,压力机导向精度又不高时,就会造成上模歪斜,导向装置和凸、凹模都容易磨损,从而影响模具使用寿命。多用于对导向要求不太严格且冲压偏移力不大的场合。

• 当采用中间两侧布置时,受力平衡,但只能从一个方向送料。一般用于单工序模或复合模,多用于弯曲模和拉深模。

• 当采用对角布置方式时,受力较平衡,可以从两个方向送料,操作较为方便。常用于横向送料的连续模和纵向送料的单工序模或复合模。

• 当采用四角布置的导向装置时,受力最均匀,导向精度高,但结构复杂,仅用于大型冲模或对工件精度要求特别高的场合。

当采用中间两侧布置和对角布置时,由于两导柱(导套)的直径一般不相等,所以应避免装错方向而损坏凸、凹模刃口。

3. 滚动式导柱导套

滚动式导柱导套导向结构形式如图 4.75 所示。滚珠导向装置及其组件均已经标准化,它与上、下模座构成了标准模架(GB/T2851 1～7(90)—GB／T2852 1～4(90))。模架是整副模具的骨架,模具全部零件都固定在其上,并承受冲压过程全部载荷。滚动式导柱导套也有四种标准模架:对角导柱模架、后侧导柱模架、中间导柱模架、四导柱模架。

滚动式导柱导套由导套、钢球、保持圈和导柱等零件组成。**导套和导柱**以过盈配合 **H7/r6** 分别压装在上、下模板上。精选尺寸一致的钢球置于保持圈内,以等间距平行倾斜排列,倾斜角度为 8°,以使钢球运动的轨迹互不重合,与导柱导套接触线多,从而减少磨损,如图 4.76 所示。钢球与导柱、导套之间不仅无间隙,而且还有 0.005 mm～0.02 mm 微量过盈。当上模升到上止点时,导套不应脱离导柱。

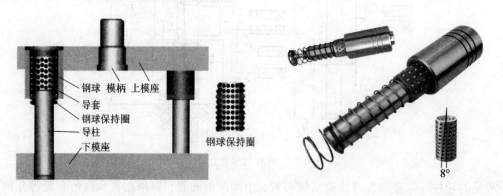

图 4.75　滚动式导柱导套模架　　　　　图 4.76　滚动式导柱导套和钢球保持圈

滚动式导柱导套是一种无间隙导向、精度高、寿命较长的导向装置,适于高速冲模、精密冲裁模、硬质合金模以及其他精密冲模。但其承受侧压力的能力较弱,故不能用于有较大侧压力的场合,也不能用于后侧导柱模架。

4.3.5　固定零件

冲模的固定零件用于连接和紧固模具各零部件,使之成为一整体,有模柄,上、下模座,凸、凹模固定板,垫板,螺钉和销钉等零部件,如图 4.77 所示。这些零件大多数已实现标准化,设计模具时可按标准选用。

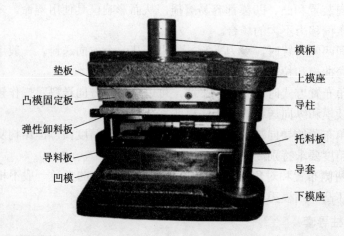

图 4.77　模具部分零件

1. 模柄

模柄是作为上模与压力机滑块连接的零件。中、小型冲模一般通过模柄将上模固定在压力机(一般 1000 kN 以下的冲床)的滑块上，更重的模具可直接用镙钉、压板将上模压在滑块端面。

对模柄的基本要求：一是要与压力机滑块上的模柄孔正确配合、安装可靠；二是要求上模正确而可靠连接。

模柄的结构形式很多，标准的模柄类型及其安装方式如图 4.78 所示。

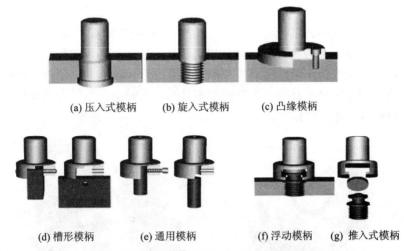

(a) 压入式模柄　　　(b) 旋入式模柄　　　(c) 凸缘模柄

(d) 槽形模柄　　　(e) 通用模柄　　　(f) 浮动模柄　　　(g) 推入式模柄

图 4.78　模柄类型及其安装方式

(1) 压入式模柄(图 4.78(a))。模柄它与上模板安装孔呈 H7/m6 过渡配合，并用销钉防止转动，参见行业标准 JB/T7646.1—1994。这种模柄可较好地保证轴线与上模座的垂直度。用于上模座较厚、较重的中、小型模具，生产中最常用。

(2) 旋入式模柄(图 4.78(b))：通过螺纹与上模座连接，为防止松动，拧入防转螺钉固紧。这种模柄装卸方便，但模柄轴线与上模座的垂直度较压入式模柄的差，适于有导柱的中、小型模具。

(3) 凸缘模柄(图 4.78(c)及图 4.12)：通过 3～4 个螺钉固定在上模座上或上模座的窝孔内(图 4.16)，模柄的凸缘与上模座的窝孔采用 H7/js6 过渡配合。多用于较大型的模具。

(4) 槽形模柄和通用模柄(图 4.78(d)和图 4.78(e))。均用于直接固定凸模，也称为带模座的模柄，它更换凸模较方便，主要用于简单模。

(5) 浮动模柄(图 4.12 和图 4.78(f))：是指模柄带有一个连接垫块，其两面分别为凹球面和凸球面，因此模柄带动的上模相对模柄就可有少许浮动。采用浮动模柄，在导柱与导套不脱离的情况下，可以减少压力机滑块运动误差对冲模导向精度的影响。它的缺点是上模在滑块上安装时，模柄的轴线很难与滑块的轴心线对正，故不能纠正滑块孔与模柄轴线不重合的误差。主要用于带有精密导向装置的高精密模具、硬质合金凸、凹模的多工位模具。

(6) 推入式模柄(图 4.78(g))。压力机的压力通过它由模柄接头、凹球面垫块和活动模柄传递到上模。它也是一种浮动模柄。因模柄的槽孔单面开通(呈 U 形)，所以在使用时，导柱与导套不宜脱离。这种结构可以通过凹球面垫块消除压力机滑块导向精度不足所产生的导向误差，适用于需精确导向的精密冲模，如硬质合金模，精冲模等。

　　在设计冲模时，除按模具结构特点选用不同模柄类型外，必须根据选定的压力机确定模柄的安装直径和高度，如图 1.15 所示。模柄安装直径 D 和长度 L 应与滑块模柄孔尺寸相适应。模柄直径可取与模柄孔相等，采用间隙配合 H11/d11；模柄长度应小于模柄孔深度 5 mm～10 mm。

　　模柄材料通常用 Q235 或 Q275 钢。模柄支撑面应垂直于模柄的轴线(垂直度不应超过 0.02∶100)。压入式模柄配合的表面粗糙度 Ra 应达到 1.6 μm～0.8 μm，模柄压入上模座后，应将底面磨平。

2. 模座(模板)

　　模座分为上、下模座，其尺寸基本相似。上、下模座(模板)作用是直接或间接地安装冲模的全部零件，如图 4.79 所示。上模座通过模柄安装在压力机滑块上，下模座用压板和螺栓固定在压力机工作台面上，分别传递和冲承受压力，如图 1.17 所示。因此，模座应具有足够的强度、刚度和外形尺寸。如果刚度不足，工作时会产生较大的弹性变形，导致模具零件迅速磨损或破坏，降低冲模寿命。

(a) 下模　　　　　　　　　　　　　　(b) 标准及非标准模架

图 4.79　模座

　　模座分为带导柱和不带导柱两种。上、下模板与导向装置的总体称为模架，如图 4.79(b)所示，模架已经标准化(参见 GB/T2851—2008 和 GB/T2852—2008)，由专业模具厂提供；而无导向装置的一套上、下模板称为模座。模具设计时，通常是按标准选用模架或模座。在自行设计模座时，圆形模板直径比凹模直径大 30 mm～70 mm；矩形模板长度比凹模长度大 40 mm～70 mm，宽相等或略大；厚度为凹模的 1.5 倍。下模座的最小轮廓尺寸，应比压力机工作台漏料孔的尺寸每边至少要大 40 mm～50 mm，如图 1.15 所示。

　　模座大多数是铸铁或铸钢如 HT200、HT250、HT400 制造，该类材料具有较好的吸振性，也可以选用 Q235 或 Q255 结构钢，对于冲裁力大的大型模具的模座可选用铸钢 ZG35，ZG45 等，也用 A3 锻造加工成带凸缘模柄(图 4.78(c))。

　　上、下模板上的导柱、导套安装孔通常采用组合加工，以保证上、下模板孔距一致。模板上、下平面之间应有平行度要求。另外，大型模板上还应设置起重孔或起吊装置，便于模具起吊运输。

3. 固定板

　　固定板的作用是将间接地将凸、凹模安装在上、下模板的正确位置上，主要用于小型凸、凹模或凸凹模的固定，如图 4.80 所示。

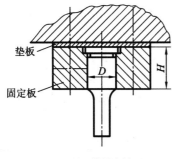

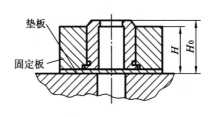

(a) 凸模固定板   (b) 凹模固定板

图 4.80 模具工作零件固定板

模具中最常见的固定板是凸模固定板，固定板分为圆形固定板和矩形固定板两种。固定板的平面尺寸除保证能安装凸模(凹模)外，还要考虑螺钉和销钉孔的位置，其平面尺寸与凹模、卸料板外形尺寸相同。固定板固定凸模(凹模)要求固紧牢靠并有良好的垂直度。因此，固定板必须有足够的厚度，可按下列经验公式计算。

对于凹模固定板：$H = (0.6 \sim 0.8)H_0$

对于凸模固定板：$H = (1 \sim 1.5)D$

固定板的凸模安装孔与凸模采用过渡配合 H7/m6 或 H7/n6，压装后将凸模尾部与固定板一起磨平。固定板材料一般采用 Q235 或 45 钢。

4. 垫板

当冲压件料厚较大而外形尺寸又较小时，冲压中凸模上端面或凹模下端面对模板产生较大的单位压力，有时会超过模板的允许抗压应力，压出凹坑。垫板的作用是直接承受和分散凸模传来的压力，防止过大的冲压力在模板上压出凹坑(如图 3.25 所示)。

当凸模尾部单位压力超过模座的许用压力时，就需在凸模支承端面上加一淬硬磨平的垫板。是否需要垫板，可按下式进行校核：

$$p = \frac{F}{A} \tag{4-15}$$

当 $p > [\sigma]_压$ 时，需要采用垫板，反之不需要垫板。

式中：p 为凸(凹)模装端面对模座的单位压力，N/mm^2；F 为凸(凹)模承受的总压力，N；A 为凸(凹)模与模板的接触面积，mm^2；$[\sigma]_压$ 为模板材料的允许抗压强度，MPa。见表 4-11。

采用刚性推件装置时，上模板被挖空，也需

表 4-11 模座材料的许用压应力

模板材料	$[\sigma_{bc}]$/MPa
铸铁 HT250	$90 \sim 140$
铸钢 ZG310—570	$110 \sim 150$

采用垫板，如图 4.80 所示。在这种情况下，垫板承受凸(凹)模压力的面积减小，因而厚度较大，应按具体情况来进行选择。

垫板已经纳入国家标准，其外形尺寸与凹模固定板相同，厚度取 4 mm～12 mm。材料为 45 号钢或 T8，硬度为 HRC43～48。

5. 紧固零件

螺钉和销钉都是标准件，设计模具时按标准选用即可。螺钉(特别是内六角螺钉)用于固定模具零件，承受拉应力；销钉起定位作用，防止零件之间发生错移，销钉本身承受偏移应力(剪应力)。模具中广泛应用的是内六角螺钉和圆柱销钉，其中 M6 mm～M12 mm 的螺钉和 ϕ4 mm～ϕ10 mm 的销钉最常用。

　　螺钉一般按经验选用。对于中、小型模具，螺钉尺寸可根据凹模厚度参考表 4-12 选用。螺钉数量视被紧固零件的外形尺寸及其受力大小而定，螺钉布置应对称，使紧固的零件受力均衡。冲模上的螺钉常采用圆柱内六角螺钉(GB/T 70.1—2008)。这种螺钉紧固牢靠，且螺钉头埋在模板内，使模具结构紧凑，外形美观。

表 4-12　螺钉的选用

凹模厚度/mm	≤13	>13～19	>19～25	>25～32	>35
螺钉规格/mm	M4，M5	M5，M6	M6，M8	M8，M10	M10，M12

　　销钉一般用两个，多用圆柱销(GB/T119—1986)，与零件上的销孔采用过渡配合，直径一般与螺钉上的螺纹直径相同。若零件受到的错移力大时，可选用较大的销钉；但如果零件采用窝座定位，则可以不用销钉，如图 4.30(a)所示。

　　螺钉拧入最小深度：采用钢时，与螺纹直径相等；采用铸铁时，为螺纹直径的 1.5 倍。销钉的最小配合长度是销钉直径的 2 倍。

4.3.6　模具材料

　　制造冲模的材料有许多种，其中钢以用途广泛、价格低廉、容易得到且能通过热处理变性等优点而成为模具制造的主要原材料。

　　一副模具通常是由几种或几十种不同零件组合而成，可分为工作零件和辅助零件(结构零件)两大类，根据零件服役条件的不同，对零件材料的要求不同，选择的模具材料和相应的热处理技术也有所差别，模具工作零件常用材料及热处理要求见表 4-13。辅助零件的常用材料及热处理要求见表 4-14。

表 4-13　冲模工作零件常用材料及热处理

模具类型	零件名称及作用条件	材料牌号	热处理	硬度/HRC
冲裁模	冲件形状简单、批量小的凸模、凹模和凸凹模	T10A、9Mn2V	淬硬	凸模 56～60 凹模 58～62
	冲件形状复杂、批量大的凸模、凹模和凸凹模	Cr12、Cr12MoV、Cr6WV	淬硬	58～62
		YG15		86
弯曲模	一般弯曲的凸、凹模及其镶块	T8A、T10A	淬硬	56～60
	形状复杂、要求耐磨的凸、凹模及其镶块	CrWMn、Cr12、Cr12MoV	淬硬	58～62
	加热弯曲的凸、凹模	5CrNiMo、5CrMnMo	淬硬	52～56
拉深模	一般拉深的凸、凹模	T8A、T10A	淬硬	58～62
	跳步拉深的凸、凹模	T10A 、CrWMn		
	变薄拉深及要求高耐磨的凸、凹模	Cr12、Cr12MoV YG15 、YG8		
	双动拉深的凸、凹模	钼钒铸铁	火焰表面淬硬	56～60

表 4-14　模具辅助零件常用材料及热处理

零件名称	使用情况	材料牌号	热处理硬度 /HRC
上、下模板(座)	一般负载	HT200，HT250	—
	负载较大	HT250，Q235	
	负载特大，受高速冲击	45	—
	用于滚珠式导柱模架	QT400—18，ZG310—570	
	用于大型模具	HT250，ZG310—570	
模柄	压入、旋入、槽形、凸缘式、通用模柄	Q235、Q255	
	浮动模柄、推入式活动模柄、球面垫块	45	43～48
导柱、导套	滑动配合	20	58～62(渗碳)
	滚动式配合	GCr15	62～66
	钢球保持圈	2Al1、H62	
卸料板、凸模固定板、凹模框	—	Q235、45	
托料板	—	Q235	—
顶板、推板	一般用途	Q235	
	重要用途	45	43～48
垫板	—	45	43～48
		T7	48～52
垫块	一般用途	45	43～48
	重要用途	T8A，9Mn2V	52～56
齿圈压板	—	Cr12MoV	58～60
拉深模压边圈	一般拉深	T10A、9Mn2V	(54～58)HRC
	双动拉深	钼钒铸铁	火焰表面淬硬
导料板、侧压板、挡料销(板)、定位销	—	45	43～48
定位板	—	45	43～48
		T8	52～56
限位圈(块)	—	45	43～48
斜楔、滑块	—	T8A，T10A	52～56
		45	43～48
顶杆、推杆	一般用途	45	43～48
	重要用途	Cr6WV，CrWMn	56～60
废料切刀	—	T10A、9Mn2V	56～60
定距侧刃	—	T10A、Cr6WV	56～60
		9Mn2V、Cr12	58～62
侧刃挡块	—	T8A	56～60
导正销	一般用途	T8A、T10A	50～54
	高耐磨	9Mn2V、Cr12	52～56

4.4　冲裁模设计举例

如图 4.81 所示冲裁件，材料为 Q235 钢，料厚材料 3 mm。大批量生产。试设计其外形落料冲裁模具。

1. 冲裁件工艺分析及冲裁工艺方案

由零件图可见，该冲裁件外形简单，仅需一次冲裁加工即可成形。

2. 确定模具的结构形式

(1) 因为是大批量生产，故可采用单工序、后侧导柱导向式冲裁模进行加工，以方便工人操作。

(2) 由于制件尺寸较厚，为了保证制件尺寸精度，故可采用固定卸料板刚性卸料和下出料的方式。

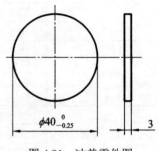

图 4.81　冲裁零件图

(3) 采取无侧压装置、两个导料板的模具结构。

3. 冲裁工艺计算

1) 计算冲裁各工艺力及初选压力机

由表 2-9 查得，普通碳素钢 Q235 的 $\sigma_b = 380$ MPa～470 MPa，取 $\sigma_b = 425$ MPa。由表 3-8 可以得到，卸料力系数 $K_x = 0.035$，推件力系数 $K_t = 0.045$。

(1) 计算冲裁力。由式(3-3)可得

$$F = Lt\sigma_b = \pi Dt\sigma_b = \pi \times 40 \times 3 \times 425 = 160\ 217 \text{ N}$$

(2) 计算卸料力。由式(3-5)可得

$$F_x = K_x F = 0.035 \times 160\ 217 = 5608 \text{ N}$$

(3) 计算推料力。

① 由取凹模刃口高度 $h = 8$ mm。

② 在凹模口内同时存在冲孔废料的个数 $n = \dfrac{h}{t} = \dfrac{8}{3} = 3$ 个。

③ 由式(3-6)得到：$F_t = n K_t F = 3 \times 0.045 \times 160\ 217 = 21\ 629$ N。

(4) 计算工艺力总和 F_z。

① 由式(3-8)得到：$F_z = F + F_t = 160\ 217 + 21\ 629 = 181\ 846$ N。

② 初选公称压力为 250 kN 的开式压力机(查表 1-3)。

2) 确定模具压力中心

本例产品为对称形状制件，故其压力中心位于制件轮廓图形的几何中心上。

3) 冲裁件的排样设计

(1) 查表 3-17，取工件间搭边 $a_1 = 2.2$ mm，侧搭边 $a = 2.5$ mm；查表 3-18 得到条料宽度的单边偏差 $\Delta = -0.7$ mm；查表 3-20 得到导料板与最宽条料间的单边间隙 $C = 0.5$ mm。

(2) 由式(3-33)可以得到条料宽度：

$$B_{-\Delta}^{\ 0} = (D_{max} + 2a + C)_{-\Delta}^{\ 0} = (40 + 2 \times 2.5 + 0.5)_{-0.7}^{\ 0} = 45.5_{-0.7}^{\ 0} \text{ mm}$$

(3) 由式(3-34)得导尺间距:
$$A = B + C = D_{max} + 2a + 2C = 40 + 2 \times 2.5 + 2 \times 0.5 = 46 \quad mm$$

(4) 进距为
$$S = D + a_1 = 40 + 2.2 = 42.2 \, mm$$

4) 冲裁模刃口尺寸的计算

零件外形属于 IT12 级, 故取 $x = 0.75$; 由表 3-4 查得 $Z_{min} = 0.46 \, mm$, $Z_{max} = 0.64 \, mm$; 由表 3-13 查得 $\delta_p = 0.02 \, mm$, $\delta_d = 0.03 \, mm$, 式(3-24)成立, 故由式(3-19)和式(3-20)得到:

$$D_d = (D_{max} - x\varDelta)_0^{+\delta_d} = (40 - 0.75 \times 0.25)_0^{+\delta_d} = 39.81_0^{+0.03} \, mm$$

$$D_p = (D_d - Z_{min})_{-\delta_p}^0 = (39.81 - 0.46)_{-\delta_p}^0 = 39.35_{-0.02}^0 \, mm$$

4. 模具主要零部件结构及尺寸的选择和确定

1) 工作零件及固定方式的确定

(1) 采用图 4.38 所示整体式凹模结构, 采取图 4.37(a)所示直壁形刃口, 由式(4-8)得凹模厚度>20 mm, 取 30 mm, 根据式(4-9)取外圆直径 ϕ110 mm。

(2) 凸模采用圆形冲孔凸模, 采用图 4.25(a)所示台肩结构, 采取固定板固定方式。

2) 上、下模板及模柄的选择

(1) 采用图 4.92 所示的后侧滑动导柱导向模架。根据凹模外形尺寸 ϕ110 mm 选相近规格标准模板 $L \times B$, 为 160 mm×125 mm; 其上模板厚 40 mm, 下模板厚 50 mm。

(2) 选用标准导柱 ϕ25 mm×180 mm, 标准导套 ϕ25 mm×95 mm×38 mm。

(3) 查表 1-3 得到压力机模柄孔尺寸 ϕ50 mm×70 mm, 选择标准(JB/T 7646.1—2008)的压入式模柄 A50×110。

3) 其他结构尺寸的确定

(1) 凸模固定板: ϕ110 mm×45 mm。

(2) 刚性卸料板: ϕ110 mm×12 mm。

(3) 导料板: ϕ110 mm×8 mm。

(4) 垫板: ϕ110 mm×6 mm。

由式(4-1)确定凸模长度: $L = h_1 + h_2 + h_3 + h = 45 + 12 + 8 + 22 = 87$ mm(取凸模附加长度 $h = 22$ mm)。

5. 模具闭合高度的计算

$$h = 40 + 6 + 45 + 20 + 12 + 8 + 30 + 50 = 211 \, mm$$

查表 1-3 得到 250 kN 的开式压力机的最大闭合高度 $H_{max} = 250$ mm, 闭合高度调节量= 70 mm, 压力机最小闭合高度 H_{min} = 最大闭合高度 H_{max} – 闭合高度调节量 = 180 mm, 工作台板厚度 $h_1 = 70$ mm, 不满足下列条件(参见 1.4.1 节):

$$H_{min} - h_1 + 10 \, mm \leqslant h \leqslant H_{max} - h_1 - 5 \, mm$$

重新查表 1-3 选择 400 kN 的开式压力机, 其最大闭合高度 $H_{max} = 300$ mm, 闭合高度调节量 = 80 mm, 压力机最小闭合高度 H_{min} = 最大闭合高度 H_{max} – 闭合高度调节量 = 220 mm, 工作台板厚度 $h_1 = 80$ mm, 满足上述条件。

模柄孔尺寸不变, 仍为 ϕ50 mm×70 mm。

6．模具总图及零件图的绘制

模具总装图如图 4.82 所示，模具主要零件图如图 4.83 所示。

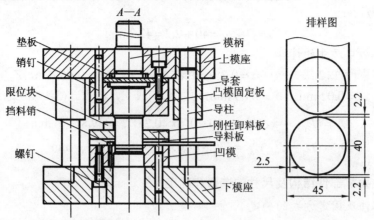

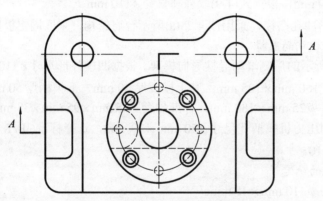

图 4.82　冲裁模装配图

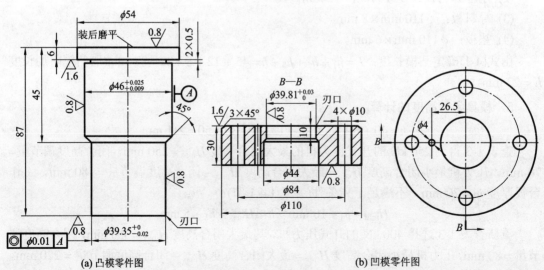

(a) 凸模零件图　　　　　　　　　　　　　(b) 凹模零件图

图 4.83　工作零件图

习　题

1. 冲裁模一般由哪几个部分组成？它们在冲裁模中各起什么作用？

2. 冲裁模的工艺零件与结构零件主要特征是什么？

3. 什么是单工序模、复合模、连续模？它们的主要特点是什么？

4. 在压力机上使用导板模时，特别要注意什么？

5. 对于小孔冲模，在结构上要注重哪些问题？

6. 什么是倒装复合模、正装复合模？各有何特点？怎样选用？

7. 试比较导正销定距连续模和侧刃定距的连续模的特点，各用于什么场合？

8. 什么情况下应采用台阶式凸模、直通式凸模？

9. 凸模的台阶固定与铆接固定两种分别用于什么场合？

10. 凸模与固定板的连接方式通常采用什么配合？可以是间隙配合吗？

11. 什么类型凸模通常采用压入式或吊装式的固定方式？

12. 在模具结构上通常采取哪些措施来提高小孔凸模的强度和刚度？

13. 常见的冲裁凹模孔口形式有柱孔口和锥孔口，试从刃口强度、模具精度、冲裁力三个方面进行对比。

14. 凸凹模的最小壁厚受到什么因素的限制？

15. 镶拼结构的固定方法有哪几种？为何要采用凸、凹模的镶拼结构？有何利弊？

16. 模具的定位零件、固定零件有哪些？

17. 导正销通常用于什么模具中？通常与什么零件同时使用？

18. 侧刃主要用于什么模具中？怎样确定其截面尺寸？

19. 试比较弹性卸料装置的冲裁模与刚性卸料装置的冲裁模的制件质量。

20. 废料切刀的作用是什么？用于什么场合？

21. 试述打杆机构的工作原理。

22. 试对比弹簧、橡胶、气垫和氮气弹簧四种弹性元件的特点。

23. 标准模架由哪些零部件构成？常用的标准滑动导柱模架有哪几种？

24. 滚动模架与滑动模架在结构上不什么不同？分别用于什么场合？

25. 在什么情况下冲模一般需要使用模柄？对模柄有何基本要求？

26. 模柄有几种结构形式？各用于什么场合？

27. 冲模垫板的作用是什么？

28. 如图 4.84 所示大型工件，如采用拼块式落料模结构形式，应该如何划分镶拼结构？

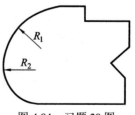

图 4.84　习题 28 图

29. 如图 4.85 所示为冲孔落料连续模：(1)试写出序号 1～7 对应各模具零部件的名称及其作用；(2)简述模具的冲裁过程；(3)这副模具的主要定位零件是什么？与侧刃定位模具对比，这副模具主要制件用于厚料还是薄料？

30. 如图 4.86 所示连续模：(1)试写出序号 1～6 对应各模具零部件的名称及其作用；(2)简述模具的冲裁过程(送料、定位、冲裁及卸料等)。

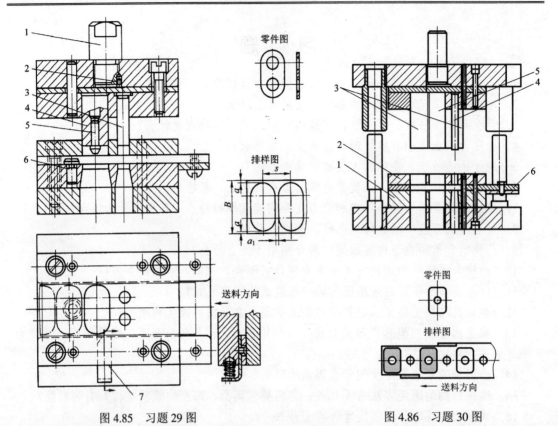

图 4.85　习题 29 图　　　　　　　　　　图 4.86　习题 30 图

31. 如图 4.87 所示冲孔落料复合模：(1)试写出序号 1～6 对应各模具零部件的名称及其作用；(2)简述模具的冲裁过程(送料、定位、冲裁及卸料等)。

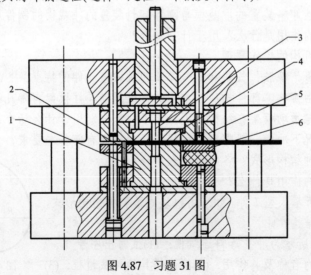

图 4.87　习题 31 图

32. 试画出图 3.69 所示落料件的模具总装草图，设计该模具的工作零件(凸模、凹模)，并绘制出模具零件图。

33. 如图 3.70 所示冲孔落料件，设计冲孔落料连续模或复合模，并且对这两种模具的特点进行比较。

第5章 弯曲工艺

弯曲是冲压主要成形工序之一，在各行各业应用十分广泛。本章介绍弯曲的工艺设计基础。弯曲的工艺设计要根据弯曲件结构、形状及尺寸等方面的要求，进行变形分析和质量分析，分别计算和确定弯曲件毛坯尺寸，计算所需要的弯曲力、弯曲时的回弹量，从而为弯曲模具结构设计、模具零部件设计、冲压设备的选用提供依据。其中弯曲件的最小弯曲半径及弯曲时的回弹是弯曲成形成功与否的关键，也是本章的重点和难点内容。

5.1 弯曲变形过程

5.1.1 弯曲基本概念

弯曲是将板坯、型材、管材或棒料等按设计要求弯成一定的角度和曲率，形成所需形状零件的冲压工序，如图 5.1(a)所示。弯曲是冲压加工的基本工序之一，在飞机机翼、汽车大梁、自行车车把、门窗铰链等零件成形中均可用到弯曲工序，如图 5.1(b)所示。

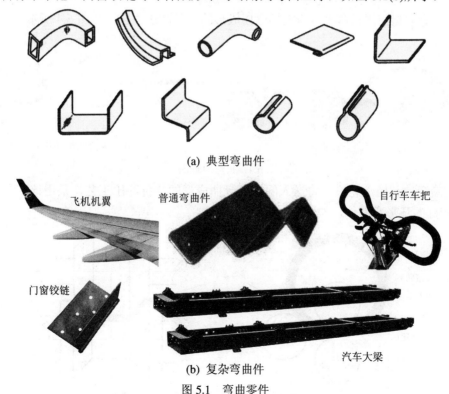

(a) 典型弯曲件

飞机机翼　　普通弯曲件　　自行车车把

门窗铰链　　　　　　　　　汽车大梁

(b) 复杂弯曲件

图 5.1　弯曲零件

弯曲对象：板料、棒料、管材和型材等，如图 5.2 所示。

(a) 铝合金板料　　　　(b) 金属棒料　　　　(c) 拉弯管材　　　　(d) 拉弯型材

图 5.2　弯曲板坯

弯曲方法主要分为在压力机上利用模具进行的压弯和在专用弯曲设备上进行的折弯、滚弯、拉弯等四种，尽管各种弯曲方法不同，但它们的变形特点类似。

(1) **压弯**：指利用模具将板坯弯曲成形的一种冲压工艺，最典型的压弯方式有 V 形弯曲、U 形弯曲，如图 5.3 所示。

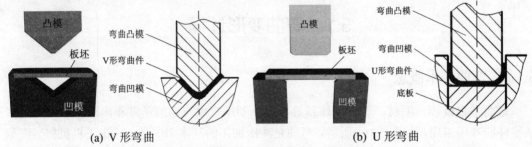

(a) V 形弯曲　　　　　　　　　　　　(b) U 形弯曲

图 5.3　典型压弯方式

(2) **折弯**：指使用折弯机等将板坯弯曲成形的一种冲压工艺，如图 5.4 所示。

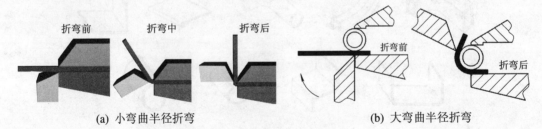

(a) 小弯曲半径折弯　　　　　　　　　(b) 大弯曲半径折弯

图 5.4　折弯原理图

(3) **滚弯**：利用滚轮滚动将送入的板坯弯曲成形的一种冲压工艺，采用该工艺可以获得质量较好的环形弯曲件，如图 5.5 所示。

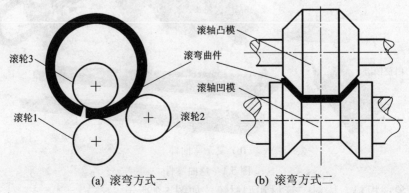

(a) 滚弯方式一　　　　　　　　(b) 滚弯方式二

图 5.5　滚弯原理图

(4) **拉弯**：以模具为支承，在板坯两端施加拉力使之弯曲成形的一种冲压工艺，如图 5.6 所示。

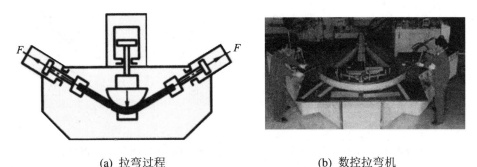

<table>
<tr><td>(a) 拉弯过程</td><td>(b) 数控拉弯机</td></tr>
</table>

图 5.6　拉弯原理图

根据压弯中施加力的大小不同，压弯可分为自由弯曲与校正弯曲两种：

• **自由弯曲**：弯曲过程中板料两端都向凸模方向靠拢，板料的直边、圆角都与模具相应部分未完全压合的弯曲称为自由弯曲，如图 5.7(a)所示。

• **校正弯曲**：自由弯曲后凸模继续下行施加更大的压力，使板料的直边、圆角都与模具相应部分完全贴合的弯曲称为校正弯曲，如图 5.7(b)所示。

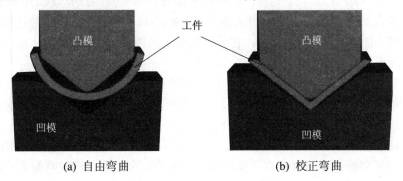

(a) 自由弯曲　　　　　　　　　　　(b) 校正弯曲

图 5.7　自由弯曲与校正弯曲

这两种弯曲方法有以下区别：

• 凸模下止点位置不同：校正弯曲是在自由弯曲结束后的继续加压，使工件在下止点受到刚性镦压。

• 与自由弯曲相比，校正弯曲力大得多，工件的回弹小。

• 自由弯曲表现为凸模、板坯与凹模间的线接触，而校正弯曲表现为面接触。

• 自由弯曲过程中板料两端向凸模方向靠拢，而校正弯曲时板料两直边向远离凸模方向张开。

5.1.2　弯曲变形过程分析

1. 弯曲变形过程

V 形弯曲是最典型的弯曲变形，变形区主要集中在其圆角部位。弯曲变形过程通常经历弹性变形、弹-塑性变形、塑性变形和校正弯曲四个阶段，如图 5.8 所示。

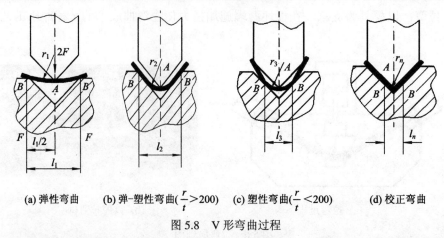

　　(a) 弹性弯曲　　　(b) 弹-塑性弯曲($\frac{r}{t}>200$)　　(c) 塑性弯曲($\frac{r}{t}<200$)　　(d) 校正弯曲

图 5.8　V 形弯曲过程

　　(1) 弹性弯曲变形阶段(如图 5.8(a)所示)：弯曲开始时，模具的凸、凹模分别与板坯在 A、B 处相接触。假设凸模在 A 处施加的弯曲力为 $2F$，此时凹模与板坯的接触支点 B 产生反作用力并与弯曲力构成弯曲力矩 $M = F(l_1/2)$，使板坯产生弯曲。在弯曲的开始阶段，弯曲圆角半径 r 很大，弯曲力矩很小，仅引起材料的弹性弯曲变形。

　　(2) 弹-塑性弯曲变形阶段(如图 5.8(b)所示)：随着弯曲的进行，相对弯曲半径 r/t 逐渐变小，一般认为当 $r/t < 200$ 时，弯曲区材料即开始进入弹-塑性弯曲阶段，毛坯变形区内(弯曲半径发生变化的部分)板坯的内、外表面首先开始出现塑性变形，随后塑性变形向毛坯内部扩展。在弹-塑性弯曲变形过程中，促使材料变形所需的弯曲力矩 M 逐渐增大，而弯曲力臂 l 继续减小，故弯曲力 F 不断加大。

　　(3) 塑性弯曲变形阶段(如图 5.8(c)所示)：凸模继续下行，当比值 $r/t < 200$ 时，变形由弹-塑性弯曲逐渐过渡到纯塑性弯曲变形。这时弯曲圆角变形区内弹性变形部分所占比例已经很小，可以忽略不计，认为板坯整个圆角截面都已进入塑性变形状态。

　　(4) 校正弯曲阶段(如图 5.8(d)所示)：B 点以上部分在与凸模的 V 形斜面接触后被反向弯曲，再与凹模斜面逐渐靠紧，直至板坯与凸、凹模完全贴紧，此时弯曲力急剧增大。

　　2. 弯曲表现形式

　　弯曲圆角区是主要变形区，弯曲变形围绕着该区域展开。板坯的内、外表面首先开始出现塑性变形，随后向毛坯内部扩展。

　　弯曲成形过程是弯曲半径 r 和弯曲力臂 l 均不断减小，而弯曲力 F 和弯矩 M 不断增大的过程，即 $r_n < r_3 < r_2 < r_1$ 和 $l_n < l_3 < l_2 < l_1$，如图 5.8 所示。

5.1.3　弯曲变形特点

　　为了观察板坯弯曲时的金属流动情况，便于分析材料的变形特点，通常采用网格法对其进行分析，即用机械刻线或照相腐蚀等方法在板坯侧面制作正方形网格，弯曲后用工具显微镜观察、测量弯曲前后网格的形状和尺寸变化情况，如图 5.9 所示。

　　根据试验结果，得出弯曲变形的特点如下：

　　(1) 圆角部位是主要变形区，且其变形不均匀：圆角部位 ab 的网格形状由正方形变成了扇形，且内、外层的扇形大小不同，而直角部分网格基本不发生变化，如图 5.9 所示。

图中，α 表示弯曲中心角，φ 表示弯曲角，两者的关系为 $\varphi = 180° - \alpha$。

(2) 应变中性层内移：网格发生变化后，内层网格沿圆弧切向的距离变小，即板料内层纤维受到压缩；外层网格沿圆弧切向距离变大，即板坯外层纤维受拉伸。由于材料的连续性，在伸长和缩短两个变形区域之间，必定有一层金属纤维材料的切向长度在弯曲前后保持不变，这一金属层称为**应变中性层**，如图 5.9 中的 $O—O$ 层。当弯曲变形程度很小时，应变中性层的位置基本上处于板料厚度的中部；但当弯曲变形程度较大时，发现应变中性层向板坯内侧移动，变形量愈大，内移量愈大。

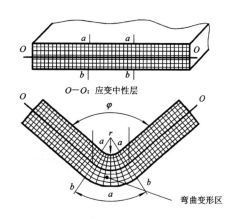

α 表示弯曲中心角，φ 表示弯曲角，两者的关系为 $\varphi = 180° - \alpha$

图 5.9 弯曲变形区

(3) 变形区材料厚度变薄、切向长度增加：板坯弯曲变形时，内层纤维切向长度缩短，厚度必然增加；而外层纤维切向受拉伸长，厚度必然变薄，加上弯曲变形时中性层会发生内偏移，这将导致整个变形区的增厚量小于减薄量，即变形区板坯厚度变薄，同时由于板坯宽度方向基本不变形，故变形区的变薄会使工件长度略有增加。

(4) 变形区的截面形状可能发生变化：宽板($b/t > 3$)弯曲时，相邻材料彼此制约，宽度方向阻力较大，材料流动困难，截面形状几乎不变，仍为矩形，如图 5.10(a)所示；而窄板($b/t \leqslant 3$)弯曲时，由于宽度方向上的阻力小，内层纤维受到压缩，宽度将增加，外层纤维受拉伸，宽度将减小，最后截面形状变为外窄内宽的扇形，如图 5.10(b)所示。

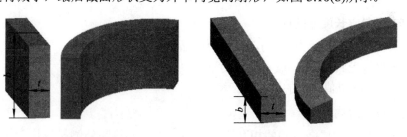

(a) 宽板($b/t > 3$)弯曲　　　　　　　(b) 窄板($b/t \leqslant 3$)弯曲

图 5.10 矩形截面板的弯曲畸变

通常用**减薄率** η 来表示变薄程度：$\eta = t_1/t < 1$。t，t_1 分别为弯曲前、后的材料厚度。

弯曲变形区横断面形状发生改变的现象称为**畸变**，图 5.11 为型材、管材弯曲后的截面畸变。

图 5.11 型材、管材弯曲的畸变现象

5.1.4 弯曲变形的应力应变状态

板坯塑性弯曲时，弯曲变形程度和毛坯的相对宽度 b/t 对变形区内的应力和应变状态有较大影响。如图 5.12 所示，在变形区内取微小立方单元体来表示弯曲变形区的应力和应变状态。

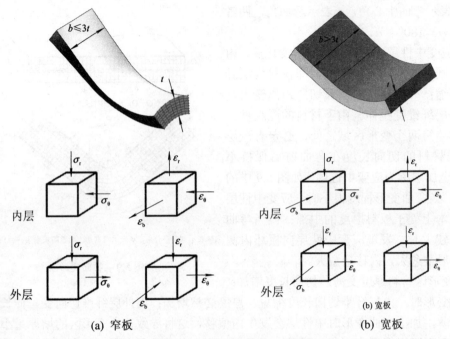

图 5.12 弯曲时的应力、应变状态

- σ_θ、ε_θ 表示切向(纵向、长度方向)的应力、应变;
- σ_r、ε_r 表示径向(厚度方向)的应力、应变;
- σ_b、ε_b 表示宽度方向的应力、应变。

从图 5.12 可以看出,宽板和窄板弯曲时,变形区的应力和应变状态在切向和径向是完全相同的,仅在宽度方向有所不同。

1. 切向(纵向、长度方向)

(1) 内层材料受到压应力 $\sigma_\theta(-)$,应变为压缩应变 $\varepsilon_\theta(-)$;

(2) 外层材料受到拉应力 $\sigma_\theta(+)$,应变为拉伸应变 $\varepsilon_\theta(+)$;

(3) σ_θ、ε_θ 为绝对值最大的应力、应变。

2. 径向(厚度方向)

(1) 由于变形区各层金属间的相互挤压作用,内侧材料和外侧材料均受挤压,径向应力均为压应力 $\sigma_r(-)$。

(2) 在径向压应力 σ_r 的作用下,切向应力 σ_θ 的分布性质产生了显著的变化,外侧拉应力的绝对数值小于内侧区域的压应力的绝对数值。

(3) 根据塑性变形体积不变条件:$\varepsilon_\theta + \varepsilon_r + \varepsilon_b = 0$,$\varepsilon_r$、$\varepsilon_b$ 必定和最大的切向应变 ε_θ 符号相反。弯曲变形区外侧的切向主应变 ε_θ 为拉应变,所以外侧的径向应变 ε_r 为压应变;而变形区内侧的切向主应变 ε_θ 为压应变,所以内侧的径向应变 ε_r 为拉应变。

3. 宽度方向

(1) 窄板($b/t \leqslant 3$)弯曲时:宽度方向可以自由变形,故其内层和外层在宽度方向上的应力均可忽略不计,即 $\sigma_b \approx 0$;但材料的应变 ε_b 却不同,外层为压缩应变,内层为拉伸应变。所以,板料弯曲时内、外层的应变状态是立体的,应力状态是平面的。

(2) 宽板($b/t>3$)弯曲时：由于宽度方向材料内层和外层均不能自由变形，宽度基本不变，即 $\varepsilon_b \approx 0$；外层材料在宽度方向上收缩受阻，为拉应力，内层材料在宽度方向上拉伸受阻，为压应力，故板坯弯曲时内、外层的应变状态是平面的，应力状态是立体的。

5.2 最小弯曲半径

5.2.1 弯曲变形程度

设弯曲变形区的切向应变量沿厚度方向按线性变化，如图 5.13 所示，其值与板厚位置有关，距中性层 y 处的切向应变 ε_θ 为

$$\varepsilon_\theta = \frac{(\rho_0 - y)\alpha - \rho_0\alpha}{\rho_0\alpha} = \frac{y}{\rho_0} \tag{5-1}$$

在内、外层表面 $y = t/2$ 处，切向应变 ε_θ 的数值达到最大，为

$$\varepsilon_{\theta\max} = \frac{t/2}{\rho_0} = \frac{t}{2\rho_0} \tag{5-2}$$

将中性层的曲率半径 $\rho_0 = r + t/2$ 代入上式得

$$\varepsilon_{\theta\max} = \frac{1}{2r/t + 1} \tag{5-3}$$

由式(5-3)可知，可以用**相对弯曲半径** r/t 来表示弯曲的变形程度：r/t 值越小，表示弯曲变形程度越大，即弯曲变形区外表面所受的拉应力和拉应变越大。

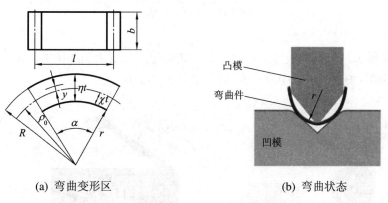

(a) 弯曲变形区   (b) 弯曲状态

图 5.13 弯曲变形分析

5.2.2 最小弯曲半径的计算及其确定方法

板料弯曲时，外层切向受拉伸，如果弯曲变形程度较大，在外层极易出现破裂现象。相对弯曲半径 r/t 值越小，则弯曲变形程度越大，当 r/t 小至一定程度时，弯曲变形区外表面会发生破坏。

在保证弯曲变形区外表面纤维不发生破裂的条件下，工件能够弯成的内表面的最小圆角半径称为**最小弯曲半径** $r_{\min}$。在最大应变 $\varepsilon_{\theta\max}$ 时的 r/t 就是弯曲半径的最小值，由式(5-3)

可以得到：

$$\frac{r_{\min}}{t} = \frac{1}{2} \cdot \left(\frac{1}{\varepsilon_{\theta\max}} - 1 \right) \tag{5-4}$$

常用最小相对弯曲半径 $r_{\min}/t$(或最小弯曲半径 $r_{\min}$)表示弯曲时的极限变形程度，其值越小，表示材料的弯曲性能越好。

由于影响 $r_{\min}/t$ 的因素很多，按塑性指标求得的 $r_{\min}/t$ 与实际值有一定差距。生产中，$r_{\min}/t$ 值常通过实验方法获取。

1) 压弯法

(1) 图 5.14(a)为基本压弯法，试件置于两个支柱上用芯轴压弯；

(2) 图 5.14(b)为 180°压弯法，用厚度为两倍于弯曲半径的垫板使试件两侧压弯成平行状态；

(3) 图 5.14(c)为贴合压弯法，取消 180°弯曲中的垫板，逐渐加压，使试件内侧表面压靠贴合。

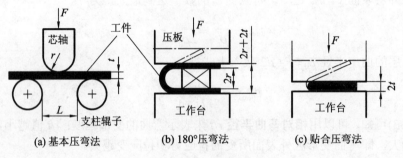

(a) 基本压弯法　　　　　(b) 180°压弯法　　　　　(c) 贴合压弯法

图 5.14　压弯试验法

2) 卷弯法

如图 5.15 所示，将试件一边固定，在另一边规定的位置上施加压力，使之逐渐弯曲。弯曲半径由芯轴控制(图 5.15(a))或由模块控制(图 5.15(b))。

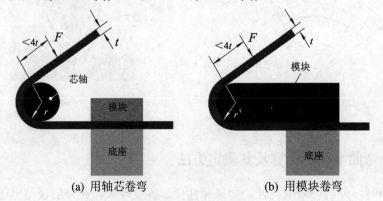

(a) 用轴芯卷弯　　　　　　　　　　　(b) 用模块卷弯

图 5.15　卷弯试验法

3) 模弯法

用弯曲模在冲床或液压机上进行弯曲试验，不仅可以测出最小弯曲半径，而且可以测出弯曲力及弯曲回弹值等实用数据，如图 5.3 所示。

4) 反复弯曲法试验

如图 5.16 所示，试件夹紧在专用试验设备的钳口内，左右反复折弯 90°，直至弯裂为止。折弯的弯曲半径 r 愈小、弯曲次数愈多，表明板坯的弯曲性能愈好。主要适用于鉴定厚度 $t \leqslant 5$ mm 板坯的弯曲性能。

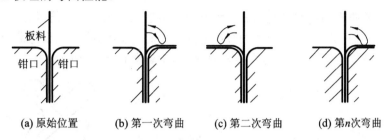

(a) 原始位置　　(b) 第一次弯曲　　(c) 第二次弯曲　　(d) 第 n 次弯曲

图 5.16　反复弯曲法试验法

最小相对弯曲半径 r_{min}/t 的试验数值如表 5-1 所示。

表 5-1　最小相对弯曲半径 r_{min}/t 试验数值　　　　　mm

材料	正火或退火		冷作硬化	
	弯曲线方向			
	与扎纹垂直	与扎纹平行	与扎纹垂直	与扎纹平行
铝	0	0.3	0.3	0.8
退火紫铜			1.0	2.0
黄铜 H68			0.4	0.8
05、08F			0.2	0.5
08～10，A1，A2	0	0.4	0.4	0.8
15～20，A3	0.1	0.5	0.5	1.0
25～30，A4	0.2	0.6	0.6	1.2
35～40，A5	0.3	0.8	0.8	1.5
45～50，A6	0.5	1.0	1.0	1.7
55～60，A7	0.7	1.3	1.3	2.0
铝	1.0	1.5	1.5	2.5
硬铝	2.0	3.0	3.0	4.0
镁合金	300℃热弯		冷弯	
MA1—M	2.0	3.0	6.0	8.0
MA1—M	1.5	2.0	5.0	6.0
钛合金	300℃～400℃热弯		冷弯	
BT1	1.5	2.0	3.0	4.0
BT5	3.0	4.0	5.0	6.0
钼合金($t \leqslant 2$ mm)	400℃～500℃热弯		冷弯	
BM1，BM2	2.0	3.0	4.0	5.0

5.2.3　影响最小弯曲半径的因素

(1) **材料的机械性能**：材料的塑性越好，材料的延伸率 δ 或断面收缩率 ψ 越大，则 r_{min}/t 越小。在实际生产中，可采用退火、正火等热处理方法来提高材料的塑性。

(2) **板坯的弯曲方向**：顺着轧制后纤维方向的塑性指标大于垂直纤维方向的塑性指标，因此弯曲件的弯曲线(折弯线)与板坯的纤维方向垂直时 r_{min}/t 最小。如果弯曲件具有两条弯曲线且相互垂直时，应使弯曲线与纤维方向保持 45°。如图 5.17 所示。

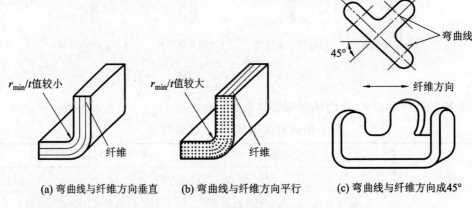

(a) 弯曲线与纤维方向垂直　　　(b) 弯曲线与纤维方向平行　　　(c) 弯曲线与纤维方向成45°

图 5.17　板坯的纤维方向与弯曲法

(3) **板坯表面质量和侧面切口质量**：材料表面不得有缺陷，否则弯曲时容易产生裂纹。弯曲前的毛坯都是经冲裁和剪切得到的，剪切断面存在着冷作硬化层及毛刺，硬化降低了材料的塑性，冲裁毛刺易形成应力集中，使允许的最小弯曲半径值增大。

(4) **弯曲中心角 α**：弯曲中心角 α 是弯曲件圆角变形区圆弧所对应的圆心角，如图 5.13 所示。理论上弯曲变形区局限于圆角区域，直边部分不参与变形，似乎变形程度只与相对弯曲半径 r/t 有关，而与弯曲中心角无关。但实际上由于材料的相互牵制作用，接近圆角的直边也参与了变形，扩大了弯曲变形区的范围，分散了集中在圆角部分的弯曲应变，使圆角外表面受拉程度有所缓解，从而有利于降低最小弯曲半径的数值。当 $\alpha < 90°$ 时，α 对最小相对弯曲半径的影响很大，且 α 越小，变形分散效应越显著，所以 r_{min}/t 的数值也越小。反之，α 越大，对 r_{min}/t 的影响将越弱，当 $\alpha > 90°$ 时，对 r_{min}/t 已基本无影响，如图 5.18 所示。

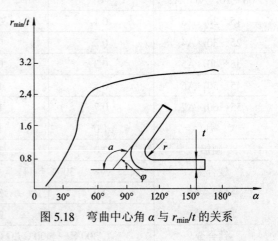

图 5.18　弯曲中心角 α 与 r_{min}/t 的关系

(5) **板坯厚度**：弯曲中心角 α 相同时，板坯厚度 t 越大，由式(5-3)可知，切向应变 ε_θ 越大，板坯越易开裂。

(6) **板坯宽度**：弯曲件的相对宽度 b/t 越大，材料沿宽度方向流动的阻碍越大；相对宽度 b/t 越小，则材料沿宽度方向流动越容易，可以改善圆角变形区外侧的应力应变状态。因此，相对宽度 b/t 较小的窄板，其 r_{min}/t 的数值可以较小。

5.2.4　当 $r_{工件} < r_{min}$ 时的解决方法

实际生产中，往往会遇到设计工件的弯曲半径 $r_{工件}$ 小于材料允许的最小弯曲半径 r_{min} 的情况。这种情况下，采用常规的弯曲方法直接对其进行弯曲是无法实现的，必须采取相应的措施。

(1) 经冷变形硬化的材料，可经过热处理后再弯曲；

(2) 清除冲裁毛刺，或将有毛刺的一面处于弯曲受压的内缘，如图 5.19 所示；

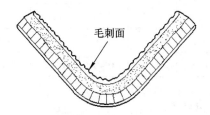

图 5.19　带毛刺的弯曲件

(3) 对于低塑性的材料或厚料，可采用加热弯曲；

(4) 采取两次弯曲的工艺方法，中间加一次退火；

(5) 对较厚材料的弯曲，如结构允许，可采取开槽孔后弯曲，如图 5.20 所示。

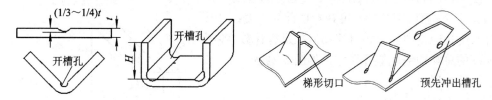

图 5.20　弯曲前的开槽孔

5.3　弯曲件毛坯尺寸的计算

5.3.1　应变中性层的位置

由于板料弯曲前后，应变中性层的长度不发生变化，故可以根据中性层长度不变原则来计算板坯的尺寸。所以，确定应变中性层的位置对计算板坯的尺寸有重要意义。

弯曲过程中，中性层的位置并不是处于板厚的中间，而是随弯曲变形区的变形程度而不断变化的，中性层的位置以曲率半径 ρ_0 来表示。

由弯曲前后的体积不变条件，并考虑到材料变薄后中性层位置为

$$\rho_0 = \frac{r + \eta t}{2} \eta \tag{5-5}$$

因此，中性层位置与板厚 t、弯曲半径 r 及变薄系数 $\eta(\eta = t_1/t)$ 有关。而 η 又受制于 r/t。当 $\eta = 1$，中性层位于板厚中间；随着弯曲的进行，r/t 不断变小，板料变薄即 $\eta < 1$，中性层

则不断内移。

生产中常用 χt 来表示中性层距内表面的距离，如图 5.13 所示。圆弧部分应变中性层按经验公式计算：

$$\rho_0 = r + \chi t \tag{5-6}$$

式中：ρ_0 为弯曲中性层的曲率半径，mm；r 为弯曲件内表面的弯曲半径，mm；t 为板坯厚度，mm；χ 为中性层系数，其值可查表 5-2。

表 5-2　板坯弯曲时中性层系数 χ

r/t	0.1	0.2	0.3	0.4	0.5	0.6	0.7	0.8	1	1.2
χ	0.21	0.22	0.23	0.24	0.25	0.26	0.28	0.30	0.32	0.33
r/t	1.3	1.5	2.0	2.5	3.0	4.0	5.0	6.0	7.0	≥8.0
χ	0.34	0.36	0.38	0.39	0.40	0.42	0.44	0.46	0.48	0.50

5.3.2　弯曲件展开长度的计算

由于各种弯曲件的结构形状、弯曲半径和弯曲方法不同，其毛坯尺寸的计算方法也不尽相同，但总体计算思想一致。主要计算思想为：

(1) 弯曲区的应变中性层长度就是弯曲区的展开长度。

(2) 在中性层的基础上，将零件划分为直线部分和圆弧部分，直线部分的长度在弯曲前后不变，圆弧部分长度按应变中性层相对移动后来进行计算，各部分长度的总和即毛坯展开尺寸，如图 5.21 所示。

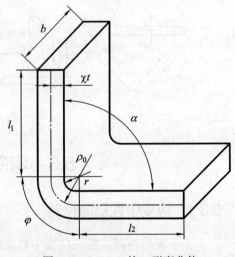

计算公式为

$$l = \sum l_{直} + \sum l_{弯} \tag{5-7}$$

下面介绍毛坯展开长度的计算方法。

1. 有圆角半径($r > 0.5t$)的弯曲件

弯曲半径 $r > 0.5t$ 的板坯，变形区的变薄相对不严重，可采用板坯总长度等于弯曲件(中性层的)直边部分和圆弧部分长度之和的原理来获得，如图 5.21 所示，即

图 5.21　$r > 0.5t$ 的 L 形弯曲件

$$l_z = l_1 + l_2 + \frac{\pi \alpha \rho_0}{180} = l_1 + l_2 + \frac{\pi \alpha (r + \chi t)}{180} \tag{5-8}$$

式中：l_z 为板坯展开总长度，mm；α 为弯曲中心角，°。

2. 无圆角半径或 $r < 0.5t$ 的弯曲件

弯曲半径 $r < 0.5t$ 的板坯，计算依据是基于体积不变定律并考虑板坯变薄的情况，考虑到弯曲圆角变形区以及相邻直边部分的变薄等因素，采用经过修正的经验公式来进行计算，详见表 5-3。

表 5-3 弯曲件 $r < 0.5t$ 时展开长度的经验计算公式

弯曲形式	简　图	计算公式
单角弯曲	$\alpha=90°$ $r<0.5t$ l_1 l_2 t	$l_z = l_1 + l_2 + 0.5t$ (5-9)
	l_1 l_2 t α	$L_z = l_1 + l_2 + \dfrac{\alpha}{90°} \times 0.5t$ (5-10)
	l_1 l_2 t	$l_z = l_1 + l_2 + t$ (5-11)
双角弯曲	t l_2 l_1 l_3 $r<0.5t$	$l_z = l_1 + l_2 + l_3 + 0.5t$ (5-12)
三角弯曲	l_2 t l_1 l_4 l_3 r	同时弯曲三角： $l_z = l_1 + l_2 + l_3 + l_4 + 0.75t$ (5-13a) 先弯两个角再弯另一个角： $l_z = l_1 + l_2 + l_3 + l_4 + t$ (5-13b)
四角弯曲	t l_1 l_2 l_4 l_3 r	$l_z = l_1 + l_2 + l_3 + 2l_4 + t$ (5-14)

注意:

● 上述计算公式没有考虑材料性能、模具结构等因素, 因此计算得到的毛坯展开尺寸, 仅适用于形状简单、尺寸精度要求不高的弯曲件。

● 对于形状复杂而且精度要求较高的弯曲件, 计算所得结果与实际情况常常会有所出入, 必须经过多次试模修正, 才能得出正确的毛坯展开尺寸。

● 可以先制作弯曲模具, 初定毛坯裁剪试样, 经试弯修正尺寸后再制作落料模。

3. 弯曲件毛坯展开计算实例

例 5-1　某弯曲件的结构如图 5.22 所示，试计算该零件展开后的长度。

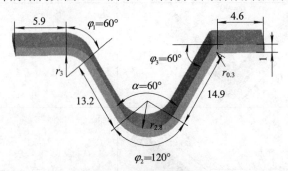

图 5.22　弯曲件零件图

解：从图中可知，零件由直边部分和圆弧部分组成，板厚为 1 mm，在弯曲部位存在 $r>0.5t$ 和 $r<0.5t$ 两种情况，故需分别处理。根据直线与圆弧的不同可将工件划分为 7 段，即 4 条直线段 5.9、13.2、14.9、4.6 和 3 条圆弧段 r_3、$r_{0.3}$、$r_{2.8}$。则由表 5-2 及式(5-6)可得

$$\rho_3 = r_3 + \chi t = 3 + 0.40 \times 1 = 3.4 \text{ mm}$$

$$\rho_{2.8} = r_{2.8} + \chi t = 2.8 + 0.40 \times 1 = 3.2 \text{ mm}$$

$r_{0.3}$ 处为 $r<0.5$ 的单角弯曲，且弯角不为 90°，故根据表 5-3 中的式(5-10)可得

$$l_1 = 14.9 + 4.6 + (60°/90°) \times 0.5t = 19.5 + 0.33 = 19.83 \text{ mm}$$

再根据式(5-8)可得

$$l_2 = 5.9 + 13.2 + \frac{\pi\alpha_{60}\rho_3}{180} + \frac{\pi\alpha_{120}\rho_{2.8}}{180} = 19.1 + \frac{\pi(60 \times 3.4 + 120 \times 3.2)}{180} = 29.41 \text{ mm}$$

所以，零件展开后的总长度则为

$$l_z = l_1 + l_2 = 19.83 + 29.41 = 49.24 \text{ mm}$$

5.4　弯曲力的计算与实例

5.4.1　弯曲力变化曲线

弯曲力是指完成预定弯曲时压力机需要对板坯施加的压力，弯曲力是拟订板坯弯曲加工工艺和选择设备的重要依据。

板坯弯曲的初始阶段是弹性变形，之后变形区内外层纤维首先进入塑性状态，并逐渐向板厚中心扩展的自由弯曲，最后是板坯直边、圆角都与模具相应部分完全贴合的校正弯曲。各阶段的弯曲力显然不同，弹性弯曲阶段弯曲力较小，可忽略；自由弯曲阶段弯曲力 F_z 基本上不随行程变化；校正弯曲阶段的弯曲力 F_j 随行程急剧变化，如图 5.23 所示。

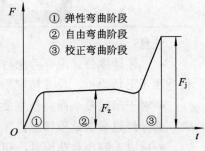

图 5.23　弯曲力变化曲线

5.4.2 弯曲力的计算

由于弯曲力受多种因素影响，如材质、板厚、弯曲几何参数、模具几何参数等，很难用理论方法进行准确的计算，因此在生产中常用经验公式做概略计算。

1. 自由弯曲力的计算

常见弯曲件在自由弯曲时弯曲力的经验计算公式为

- V 形件及 L 形件弯曲力：

$$F_z = \frac{0.6Kbt^2\sigma_b}{1000(r+t)} \tag{5-15}$$

- U 形件弯曲力：

$$F_z = \frac{0.7Kbt^2\sigma_b}{1000(r+t)} \tag{5-16}$$

- 多角同时弯曲件弯曲力：

$$F_z = \frac{0.6K(b_1 + b_2 + b_3 + \cdots + b_n)t^2\sigma_b}{1000(r+t)} \tag{5-17}$$

式中：F_z 为自由弯曲力，kN；b 为弯曲件的宽度，mm；t 为弯曲件的材料厚度，mm；r 为弯曲件的内表面圆角半径，mm；σ_b 为弯曲件材料的抗拉强度，MPa，可查表 2-8；K 为安全系数，一般 $K=1.3$。

2. 校正弯曲力的计算

校正弯曲时，由于校正力远大于压弯力，故一般只计算校正力即可，计算公式为

$$F_j = \frac{qA}{1000} \tag{5-18}$$

式中：F_j 为校正力，kN；q 为单位校正力，MPa，其值可查表 5-4；A 为工件被校正部分的投影面积，mm^2。

表 5-4 单位校正力 q 值   MPa

材料	材料厚度 t/mm			
	≤1	>1~3	>3~6	>6~10
铝	10~20	20~30	30~40	40~50
黄铜	20~30	30~40	40~60	60~80
10，15，20 钢	30~40	40~60	60~80	80~100
25，30 钢	40~50	50~70	70~100	100~120

3. 顶件力和压料力的确定

如果弯曲模设有顶件或压料装置，如图 5.24 所示，在弯曲过程中由凸模及顶杆或顶板将材料夹紧，其顶件力 F_d 和压料力 F_y 可近似取自由弯曲力的 30%～80%。即

$$F_d = F_y = (0.3 \sim 0.8)F_z \tag{5-19}$$

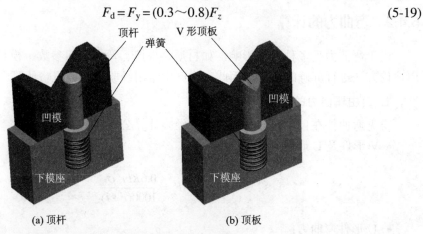

(a) 顶杆　　　　　　　　　　　　　　(b) 顶板

图 5.24　带顶杆和顶板的弯曲模

4. 压力机公称压力的确定

- 自由弯曲时，压力机公称压力 F_g 为

$$F_g \geqslant F_z + F_y \tag{5-20}$$

- 校正弯曲时，由于顶件力或压料力比校正力小得多，故可忽略，即

$$F_g \geqslant F_j \tag{5-21}$$

5.4.3　弯曲力计算实例

例 5-2　一个弯曲连接件如图 5.25 所示，材料为 20 钢，厚度为 2 mm，弯曲模具同时设置了顶件装置和压料装置，试确定工件在自由弯曲和校正弯曲时，所选压力机的最小吨位分别为多少？

解: (1) 自由弯曲时：

① 自由弯曲力。制件为 U 形件，且左右直边不对称，高度分别为 30 mm 和 14 mm，宽度 B 为 30 mm，内弯曲半径 r 为 4 mm，查表 2-8 得 $\sigma_b = 360$ MPa $\sim$ 510 MPa，取 $\sigma_b = 435$ MPa，根据式(5-16)得

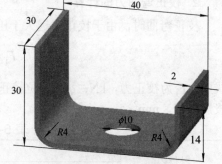

图 5.25　弯曲连接件

$$F_z = \frac{0.7KBt^2\sigma_b}{1000(r+t)} = \frac{0.7 \times 1.3 \times 30 \times 2^2 \times 435}{1000(4+2)}$$

$$= \frac{47502}{6000} = 7.917 \text{ kN}$$

② 顶件力或压料力。顶件力和压料力根据式(5-19)可取：

$$F_d(F_y) = (0.3 \sim 0.8)F_z = 0.5F_z = 0.5 \times 7.917 \text{ kN} = 3.959 \text{ kN}$$

③ 压力机公称压力。由于同时设置了顶件装置和压料装置，故由式(5-20)可得压力机公称压力 F_g 为

$$F_g \geqslant F_z + F_y + F_d = 7.917 + 3.959 + 3.959 = 15.834 \text{ kN}$$

(2) 校正弯曲时：

查表 5-4 可知单位校正力 $q = 40$ MPa $\sim$ 60 MPa，这里取 $q = 50$ MPa；

校正部分投影面积：

$$A = 30 \times (40 - 2t) = 30 \times (40 - 4) = 1080 \text{ mm}^2$$

根据式(5-18)可得工件校正弯曲时的校正弯曲力为

$$F_j = \frac{qA}{1000} = \frac{50 \times 1080}{1000} = 54 \text{ kN}$$

校正弯曲时，自由弯曲力、顶件力和压料力均相对较小，可忽略不计，故由式(5-21)可得压力机公称压力为

$$F_g \geqslant F_j = 54 \text{ kN}$$

5.5 弯曲时的回弹

5.5.1 回弹概念

回弹是指当弯曲件从模具中取出后，弯曲角和弯曲半径与模具不一致的现象，又称回复或回跳，如图 5.26 所示。

1. 回弹的表现形式

(1) 曲率减小 ΔK(或弯曲半径 r 增大)：

$$\Delta K = \frac{1}{r} - \frac{1}{r_0}, \quad \Delta r = r_0 - r$$

(2) 弯曲角 φ 增大(或弯曲中心角 α 减小)：

$$\Delta \varphi = \varphi_0 - \varphi, \quad \Delta \alpha = \alpha - \alpha_0$$

上式中：

• r、φ 和 α 分别为回弹前的弯曲半径、弯曲角和弯曲中心角，且 $\varphi = 180° - \alpha$；

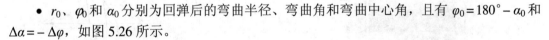

图 5.26 弯曲回弹前后工件形状及尺寸的变化

• r_0、φ_0 和 α_0 分别为回弹后的弯曲半径、弯曲角和弯曲中心角，且有 $\varphi_0 = 180° - \alpha_0$ 和 $\Delta \alpha = -\Delta \varphi$，如图 5.26 所示。

当回弹角 $\Delta \alpha > 0$ 时，称为正回弹，此时弯曲工件弯曲角 φ_0 大于模具的角度 φ；反之，称为负回弹。

2. 产生回弹的原因

(1) 塑性弯曲与所有塑性加工一样，在外力作用下板坯产生的总变形由弹性变形及塑性变形组成，在外力撤销后弹性变形是可以恢复的，而塑性变形保留了下来。参见 2.3.2 节内容。

(2) 弯曲过程中，板厚方向的切向应力可能按如图 5.27 所示变化：从图 5.27(a)所示的纯弹性变形进入图 5.27(b)所示的弹塑性变形，最后进入图 5.27(c)所示的纯塑性变形。但是，如果在弯曲过程中，板坯只达到图 5.27(b)所示的弹塑性变形状态，则弯曲结束后，回弹是不可避免的。

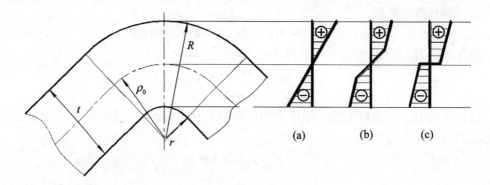

图 5.27　弯曲时的应力变化

3. 回弹现象的研究

掌握弯曲件的回弹趋向，可以初定回弹量的大小，修正模具工作部分的形状及尺寸，减小模具在试模、调整阶段的工作量，从而保证弯曲件的质量。

研究弯曲回弹现象需要有精密的压力机，如日本小松 HCP3000 型伺服压力机(图 5.28)最大加工速度达到 150 mm/s，下止点位置精度可以控制到 0.001 mm，能实现考虑板厚偏差的高精密加工。

日本丰桥科学技术大学塑性加工研究室(Materials Forming Laboratory, Toyohashi University of Technology)应用此型伺服压力机，对铝合金板、普通钢板和高强度钢板等进行弯曲回弹的研究，结果表明铝合金板和高强度钢板的回弹较大，如图 5.29 所示。

图 5.28　日本小松 HCP3000 伺服压力机

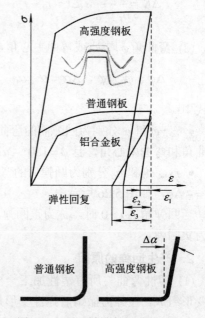

图 5.29　不同材料弯曲回弹对比

5.5.2　回弹量的确定

由于回弹直接影响了弯曲件的形状误差和尺寸公差，因此在模具设计和制造时，必须预先考虑材料的回弹值，修正模具相应工作部分的形状和尺寸。

回弹量的确定方法有经验公式计算法和经验数表法两种。

1. 经验公式计算法

1) 小变形自由弯曲($r/t \geqslant 10$)时

此时，弯曲半径及弯曲角均有较大变化。可用下列公式计算回弹补偿时弯曲凸模的圆角半径及角度。

$$r_{\mathrm{p}} = \dfrac{1}{\dfrac{1}{r} + 3 \cdot \dfrac{\sigma_{\mathrm{s}}}{E \cdot t}} \tag{5-22}$$

$$\varphi_{\mathrm{p}} = \frac{r}{r_{\mathrm{p}}}\varphi \quad \text{或} \quad \alpha_{\mathrm{p}} = \frac{r}{r_{\mathrm{p}}}\alpha \tag{5-23}$$

式中：r_{p} 为弯曲凸模工作部分圆角半径，mm；r 为弯曲件的弯曲半径，mm；φ_{p} 为弯曲凸模圆角部分弯曲角；φ 为弯曲件圆角部分的弯曲角；α_{p} 为弯曲凸模圆角部分的中心角；α 为弯曲件圆角部分的中心角；σ_{s} 为弯曲件材料的屈服强度，MPa；E 为弯曲件材料的弹性模量，MPa；t 为弯曲材料的厚度，mm。

棒料弯曲时，其凸模工作部分圆角半径可按下式计算：

$$r_{\mathrm{p}} = \dfrac{1}{\dfrac{1}{r} + \dfrac{3.4\sigma_{\mathrm{s}}}{E \cdot d}} \tag{5-24}$$

式中：d 为棒料直径，mm。

2) 大变形自由弯曲($r/t < 5$)时

此时，弯曲半径的变化较小，可以忽略不计，只考虑弯曲角回弹：

- V 形件：$\qquad \tan\Delta\varphi = 0.375\dfrac{l}{(1-\chi)\cdot t}\cdot\dfrac{\sigma_{s}}{E} \tag{5-25}$

- U 形件：$\qquad \tan\Delta\varphi = 0.75\dfrac{l_1}{(1-\chi)\cdot t}\cdot\dfrac{\sigma_{s}}{E} \tag{5-26}$

式中：l 及 l_1 为弯曲力臂，mm(如图 5.30 所示)；χ 为中性层系数，其值可查表 5-2。

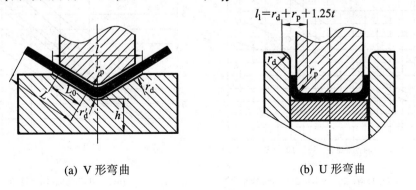

(a) V 形弯曲　　　　　　　　　　(b) U 形弯曲

图 5.30　弯曲力臂示意图

表 5-5　单角自由弯曲 90°时的平均回弹角 $\Delta\alpha_{90}$

材料	r/t	材料厚度 t/mm		
		< 0.8	0.8～2	> 2
软钢	< 1	4°	2°	0°
黄铜	1～5	5°	3°	1°
铝	> 5	6°	4°	2°
中硬钢	< 1	5°	2°	0°
硬黄铜	1～5	6°	3°	1°
硬青铜	> 5	8°	5°	2°
硬铜 $\sigma_b = 550$ MPa	< 1	7°	4°	2°
	1～5	9°	5°	3°
	> 5	12°	7°	6°
硬铝 LY12	< 2	2°	3°	4°30′
	2～5	4°	6°	8°30′
	> 5	6°30′	10°	14°

单角自由弯曲 90°时的平均回弹角 $\Delta\varphi_{90}$ 可以直接查表 5-5。当弯曲角 φ 不为 90°时，其回弹角可用下式计算：

$$\Delta\varphi = \frac{\varphi}{90}\Delta\varphi_{90} \quad 或 \quad \Delta\alpha = \frac{\alpha}{90}\Delta\alpha_{90} \tag{5-27}$$

式中：$\Delta\varphi$ 为 φ 的回弹角，°；$\Delta\varphi_{90}$ 为 90°的回弹角(见表 5-5)；φ 为工件的弯曲角，°；$\Delta\alpha$ 为 α 的回弹角，°；$\Delta\alpha_{90}$ 为 90°的回弹角，°；α 为工件的弯曲中心角，°。

2. 经验数表法

影响回弹角的因素很多，要在理论上准确计算回弹角是十分困难的，通常在模具设计时先按经验数据(图或表格)来选用，如图 5.31 所示，经试冲后再对模具工作部分加以修正。

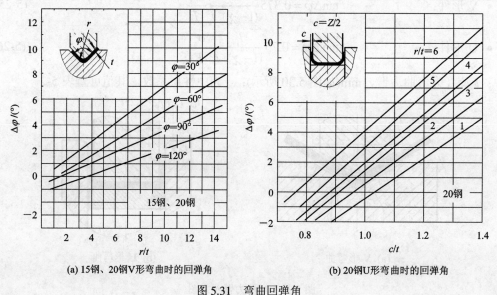

(a) 15钢、20钢V形弯曲时的回弹角　　　　　　(b) 20钢U形弯曲时的回弹角

图 5.31　弯曲回弹角

5.5.3　影响回弹量的因素

(1) 材料的机械性能：材料的屈服点 σ_s 越大，硬化指数 n 越大，弹性模量 E 越小，则回弹角 $\Delta\alpha$ 越大，如图 5.32 所示。

① 当 E 和 n 一定时，屈服点 σ_s 大的材料($\sigma_s^2 > \sigma_s^1$)产生的弹性变形较大，故产生的回弹也较大，即 $\varepsilon_e^2 > \varepsilon_e^1$，如图 5.32(a)所示；

② 当 σ_s 和 n 一定时，与弹性模量 E 大($E_2 < E_1$)的材料相比，弹性模量 E 小的材料受力变形后，弹性变形占总变形的比重较大，当外力撤销后，其回弹量较大，即 $\varepsilon_e^2 > \varepsilon_e^1$，如图 5.32(b)所示；

③ 当 σ_s 和 E 一定时，硬化指数 n 越大，材料屈服后应力上升越快($n_2 > n_1$)，由于材料加工硬化后塑性下降，外力使之变形时，弹性变形严重，故外力消失后，回弹也较严重，即 $\varepsilon_e^2 > \varepsilon_e^1$，如图 5.32(c)所示。

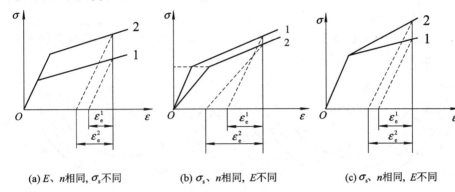

(a) E、n相同, σ_s不同　　　(b) σ_s、n相同, E不同　　　(c) σ_s、n相同, E不同

图 5.32　材料性能对回弹的影响

(2) 相对弯曲半径 r/t：r/t 反映了材料的切向应变力的大小，r/t 大则变形程度小，板坯中性层的纯弹性变形区以及塑性变形区的总变形中的弹性变形比重增大，回弹角就大。

(3) 弯曲中心角 α：α 越大，变形区的弧形长度越长，回弹积累值也越大，故回弹角越大。

(4) 弯曲方式：在无底凹模内作自由弯曲时，回弹量最大；在有底凹模内作校正弯曲时，回弹量较小，如图 5.33 所示。校正弯曲力大则回弹值小，过大时甚至会出现负回弹。

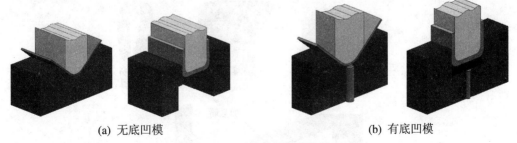

(a) 无底凹模　　　　　　　　　　　　(b) 有底凹模

图 5.33　两种典型弯曲模具

(5) 工件的形状：一般而言，弯曲件越复杂、一次弯曲成形角的数量越多，回弹量就越小，如 U 形件的回弹量一般小于 V 形件的回弹量。

(6) 其他因素：

① 弯曲模具间隙愈大，回弹角也就越大。

② 板坯厚度公差愈大，回弹值愈不稳定。

③ 板坯与模具表面的摩擦在大多数情况下，可以增大变形区的拉应力，减小回弹值。

5.5.4 减小回弹量的措施

(1) 从选用材料上采取措施。选用屈服点 σ_s 小，硬化指数 n 小，弹性模量 E 大的材料可以减小回弹量，如图 5.32 所示。

(2) 从工艺上采取措施。

① 采用热处理工艺：对一些硬材料和已经冷作硬化的材料，弯曲前先进行退火处理，降低其硬度以减少弯曲时的回弹，待弯曲后再淬硬。在条件允许的情况下，甚至可使用加热弯曲。

② 增加校正工序：运用校正弯曲工序，对弯曲件施加较大的校正力，可以改变其变形区的应力应变状态，以减少回弹量。通常，当弯曲变形区材料的校正压缩量为板厚的 2%～5%时，就可得到较好的校正效果。

③ 采用拉弯工艺(如图 5.34 所示)：在拉力下弯曲，使中性层内侧转变为拉应力，卸载后内外层纤维回弹趋势一致，故回弹量小。

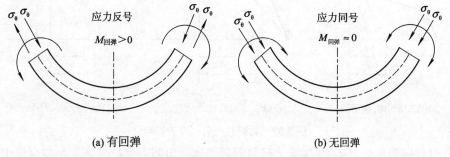

(a) 有回弹   (b) 无回弹

图 5.34 拉弯减少回弹量的原理

(3) 改进弯曲件的结构设计。

① 避免选用过大的相对弯曲半径 r/t。

② 在工件的弯曲变形区上压制加强筋以增加刚度及塑性变形程度，如图 5.35 所示。

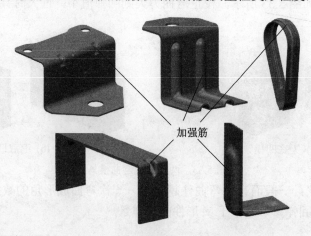

加强筋

图 5.35 拉弯减少回弹量的原理

(4) 合理设计弯曲模。

① 补偿法(如图 5.36 所示)：这是生产中常用的简单有效方法。有压料板的单角弯曲，回弹角设在凹模上，并使凸、凹模间隙为最小料厚，如图 5.36(a)所示；双角弯曲则可在凸模两侧分别作出回弹角，或将模具底部做成圆弧形，可保证工件两侧弯曲角的精度，如图 5.36(b)所示。

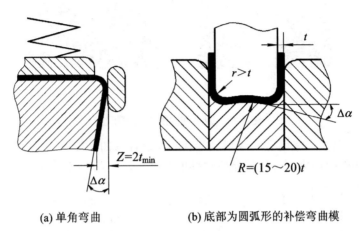

(a) 单角弯曲   (b) 底部为圆弧形的补偿弯曲模

图 5.36 减少回弹量的模具补偿法

② 校正法(如图 5.37 所示)：把凸模或凹模的局部做成凸起形状，将变形集中于引起回弹的变形区上，使之处于三向受压状态，以改变回弹性质减小回弹量。试验证明，弯曲区的压缩量达到板厚的 2%～5% 就可得到较好的校正效果。

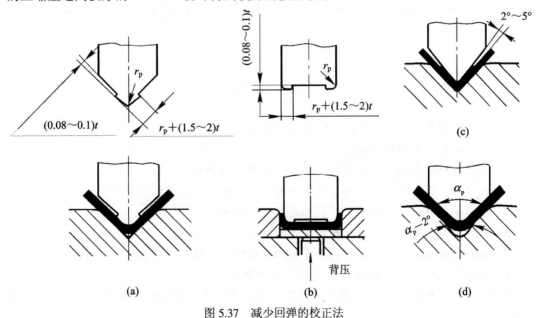

图 5.37 减少回弹的校正法

③ 端部加压法(如图 5.38 所示)：在弯曲过程结束后，利用模具的凸肩在弯曲件的端部纵向加压，使弯曲变形区横断面上都受到压应力，卸载时工件内外侧的回弹趋势相反，使回弹量大为降低。该方法可获得较精确的弯曲尺寸，但对毛坯尺寸的精度要求较高。

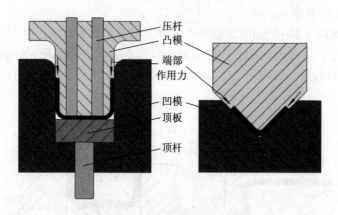

图 5.38　减少回弹的端部加压法

④ 软凹模弯曲法：采用橡胶或聚氨酯软凹模进行弯曲，如图 5.39 所示。通过调节弯曲凸模压入软凹模的深度，可以控制弯曲件的回弹值。

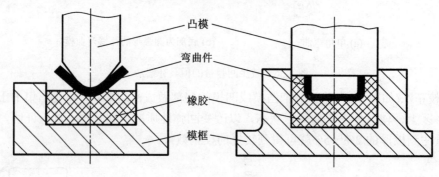

图 5.39　软凹模弯曲法

习　题

1. 弯曲变形过程分为几个阶段？各有何特点？

2. 板料的弯曲变形特点是什么？

3. 试比较校正弯曲、自由弯曲的弯曲力及弯曲回弹量。

4. 什么叫应变中性层？金属板料弯曲时，中性层位置会怎样变化？

5. 任何金属材料弯曲时，中性层都是发生内移吗？

6. 试分别写出宽板、窄板塑性弯曲时的应力、应变状态。

7. 板料弯曲时，用什么量来表示弯曲的变形程度和极限变形程度？

8. 影响最小相对弯曲半径 r_{min}/t 的因素有哪些？

9. 在进行板料的弯曲时，采用拉弯工艺可以降低弯曲变形的最小弯曲半径 r_{min}，为什么？

10. 当折弯线分别与轧制纤维方向呈多少角度时，最小相对弯曲半径 r_{min}/t 分别为最小、最大？

11. 当工件的圆角半径比最小弯曲半径还小时，如何来处理？

12. 确定弯曲件毛坯长度的原则是什么？

13. 弯曲力变化曲线分为哪几个阶段？

14. 板料弯曲回弹的表现形式是什么？影响回弹的因素有哪些？试述减少弯曲件回弹的措施。

15. 什么是弯曲角和弯曲中心角？两者之间有何联系？

16. 简述材料的屈服极限 σ_s、弹性模数 E、加工硬化指数 n 对弯曲回弹角 $\Delta\varphi$ 的影响规律。

17. 试求图 5.40 所示弯曲件的毛坯展开长度 l。已知 $t = 2 \text{ mm}$，$\alpha_1 = 90°$，$\alpha_2 = 60°$，$r_1 = 5 \text{ mm}$，$r_2 = 3 \text{ mm}$，$l_1 = 20 \text{ mm}$，$l_2 = 15 \text{ mm}$，$l_3 = 12 \text{ mm}$。

18. 计算图 5.41 所示弯曲件的毛坯长度。

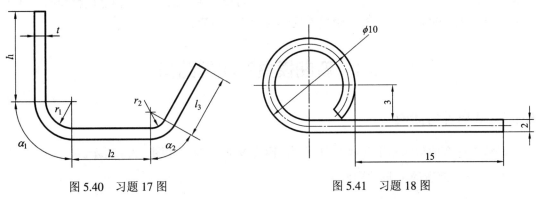

图 5.40　习题 17 图　　　　　　　　　图 5.41　习题 18 图

19. 某弯曲零件的结构如图 5.42 所示，试计算该零件展开后的长度。

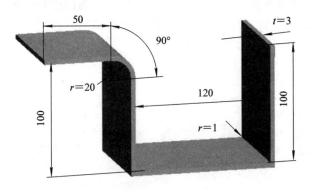

图 5.42　习题 19 图

20. 图 5.40 所示的弯曲零件，材料为金属铝，厚度为 3 mm，弯曲模具同时设置了顶件装置和压料装置，试计算该零件自由弯曲力和校正弯曲力，并确定所选压力机的最小吨位。

第6章　弯曲模具的设计

弯曲件的种类繁多，有的结构很复杂，使得相应弯曲模具的结构设计充满挑战性。在第 5 章弯曲工艺的基础上，本章介绍弯曲模具设计的基本知识。首先分析一些典型弯曲模具的结构组成、工作过程、模具特点及应用场合等，然后介绍弯曲模具结构设计中应注意的问题以及工作部分尺寸的设计计算，再介绍弯曲模具中常采用的斜楔滑块机构的设计方法，最后举例说明弯曲工艺与弯曲模具设计的方法和步骤。

6.1　弯曲模具的典型结构

6.1.1　V 形件弯曲模

沿着工件弯曲角的角平分线方向弯曲，称为 V 形弯曲，如图 5.3(a)所示。

1. 有压料装置的 V 形件弯曲模

1) 结构组成

图 6.1(a)是有压料装置的 V 形件弯曲模。工作零件为凸模和凹模，定位零件为凹模两边的定位槽及后方的定位钉，顶杆和弹簧构成顶件机构同时起到压料作用，固定零件有模柄、下模座、螺钉、销钉、弹簧等。

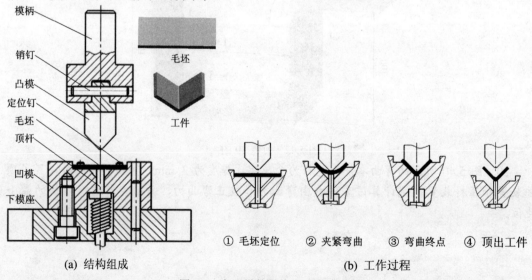

(a) 结构组成　　　　　　　　　　　　　(b) 工作过程

图 6.1　有压料装置的 V 形件弯曲模

2) 工作过程

有压料装置的 V 形件弯曲模工作过程如图 6.1(b)所示：① 将毛坯放置在凹模上表面，并以定位槽和定位钉定位；② 凸模下行，与顶杆配合将毛坯夹紧；③ 凸模继续下行，与凹模配合工作，对毛坯实施弯曲；④ 弯曲成形后，凸模上行，顶杆将工件顶出，弯曲过程结束。

3) 主要特征

该模具的主要特征是上、下模之间没有直接导向关系，凸、凹模间的位置精度主要靠压力机滑块的导向精度来决定。模柄与上模座做成一体，同时通过销钉直接安装凸模，便于更换凸模。弹性顶杆是为了防止压弯时毛坯偏移而采用的压料装置，还可以起到弯曲后顶出工件的作用。

4) 模具特点

该模具结构简单，制造容易，成本低，对材料厚度公差要求不高。因设有压料装置，故可以使弯曲精度得到保证；工件在弯曲冲程终端得到校正，因此回弹较小，工件的平面度较好。但是，模具在压力机上安装、调整时比较麻烦，上、下模的位置精度不易保证。

5) 应用场合

该模具适用于批量小、两直边长度精度高的 V 形弯曲件。

2. 无压料装置的 V 形件弯曲模

如果弯曲件精度要求不高，为简化模具结构，压料装置也可以省略不用。

1) 结构组成

图 6.2(a)为无压料装置的 V 形件弯曲模。该模具中，工作零件为凸模和凹模，定位零件为左、右两定位板，导向零件为导柱、导套，固定零件为上模座、下模座、承料板、模柄、螺钉、销钉等。

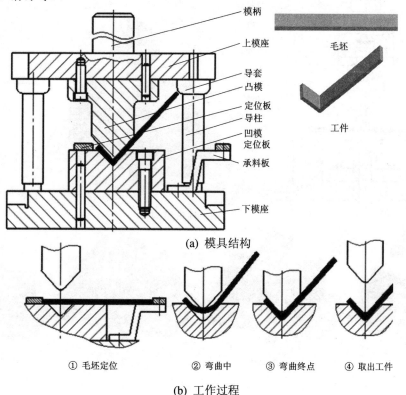

(a) 模具结构

① 毛坯定位　② 弯曲中　③ 弯曲终点　④ 取出工件

(b) 工作过程

图 6.2　无压料装置的 V 形件弯曲模

2) 工作过程

该模具的工作过程如图 6.2(b)所示：① 先将毛坯放置在凹模上表面，并以两个定位板定位；② 凸模下行，与凹模配合工作，对毛坯实施弯曲；③ 凸模继续下行，直到毛坯与凸、凹模完全接触；④ 弯曲成形后，凸模上行，手工取出工件，弯曲过程结束。

3) 主要特征

该模具主要特征为承料板及其上的定位板可以成形一个直边较长的弯曲件。采用导柱、导套对上、下模进行导向，凸、凹模相对位置容易得到保证。

4) 模具特点

该模具结构比较简单，安装调试较容易，模具间的相对位置容易得到保证，但由于没有设置相应的压料装置，故在成形过程中毛坯可能会发生偏移，影响弯曲件两直边长度的精度。

5) 应用场合

该模具适用于弯曲件精度要求不高、一个直边比较长的 V 形或 L 形件的弯曲。

3. V 形件折板式弯曲模

1) 结构组成

图 6.3(a)为较复杂的 V 形件折板式弯曲模，属于一种 V 形件精弯模。模具的工作零件为凸模和活动凹模，定位零件为定位板、顶板，压料零件为顶杆，固定零件有支架、凹模靠板、下模座、模柄、螺钉、销钉、转轴等。

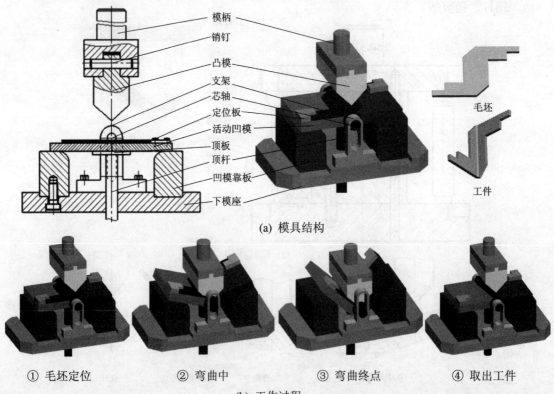

(a) 模具结构

① 毛坯定位　　② 弯曲中　　③ 弯曲终点　　④ 取出工件

(b) 工作过程

图 6.3　V 形件折板式弯曲模

2) 工作过程

该模具工作过程如图 6.3(b)所示：① 先将毛坯放置在活动凹模的上表面，并以其上的左、右定位板定位；② 凸模下行，活动凹模绕芯轴旋转，而芯轴沿支架向下运动，凸模在与活动凹模夹紧毛坯的同时，实施弯曲；③ 凸模到达下止点后，毛坯弯曲成形结束；④ 凸模上行，顶杆将活动凹模顶回水平位置，同时完成工件的顶出，弯曲过程结束。

3) 主要特征

该模具具有两块活动凹模，通过一侧的轴孔与芯轴相连，芯轴可沿支架的长槽上下滑动，在模具上止点呈水平状态，而在下止点构成 V 形。

4) 模具特点

该模具结构复杂，加工难度较大，制造成本相对较高。但因采用活动凹模结构，所以在弯曲过程中，毛坯与活动凹模始终保持大面积接触，使毛坯在活动凹模上不会发生滑动和偏移，且工件表面无压痕，弯曲精度较高。

5) 应用场合

该模具适用于狭长的、支承面积小、形状不对称的工件弯曲成形。

6.1.2 U 形件弯曲模

1. 普通 U 形件弯曲模

1) 结构组成

U 形件弯曲模也称双角弯曲模，结构如图 6.4(a)所示。其工作部分为凸模、凹模，定位

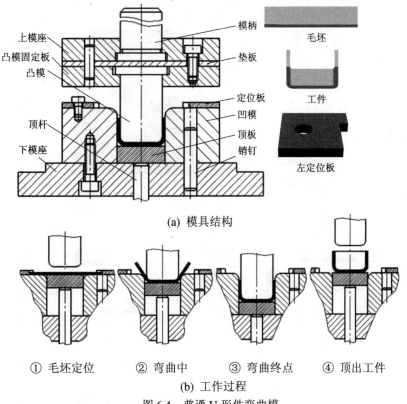

(a) 模具结构

① 毛坯定位　② 弯曲中　③ 弯曲终点　④ 顶出工件

(b) 工作过程

图 6.4 普通 U 形件弯曲模

零件是定位板，顶件装置为顶板和顶杆，固定零件有模柄、上模座、下模座、凸模固定板、垫板、螺钉、销钉等。

2) 工作过程

该模具工作过程如图 6.4(b)所示：① 毛坯由前向后送进，靠定位板定位；② 凸模下行，与顶板压紧毛坯，被压紧的毛坯两侧沿凹模圆角滑动、上翘，逐渐进入凸、凹模间隙内；③ 毛坯被全部拉入凹模内，顶板接触下模座后对毛坯底部进行校正；④ 凸模回程，顶板将工件顶出。由于材料回弹，工件会自动脱离凸模。

3) 主要特征

该模具的主要特征是上、下模之间没有直接导向关系，在弯曲过程中，顶板与凸模压紧毛坯，防止毛坯偏移。

4) 模具特点

该模具结构简单，拆装容易，成本低。但是，模具没有设置相应的结构来防止回弹，使工件有一定的回弹量，从而导致工件的精度不高。

5) 应用场合

该模具适用于精度要求不高、生产批量大、普通 U 形件的弯曲场合。

2. 弯曲角 φ 小于 90°的 U 形件弯曲模

1) 结构组成

图 6.5(a)为一种弯曲角 φ 小于 90°的 U 形件弯曲模。模具的工作零件为凸模、凹模和活动凹模，定位零件为凹模上表面的两块定位板，固定零件为下模座、复位弹簧、限位钉、螺钉等。

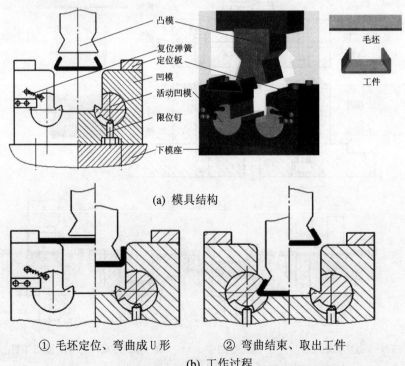

(a) 模具结构

① 毛坯定位、弯曲成 U 形　　② 弯曲结束、取出工件

(b) 工作过程

图 6.5　弯曲角小于 90°的 U 形件弯曲模

2) 工作过程

该模具工作过程如图 6.5(b)所示：① 将毛坯放置在凹模上表面，并以定位板定位；凸模下行，与凹模配合对毛坯实施弯曲，毛坯先被弯曲成 U 形过渡状态。② 凸模继续下行，通过 U 形件底边触动两个转动凹模的缺口使其旋转，当凸模下降至下止点时，将 U 形件弯曲至弯曲角 φ 小于 90°的形状。凸模上行，转动凹模在复位弹簧的作用下反方向旋转、复位(由限位钉控制复位)，工件被活动凹模抬起，凸模带动工件上行到上止点后，沿着水平方向取出工件。

3) 主要特征

该模具具有固定凹模以及转动凹模镶块，圆形转动凹模以镶块方式安装在凹模两圆腔中，在凸模作用下靠圆柱面实现转动，在弹簧和限位钉的作用下复位。毛坯先由固定凹模弯曲成 U 形，再由转动凹模弯曲成弯曲角 φ 小于 90°的 U 形件。

4) 模具特点

该模具结构巧妙，但因有活动凹模，因此模具装配及调整难度加大，制造成本增加。模具进行弯曲角 φ 小于 90°的工件的弯曲时，由于变形程度大，工件回弹相对较小，成形精度较高。

5) 应用场合

该模具适用于批量小、弯曲角 φ 小于 90°的 U 形件弯曲成形。

6.1.3 Z 形件弯曲模

1) 结构组成

图 6.6 为一种典型的 Z 形件弯曲模。工作零件为凸模、凹模板和活动凸模，定位零件为凹模板上的定位销和顶板上表面的定位销，顶件、卸料零件为压料板和顶杆，固定零件为模柄、上模座、凸模托板、下模座、螺钉、销钉等。

2) 工作过程

由于 Z 形件两端直边弯曲方向相反，所以 Z 形弯曲模需要有两个方向的弯曲动作。其工作过程如下：① 将毛坯放在凹模和压料板上(此时两零件上表面处于同一平面上)，并以此两个表面上的定位销定位(图 6.6(a))；② 上模下行，橡胶受压缩，活动凸模与压料板将毛坯夹紧，活动凸模与凹模配合工作，先将毛坯的左端弯曲成形(图 6.6(b))；③ 上模继续下行，橡胶继续受压缩，凸模下降并与压料板共同作用将工件的右端弯曲成形，当压块与上模座接触后，工件得到校正(图 6.6(c))；④ 凸模回程，顶杆通过推动压料板，将工件从凹模板、侧压板中顶出，弯曲过程完成。

3) 主要特征

该模具设计一个活动凸模(安装在托板上)和固定凸模，分别完成 Z 形件的两边弯曲成形。设置一个压块结构来对工件实现校正功能。

4) 模具特点

该模具结构复杂，体积相对较大，制造装配困难。模具受水平力作用，存在受力不平衡现象。但在弯曲完毕可对工件进行校正，故工件成形稳定，成形精度较高。

5) 应用场合

该模具主要应用于工件精度要求较高、有校正要求的 Z 形件。

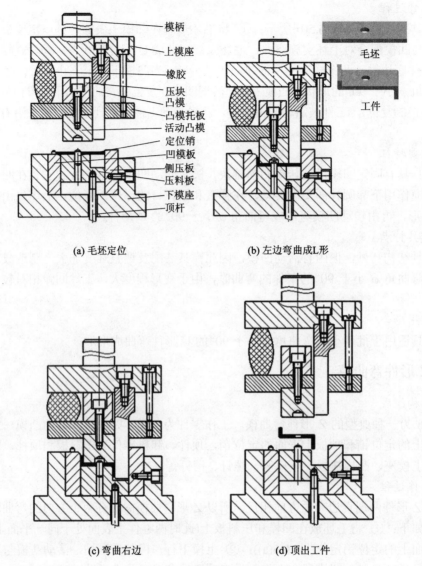

(a) 毛坯定位　　　　　　　　(b) 左边弯曲成L形

(c) 弯曲右边　　　　　　　　(d) 顶出工件

图 6.6　Z 形件弯曲模

6.1.4　L 形件弯曲模

垂直于工件一条边的方向弯曲，称为 L 形弯曲。L 形弯曲件也可以看做是弯曲角度为 90°的 V 形弯曲件。

1. 边长较短型 L 形件弯曲模

如图 6.7 所示为边长较短型的 L 形件弯曲模。模具为单边弯曲结构，另一侧设置有侧压块，以抵消侧压力。毛坯放置在凹模上表面，利用定位销定位，在弯曲凸模上开设有让位孔。凸模与压料板将毛坯夹紧同时对毛坯弯曲成形，属于不对称弯曲成形，弯曲结束后压料板将工件推出凹模。

该模具结构简单，制造方便，成本低。因为采用定位销定位，故弯曲前一般需先有一道冲孔工序。该模具结构适用于两直边长度相差不大的 L 形弯曲件。

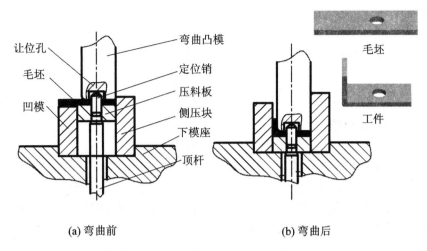

(a) 弯曲前　　　　　　　　　　　　　(b) 弯曲后

图 6.7　边长较短型 L 形件弯曲模

2．边长较长型 L 形件弯曲模

1) 结构组成

边长较长型 L 型件弯曲模如图 6.8 所示。模具的工作零件为凸模和凹模，定位零件为定位销，压料及推件装置为压料块和压料弹簧，固定零件为上模座、下模座、毛坯固定块和承料板。

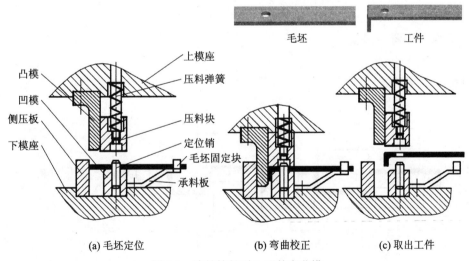

(a) 毛坯定位　　　　　　(b) 弯曲校正　　　　　　(c) 取出工件

图 6.8　边长较长型 L 形件弯曲模

2) 工作过程

该模具在工作时，毛坯放置在凹模和承料板上表面，以定位销对其定位(图 6.8(a))。上模下行，压料板将毛坯压住，凸模与凹模配合工作将毛坯弯曲成形，当上模座与压料块接触时，工件得到校正(图 6.8(b))。之后，凸模上行，手工取走工件，弯曲过程完成(图 6.8(c))。

3) 主要特征

该模具为单边凹模具结构，另一侧设置有侧压块，以抵消侧压力。设置有承料板和毛坯固定块，实现对边长较长型 L 形件的定位及弯曲。

4) 模具特点

该模具结构简单，制造方便，成本低，生产率高。因为采用定位销定位，故弯曲前一般需先有一道冲孔工序。

5) 应用场合

该模具适用于两直边长度相差较大的 L 形弯曲件。

6.1.5　⊔形件弯曲模

1. 一次弯曲成形模

如图 6.9 所示为 ⊔ 形件一次弯曲模。弯曲过程中由凸模与顶板将毛坯夹紧。该模具结构简单，制造及装配调试容易，生产效率较高，但难以精确控制工件各直边尺寸，适用于工件精度要求不高、生产批量大的场合。

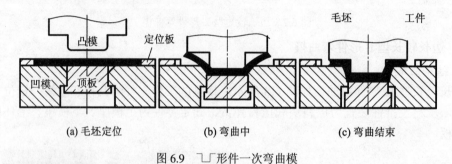

(a) 毛坯定位　　　　　　(b) 弯曲中　　　　　　(c) 弯曲结束

图 6.9　⊔形件一次弯曲模

2. 二次成形弯曲模

1) 正装式弯曲模

图 6.10 为正装式二次弯曲模，该模具主要由凸模、凹模、顶板、顶杆等构成。

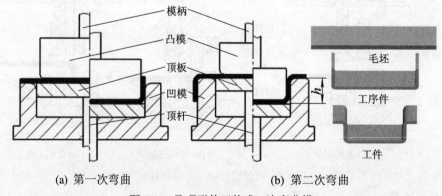

(a) 第一次弯曲　　　　　　(b) 第二次弯曲

图 6.10　⊔形件正装式二次弯曲模

先将毛坯弯成 U 形件，然后将得到的 U 形件扣在另一副模具的凹模上，并以 U 形件内壁定位，对其反向弯曲成形。

对于正装式模具结构，第二次弯曲凹模的壁厚受到弯曲件弯边高度 h 的限制，要求工件高度 $h > (12\sim15)t$，否则会因凹模壁厚太薄而致使强度不够。

板料经过两次弯曲，并且第二次还是反向弯曲成形，所以工件回弹量相对较小，成形精度较高。但需要两道工序和两套模具，生产效率较低。

该模具适用于有一定精度要求的 ⌐⌐ 形件弯曲。

2) 倒装式弯曲模

图 6.11 为倒装式二次弯曲模。两套模具利用工件上的工艺孔定位。第一次弯曲弯出工件两个外角，呈 90°，同时将中间两角预弯成 45°(图 6.11(a))；第二次弯曲将中间两角弯曲成 90°(图 6.11(b))；上模回程时，通过凹模内弹簧和压料板将工件推出(图 6.11(c))。

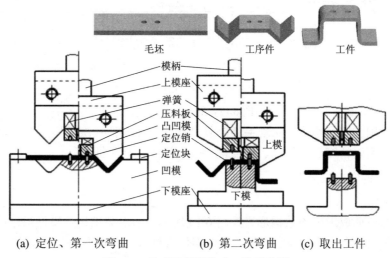

(a) 定位、第一次弯曲　　　(b) 第二次弯曲　　(c) 取出工件

图 6.11　⌐⌐ 形件倒装式二次弯曲模

倒装式弯曲模采用先加工成双 V 形后，再加工成 ⌐⌐ 形件的方法，成形精度较正装式弯曲模高。

3. 复合弯曲模

复合弯曲模结构形式如图 6.12(a)所示。模具的工作零件为凸凹模、活动凸模和凹模，定位零件为定位板，推件机构为推板和推杆，顶件机构为活动凸模和顶杆，压料零件为推板，固定零件为模柄、上模座、下模座、螺钉等。其工作过程如图 6.12(b)所示。

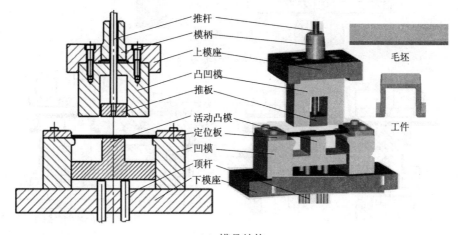

(a) 模具结构

图 6-12　复合弯曲模(1)

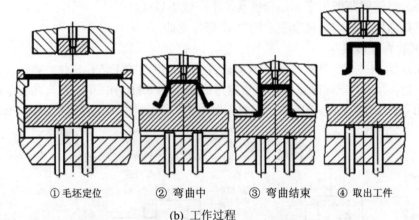

① 毛坯定位　　　② 弯曲中　　　③ 弯曲结束　　　④ 取出工件

(b) 工作过程

图 6.12　复合弯曲模(2)

该模具采用凸凹模结构，实现毛坯的复合弯曲，使零件一次成形，生产效率较高。该模具适用于精度要求较高、生产批量较大的⌐⌐形弯曲件。

4. 带摆块的弯曲成形模

1) 结构组成

带摆块的弯曲成形模的结构形式如图 6.13 所示，为倒装结构。模具工作零件有活动凸模、凹模、摆块，定位零件为定位板，推件零件为推板，固定零件有下模座、垫板、螺钉、销钉等。

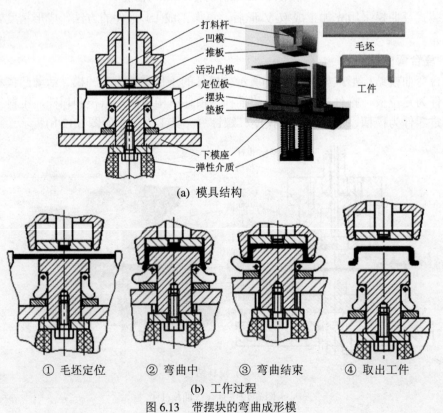

(a) 模具结构

① 毛坯定位　　　② 弯曲中　　　③ 弯曲结束　　　④ 取出工件

(b) 工作过程

图 6.13　带摆块的弯曲成形模

2) 工作过程

该模具工作时，将毛坯放置在活动凸模上，靠两个定位板定位(图 6.13(a))。凹模下行，与活动凸模配合工作，先将毛坯弯曲成倒状的 U 形(图 6.13(b))。凹模继续下行，当推板与凹模底部接触时，活动凸模受力被迫下行，弹性介质受压缩，促使安装在活动凸模上的摆块绕其转轴摆动，将倒状的 U 形两直端向外弯曲并被校正(图 6.13(c))。最后，上模上行，由于工件的回弹，使工件不会箍紧在活动凸模上，而是卡在凹模中，由推板推出工件。

3) 主要特征

该模具最主要的特征是采用了摆块结构将零件一次成形为凵形。

4) 模具特点

该模具为摆块结构的复合弯曲模，零件可一次成形，生产效率较高。弯曲结束后，工件得到校正，因而回弹小，成形精度高。但模具结构复杂，体积较大，生产成本高。两摆块调试时有对称度要求，导致模具调试难度加大，同时摆块容易磨损，换修调整次数较多。

5) 应用场合

该模具适用于毛坯硬度不高，零件成形精度要求较高的凵形生产场合。

6.1.6 圆形件弯曲模

1. 直径 $d \leqslant 5$ mm 的小圆形件

对于 $d \leqslant 5$ mm 的小圆形件，通常的弯曲方法为：先将毛坯弯曲成 U 形件，再由 U 形件弯曲成圆形件。

1) 小圆二次压弯模

如图 6.14 所示为小圆二次压弯模。工作时，先将毛坯放置在凹模止口内定位。上模下行，将毛坯弯曲成 U 形。在第二套模具上弯曲时，利用圆形芯棒和圆弧形凸模、凹模将 U 形件弯成圆形，成形后的零件套在芯棒上，沿芯棒轴向取出即可。

小圆二次压弯模具结构相对简单，操作方便。该模具适于小批量的、简单圆形件的弯曲。

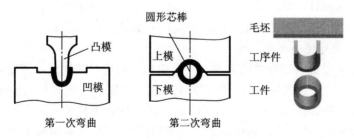

图 6.14 小圆二次压弯模

2) 小圆一次压弯模

如图 6.15(a)所示为小圆一次压弯模。使用带有模柄的上模座，凸模直接安装在上模座上，圆形芯棒安装在单边支架上，支架下方设置有顶杆，使支架可以带动芯棒上下运动。

如图 6.15(b)所示，毛坯放置在凹模内定位，上模下行，凸模接触支架上圆形芯棒，芯棒将毛坯压入凹模中部的 U 形槽内，毛坯被压弯成 U 形。上模继续下行，U 形件的两直边接触凸模的凹形面，并被逐渐挤压靠拢形成圆形。上模回程，沿芯棒轴向取出成形工件。

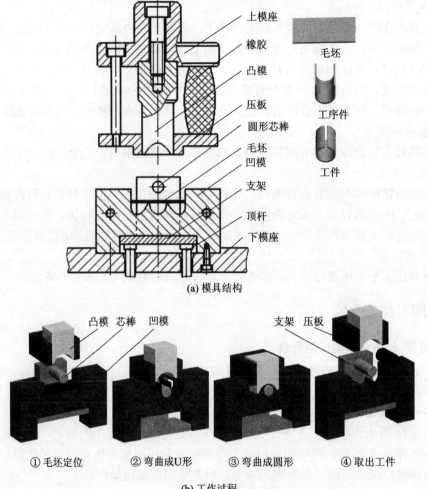

(a) 模具结构

① 毛坯定位　② 弯曲成U形　③ 弯曲成圆形　④ 取出工件

(b) 工作过程

图 6.15　小圆一次压弯模

　　小圆一次压弯模具可以将毛坯一次弯曲压成圆形，生产效率较高。但模具结构相对较复杂，制造困难。该模具适用于生产批量较大，成形精度要求不太高的场合。

　　3) 自动推件圆形件一次弯曲模

　　如图 6.16(a)所示为自动推件圆形件一次弯曲模。摆块及摆块支承销安装在下凹模上，下凹模固定在下模座上，芯轴凸模、卸料滑套、推杆、滑轮等推件机构安装于升降架上。

　　其弯曲工作过程如图 6.16(b)所示。① 将毛坯放置在下模的左、右两个摆块上定位；② 上模下行，凸模接触毛坯，摆块绕摆块支承销摆动；③ 上模继续下行，凸模与芯轴凸模将毛坯弯曲成 U 形；④ 上模继续下行，施压螺钉开始接触升降架，迫使升降架带动芯棒凸模下行，U 形件两直边接触凹模的凹槽，被逐渐弯曲成圆形；⑤ 上模回程中，顶杆将升降架抬起、复位，自动推件机构将工件沿芯轴轴向推出。

　　自动推件机构工作过程如图 6.16(c)所示：① 弯曲刚结束，在复位弹簧的作用下，滑轮及推杆处于最左边位置；② 上模回程中，斜形楔块推动滑轮、推杆、卸料滑套(与芯棒同轴)向右运动，将工件从芯轴轴向推出；③ 卸料滑套被推到极限位置；④ 斜形楔块越过滑轮，在复位弹簧的作用下，滑轮及推杆处于最左边位置(复位)，上模回到上止点。

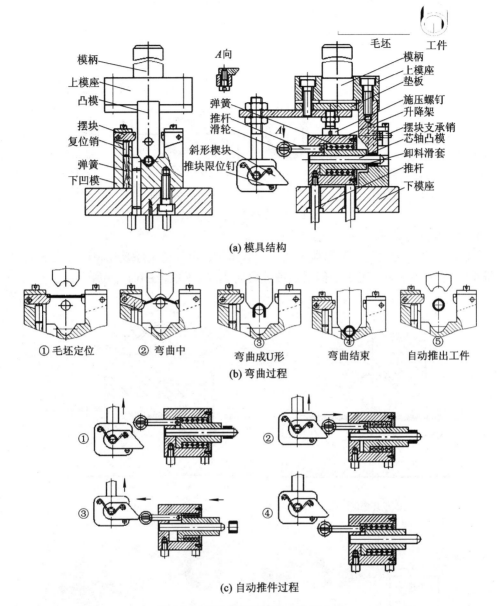

(a) 模具结构

① 毛坯定位　　② 弯曲中　　　弯曲成U形　　弯曲结束　　自动推出工件

(b) 弯曲过程

(c) 自动推件过程

图 6.16　自动推件圆形件一次弯曲模

　　该模具功能强大，自动化程度高，零件成形精度高，但模具结构复杂，制造装配调试困难，成本也相对较高。对于大批量生产、自动化程度要求高的小圆形件弯曲成形，可以采用此类模具。

2. 直径 $d \geqslant 20$ mm 的大圆形件

1) 三道工序弯曲大圆

　　如图 6.17 所示为三道工序弯曲大圆的模具示意图。第一道工序将毛坯先弯曲成如图 6.17(a)所示的半成品零件，第二道工序将其弯曲成如图 6.17(b)所示的类似 U 形件，最后成形为圆形，如图 6.17(c)所示。

　　此种成形方法需要进行三道弯曲工序，生产效率低，误差积累大，成形精度低，相应地也要制造三套弯曲模具，模具制造工作量大，成本随之增加。此方法适用于单件小批量、工件精度要求不高的圆形件弯曲成形。

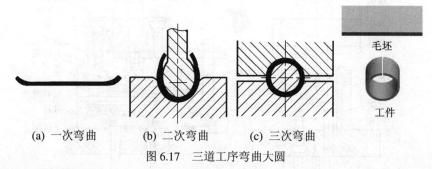

(a) 一次弯曲　　　　(b) 二次弯曲　　　　(c) 三次弯曲

图 6.17　三道工序弯曲大圆

2) 两道工序弯曲大圆

　　如图 6.18 所示为两道工序弯曲大圆的模具结构。第一道工序是先将毛坯弯曲成波浪形(如图 6.18(a)所示)，第二道工序借用芯轴等弯曲成圆形件(如图 6.18(b)所示)。

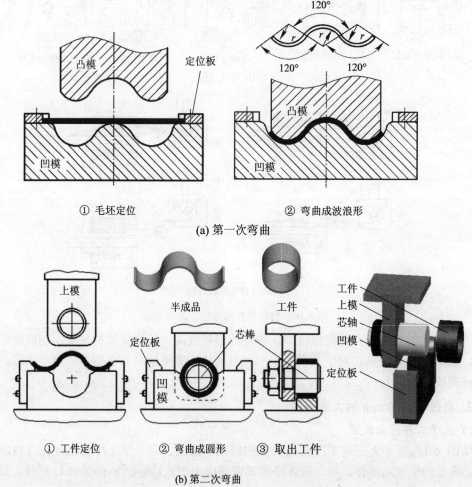

① 毛坯定位　　　　　② 弯曲成波浪形

(a) 第一次弯曲

① 工件定位　　② 弯曲成圆形　　③ 取出工件

(b) 第二次弯曲

图 6.18　两道工序弯曲大圆

此方法先将板料弯曲成波浪形，材料有一定的变形量，变形均匀，在成形终了时回弹量较小，零件精度高。

该模具结构相对简单，制造调试方便，适用于大批量且有一定精度要求的圆形弯曲件生产场合。

3) 带摆动凹模的一次弯曲成形模

如图 6.19(a)所示为带摆动凹模的一次弯曲成形模。凹模由两个摆动凹模构成，两个摆动凹模均有转轴，安装在凹模支承板上。

其工作过程如图 6.19(b)所示：① 摆动凹模处于开启状态，将毛坯放置在摆动凹模上表面，并以定位板定位；② 上模下行，摆动凹模不动，芯轴凸模与其共同作用，将毛坯逐渐弯曲成 U 形；③ 之后芯轴凸模推着毛坯继续下行，当下行至与摆动凹模底面接触时，摆动凹模开始向内转动合拢，将工件直边部分压紧在芯轴凸模上，两直边逐渐靠拢，形成圆形并在下止点位置得到校正；④ 上模回程，在顶杆和顶板的作用下，摆动凹模向外转动、张开、复位，套在芯轴凸模上的制作上随之上行，然后支撑杆向外张开，沿芯轴凸模轴向取出工件，弯曲过程结束。

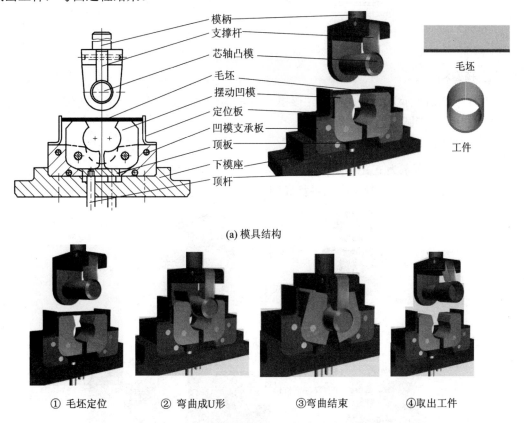

(a) 模具结构

① 毛坯定位   ② 弯曲成U形   ③弯曲结束   ④取出工件

(b) 模具工作过程

图 6.19 带摆动凹模的一次弯曲成形模

采用摆动凹模结构，可一次性弯曲成圆形零件，生产效率较高，并且在成形过程中可以进行校正，工件精度高。但模具结构复杂，制造装配调试难度大，生产成本高。

对于圆形件直径 $d = 10$ mm～40 mm，厚度 $t > 1$ mm 的场合，可采用此结构模具。

6.1.7　铰链件弯曲模

铰链也可称为合页或门链，如图 6.20 所示。这类零件通过常用**推圆方法**制造，如图 6.21 所示。

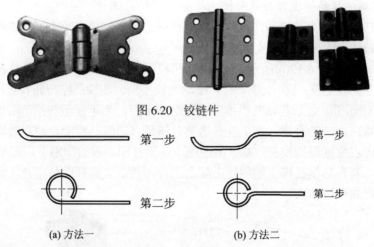

图 6.20　铰链件

图 6.21　推圆原理

1. 预弯模

如图 6.22(a)所示为卷圆预弯模。该模具的功能是先将平板毛坯的一端预弯曲出一道小圆弧，为后续的卷圆弯曲作准备。

2. 立式卷圆模

如图 6.22(b)所示为立式卷圆模。两侧凹模板将上道工序预弯得到的半成品零件压紧在模具上，凸模下行，逐渐对半成品进行卷圆成形。该模具适用于卷圆件直边不太长的成形。

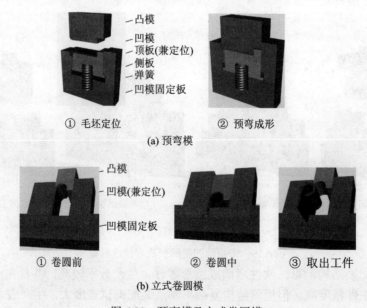

图 6.22　预弯模及立式卷圆模

3. 卧式卷圆模

如图 6.23 所示为斜楔卧式卷圆模。工作时，将毛坯或半成品零件放置在下压料板上表面，并以下压料板右边台阶定位。上模下行，上压料板与半成品零件接触并将其压紧后，斜楔推动卷圆滑块向右运动对毛坯进行卷圆成形。之后，上模上行，卷圆滑块在复位弹簧的推动下向左运动、复位，取出工件，卷圆完成。

该模具采用斜楔-滑块机构，实现模具在水平方向上对工件加工，卷圆时载荷施加均匀。采用了先压料后卷圆的成形方式，保证了毛坯的定位精度，工件成形精度高。

该模具结构复杂，制造、装配、调试有一定难度，生产成本高。但该模具操作比较方便，获得的零件精度较高。该模具适用于零件精度要求较高、生产批量不大的卷圆件制造。

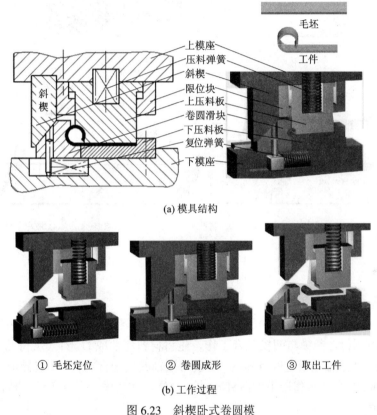

(a) 模具结构

① 毛坯定位　　　　② 卷圆成形　　　　③ 取出工件

(b) 工作过程

图 6.23　斜楔卧式卷圆模

6.1.8　其他弯曲模

由于实际生产中的弯曲件形状各异，所以弯曲工序安排和模具结构设计要根据弯曲件的形状、尺寸、精度要求、材料性能及生产批量等方面综合考虑。

1. 滚轴式弯曲模

1) 结构组成

如图 6.24(a)所示为滚轴式弯曲模。模具的工作零件为凸模、凹模和滚轴凹模，定位零件为定位板，支承零件为上模座、下模座、凸模固定板、挡板等，此外还有螺钉、销钉、弹簧等零件。

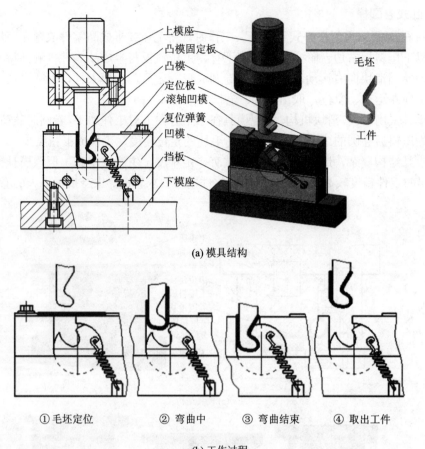

(a) 模具结构

① 毛坯定位　　② 弯曲中　　③ 弯曲结束　　④ 取出工件

(b) 工作过程

图 6.24　滚轴式弯曲模

2) 工作过程

该模具工作过程如图 6.24(b)所示：① 工作时，将毛坯放置在凹模上表面，以定位板定位；② 上模下行，凸模与凹模配合工作，先将材料弯曲成 U 形；③ 待凸模下行至与滚轴凹模接触时，使滚轴凹模逆时针转动，凸模与滚轴凹模配合工作，实现异形件弯曲；④ 凸模上行，滚轴凹模在弹簧作用下顺时针转动、复位，从凸模上取下工件，弯曲过程完成。

3) 主要特征

该模具采用滚轴结构实现异形件弯曲，凸模的截面结构应与滚轴凹模的结构相配合。

4) 模具特点

该模具结构复杂，需特别设计与制造凸模和滚轴，加工难度大，制造成本高。但如果设计合理，则可以获得精度较高的异形件。

5) 适用场合

该模具适用于某一形状复杂的异形件弯曲场合。

2. 带摆动凹模的弯曲模

1) 结构组成

如图 6.25(a)所示为带摆动凹模的弯曲模。该模具主要由凸模、摆动凹模、定位板、模柄、凹模固定板、垫板、下模座、顶杆、顶件弹簧等零件组成。

2) 工作过程

该模具工作过程如图 6.25(b)所示：① 先将毛坯放置在摆动凹模上，以定位板定位；② 上模下行，摆动凹模绕其轴转动，与阶梯凸模配合将毛坯逐渐弯曲成形；③ 当上模达到下止点时，两摆动凹模处于水平位置，毛坯弯曲成阶梯形并得到校正；④ 凸模回程，顶杆推动摆动凹模复位(最高位置)，并将工件推出，弯曲过程完成。

3) 主要特征

该模具采用摆动凹模结构，弯曲成形阶梯形零件时，先从最低一级阶梯开始弯曲，保证材料的顺利流动，零件成形精度高。

4) 模具特点

该模具结构相对简单，可以获得精度较高的弯曲件，但因增加了摆动凹模结构，使模具设计制造难度较大。

5) 应用场合

对于精度要求较高的阶梯形零件，可以采用该模具进行弯曲成形。

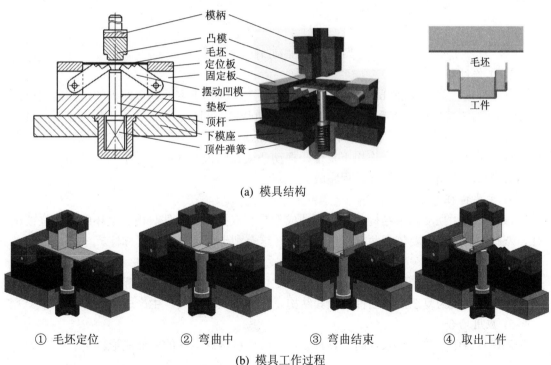

(a) 模具结构

① 毛坯定位　　　② 弯曲中　　　③ 弯曲结束　　　④ 取出工件

(b) 模具工作过程

图 6.25　带摆动凹模的弯曲模

3. 带摆动凸模的弯曲模

1) 结构组成

如图 6.26(a)所示为带摆动凸模的弯曲模。模具主要由凹模、摆动凸模、压料杆、模柄、凸模固定板、压料弹簧、下模座等零件组成，同时还有螺钉、销钉、弹簧等。

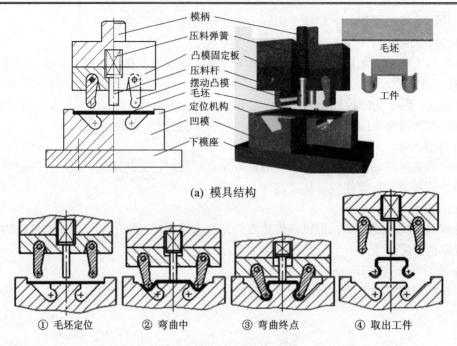

(a) 模具结构

① 毛坯定位　　② 弯曲中　　③ 弯曲终点　　④ 取出工件

(b) 模具工作过程

图 6.26　带摆动凸模的弯曲模

2) 工作过程

其工件过程如图 6.26(b)所示：① 将毛坯放置在凹模上表面，以凹模的定位槽定位；② 上模下行，待压料杆将毛坯压紧后，两个摆动凸模在凹模斜面的引导下向内摆动，对毛坯进行弯曲成形；③ 上模下行到下止点，毛坯两边被摆动凸模压入凹模的斜槽中；④ 上模回程，压料杆在压料弹簧作用下复位，摆动凸模在凹模斜面的引导下向外摆动，从凹模的前方或后方取出工件，弯曲过程完成。

3) 主要特征

该模具采用摆动凸模结构，可以弯曲成形具有双挂钩的零件。由于毛坯中间部位被压住，双挂钩的成形主要依靠两端材料的补给，这有利于保证零件的对称性。

4) 模具特点

由于采用了压料装置，保证了弯曲件的定位精度，最终成形零件精度较高，故该模具能一次性成形较为复杂的弯曲件，但其结构复杂，加工难度大，生产成本高。

5) 应用场合

该模具适用于精度要求较高、具有双挂钩或单挂钩形零件的弯曲成形。

6.1.9　通用弯曲模

图 6.27 所示为通用弯曲模。模具主要由凸模、压板、组合凹模、固定框及紧固螺钉、销钉等零件组成。以组合凹模的不同工作面进行组合，可得到多种形状的凹模工作面，通用性较强，故称之为**通用弯曲模**。图 6.27(a)、(b)、(c)所示的凹模分别用于弯曲梯形件、U 形件和 V 形件。通用弯曲模适用于形状简单多样、精度要求不高、生产批量不大的弯曲成形。

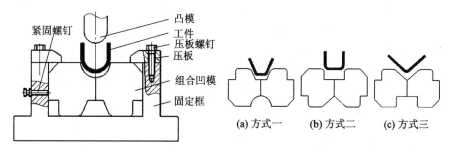

图 6.27 通用弯曲模

6.2 弯曲模具的结构设计

6.2.1 结构设计应注意的问题

模具结构设计时必须要考虑到零件的要求、模具的寿命、生产的成本等因素，因此必须注意以下问题。

(1) 模具结构复杂程度：模具结构应与冲件批量相适应，以保证其经济性。

(2) 模架：对称模具的模架要有明显的装配标记(如图 4.74 所示中的中间两侧布置、四角布置)，以防止上、下模装错位置。毛坯放在模具上应保证准确可靠的定位，尽可能利用零件上的孔定位，防止毛坯在弯曲时发生偏移和窜动，如图 6.6 所示。

(3) 卸料：若 U 形弯曲件校正力较大时，U 形件会紧贴在凸模上，不能自行卸下(如图 5.33(b)所示)，此时则需要设计相应的卸料装置。

(4) 模具寿命：模具结构必须考虑单边弯曲时凸模、凹模所受的侧压力，增设侧压板用于抵消侧压力，以提高模具寿命，如图 6.7 所示。

(5) 校正弯曲：为了减小回弹，弯曲成形结束时应对弯曲件进行校正。校正力集中在制件圆角变形区效果最为理想，为此对于带顶板的 U 形弯曲模，其凹模内侧近底部处应镦出圆弧，圆弧尺寸与弯曲件相适应，如图 5.37(b)所示。

(6) 安全操作：放入和取出工件时，必须方便、快捷、安全。

(7) 便于修模：板料的回弹只能通过试模获得准确数值，因而模具结构要使模具工作零件(凸模、凹模、凸凹模)便于拆卸和修整。

6.2.2 弯曲模工作部分尺寸的设计

1. 凸、凹模圆角半径

弯曲模工作部分的尺寸主要是指凸模、凹模的圆角半径和凹模深度。对于 U 形件弯曲模，工作部分的尺寸还有凸、凹模之间的间隙及模具横向尺寸等。

1) 凸模圆角半径

如图 6.28 所示，凸模圆角半径 r_p 应等于弯曲件内侧的圆角半径 r，但不能小于材料允许的最小弯曲半径 r_{min}(见表 5-1)。

如果工件因结构需要，当 $r < r_{min}$，弯曲时则应取 $r_p \geqslant r_{min}$，随后再增加一次校正工序，校正模便可取 $r_p = r$。

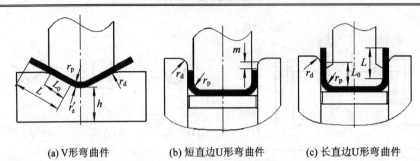

(a) V形弯曲件　　　　　(b) 短直边U形弯曲件　　　　(c) 长直边U形弯曲件

图 6.28　弯曲模工作部分尺寸

V 形件弯曲模的底部圆角半径可按 $r_d' = (0.6 \sim 0.8)(r_p + t)$ 计算，或在凹模底部开退刀槽。

2) 凹模圆角半径

如图 6.28 所示，凹模圆角半径 r_d 不宜过小，以免弯曲时擦伤毛坯表面，或出现压痕，或使弯曲力增加，而使模具寿命降低，同时凹模两边的圆角半径 r_d 应一致，以防止弯曲时毛坯偏移。通常 r_d 可根据毛坯的厚度来选取：

$$t < 2 \text{ mm}, \quad r_d = (3 \sim 6)t \tag{6-1}$$

$$t = (2 \sim 4) \text{ mm}, \quad r_d = (2 \sim 3)t \tag{6-2}$$

$$t > 4 \text{ mm}, \quad r_d = 2t \tag{6-3}$$

2. 凸、凹模间隙

习惯上，弯曲凸、凹模单边间隙用 $Z/2$ 来表示。

- V 形件弯曲时，凸、凹模间隙靠调节压力机的闭合高度来实现，不必在设计及制造模具时给出；

- U 形件弯曲则必须合理选取凸、凹模间隙：间隙过大，则回弹力大，弯曲件尺寸及形状不易保证；间隙过小，则弯曲力增加，工件表面擦伤大，模具磨损大、寿命短。

常根据材料的机械性能和厚度选取模具单边间隙 $Z/2$：

- 对于钢板：$Z/2 = (1.05 \sim 1.15)t$；
- 对于有色金属：$Z/2 = (1 \sim 1.1)t$。

3. 凹模深度 L_0

如图 6.28 所示，若凹模深度 L_0 过小，则工件两端的自由部分太多，弯曲件回弹力大，两臂不平直，影响弯曲件质量；若凹模深度 L_0 过大，则要多消耗模具钢材，也使顶件行程增加，压机行程增大。

弯曲件的凹模深度 L_0 可查表 6-1。

表 6-1　弯曲件的凹模深度　　　　　　　　　　　　　　　mm

弯曲件边长 L	毛坯厚度 t		
	≤2	2~4	>4
	L_0	L_0	L_0
>10~25	10~15	15	—
>25~50	15~20	25	30
>50~75	20~25	30	35
>75~100	25~30	35	40
>100~150	30~35	40	45

4. 凸、凹模的宽度尺寸

- 当弯曲零件给定外形尺寸和公差时(参见图 6.29(a))，应以凹模为基准件，间隙可以通过减小凸模得到：

$$L_d = (L_{max} - 0.75\Delta)^{+\delta_d}_0 \tag{6-4}$$

$$L_p = (L_d - Z)^0_{-\delta_p} \tag{6-5}$$

- 当零件给定内形尺寸和公差时(图 6.29(b))，应以凸模为基准件，间隙可以通过增大凹模得到：

$$L_p = (L_{min} + 0.25\Delta)^0_{-\delta_p} \tag{6-6}$$

$$L_d = (L_p + Z)^{+\delta_d}_0 \tag{6-7}$$

式中：L 为弯曲件基本尺寸，mm；Δ 为弯曲件制造公差，mm；Z 为凸、凹模双边间隙，mm；δ_d、δ_p 为凹、凸模制造公差，按 IT6～IT8 级选取。

上述公式均适用于任意标注内、外形尺寸的情况，如 $10^{+0.1}_0$，$10^0_{-0.1}$，$10^{+0.1}_{-0.1}$。

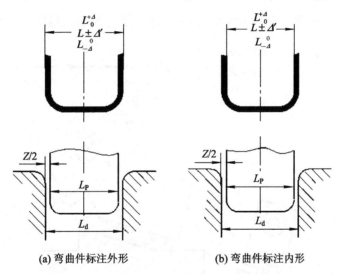

(a) 弯曲件标注外形　　　　　　　(b) 弯曲件标注内形

图 6.29　弯曲件及弯曲模尺寸标注方式

6.2.3　斜楔滑块机构设计

斜楔滑块机构是通过斜楔和滑块的配合使用，变垂直运动为水平运动或倾斜运动的机械机构。

1. 斜楔机构的组成

斜楔也称**主动斜楔**，工作时为施力体；滑块称为工作斜楔，为受力体；附属装置有反侧块、压板、导板(导轨)、防磨板、弹簧、螺钉等，如图 6.30 所示。

在弯曲工艺中，斜楔滑块机构可用于毛坯的卷弯成形，如图 6.23 所示。

2. 斜楔机构的分类

按滑块的附着方式，常用斜楔机构可分为 3 种类型：

(1) 滑块附着于下模，称为**普通斜楔滑块机构**，如图 6.30 所示。普通斜楔机构，滑块一般附着于下模，使设计和运动相对比较简单。但有些情况，滑块附着于下模时，工件的送入和取出不方便，或影响模具其他功能的实现，此时应考虑吊楔机构。

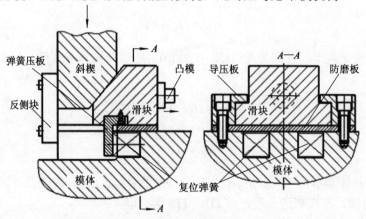

图 6.30　普通斜楔滑块机构

(2) 滑块附着于上模，模具工作完成后随上模上行，称为**吊楔机构**，如图 6.31 所示。

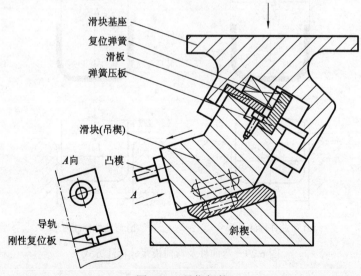

图 6.31　吊楔机构

(3) **双动斜楔机构**，即图 6.30 中的斜楔双面均制成为斜面，反侧块换成滑块，当斜楔运动时可使左、右滑块滑动。

按滑块的运动方式，斜楔机构可分为**平斜楔机构**(如图 6.23 所示)和**倾斜式斜楔机构**(模具本体与滑块接触面为斜面)。

3. 机构选择原则

在图 6.32 中，θ 为斜楔角，β 为滑块工作角度；α 为斜楔与滑块夹角。综合考虑斜楔的行程、工作效率、模具的布局及性能，斜楔角 θ 的选定有如下规律：

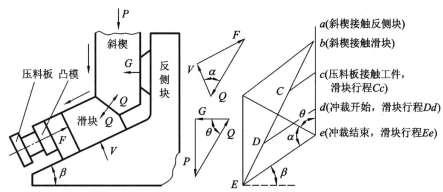

F—冲裁力；P—冲压力；Q—斜楔传给滑块的力；V—模体传给滑块的力；G—斜楔所受的反侧力

图 6.32 吊楔机构运动受力分析图

(1) 当滑块工作角度 $\beta \leqslant 20°$ 时，$\theta = 40° + \beta/2$，模具设计可根据具体情况选用普通斜楔机构或吊楔机构。

(2) 当 $\beta > 20°$ 时，应考虑使用吊楔机构。

(3) 当 $\beta > 45°$ 时，可使用吊楔机构，斜楔角 θ 通常取 90°，此时斜楔与滑块的接触面为水平面。

(4) 普通斜楔机构与吊楔机构的运动分析及受力分析完全一样，所不同的是普通斜楔机构滑块附着于下模，而吊楔机构的滑块附着于上模，模具工作完成后随上模上行。

6.3 弯曲模具设计实例

如图 5.25 所示的弯曲连接零件，材料为 20 钢，退火状态，板厚 2 mm，大批量生产，要求对此零件进行工艺设计和模具结构设计。

1. 零件的工艺分析及工艺方案的确定

该零件形状简单，无特殊精度要求，但结构不对称，应注意弯曲中的偏移问题。零件弯曲半径 $r = 4$ mm，查表 5-1 可知 $r_{min} = 0.5t = 1.0$ mm(与扎纹平行)，有 $r > r_{min}$，故此工件不会弯裂。

一般要求弯曲件直边高度 $H > 2.5t = 5$ mm，而本零件的直边高度达到 8 mm，符合要求。为使工件弯曲时不偏移，可以利用 $\phi 10$ 孔定位；当 $t \geqslant 2$ mm 时，孔边缘至弯曲半径中心应有 $a \geqslant 2t = 4$ mm，而零件 $\phi 10$ 的孔边缘至弯曲半径中心达到 9 mm，因此可采用先落料、冲孔，再弯曲成形，弯曲时孔不会发生变形。可参见 10.2.1 节相关内容。

综上所述，最终的合理设计方案为：落料→冲孔复合工序→弯曲成形工序。

2. 工艺计算

1) 毛坯展开长度的计算

弯曲件由直边和圆弧组成，如图 6.33 所示。各线段的长度为

$$l_1 = 30 - R - t = 30 - 4 - 2 = 24 \text{ mm}$$
$$l_2 = 40 - 2R - 2t = 40 - 8 - 4 = 28 \text{ mm}$$
$$l_3 = 14 - R - t = 14 - 4 - 2 = 8 \text{ mm}$$

由 $r/t=4/2=2$，查表 5-2 可知中性层位移系数 $\chi=0.38$，且有 $r>0.5t$，故由式(5-8)可得

$$l_4 = l_5 = \frac{\pi\varphi}{180}(r+\chi t) = \frac{\pi\times 90}{180}\times(4+0.38\times 2)\ \text{mm} = 7.47\ \text{mm}$$

根据弯曲前后中性层长度不变的原则，毛坯总长度为

$$l = l_1 + l_2 + l_3 + l_4 + l_5 = 74.9\ \text{mm}$$

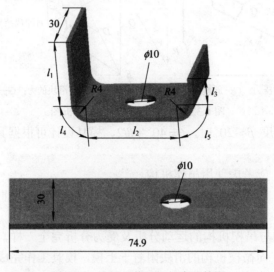

图 6.33　毛坯及其展开长度计算图

2) 弯曲力的计算和设备的选择

为减小回弹，常采用校正弯曲。根据例 5-2 可得到压力机公称压力 $F_g \geqslant 54$ kN。所以选择型号为 J23—63 的压力机即可。

3) 模具工作部分尺寸的计算

(1) 宽度尺寸计算。弯曲件标注外形尺寸，应以凹模为基准进行计算。由于工件公差未标注，故按表 10-8 可得，基本尺寸 40 mm 的极限偏差可取 ±0.6 mm，故零件公差 $\Delta=1.2$ mm，凹模公差可取 IT7 级，故 $\delta_d=0.025$ mm。由式(6-4)得

$$L_d = (L_{max} - 0.75\Delta)_0^{+\delta_d} = (40.6 - 0.75\times 1.2)_0^{+0.025} = 39.7_0^{+0.025}\ \text{mm}$$

(2) 间隙大小的计算。对于钢板，凸、凹模单边间隙大小 $Z/2=(1.05\sim 1.15)t$，这里可取 $Z/2=1.1t=1.1\times 2=2.2$ mm。凸模公差可取 IT6 级，故 $\delta_p=0.016$ mm。凸模工作部分尺寸由式(6-5)得

$$L_p = (L_d - Z)_{-\delta_p}^{0} = (39.7 - 2.2)_{-0.016}^{0} = 37.5_{-0.016}^{0}\ \text{mm}$$

(3) 凹模圆角半径的计算。由式(6-2)得：当 $t=2\sim 4$ mm 时，$r_d=(2\sim 3)t$，一般凹模圆角半径取值比凸模具圆角半径大，故可取 $r_d=3t=6$ mm。

查表 6-1 知，可取凹模深度为 15 mm～20 mm，此处取 18 mm。

3. 模具设计

弯曲模结构简图如图 6.34 所示。毛坯由顶板上的定位钉定位，以保证弯曲时不发生偏移。顶板除了具有顶料作用外，还有压料作用。压料力是利用弹顶器通过两个顶杆来实现

的。由于生产批量大，为了模具调试方便，也可采用具有导柱、导套导向装置的标准模架。
弯曲凸模、弯曲凹模零件图分别如图 6.35 和图 6.36 所示，材质均为 T10A，热处理硬度均
为 HRC58～60。

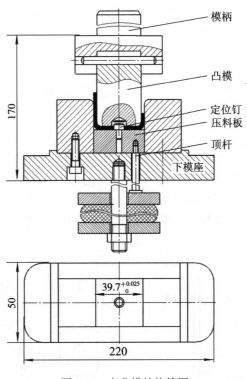

图 6.34 弯曲模结构简图

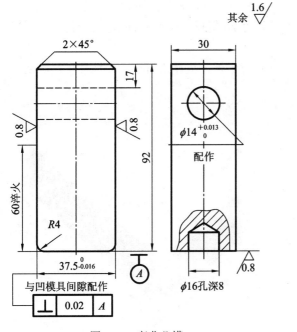

图 6.35 弯曲凸模

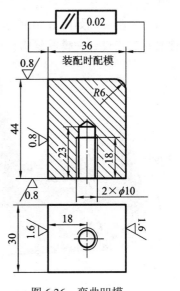

图 6.36 弯曲凹模

习 题

1. 为何弯曲模具少采用导柱框架、模具工作零件少采用定位销钉？

2. 在弯曲过程中，制件产生偏移的原因是什么？如何解决制件的偏移问题？

3. 弯曲模结构设计应注意什么问题？

4. 弯曲模工作部分的设计主要内容是什么？

5. 凸模圆角半径、模具间隙大小对弯曲件质量、模具寿命有何影响？

6. 弯曲模横向尺寸的标注原则是什么？

7. 斜楔滑块机构有几种？各用于什么场合？

8. 如图 6.37 所示弯曲件，试确定凸、凹模工作部分的横向尺寸及公差。已知凸、凹模单边间隙 $Z = 1.65\,\text{mm}$，凸、凹模制造偏差 δ_p 与 δ_d 均取 $\Delta/4$（Δ 为弯曲件尺寸公差）。

9. 试完成图 6.38 所示弯曲制件的毛坯图、冲压工序安排，计算校正弯曲力、模具工作部分尺寸，并标注公差，绘制弯曲模装置图。（工件材料：Q235）

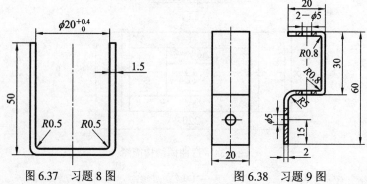

图 6.37 习题 8 图   图 6.38 习题 9 图

10. 弯曲成形如图 6.39 所示的零件，材料为 20 钢板，板厚 3 mm，大批量生产，试对此零件进行工艺设计和模具结构设计。

11. 弯曲成形如图 6.40 所示的零件，材料为铝板，板厚 2 mm，大批量生产，试对此零件进行工艺设计和模具结构设计。

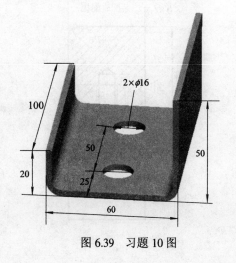

图 6.39 习题 10 图

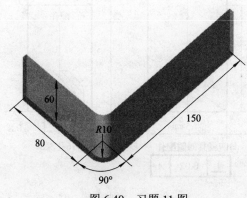

图 6.40 习题 11 图

第7章　拉深工艺

拉深是冲压主要成形工序之一，拉深件随处可见。本章介绍拉深的工艺设计基础。在分析拉深变形过程及拉深件质量的基础上，介绍拉深工艺必要的一些计算内容及计算方法，重点介绍无凸缘圆筒形件的拉深系数、拉深次数、拉深件尺寸、压边力和拉深力等参数的确定，并对其他多种形状工件，如带凸缘圆筒形件、盒形件、阶梯形件、锥形件、球面零件和抛物面零件的拉深方法进行介绍。还简单介绍其他拉深工艺，如变薄拉深、热拉深、液压拉深、弹性介质拉深等拉深的工作原理和特点，以及拉深中常采取的一些辅助工序。本章的工艺计算及工艺设计内容将为第 8 章的拉深模具结构设计、模具零部件设计提供依据。

拉深是利用拉深模在压力机的压力作用下，将平板坯料制成开口空心零件(如图 7.1(a)所示)，或以半成形的开口空心件为坯料通过冲压进一步改变其形状和尺寸的加工方法(如图 7.1(b)所示)。拉深又称拉延或引伸，甚至也可称为拉伸。

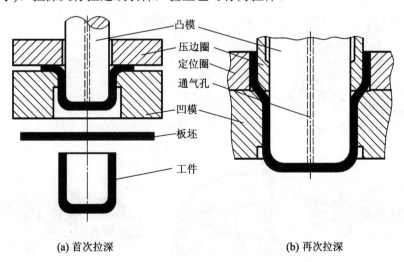

凸模
压边圈
定位圈
通气孔
凹模
板坯
工件

(a) 首次拉深　　　　　　　　　　　　　　(b) 再次拉深

图 7.1　拉深工艺

如图 7.2～图 7.4 所示，利用拉深工艺可以制成各种形状的空心件，如：直壁旋转体拉深件如圆筒形件水杯，曲线旋转体拉深件如锥形件、球面零件等，盒形拉深件如饭盒、笔记本电脑外壳等，复杂形状拉深件如汽车覆盖件、饭盘、油箱、锅炉封头等。

拉深工艺可以分为变薄拉深和不变薄拉深。

(1) 不变薄拉深：是指在拉深过程中，材料不变薄或自然变薄(减薄量小)，成形后筒壁与筒底的厚度相同或相近的拉深方法，如图 7.2～图 7.4 所示。在进行不变薄拉深模具设计时，模具单边间隙应大于板坯厚度。

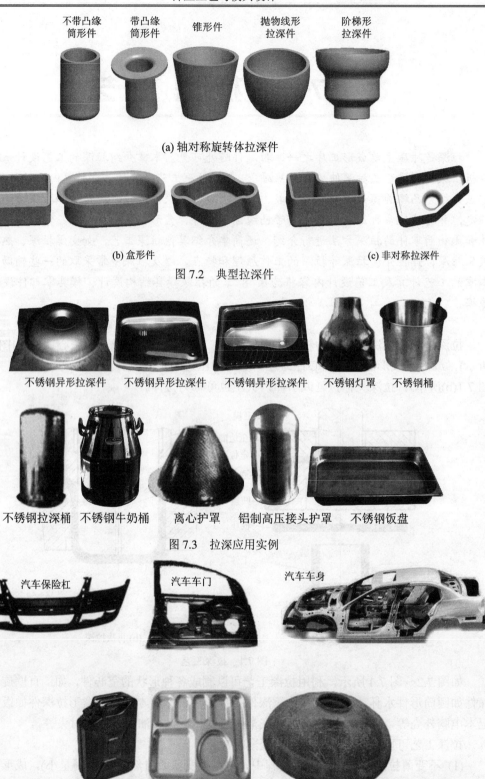

不带凸缘　　带凸缘　　　锥形件　　　抛物线形　　　阶梯形
筒形件　　　筒形件　　　　　　　　　拉深件　　　　拉深件

(a) 轴对称旋转体拉深件

(b) 盒形件　　　　　　　　　　　　　　　　　　(c) 非对称拉深件

图 7.2　典型拉深件

不锈钢异形拉深件　不锈钢异形拉深件　不锈钢异形拉深件　不锈钢灯罩　　不锈钢桶

不锈钢拉深桶　不锈钢牛奶桶　　离心护罩　　铝制高压接头护罩　　不锈钢饭盘

图 7.3　拉深应用实例

汽车保险杠　　　　　　汽车车门　　　　　　　汽车车身

油箱　　　　　　饭盘　　　　　　　　锅炉封头

图 7.4　复杂拉深件

(2) **变薄拉深**：变薄拉深模具的单边间隙往往小于板坯厚度，在拉深过程中，通过模具间隙强制减小筒壁的厚度来增加零件高度的拉深方法。采用变薄拉深工艺可以制成底厚、壁薄、高度大的零件，如图 7.5 所示的氧气罐、弹壳等。

注：本章主要介绍不变薄拉深。

(a) 氧气罐   (b) 子弹壳   (c) 炮弹壳

图 7.5 变薄拉深件

用于拉深的模具称为**拉深模**，如图 7.6 所示。拉深模的结构相对简单，主要由拉深凸模、拉深凹模和压边圈组成。

与冲裁模相比(图 7.7 所示)，拉深模的凸模和凹模有较大的圆角，表面质量要求较高，凸、凹模单边间隙(Z/2)略大于板坯厚度。

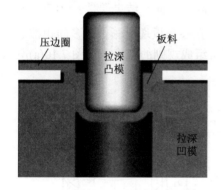   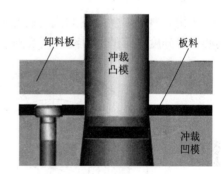

图 7.6 拉深模   图 7.7 冲裁模

7.1 拉深变形过程的分析

目前，盒形拉深件和复杂形状拉深件的拉深工艺较为复杂，其相关理论也尚未成熟。而对筒形件拉深工艺的研究较多，其相应的成形理论也较为成熟，且具代表性。本章主要讲述直壁旋转体拉深件的拉深工艺。

7.1.1 拉深变形过程

筒形件的拉深成形过程如图 7.8 所示。厚度为 t，直径为 D 的圆形板坯，在凸模的作用下，随凸模的下降而被拉入凹模型腔中，得到内径为 d 的开口空心筒形件。

从材料流动角度来看，拉深过程是：平板圆形坯料的凸缘→弯曲绕过凹模圆角→被拉直→形成竖直筒壁。

在拉深成形过程中，金属的流动和形状、尺寸的变化情况是什么样的呢？可以作以下分析：

　　如图 7.9 所示，如果将圆形平板坯料中的扇形白色区域切除，将剩余的材料沿直径为 d 的圆周弯折起来便可成为一个高度为 $0.5(D-d)$ 的筒形件。

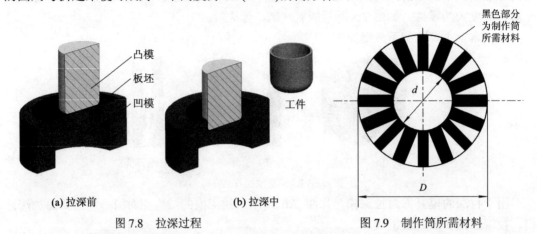

(a) 拉深前　　　　　　　　　(b) 拉深中

图 7.8　拉深过程　　　　　　　　　　图 7.9　制作筒所需材料

　　然而，实际拉深成形过程中扇形区域材料并没有被切除，该区域的材料去哪里了呢？事实上，材料并没有真正被切除，拉深结束后材料厚度变化也非常小，所以扇形区域的材料一定是发生塑性流动而转移了，转移到了筒形件的高度方向，结果便是 $h>0.5(D-d)$。

　　为了更直观地了解金属的流动情况和变形规律，在圆形板坯上画上许多间距都等于 a 的同心圆和分度相等的辐射线，同心圆和辐射线即可组成规则的网格，如图 7.10(a)所示。

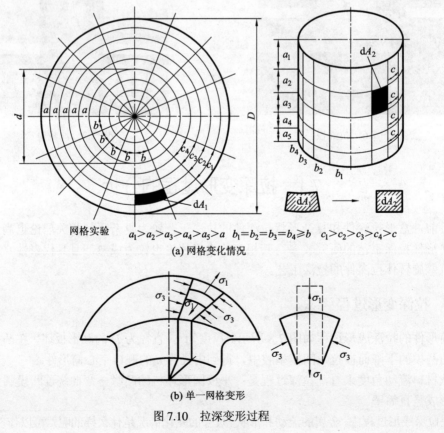

网格实验　　$a_1>a_2>a_3>a_4>a_5>a$　$b_1=b_2=b_3=b_4\geqslant b$　$c_1>c_2>c_3>c_4>c$

(a) 网格变化情况

(b) 单一网格变形

图 7.10　拉深变形过程

拉深后，筒形件底部网格基本不发生变化，而其筒壁部位的网格则发生了很大的变化：

• 原来的同心圆转变成筒壁上的水平圆周线，而且其间距由筒底至筒口逐渐增大，即 $a_1 > a_2 > a_3 > \cdots > a$。

• 原来等分的辐射线转变成了筒壁上的一系列平行线，其间距相等且与底部垂直，即 $b_1 = b_2 = b_3 = \cdots \geqslant b$。

• 原来等角度不等长度的弧线段(c_1、c_2、c_3、$\cdots$、c_n)成了筒壁上的一系列平行且相等的弧线，即 $c_1 > c_2 > c_3 > \cdots > c$。

由此可见，拉深后，筒壁部位的各个网格单元均由原来的扇形 $\mathrm{d}A_1$ 转变成了矩形 $\mathrm{d}A_2$。由于拉深过程中板坯厚度变化可以忽略，因此可认为小单元拉深前后的面积不变，即 $\mathrm{d}A_1 = \mathrm{d}A_2$。

扇形单元是如何转变成矩形单元的呢？

如图 7.10 所示，拉深过程中，处于凹模平面上的($D - d$)圆环形部分，在切向压应力 σ_3 和径向拉应力 σ_1 的共同作用下沿切向被压缩，沿径向伸长，依次流动到凸、凹模间的间隙里，逐步形成工件的筒壁，直到板坯完全变成圆筒形工件为止。这也是板坯拉深过程的实质。

板坯拉深后，筒形件沿高度方向上硬度和厚度的变化情况如图 7.11 所示，其具有如下规律：硬度沿高度方向逐渐增大；底部厚度基本无变化；凸模圆角区域壁厚变薄且为筒形件的最薄部位；筒壁厚度沿高度方向逐渐增大，愈靠近口部，厚度增加愈多；加工硬化使拉深件硬度分布与壁厚分布规律相同。

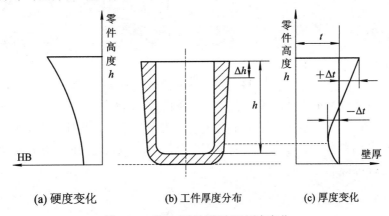

图 7.11 拉深后材料硬度及厚度变化

加工硬化的好处是工件的硬度和刚度高于板坯材料，坏处是材料塑性下降，使拉深困难。

7.1.2 拉深时的应力应变状态

由图 7.11 可知，拉深过程中，材料的变形程度由底部向口部逐渐增大，因此在拉深过程中毛坯各部分的硬化程度不一，应力与应变状态也各不相同。而且随着拉深的不断进行，留在凹模表面的材料不断被拉进凸、凹模的间隙而变为筒壁，因而即使是变形区同一位置的材料，其应力和应变状态也在时刻发生着变化。

拉深过程中的应力应变状态如图 7.12 所示。图中，σ_1、σ_2 和 σ_3 分别为板坯在径向、厚向和切向上所受的应力；ε_1、ε_2 和 ε_3 分别为板坯在径向、厚向和切向上的应变。

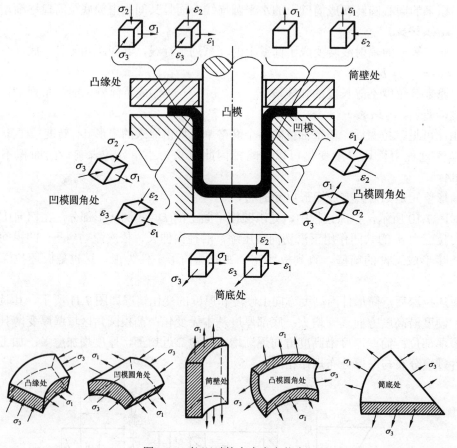

图 7.12　拉深时的应力应变状态

筒形件可以分成 5 个典型区域，其应力应变状态分析如下。

(1) 平面凸缘部分(主要变形区)：该处的材料变形量最大，此处材料主要受径向拉应力 σ_1 和切向压应力 σ_3 的作用，在厚度方向上因受到压边圈的压边力而产生压应力 σ_2。由平衡条件及塑性方程可得

$$\sigma_1 = 1.1\sigma_{均} \ln \frac{R_t}{R} \tag{7-1}$$

$$\sigma_3 = 1.1\sigma_{均} \left(1 - \ln \frac{R_t}{R}\right) \tag{7-2}$$

式中：$\sigma_{均}$ 为凸缘变形区域应力场的平均值；R_t 为拉深变形某一时刻凸缘的外径；R 为凸缘变形区内任意点位置的半径。

根据式(7-1)和式(7-2)可以得到拉深时平面凸缘区的应力分布，如图 7.13 所示。

① 当 $R=r$ 时，变形区内边缘处径向拉应力 σ_1 最大，即

$$\sigma_{1\,max} = 1.1\sigma_{均} \ln \frac{R_t}{R} \tag{7-3}$$

② 当 $R=R_t$ 时，在变形区外边缘处切向压拉应力 σ_3 最大，即

$$\sigma_{3\max} = 1.1\sigma_{均} \tag{7-4}$$

③ 交点 $R = 0.61R_t(|\sigma_1| = |\sigma_3|)$ 为变形区厚度方向变形是增厚还是减薄的分界点。

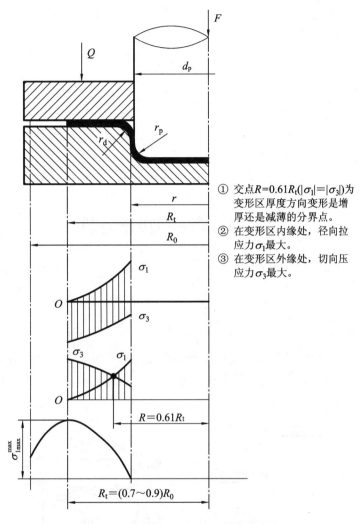

① 交点 $R = 0.61R_t(|\sigma_1| = |\sigma_3|)$ 为变形区厚度方向变形是增厚还是减薄的分界点。

② 在变形区内缘处，径向拉应力 σ_1 最大。

③ 在变形区外缘处，切向压应力 σ_3 最大。

图 7.13　拉深时平面凸缘区的应力分布

根据上述分析，可以得到凸缘变形区的应力分布及变化规律：

- 板坯各点(即 R 不同)的应力与应变是很不均匀的；
- 坯料上同一点不同时刻(即 R_t 不同)应力大小不相同；
- 变形区边缘处径向拉应力 $\sigma_{1\max}$ 大约在 $R_t = (0.7\sim0.9)R_0$ 时出现最大值 $\sigma_{1\max}^{\max}$，在拉深结束 $R_t = r$ 时，减少为零。主要原因是加工硬化($\sigma_s\uparrow$)和几何软化($R_t/r\downarrow$)相互作用，在达到最大值 $\sigma_{1\max}^{\max}$ 前，前者起主导作用；在达到最大值 $\sigma_{1\max}^{\max}$ 后，后者起主导作用。

- $\sigma_{3\max}$ 只与材料有关，因此其变化规律与加工硬化有关，即 $\sigma_{3\max}$ 的变化规律与材料的硬化曲线相似。

(2) 凹模圆角部分(过渡区)：该处材料变形相对较复杂，除了受到径向拉应力 σ_1 和切向压应力 σ_3 外，还受到由于凹模圆角的反作用力和弯曲变形而产生的厚向压应力 σ_2。此时，由于三向应力的共同作用，材料应力集中较明显，且凹模圆角半径越小，应力集中越明显，材料也越易发生剧烈弯曲破裂。

(3) 筒壁部分(传力区)：此部位将凸模的拉深力传到凸缘区域。该部位材料只受到单向拉应力 σ_1 的作用，壁厚有微小的变薄现象。

(4) 凸模圆角部分(过渡区)：与凹模圆角部分相似，除受到径向拉应力 σ_1 和切向拉应力 σ_3 外，在厚度方向上也受到由于凸模圆角的压力和弯曲作用而产生的厚向压应力 σ_2。

凸模圆角区域是在拉深开始就形成了的。拉深过程中该处材料由于一直受到拉深力、凸模圆角的压力和弯曲应力的作用而变薄；而筒壁部位材料受拉伸，不可能向凸模圆角部位补充材料；筒底部位因与凸模底部产生较大的摩擦也无法向凸模圆角区域补充材料，所以凸模圆角区域成为拉深件强度最薄弱，壁厚最薄，最易发生拉深破裂的"危险区域"。

(5) 圆筒底部(小变形区)：此区域的材料在拉深过程中一直与凸模端面紧密接触而产生较大的摩擦，基本不产生金属流动，应力与应变均很小，以至材料厚度基本保持不变。

7.2　拉深件的质量分析

影响拉深件的成形效果或成形质量的主要因素是板坯拉深工艺的起皱和破裂现象。

7.2.1　起皱

1. 起皱现象

在拉深过程中，凸缘部分特别是凸缘外边部分的材料可能会失稳而沿切向形成高低不平的皱折(拱起)现象称为**起皱**，如图 7.14 所示。

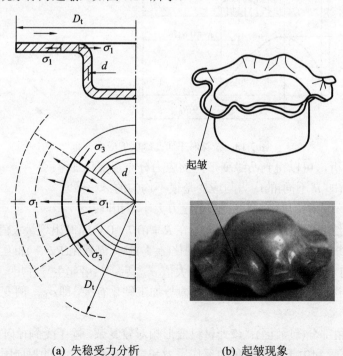

(a) 失稳受力分析　　　　　　　(b) 起皱现象

图 7.14　拉深中的起皱

起皱是板坯拉深中的主要失效形式之一。主要原因是凸缘部分的材料所承受的切向压应力 σ_3 超过了板坯临界压应力而引起的失稳现象。

2. 起皱后果

起皱的产生会影响拉深件的质量。轻微起皱时，部分皱纹会随着金属的流动而在侧壁保留下来；严重起皱时，过大的起皱幅度将会导致材料无法顺利流入凸、凹模间隙而发生拉裂现象，从而加剧模具的磨损，降低其寿命。

3. 影响起皱的因素

(1) 凸缘部分的相对厚度：拉深时的起皱与压杆两端受压失稳相似，$t/(D_t - d)$ 相对厚度越小，越容易起皱，如图 7.15 所示。

(2) 凸缘部分的切向压应力 σ_3 的大小：切向压应力 σ_3 越大，板坯越容易起皱。

因此，凸缘宽度 $(D_t - d)$ 越大，材料越薄，材料弹性模量和硬化模量越小，抵抗失稳能力越小，就越易发生起皱现象。

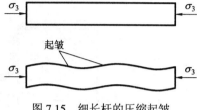

图 7.15　细长杆的压缩起皱

4. 起皱规律

(1) 起皱最严重的时刻：起皱与否与 σ_3 及凸缘相对厚度 $t/(D_t - r)$ 或 $t/(R_t - r)$ 有关。凸缘外边缘处的切向压应力 σ_{3max} 及相对厚度在拉深中是不断增大的，前者增加失稳趋势，而后者提高了抗失稳能力。两个相反作用的因素将造成起皱会在某一时刻发生，这个时刻即为 $R_t = (0.7 \sim 0.9)R_0$。其变化规律与 σ_{1max} 的变化规律基本一致，如图 7.13 所示。

(2) 最容易起皱的位置：σ_3 在凸缘外边缘处达到最大值 σ_{3max}，故此处是最容易起皱的位置。

5. 防止起皱的措施

在生产中常采用增加压边圈下摩擦力、藉以增加径向拉应力和减小切向压应力的方法来防止起皱。

1) 在模具上设置压边装置

根据上述分析，拉深过程中，在 $R_t = (0.7 \sim 0.9)R_0$ 时刻起皱最严重，故压边力 Q 最好能随起皱规律 (σ_{1max}) 而变化，即按图 7.16 的"合理压边力"变化，但要做到这一点是很困难的。

目前，在模具上设置压边装置主要有以下几种：

(1) 弹簧式压边装置(图 7.17(a))：采用弹簧作为弹性介质对板坯进行压边，压边力的增加与拉深行程成正比关系，随行程的增加而增加，且压边力数值可估算，成本低，压边效果好，实际生产中应用较广，一般只能用于浅拉深。

(2) 橡胶式压边装置(图 7.17(b))：采用橡胶作为弹性介质对板坯进行压边，结构简单，使用方便，能够产生足够的压边力。但橡胶的柔性较差，在拉深后期压边力会急剧上升，使材料径向流动困难，

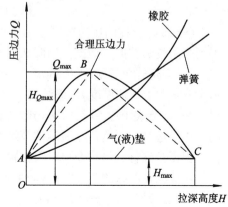

图 7.16　拉深时的压边力曲线

甚至因无法流动而拉裂，效果比弹簧差，一般只能用于浅拉深。

(3) 气垫式压边装置(图 7.17(c))：采用气垫作为弹性介质对板坯进行压边，整个拉深过程中可以通过调节气垫的气压改变压边力大小，甚至可以将压边力设置成一恒定值。该方法压边效果较好，可以用于深拉深，但结构相对较复杂，成本较高。

(4) 刚性压边装置(图 7.17(d))：效果好，用于双动冲床(图 1.9(b))，详情参见图 8.5 及图 8.6。

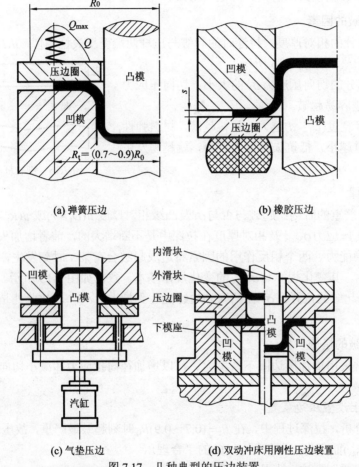

(a) 弹簧压边　　　　　　　　　　　　　(b) 橡胶压边

(c) 气垫压边　　　　　　　　(d) 双动冲床用刚性压边装置

图 7.17　几种典型的压边装置

(5) 带限位柱的压边装置：为了保持压边力均衡，防止压边圈将板坯压得过紧，可以采用带限位装置的压边圈，如图 7.18 所示。

① 固定式压边圈(图 7.18(a)，(b))：是指压边间隙(限位距离)s 为一恒定值的压边结构，通常 s 略大于板坯厚度 t，该结构一般只适用于某一厚度的板坯拉深。

② 调节式压边圈(图 7.18(c))：是为了便于在同一套模具上拉深不同厚度的板坯而设置的一种压边结构。通常是通过调节螺纹来控制压边间隙的。

根据拉深件的形状及材料限位距离，s 的大小分别为

• 拉深带凸缘的工件时：$s = t + (0.05 \sim 0.1)$ mm；

• 拉深钢件时：$s = 1.2t$ mm；

• 拉深铝合金工件时：$s = 1.1t$ mm。

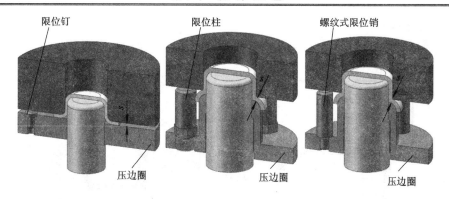

(a) 带限位平面式   (b) 中间工序限位固定式   (c) 中间工序限位可调式

图 7.18 带限位装置的压边圈

2) 采用锥形凹模

如图 7.19 所示,将凹模设计成锥形,板坯拉深初期就处于锥形面上,具有较大的刚度和较强的失稳抗力。同时,锥形凹模有利于材料的切向压缩变形,材料流经凹模圆角处时,圆角对材料的压应力和弯曲作用力也相对较小,材料径向流动效果显著提高,拉深力明显下降,故采用锥形凹模可以有效地提高板坯成形性能。

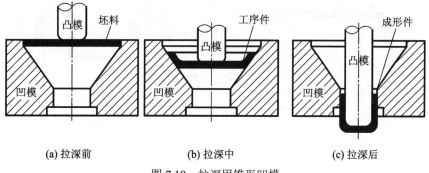

(a) 拉深前   (b) 拉深中   (c) 拉深后

图 7.19 拉深用锥形凹模

3) 采用拉深筋

设置在拉深模压料面上凸起的筋状结构即为**拉深筋**,拉深筋的剖面呈半圆弧形状,如图 7.20 所示。设置拉深筋结构能够增大径向拉应力 σ_1,减少板坯与压边圈间的摩擦,改善材料的径向流动性,并能很好地防止起皱现象的产生,从而提高板坯的成形性能。

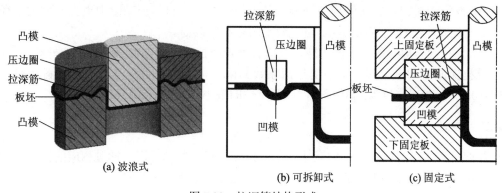

(a) 波浪式   (b) 可拆卸式   (c) 固定式

图 7.20 拉深筋结构形式

4) 采用反拉深

反拉深也称**反拉延**,是把空心工序件内壁外翻的一种拉深工序,如图 7.21 所示。

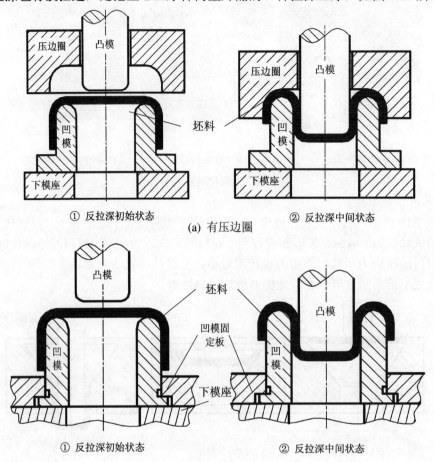

① 反拉深初始状态　　　　　　　　　　② 反拉深中间状态

(a) 有压边圈

① 反拉深初始状态　　　　　　　　　　② 反拉深中间状态

(b) 无压边圈

图 7.21　反拉深

反拉深能减缓起皱是与其变形特点有关的:

(1) 反拉深材料流动方向与正拉深相反,有利于相互抵消拉深过程中形成的残余应力。

(2) 反拉深时,坯料的弯曲与反弯曲次数较少,冷作硬化也少,有利于成形。

(3) 反拉深时,坯料与凹模的接触面较正拉深的大,材料流动阻力也大,增大了径向拉应力 σ_1,减小了切向压应力 σ_3,可有效地防止起皱倾向。

(4) 反拉深将原有的外表面内翻,故原有外表面拉深时的划痕将不会影响外观。

反拉深凹模的壁厚尺寸一般受拉深系数的限制,因此反拉深一般用于坯料相对厚度 $(t/D) < 0.003$,相对高度 $h/d = 0.7 \sim 1$,以及工件的最小直径 $d = (30 \sim 60)t$ 的拉深。

7.2.2　破裂

拉深过程中,起皱并不一定意味着工件报废,轻微的起皱可以通过相应的措施进行消除,而**破裂**则直接导致工件的报废,所以,破裂失效更受到人们的关注。

破裂失效按引起破裂的原因可以分为:

- 过大拉深力引起凸模圆角处材料被拉裂，如图7.22(a)所示；
- 凸缘严重起皱引起凸缘处发生的破裂，即皱裂，如图7.22(b)所示。

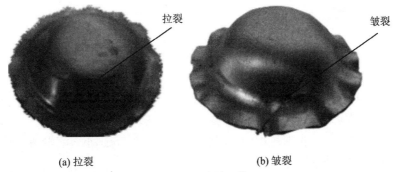

(a) 拉裂　　　　　　　　　　　　(b) 皱裂

图 7.22　破裂工件

1. 拉裂

根据前面的分析，拉深后工件壁厚分布不均匀，口部增厚最多，约为 30%；筒壁与底部转角部位壁厚最小，减少了将近 10%，是拉深时最容易被拉断的地方，即"危险断面"，如图 7.23 所示。

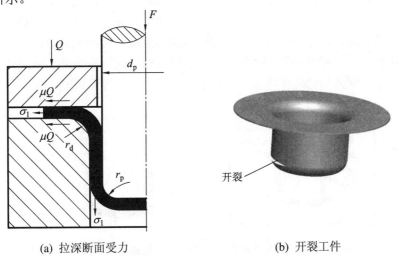

(a) 拉深断面受力　　　　　　　　　　(b) 开裂工件

图 7.23　拉深时危险断面受力情况

此处成为危险断面的原因：

(1) 该处的断面面积较小，因而当传递的拉深力恒定时，其拉应力 σ_1 较大；

(2) 该处需要转移的材料较少，因而变形小，冷作硬化较低，材料强度小；

(3) 与凸模圆角部位相比，摩擦阻力小，难于阻止材料变薄；

(4) 筒壁和筒底材料无法向凸模圆角区域补给材料。

凸缘上拉应力 σ_1 在凹模入口处达到最大值 σ_{1max}，当 $R_t = (0.7 \sim 0.9)R_0$ 时，σ_{1max} 达到最大值 σ_{1max}^{max}。如果 σ_{1max}^{max} 大于危险断面的材料抗拉强度 σ_b 值时，拉深件通常就会在危险断面处发生破裂。

2. 皱裂

对于一些塑性较差、各向异性严重的材料如镁合金，在拉深过程中凸缘部位因严重起皱、局部弯曲严重而破裂，如图 7.22(b)所示。这种由其自身材料起皱而发生的工件破裂现象，称为皱裂。

3. 影响破裂的因素

1) 材料方面

(1) 材料的机械性能：一般若屈强比σ_s/σ_b小、抗拉强度σ_b大、伸长率δ大、硬化指数n大、厚向异性指数r大，则板坯不易被拉裂。参见 2.4.2 节内容。

(2) 材料的相对厚度：板坯的相对厚度t/D越大，凸缘部位的起皱抵抗能力越强，压边力可以降低，压边圈和凹模对板坯的摩擦减小，对成形有利。

(3) 材料表面粗糙度：拉深过程中，材料表面粗糙度Ra越小，润滑条件越好，则越有利于材料的径向流动，材料越不容易破裂。

2) 模具方面

(1) 模具间隙：凸、凹模间隙Z越大，凸缘部位材料越容易流入其内，有利于板坯成形，不容易破裂，如图 7.24(a)所示。

(2) 凸、凹模圆角半径：凸模圆角半径r_p和凹模圆角半径r_d越小，弯曲变形越大，金属的流动阻力也越大，材料的变薄量增加，严重时同样会产生破裂，如图 7.24(b)所示。

(3) 模具表面粗糙度：凹模表面和压边圈对凸缘处的摩擦阻碍材料的径向流动，不利于成形；而凸模对板坯的摩擦阻碍侧壁危险区材料的流动，有利于成形。

(4) 凹模形状：采用锥形凹模结构，有利于材料的切向压缩变形，流经凹模圆角处的材料受到较小的压应力和弯曲作用力，有利于板坯成形，不容易破裂，如图 7.19 所示。

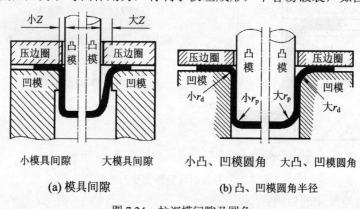

(a) 模具间隙　　　　　　　　　　(b) 凸、凹模圆角半径

图 7.24　拉深模间隙及圆角

3) 拉深条件

(1) 压边条件：采用压边圈时，能有效防止起皱的产生，利于成形；相反，不采用压边圈时，容易起皱，严重的起皱同样会导致工件破裂，如图 7.22(b)所示。但压边力越大，压边圈、凹模与板坯间的摩擦力越大，材料成形越困难，拉深件越易发生破裂。

(2) 拉深次数：板坯经过拉深变形后会产生加工硬化现象，塑性降低，以至再变形难度增大，使拉深件越易发生破裂。

(3) 润滑情况：拉深过程中，板坯与凹模和压边圈之间的润滑条件越好，材料的变形阻力越小，越有利于成形。然而，凸模表面应较凹模粗糙，且不宜采取润滑措施。

(4) 变形程度：板坯的变形程度越大，发生破裂失效的可能性也越大。

4) 工件形状

工件形状不同(如图 7.1 所示),则变形时应力与应变状态不同,极限变形量也就不同。工件形状越复杂,工件的局部加工硬化程度越严重,材料成形越困难,拉深件越易发生破裂。

从上述分析可知,拉深过程中经常遇到的主要问题是起皱和破裂。一般情况下,起皱不是主要难题,因为只要采用压边圈后即可得到控制,而破裂将会直接导致工件的报废,是主要的问题。掌握了拉深工艺的这些特点后,在制定生产工艺、设计模具时就要考虑如何在保证最大的变形程度下避免板坯起皱和工件破裂,使拉深能顺利进行。

7.3   拉深系数与拉深次数

制定拉深工艺时,为了提高生产率,节约成本,希望用最少的拉深次数(冲模套数)、最大的变形程度来尽快获得成形件,但过大的变形量却会产生起皱或破裂现象。所以,为了在生产率和降低废品率之间寻找一个平衡,确定合理的拉深系数和拉深次数是非常有必要的。

7.3.1   拉深系数

拉深系数是指拉深后工件直径(侧壁周长)与拉深前板坯直径(外边缘周长)之比,用来表示板坯拉深前后变形程度的参数。对于圆筒形件来说,拉深系数为

$$m = \frac{\pi d}{\pi D} = \frac{d}{D} \tag{7-5}$$

拉深比 k 与拉深系数呈倒数关系,即 $k = \dfrac{1}{m}$,k 同样用来表示板坯的拉深变形程度。

(1) 如果板坯需要多次拉深,则首次拉深系数为

$$m_1 = \frac{d_1}{D} \tag{7-6}$$

(2) 之后各次拉深系数(如图 7.25 所示)为

$$m_2 = \frac{d_2}{d_1}, \ m_3 = \frac{d_3}{d_2}, \ ..., \ m_n = \frac{d_n}{d_{n-1}}$$

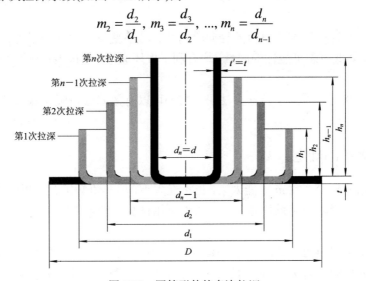

图 7.25   圆筒形件的多次拉深

（3）总拉深系数为

$$m_{总} = \frac{d_n}{D} = \frac{d_1}{D} \cdot \frac{d_2}{d_1} \cdots \frac{d_{n-1}}{d_{n-2}} \cdot \frac{d_n}{d_{n-1}} = m_1 \cdot m_2 \cdots m_{n-1} \cdot m_n \qquad (7\text{-}7)$$

式中：m_1，m_2，m_3，$\cdots$，m_n 为各次拉深系数；$m_{总}$ 为总拉深系数；D 为坯料直径，mm；d_1，d_2，d_3，$\cdots$，d_n 为各次半成品拉深件的直径，mm。其中，$d_n = d$。

拉深系数 m 的意义：表示拉深前后坯料(工序件)直径的变化率，其值小于 1；拉深系数 m 越小，则板坯直径变化越大，即变形程度越大，需要转移的"多余扇形"面积越大，如图 7.26 所示。

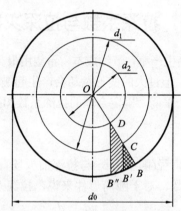

图 7.26　拉深时需要转移的材料

7.3.2　极限拉深系数

拉深系数如果太大，则拉深次数及冲模套数将会增加，不经济；拉深系数如果太小，则变形程度太大，易拉裂。生产上为了减少拉深次数，在保证质量的前提下，一般采用较小的拉深系数。但拉深系数的减小应该有一个极限值。**极限拉深系数** $m_{\min}$ 就是在保证获得不破裂拉深件的前提下，所能取到的**最小拉深系数**。极限拉深系数的大小反映出材料的拉深性能。

凡是能提高拉深凸缘部位材料的径向流动性、减小变形区的变形阻力，增加传力区内危险断面强度、降低破裂可能性的因素，均有利于板坯成形，使极限拉深系数减小，见 7.2.2 节内容。

与普通拉深相比，采用反拉深方法(图 7.21)可以有效降低极限拉深系数，一般可降低10%以上。

7.3.3　拉深系数的确定

拉深时采用的拉深系数 m 不能太大，也不能太小，但其值必须大于极限拉深系数 $m_{\min}$。生产上采用的极限拉深系数是在一定条件下用试验方法求出的，通常 $m_1 = 0.46 \sim 0.60$，$m_2 = 0.70 \sim 0.86$。

一般情况下，用压边装置的拉深系数小于不用压边装置的拉深系数。多次拉深时，后一道的工序所允许的 $m_{\min}$ 要比前一道的大，拉深次数越多，后续的 $m_{\min}$ 将越大。

各次拉深的极限拉深系数可查表 7-1～表 7-3。

表 7-1 无凸缘圆筒形件极限拉深系数 m_{min} (用压边圈)

拉深系数	坯料相对厚度(t/D)/%					
	<2～1.5	<1.5～1.0	<1.0～0.6	<0.6～0.3	<0.3～0.15	<0.15～0.06
$m_{1\,min}$	0.48～0.50	0.50～0.53	0.53～0.55	0.55～0.58	0.58～0.60	0.60～0.63
$m_{2\,min}$	0.73～0.75	0.75～0.76	0.76～0.78	0.78～0.79	0.79～0.80	0.80～0.82
$m_{3\,min}$	0.76～0.78	0.78～0.79	0.79～0.80	0.80～0.81	0.81～0.82	0.82～0.84
$m_{4\,min}$	0.78～0.80	0.80～0.81	0.81～0.82	0.82～0.83	0.83～0.85	0.85～0.86
$m_{5\,min}$	0.80～0.82	0.82～0.84	0.84～0.85	0.85～0.86	0.86～0.87	0.87～0.88

注：① 表中数据适用于 08 钢，10 钢和 15Mn 钢等普通拉深钢及黄铜 H62。对拉深性能较差的材料，如 20 钢，25 钢，Q235 钢及硬铝等应比表中数值大 1.5%～2.0%；而对塑性较好的 05，08，10 钢及软铝应比表中数值小 1.5%～2.0%。

② 表中数据运用于未经中间退火的拉深。若采用中间退火，表中数值应小 2%～3%。

③ 表中较小值适用于大的凹模圆角半径 $r_d = (8～15)t$，较大值适用于小的圆角半径 $r_d = (4～8)t$。

表 7-2 无凸缘圆筒形件极限拉深系数 m_{min} (不用压边圈)

拉深系数	坯料相对厚度(t/D)/%				
	1.5	2.0	2.5	3.0	>3.0
$m_{1\,min}$	0.65	0.60	0.55	0.53	0.50
$m_{2\,min}$	0.80	0.75	0.75	0.75	0.70
$m_{3\,min}$	0.84	0.80	0.80	0.80	0.75
$m_{4\,min}$	0.87	0.84	0.84	0.84	0.78
$m_{5\,min}$	0.90	0.87	0.87	0.87	0.82
$m_{6\,min}$	—	0.90	0.90	0.90	0.85

注：此表适合于 08 钢、10 钢及 15Mn 钢等材料，其余各项目同表 7-2。

表 7-3 筒形件其他金属板坯的拉深系数 m_{min}

材料名称	牌号	首次拉深系数 m_1	以后各次拉深系数 m_2
铝及铝合金	8A06-O，1035-O，3A21-O	0.52～0.55	0.70～0.75
硬铝	2A12-O，2A11-O	0.55～0.58	0.75～0.80
黄铜	H62	0.52～0.54	0.70～0.72
	H68	0.50～0.52	0.58～0.72
纯铜	T2，T3，T4	0.50～0.55	0.72～0.80
无氧铜		0.50～0.58	0.75～0.82
镍，镁镍，硅镍		0.48～0.53	0.70～0.75
康铜(铜镍合金)		0.50～0.56	0.74～0.84
白铁皮		0.58～0.65	0.80～0.85
酸洗钢板		0.54～0.58	0.75～0.78

续表

材料名称	牌号	首次拉深系数 m_1	以后各次拉深系数 m_2
不锈钢	Cr13	0.52～0.56	0.75～0.78
	Cr18Ni9	0.50～0.52	0.70～0.75
	1Cr18Ni9Ti	0.52～0.55	0.78～0.81
	0Cr23Ni13	0.52～0.55	0.78～0.80
镍铬合金	Cr20Ni80Ti	0.54～0.59	0.78～0.84
合金结构钢	30CrMnSiA	0.62～0.70	0.80～0.84
可伐合金		0.65～0.67	0.85～0.90
钼铼合金		0.72～0.82	0.91～0.97
钽		0.65～0.67	0.84～0.87
铌		0.65～0.67	0.84～0.87
钛及钛合金	TA2，TA3	0.58～0.60	0.80～0.85
	TA5	0.60～0.65	0.80～0.85
锌		0.65～0.70	0.85～0.90

7.3.4　拉深次数的确定

确定拉深次数是为了计算出各次拉深形成的半成品的直径和高度，以此作为设计模具和选择压力机的依据。不少拉深件往往需要经过几次拉深才能达到最终的尺寸形状。如果已知每道工序的拉深系数或拉深比的数值，就可以通过计算获得各道工序中工件的尺寸。

板坯拉深工艺中，拉深次数与拉深系数有必然的联系，由于实际的拉深系数应大于极限拉深系数，所以采用拉深系数计算公式计算出来的拉深系数只要大于表 7-1～表 7-3 中所列的数值时，工件便可以一次拉深成形，否则必须多次拉深。多次拉深时，假设总的拉深系数 $m_总 = d/D$，其拉深次数可以按下列方法来确定。

1. 推算法

● 查得各次的极限拉深系数 $m_{\min}$。

● 依次计算出各次拉深直径(最大变形程度)，即 $d_1 = m_{1\min}D$，$d_2 = m_{2\min}d_1$，…，$d_n = m_{n\min}d_{n-1}$。

● 当 $d_n \leqslant d$ 时，计算的次数 n 即为拉深次数。

2. 计算法

拉深次数：
$$n = 1 + \frac{\lg d - \lg(m_1 D)}{\lg m_均} \tag{7-8}$$

式中：d 为冲件直径，mm；D 为坯料直径，mm；m_1 为第一次拉深系数；$m_均$ 为第一次拉深后各次拉深的平均拉深系数。

3. 查表法

根据拉深件的相对高度 h/d 和相对厚度 t/D 直接查表 7-4 获得拉深次数。

表 7-4 无凸缘筒形件拉深的相对高度 *h*/*d* 与拉深次数的关系(材料 08F,10F)

拉深次数	坯料相对厚度(*t*/*D*)/%					
	0.08～0.15	0.15～0.30	0.30～0.60	0.60～1.00	1.00～1.50	1.50～2.00
1	0.38～0.64	0.45～0.52	0.50～0.62	0.57～0.71	0.65～0.84	0.77～0.94
2	0.70～0.90	0.83～0.96	0.94～1.13	1.10～1.36	1.32～1.60	1.54～1.88
3	1.10～1.30	1.30～1.60	1.50～1.90	1.80～2.30	2.20～2.80	2.70～3.50
4	1.50～2.00	2.00～2.40	2.40～2.90	2.90～3.60	3.50～4.30	4.30～5.60
5	2.00～2.70	2.70～3.30	3.30～4.10	4.10～5.20	5.10～6.60	6.60～8.90

7.4 旋转体拉深件尺寸的确定

拉深工艺设计中,既要考虑节约成本,取用尽量少的材料,又必须保证取用的材料足够拉深出合格的工件。因此,合理确定坯料的形状和尺寸具有重要意义。

7.4.1 拉深件板坯尺寸的计算

1. 坯料形状和尺寸确定的依据

体积不变原理:拉深前和拉深后材料的体积不变,用于确定板坯的尺寸。对于不变薄拉深,假设变形中板坯厚度不变,即拉深前板坯的面积与拉深后工件表面积相等,如图 7.27 所示。

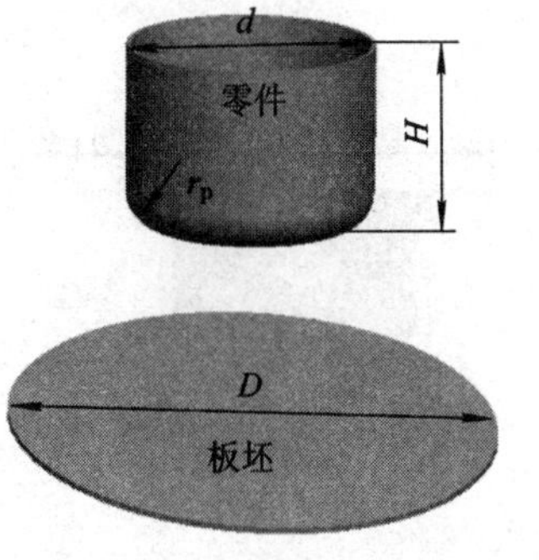

2. 板坯尺寸计算要考虑的问题

图 7.27 圆筒形件与板坯的关系

(1) 对于板坯厚度 *t*>1 mm 的工件,应以零件厚度的中线为准来计算;当 *t*<1 mm 时,可以按工件的外径或内径来计算。

(2) 拉深后工件口部通常是不平齐(如图 7.28 所示),应在拉深后切除,因而在计算板坯尺寸时应在工件高度方向上加一切边余量δ,如图 7.29 所示。切边余量δ值可查表 7-5 和表 7-6 来选取。

(3) 对于形状复杂的工件,需多次试压,反复修改,才能最终确定板坯形状。

图 7.28 拉深后工件口部不平齐现象

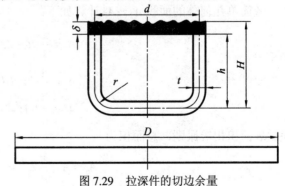

图 7.29 拉深件的切边余量

表7-5　无凸缘零件切边余量δ　　　mm

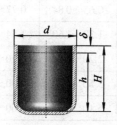

零件总高 H	切边余量δ			
	工件相对高度 H/d 或 H/B			
	≤0.5～0.8	0.8～1.6	1.6～2.5	2.5～4
≤10	1.0	1.2	1.5	2
>10～20	1.2	1.6	2	2.5
>20～50	2	2.5	3.3	4
>50～100	3	3.8	5	6
>100～150	4	5	6.5	8
>150～200	5	6.3	8	10
>200～250	6	7.5	9	11
>250	7	8.5	10	12

表7-6　有凸缘零件切边余量δ　　　mm

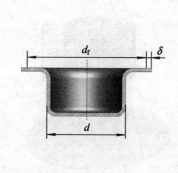

凸缘直径 d_f 或 B_f	切边余量δ			
	相对凸缘直径 d_f/d 或 B_f/B			
	≤1.5	1.5～2	2～2.5	2.5～3
≤25	1.6	1.4	1.2	1.0
>20～50	2.5	2	1.8	1.6
>50～100	3.5	3	2.5	2.2
>100～150	4.3	3.6	3.0	2.5
>150～200	5.0	4.2	3.5	2.7
>200～250	5.5	4.6	3.8	2.8
>250	6	5	4	3

3. 简单旋转体拉深件坯料尺寸的确定

如图 7.30 所示，将拉深件划分为若干个简单的几何体，分别求出各简单几何体的表面积 A_1～A_3，再把各简单几何体面积相加即为零件总面积 $A=A_1+A_2+A_3$，而板坯面积 $A_0=\dfrac{\pi}{4}D^2$。

各简单几何体的面积 A_1～A_3 计算如下：

$$A_1 = \frac{\pi}{4}(d-2r)^2$$

$$A_2 = \frac{\pi}{4}[2\pi r(d-2r)+8r^2] \tag{7-9}$$

$$A_3 = \pi d(H-r) = \pi d(h+\delta-r)$$

根据表面积相等原则，总面积为

$$A_0 = A = \frac{\pi}{4}D^2 = A_1 + A_2 + A_3 \tag{7-10}$$

可以得到无凸缘圆筒件的板坯计算公式为

$$D = \sqrt{(d-2r)^2 + 2\pi r(d-2r) + 8r^2 + 4d(h+\delta-r)} = \sqrt{d^2 + 4dH - 1.72dr - 0.56r^2} \qquad (7\text{-}11)$$

式中的各变量含义如图 7.30 所示。

(a) 拉深件　　　　　　　　(b) 分解　　　　　　　　(c) 圆形板坯

图 7.30　拉深件板坯计算步骤

4. 复杂旋转体拉深件板坯尺寸的确定

以久里金法则求其表面积。如图 7.31 所示，任何形状的母线绕轴旋转一周所得到的旋转体面积，等于该母线的长度与其重心绕该轴线旋转所得周长的乘积。旋转体表面积为

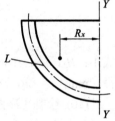

图 7.31　久里金法则

$$A = 2\pi R_x L \qquad (7\text{-}12)$$

根据表面积相等原则，有

$$\frac{\pi D^2}{4} = 2\pi R_x L \quad \text{或} \quad D = \sqrt{8R_x L} \qquad (7\text{-}13)$$

因此，对于一个完整的复杂旋转体拉深件可以等效于由多个简单旋转单元组成，其面积计算公式为

$$A = \sum_{n=1}^{\pi} A_n = \sum_{n=1}^{\pi} 2\pi R_{xn} L_n \qquad (7\text{-}14)$$

式中：A 为复杂旋转体拉深件的总表面积，mm^2；A_n 为第 n 个简单回转单元的表面积，mm^2；L_n 为第 n 个简单回转单元外形曲线的弧长，mm；R_{xn} 为第 n 个简单回转单元外形曲线重心到旋转轴的距离，mm。

7.4.2　拉深件工序尺寸的计算

对拉深件各个工序的尺寸确定，有利于模具的设计与制造，包括切边余量、坯料直径、拉深次数、凸模圆角半径、凹模圆角半径、半成品高度等的确定。

如果板坯厚度 t 大于 1 mm，则各尺寸均按板坯厚度中线尺寸计算。

在实际生产中，拉深时不能取极限拉深系数，以避免拉裂，因此要对拉深系数进行放大调整，使 $m_i \geqslant m_{i\min}$，而且尽量使 $\Delta m_i = m_i - m_{i\min}$ 为常数。

计算无凸缘圆筒形件工序尺寸的步骤如下：

(1) 确定修边余量 δ，见表 7-5 和表 7-6；

(2) 确定板坯直径 D；

(3) 确定是否需要采用压边圈；

(4) 确定总拉深系数 $m_总$，并判断能否一次拉深成形，从表 7-1 和表 7-2 选取 m_{1min}，若 $m_总 > m_{1min}$，则制件可一次拉深成形，否则，需要多次拉深；

(5) 确定拉深次数 n；

(6) 初步选定拉深系数 m_1，m_2，m_3，$\cdots$，m_n，见表 7-1 和表 7-2；

(7) 调整拉深系数，使 $m_i \geqslant m_{imin}$，并确定各次拉深后半成品直径 d_i；

(8) 确定各次拉深凸圆角半径 r_{pi}、凹模圆角半径 r_{di}；

(9) 确定拉深后半成品高度 H_i（其中，$i = 1$，2，3，$\cdots$，n）：

$$H_1 = 0.25\left(\frac{D^2}{d_1} - d_1\right) + 0.43\frac{r_1}{d_1}(d_1 + 0.32r_1)$$

$$H_2 = 0.25\left(\frac{D^2}{d_2} - d_2\right) + 0.43\frac{r_2}{d_2}(d_2 + 0.32r_2) \qquad (7\text{-}15)$$

$$H_n = 0.25\left(\frac{D^2}{d_n} - d_n\right) + 0.43\frac{r_n}{d_n}(d_n + 0.32r_n)$$

式中：H_1，H_2，$\cdots$，H_n 为各次拉深半成品高度，mm；d_1，d_2，$\cdots$，d_n 为各次拉深半成品直径，mm；r_1，r_2，$\cdots$，r_n 为各次拉深半成品底部圆角半径，mm；D 为板坯直径，mm；

(10) 绘制工序图。

7.4.3 无凸缘圆筒形件尺寸计算举例

例 7-1 拉深零件如图 7.32 所示，材料为 10 钢，厚度为 1 mm，试计算确定板坯尺寸、拉深次数及半成品尺寸。

解： 解题步骤如下：

(1) 筒形拉深零件工艺性分析。零件为无凸缘筒形件，对外形尺寸有要求，没有厚度不变的要求，满足拉深工艺要求，故可用普通拉深加工。工件底部圆角半径 $r = r_p = 3.5$ mm $\geqslant t$，满足再次拉深对圆角半径的要求。$\phi 21^{+0.50}_{0}$ mm 为 IT14 级，满足拉深工序对工件的公差等级要求。

由于板坯厚度 $t \geqslant 1$ mm，故按厚度中线尺寸计算，则 $d = 20$ mm，$h = 67.5$ mm，$r = 4$ mm。

(2) 确定切边余量。由 $h/d = 67.5/20 = 3.375$，再查表 7-5 可得 $\delta = 6$ mm。

(3) 确定板坯直径 D。由公式(7-11)得

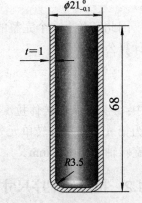

图 7.32　筒形拉深零件尺寸

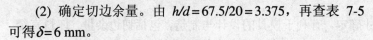

$$D = \sqrt{d^2 + 4dH - 1.72dr - 0.56r^2} = \sqrt{20^2 + 4 \times 20 \times (67.5 + 6) - 1.72 \times 20 \times 4 - 0.56 \times 4^2}$$

$$\approx 78 \text{ mm}$$

(4) 初步确定拉深次数。由 $t/D \times 100 = 1.3$，$m = d/D = 20/78 = 0.256$，按有压边圈来进行设计，查表 7-1 可得

$$m_{1min} = 0.50, \quad m_{2min} = 0.75, \quad m_{3min} = 0.78, \quad m_{4min} = 0.80$$

比较 $m_总$ 及 m_{1min}，可得

$$m_总 = d/D = 20/78 = 0.26 < m_{1min} = 0.50$$

可见，需多次拉深。

由 $d_i = m_{imin}d_{i-1}$ 得

$$d_{1min} = m_{1min} \times D = 0.50 \times 78 = 39 \text{ mm};$$
$$d_{2min} = m_{2min} \times d_{1min} = 0.75 \times 39 = 29.3 \text{ mm};$$
$$d_{3min} = m_{3min} \times d_{2min} = 0.78 \times 29.3 = 22.9 \text{ mm};$$
$$d_{4min} = m_{4min} \times d_{3min} = 0.80 \times 22.9 = 18.3 \text{ mm} < d = 20 \text{ mm}。$$

故初步确定至少需要 4 次拉深。

(5) 调整拉深系数，确定各次拉深直径。现已知 $d_4 = 20$ mm，故可用反推法求合理拉深系数。为了避免可能产生拉裂现象，所取的拉深系数应大于最小拉深系数，即 $m_i \geqslant m_{min}$，取 $m_1 = 0.53$，$m_2 = 0.76$，$m_3 = 0.79$，$m_4 = 0.82$，则由 $d_i = m_i d_{i-1}$ 可得

$$d_4 = 20 \text{ mm}, \quad d_3 = 24.4 \text{ mm}, \quad d_2 = 30.9 \text{ mm}, \quad d_1 = 40.7 \text{ mm}$$

为了便于模具的设计与制造，应将各次拉深后的直径取整数，故得

$$D = 78 \text{ mm}, \quad d_1 = 41 \text{ mm}, \quad d_2 = 31 \text{ mm}, \quad d_3 = 25 \text{ mm}, \quad d_4 = 20 \text{ mm}$$

(6) 确定凸、凹模圆角半径(参见 8.2.3 节内容)。选取凸模圆角半径 r_p 时，应呈现从大到小的规律，为了便于模具的设计与制造，各次的 r_p 值应取整数。最后一次拉深时，凸模圆角半径为最终拉深件的底部圆角半径，且不能小于 $2t$，如果设计时要求最终的圆角半径小于 $2t$，应再加一道整形工序。由于本例中板厚 $t = 1$ mm，最终圆角半径 $r_4 = 4$ mm，故不需要增加整形工序。各次拉深时的凸模圆角半径值可取为

$$r_{1p} = r_1 = 7 \text{ mm}, \quad r_{2p} = r_2 = 6 \text{ mm}, \quad r_{3p} = r_3 = 5 \text{ mm}, \quad r_{4p} = r_4 = 4 \text{ mm}$$

相应各次拉深的凹模圆角半径 r_{id} 可按 $r_{ip} = (0.6 \sim 1.0)r_{id}$ 来确定。确定 r_{id} 值时应遵循的规律与确定 r 值的规律相同，可分别取为

$$r_{1d} = 8 \text{ mm}, \quad r_{2d} = 7 \text{ mm}, \quad r_{3d} = 6 \text{ mm}, \quad r_{4d} = 5 \text{ mm}$$

(7) 确定拉深后半成品高度。根据式(7-15)计算各次拉深后半成品高度为

$$H_1 = 0.25\left(\frac{D^2}{d_1} - d_1\right) + 0.43\frac{r_1}{d_1}(d_1 + 0.32r_1) = 0.25 \times \left(\frac{78^2}{41} - 41\right) + 0.43 \times \frac{7}{41} \times (41 + 0.32 \times 7)$$
$$= 30.0 \text{ mm}$$

$$H_2 = 0.25 \times \left(\frac{D^2}{d_2} - d_2\right) + 0.43\frac{r_2}{d_2}(d_2 + 0.32r_2) = 0.25 \times \left(\frac{78^2}{31} - 31\right) + 0.43 \times \frac{6}{31} \times (31 + 0.32 \times 6)$$
$$= 44.1 \text{ mm}$$

$$H_3 = 0.25 \times \left(\frac{D^2}{d_3} - d_3\right) + 0.43\frac{r_3}{d_3}(d_3 + 0.32r_3) = 0.25 \times \left(\frac{78^2}{25} - 25\right) + 0.43 \times \frac{5}{25} \times (25 + 0.32 \times 5)$$
$$= 57.9 \text{ mm}$$

$$H_4 = 0.25 \times \left(\frac{D^2}{d_4} - d_4 \right) + 0.43 \frac{r_4}{d_4}(d_4 + 0.32r_4) = 0.25 \times \left(\frac{78^2}{20} - 20 \right) + 0.43 \times \frac{4}{20} \times (20 + 0.32 \times 4)$$

=72.9 mm

计算拉深件高度的目的是为了设计再拉深模时确定压边圈的高度，拉深模压边圈的高度应大于前道工序的高度，所以在计算拉深工序时不必很精确，可取较大的整数值。因此，板坯、半成品、工件图如图 7.33 所示。

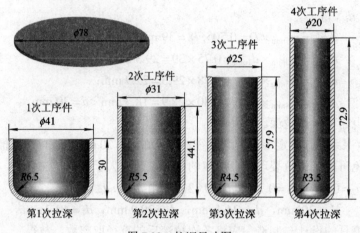

图 7.33　拉深尺寸图

7.5　压边力和拉深力的确定

在凸缘上施加压边力可以防止起皱现象的发生，但同时也增加了板坯的径向流动阻力，故压边力的大小直接影响板坯的拉深效果。

拉深力是凸模对板坯的正面作用力，确定其大小不但有助于选择合理吨位的压力机，而且能为校核模具的强度和刚度提供依据。

7.5.1　压边力的计算

1. 坯料不起皱的条件

采用压边圈和施加压边力会造成摩擦力的增大，使板坯径向流动困难，材料容易出现拉裂现象，同时采用压边圈会使模具结构复杂，增加了成本。所以，在板坯拉深过程中尽量不采用压边装置。

板坯不起皱可以按表 7-7 来进行判断，也可以按如下公式进行估算：

- 平端面凹模首次拉深：

$$\frac{t}{D} \geqslant (0.09 \sim 0.17)\left(1 - \frac{d}{D}\right) \qquad (7\text{-}16)$$

- 平端面凹模再次拉深：

$$\frac{t}{d} \geqslant (0.09 \sim 0.17)\left(\frac{D}{d} - 1\right) \qquad (7\text{-}17)$$

- 锥形凹模首次拉深：

$$\frac{t}{D} \geqslant 0.03\left(1 - \frac{d}{D}\right) \qquad (7\text{-}18)$$

- 锥形凹模再次拉深：
$$\frac{t}{d} \geqslant 0.03\left(\frac{D}{d} - 1\right) \tag{7-19}$$

若不满足上述条件，就可能会起皱，这时要采用压边圈。

表 7-7　压边圈采用条件

是否采用压边圈	首次拉深		后续各次拉深	
	$(t/D) \times 100$	m_1	$(t/D) \times 100$	m_n
采用	< 1.5	< 0.6	< 1	< 0.8
可用可不用	1.5～2.0	0.6	1～1.5	0.8
不采用	> 2.0	> 0.6	> 1.5	> 0.8

2. 压边力的确定

确定需要采用压边圈后，便需要进一步确定压边力的取值合理范围。

压边力值大小要适当，理想的压边力应随起皱可能性变化而变化，如图 7.34 所示。但理想压边力实现起来很困难。在实际生产中，压边力 Q 都有合理的一个调节范围：$Q_{\min} > Q > Q_{\max}$。Q 在此范围内工艺稳定，Q 过大就拉裂，过小一点又会起皱。所以，压边力大小的施加原则是在保证不起皱的前提下应尽量小。

压边力的确定可以根据以下公式计算：

- 总压边力：
$$Q = A \cdot q \quad \text{或} \quad Q = 0.25F_1 \tag{7-20}$$

- 首次拉深的压边力：
$$Q_1 = 0.25\pi[D^2 - (d_1 + 2r_1)^2] \cdot q \tag{7-21}$$

- 再次拉深的压边力：
$$Q_n = 0.25\pi[d_{n-1}^2 - (d_n + 2r_n)^2] \cdot q \tag{7-22}$$

式中：d_n、r_n 为表示第 n 次拉深时半成品直径及底部圆角半径，mm；A 为压料圈下坯料的投影面积，mm^2，如图 7.35 所示；F_1 为首次拉深力，N；q 为单位压边力，MPa，可查表 7-8。

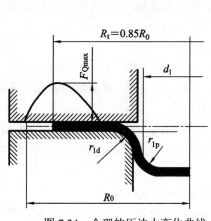

图 7.34　合理的压边力变化曲线

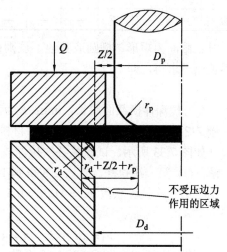

图 7.35　拉深模具工作部分几何参数

表 7-8　单位压边力

材料名称		单位压边力 q / MPa	材料名称	单位压边力 q / MPa
铝		0.8～1.2	镀锡钢板	25～30
紫铜、硬铝(已退火)		1.2～1.8	高合金钢	30～45
黄铜		1.5～2.0	不锈钢	
软钢	$t < 0.5$ mm	2.5～3.0	高温合金	28～35
	$t > 0.5$ mm	2.0～2.5		

7.5.2　拉深力与拉深功的计算

1. 拉深力

对于需要采用压边装置的筒形件拉深，生产中常用下列经验公式来进行计算：

* 第 1 次拉深：　　　　　　　　　　　$F_1 = \pi d_1 t \sigma_b k_1$　　　　　　　　　　　(7-23)
* 第 n 次拉深：　　　　　　　　　　　$F_n = \pi d_n t \sigma_b k_2$　　　　　　　　　　　(7-24)

式中：σ_b 为板坯抗拉强度，MPa；t 为材料厚度，mm；d_1、d_n 为第 1、n 次拉深半成品直径，mm；k_1、k_2 为修正系数，m 越小，它们的值越大，可查表 7-9。

表 7-9　拉深力和拉深功的修正系数 k_1、k_2 和 λ_1、λ_2

拉深系数 m_1	0.55	0.57	0.60	0.62	0.65	0.67	0.70	0.72	0.75	0.77	0.80	—	—	—
修正系数 k_1	1.00	0.93	0.86	0.79	0.72	0.66	0.60	0.55	0.50	0.45	0.40	—	—	—
系数 λ_1	0.80	—	0.77	—	0.74	—	0.70	—	0.67	—	0.64	—	—	—
拉深系数 m_2	—	—	—	—	—	—	0.70	0.72	0.75	0.77	0.80	0.85	0.90	0.95
修正系数 k_2	—	—	—	—	—	—	1.00	0.95	0.90	0.85	0.80	0.70	0.60	0.50
系数 λ_2	—	—	—	—	—	—	0.80	—	0.80	—	0.75	—	0.70	—

对于截面为矩形、椭圆或其他不规则截面的拉深件，它们的拉深力同样可以根据上述的周长原理求得，即

$$F = L t \sigma_b k \qquad\qquad (7\text{-}25)$$

式中：L 为拉深件横截面周长，mm；k 为修正系数，$k = 0.5 \sim 0.8$。

例 7-2　根据例 7-1 所示拉深件，材料为 10 钢，厚度为 1 mm，需要四次拉深，各次拉深尺寸如图 7.33 所示，试计算各次拉深成形所需的拉深力。

解：(1) 第一次拉深。查表 2-8 得到 10 钢的 $\sigma_b = 300$ MPa～440 MPa，取 $\sigma_b = 370$ MPa。由于第一次拉深系数 $m_1 = 41/78 = 0.53 < 0.55$，查表 7-9 可取 $k_1 = 1.0$，故由公式(7-23)可得

$$F_1 = \pi d_1 t \sigma_b k_1 = \pi \times 41 \times 1 \times 370 \times 1 = 47.63 \text{ kN}$$

(2) 第二次拉深。由于二次拉深系数 $m_2 = 31/41 = 0.76$，查表 7-9 可取 $k_2 = 0.50$，则由公

式(7-24)可得

$$F_2 = \pi d_2 t \sigma_b k_2 = \pi \times 31 \times 1 \times 370 \times 0.5 = 18.00 \text{ kN}$$

(3) 第三次拉深。由于三次拉深系数 $m_3 = 25/31 = 0.81 > 0.80$，查表 7-9 可取 $k_2 = 0.40$，则由公式(7-24)可得

$$F_3 = \pi d_3 t \sigma_b k_2 = \pi \times 25 \times 1 \times 370 \times 0.4 = 11.62 \text{ kN}$$

(4) 第四次拉深。由于四次拉深系数 $m_4 = 20/25 = 0.80$，查表 7-9 可取 $k_2 = 0.40$，则由公式(7-24)可得

$$F_4 = \pi d_4 t \sigma_b k_2 = \pi \times 20 \times 1 \times 370 \times 0.4 = 9.29 \text{ kN}$$

2. 拉深功

拉深功的计算公式如下：

- 首次拉深功 W_1 为

$$W_1 = \frac{\lambda_1 F_{1\max} H_1}{1000} \tag{7-26}$$

- 后续各次拉深功 W_i 为

$$W_i = \frac{\lambda_i F_{i\max} H_i}{1000} \tag{7-27}$$

式中：W_1、W_i 分别为首次及后续各次拉深的最大拉深功，N・m；$F_{1\max}$、$F_{i\max}$ 分别为首次及后续各次拉深的最大拉深力，N；λ_1、λ_i 分别为平均变形力与最大变形力的比值，与拉深系数有关，见表 7-9；H_1、H_i 分别为首次拉深和后续各次拉深的高度，mm。

7.5.3 压力机的选取

对于单动压力机(如图 1.9(a)所示)，所选择压力机的吨位应大于总的工艺力，即拉深力 F 与压边力 Q 的总和 $F_总$ 为

$$压力机吨位 \geqslant F_总 = F + Q \tag{7-28}$$

当拉深行程很大，特别是采用落料-拉深复合模时，不能简单地将落料力与拉深力迭加后即选择压力机，而应注意压力机的压力曲线，如图 1.14 所示。否则有可能由于过早地出现最大冲压力而导致压力机超载并损坏。

通常应先按以下公式做粗略估算：

- 浅拉深时($H/d < 0.8$)： $\qquad F_总 \leqslant (0.7 \sim 0.8) F_0 \tag{7-29}$
- 深拉深时($H/d \geqslant 0.8$)： $\qquad F_总 \leqslant (0.5 \sim 0.6) F_0 \tag{7-30}$

式中：$F_总$ 为总拉深力，N；F_0 为压力机公称压力，即压力机在下止点的压力，N。

深拉深时，由于电机长时间工作，有可能使电机的功率超载而烧损，因此必须对电机功率进行检验。

拉深功率计算公式为

$$P = \frac{Wn}{60 \times 75 \times 1.36 \times 10} \tag{7-31}$$

所需压力机的电动机功率为

$$P_{电机} = \frac{W \gamma n}{60 \times 75 \times \eta_{压} \eta_{电} \times 1.36 \times 10} \tag{7-32}$$

式中：P、$P_{电机}$ 分别为拉深功率及电动机功率，kW；W 为拉深功，N·m；$\eta_{压}$ 为压力机效率，$\eta_{压} = 0.6 \sim 0.8$；$\eta_{电}$ 为电动机效率，$\eta_{电} = 0.9 \sim 0.95$；γ 为不均衡系数，$\gamma = 1.2 \sim 1.4$；n 为压力机每分钟行程次数，次/分钟；1.36 为由马力转换成千瓦的转化系数。

如果计算所得的 $P_{电机} < P$，则应另选择功率更大的压力机。对于形状复杂的拉深件的拉深以及加工硬化严重的材料的拉深，拉深速度不宜太大，一般以小于 200 mm/s 为宜。

7.6　其他形状零件的拉深

7.6.1　带凸缘圆筒形件的拉深

圆筒形零件口部平面上有一凸边的空心零件即称为**带凸缘筒形件**。其变形区的应力应变特点与圆筒形件拉深时相同。差别在于凸缘件拉深时不要求把全部板坯拉入凹模，只相当于圆筒形件拉深的一个中间状态，当板坯外径等于法兰边(即凸缘)的直径 d_f 时，拉深即结束，如图 7.36 所示。

按照凸缘的宽窄，凸缘圆筒形件可以分为两种：

- 小(窄)凸缘件：$\dfrac{d_f}{d} = 1.1 \sim 1.4$，如图 7.37(a)所示。

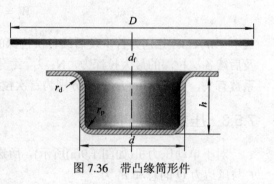

图 7.36　带凸缘筒形件

- 宽凸缘件：$\dfrac{d_f}{d} > 1.4$，如图 7.37(b)所示。

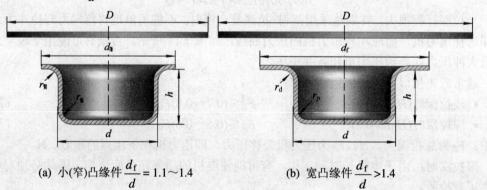

(a) 小(窄)凸缘件 $\dfrac{d_f}{d} = 1.1 \sim 1.4$　　　　(b) 宽凸缘件 $\dfrac{d_f}{d} > 1.4$

图 7.37　窄凸缘件与宽凸缘件

1. 窄凸缘件的拉深方法

因未拉入凹模内的材料较少，一般当做无凸缘圆筒形件对待，并按无凸缘圆筒形件拉深及尺寸计算。有两种拉深方法：

(1) 若 $h/d > 1$，在前几道工序中按无凸缘圆筒形件拉深，只在倒数第二道工序时才拉出凸缘或者拉成锥形凸缘，最后将锥形凸缘校正成水平凸缘，如图 7.38(a)所示。

(2) 若 $h/d < 1$，则在第一道就拉成水平凸缘，后续各次均保持有凸缘形状，只是改变各部分尺寸，直到拉深成所需尺寸和形状，如图 7.38(b)所示。

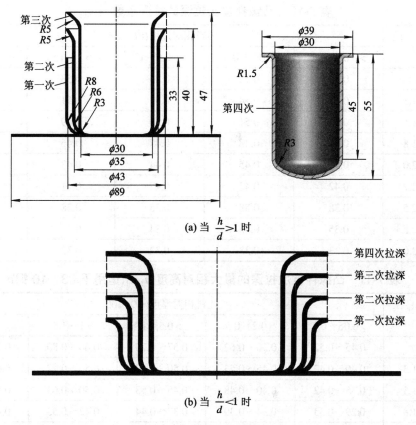

(a) 当 $\dfrac{h}{d} > 1$ 时

(b) 当 $\dfrac{h}{d} < 1$ 时

图 7.38　窄凸缘件的拉深方法

2. 宽凸缘件的拉深方法

1) 带凸缘件的拉深系数

$d_f/d > 1.4$ 时的凸缘件称为**宽凸缘件**。宽凸缘件拉深系数可按以下公式计算。

(1) 当零件圆角半径 $r_d = r_p = r$ 时(图 7.37)，拉深系数为

$$m_f = \frac{d}{D} = \frac{1}{\sqrt{\left(\dfrac{d_f}{d}\right)^2 + 4\dfrac{h}{d} - 3.44\dfrac{r}{d}}} \tag{7-33}$$

(2) 当零件圆角半径 $r_d \neq r_p$ 时，拉深系数为

$$m_f = \frac{d}{D} = \frac{1}{\sqrt{\left(\dfrac{d_f}{d}\right)^2 + 4\dfrac{h}{d} - 1.72\dfrac{r_d + r_p}{d} + 0.56\left(\dfrac{r_d^2 - r_p^2}{d^2}\right)}} \tag{7-34}$$

拉深系数受凸缘的相对直径 d_f/d、拉深件的相对高度 h/d、相对圆角半径 r/d 的影响，特别是受 d_f/d 的影响最大，h/d 次之。当 d_f/d、h/d 的值超过一定程度时，就不能一次拉深成形。

如果拉深件的拉深系数大于表7-10所给的首次拉深系数极限值 m_{1min} 或 $h/d \leqslant h_1/d_1 (h_1/d_1$ 是首次拉深的极限值)，则可以一次拉深成形，否则应多次拉深，h_1/d_1 可查表7-11。

表 7-10　凸缘件首次拉深的拉深系数 m_{1min}

凸缘相对直径	坯料相对厚度$(t/D)/100$				
d_f/d	$>0.06 \sim 0.2$	$>0.2 \sim 0.5$	$>0.5 \sim 1$	$>1 \sim 1.5$	>1.5
~ 1.1	0.59	0.57	0.55	0.53	0.50
$>1.1 \sim 1.3$	0.55	0.54	0.53	0.51	0.49
$>1.3 \sim 1.5$	0.52	0.51	0.50	0.49	0.47
$>1.5 \sim 1.8$	0.48	0.48	0.47	0.46	0.45
$>1.8 \sim 2.0$	0.45	0.45	0.44	0.43	0.42
$>2.0 \sim 2.2$	0.42	0.42	0.42	0.41	0.40
$>2.2 \sim 2.5$	0.38	0.38	0.38	0.38	0.37
$>2.5 \sim 2.8$	0.35	0.35	0.34	0.34	0.33
$>2.8 \sim 3.0$	0.33	0.33	0.32	0.32	0.31

表 7-11　凸缘件首次拉深的最大相对高度 h_1/d_1(适用于 08、10 钢)

凸缘相对直径	坯料相对厚度$(t/D)/100$				
d_f/d	$>0.06 \sim 0.2$	$>0.2 \sim 0.5$	$>0.5 \sim 1$	$>1 \sim 1.5$	>1.5
~ 1.1	$0.45 \sim 0.52$	$0.50 \sim 0.62$	$0.57 \sim 0.70$	$0.60 \sim 0.80$	$0.75 \sim 0.90$
$>1.1 \sim 1.3$	$0.40 \sim 0.47$	$0.45 \sim 0.53$	$0.50 \sim 0.60$	$0.56 \sim 0.72$	$0.65 \sim 0.80$
$>1.3 \sim 1.5$	$0.35 \sim 0.42$	$0.40 \sim 0.48$	$0.45 \sim 0.53$	$0.50 \sim 0.63$	$0.58 \sim 0.70$
$>1.5 \sim 1.8$	$0.29 \sim 0.35$	$0.34 \sim 0.39$	$0.37 \sim 0.44$	$0.42 \sim 0.53$	$0.48 \sim 0.58$
$>1.8 \sim 2.0$	$0.25 \sim 0.30$	$0.29 \sim 0.34$	$0.32 \sim 0.38$	$0.36 \sim 0.46$	$0.42 \sim 0.51$
$>2.0 \sim 2.2$	$0.22 \sim 0.26$	$0.25 \sim 0.29$	$0.27 \sim 0.33$	$0.31 \sim 0.40$	$0.35 \sim 0.45$
$>2.2 \sim 2.5$	$0.17 \sim 0.21$	$0.20 \sim 0.23$	$0.22 \sim 0.27$	$0.25 \sim 0.32$	$0.28 \sim 0.35$
$>2.5 \sim 2.8$	$0.16 \sim 0.18$	$0.15 \sim 0.18$	$0.17 \sim 0.21$	$0.19 \sim 0.24$	$0.22 \sim 0.27$
$>2.8 \sim 3.0$	$0.10 \sim 0.13$	$0.12 \sim 0.15$	$0.14 \sim 0.17$	$0.16 \sim 0.20$	$0.18 \sim 0.22$

注：① 材料塑性好时取较大 h_1/d_1 值，反之取较小值。

　　② 表中较小值适用于大的凹模圆角半径 $r_d = (8 \sim 15)t$，较大值适用于小的圆角半径 $r_d = (4 \sim 8)t$。

2) 宽凸缘件的拉深方法

宽凸缘件的首次拉深与无凸缘件的拉深是类似的，只是前者拉深到凸缘直径等于设计要求时即停止拉深，不将材料全部拉入凹模内。宽凸缘件多次拉深的方法为：

- 从表7-10和表7-11中查出首次拉深的极限拉深系数和相对拉深高度；

- 首次就将凸缘直径拉深到零件尺寸 d_f，以后各次拉深均保持 d_f 不变，仅仅使已拉成的中间毛坯直筒部分参加变形；

- 保持该 d_f 值不变，按表7-12中的拉深系数进行各次拉深即可。

表 7-12　凸缘件首次拉深以后各次拉深系数(适用于 08、10 钢)

拉深系数 m	板坯相对厚度$(t/d_{n-1})/100$				
	2.0～1.5	1.5～1.0	1.0～0.6	0.6～0.3	0.3～0.15
m_2	0.73	0.75	0.76	0.78	0.80
m_3	0.75	0.78	0.79	0.80	0.82
m_4	0.78	0.80	0.82	0.83	0.84
m_5	0.80	0.82	0.84	0.85	0.86

在实际生产中，宽凸缘件的多次拉深工艺根据 d_f 值的不同可以分为以下两类：

● 当 **$d_f < 200$ mm** 时，通常靠减小筒形部位的直径而增加拉深件高度来达到成形目的，拉深过程中 r_d、r_p 值保持不变，如图 7.39(a)所示。该方法容易在工件直壁和凸缘上残留中间工序形成的圆角部分弯曲和厚度局部变化的痕迹，故最后需增加一次整形工序。

● 当 **$d_f > 200$ mm** 时，通常靠减小 r_d 值和 r_p 值，逐渐缩小筒形部分的直径来达到成形目的。拉深件高度在首次拉深后形成，后续各次拉深一直保持不变，如图 7.39(b)所示。该方法得到的工件表面光滑平整，而且厚度均匀，圆角处基本无弯曲痕迹，但在首次拉深时，因圆角太大，容易发生起皱，且只适用于相对厚度较大的板坯。

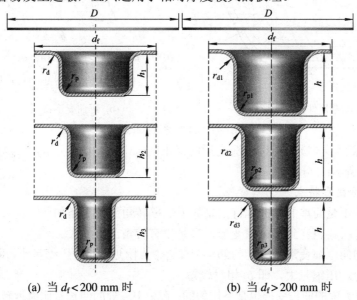

(a) 当 $d_f < 200$ mm 时　　　　　　(b) 当 $d_f > 200$ mm 时

图 7.39　宽凸缘件的拉深方法

当工件底部圆角半径 r_d 较小，或对凸缘有平整度要求时，也需增加一次整形工序。

为了保证后续拉深中凸缘的尺寸精度，通常首次拉深成的筒形部位的材料比设计要求的要多 3%～5%(拉深次数多取上限值，拉深次数少取下限值)。该部位多余的材料在后续各次拉深中逐渐返回到凸缘，凸缘有增厚趋势，可以减小起皱倾向。

7.6.2　盒形件的拉深

1. 盒形件拉深变形特点

矩形盒状零件(简称盒形件)可以认为是由四个转角部分和四条直边组成，其拉深变形可以近似地认为：转角部分相当于圆筒形件的拉深，而直边部分相当于弯曲变形，如图 7.40 所示。但是，由于材料是一块整体，在拉深变形中，转角部分和直边部分必然相互牵连，因此，盒形件的变形是比较复杂的。

图 7.40　盒形件

通过拉深试验可以了解盒形件在拉深过程中金属的流动情况。

- 首先在矩形板坯上画方形网格，其纵向间距标为 a，横向间距标为 b；

- 变形前，两个方向上的距离 $a=b$；

- 变形后，发现横向(水平切向)间距变小了，而且愈靠近转角部分缩小愈多，即 $b>b_1>b_2>b_3$；纵向间距增大，愈靠近口部增大愈多，即 $a_1>a_2>a_3>a$，如图 7.41 所示。

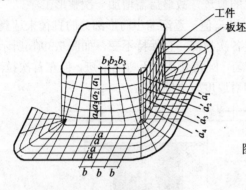

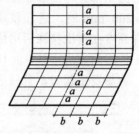

图中：$a=b$；$a_1>a_2>a_3>a_4>a$；$b>b_1>b_2>b_3$；
$a_1'>a_1$，$a_2'>a_2$，$a_3'>a_3$，$a_4'>a_4$

(a) 矩形件拉深变形特点　　　　　　　　(b) 弯曲变形特点

图 7.41　盒形件拉深试验

盒形件拉深变形与圆筒形件拉深变形网格不同(如图 7.10(a)所示)，与弯曲变形也不相同(如图 7.41(b)所示)，分析如下：

1) 直边部分变形特点

- 直边部分不是简单的弯曲，特别是靠近侧壁转角部分更是如此。

- 直边部分材料也受到了拉深变形，只是没有转角部分的大。

- 直边周向的压缩变形是不均匀的，在直边中点附近区域，压缩量小，即 b_1 相对较长；而靠近转角部分，压缩量大，即 b_3 相对较短。

- 直边高度方向的伸长变形也是不均匀的，直边中点处的伸长量比靠近转角部分的要小。

2) 转角部分变形特点

- 转角部分的变形与圆筒形的拉深变形相似，但也不完全相同，因为盒形件拉深时有直边的存在。

- 因直边的存在，拉深时材料可以向直边流动(放射性线变成斜线)，这就减轻了圆角部分的变形，使圆角部分变形程度与半径相同、高度相同的圆筒形件比较起来要小，从而降低了起皱趋势。

- 圆筒部分的变形也是不均匀的，转角中心大，靠近直边的两边偏小。

3) 盒形件拉深的应力状态

- 盒形件拉深时，直边和转角部分材料的应力状态如图 7.42 所示。

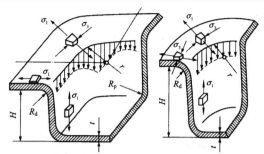

图 7.42 拉深盒形件应力分布

4) 拉深变形特点小结

综上所述，盒形件拉深具有如下变形特点：

(1) 变形性质与圆筒形件的相似，径向伸长，周向(水平切向)缩短；但盒形件的变形是不均匀的，转角部分大，直边部分小。

(2) 径向拉应力 σ_1 及切向压应力 σ_3 沿零件周边分布是不均匀的，在转角部分达到最大，直边部分达到最小。所以，拉深时，破裂常发生在转角处。

(3) 两部分间存在着相互影响：直边部分对转角部分的变形有减轻(周向)及带动(径向)作用。它们相互影响的程度与盒形件的尺寸有关，即相对转角半径 r/B 愈小或相对转角高度 H/B 愈大(r 为转角半径，H 为拉深高度，B 为拉深宽度)，则这种相互影响就愈大，两部分的变形与弯曲变形、圆筒形件拉深变形的差别也就愈大。

2. 盒形件板坯的形状及尺寸计算

确定盒形件板坯的尺寸和形状时，应遵循以下原则：

(1) 面积相等原则：板坯面积应等于加上修边余量后的工件面积。

(2) 相似原理：方形件(两个方向上的宽度相等，即 $A = B$，称为正方形盒形件或方形件)的板坯为圆形，如图 7.43(a)所示；矩形件(两个方向上的宽度不相等，即 $A \neq B$，称为长方形盒形件或矩形件)的板坯可以为圆形或长圆形，甚至椭圆形，如图 7.43(b)所示。

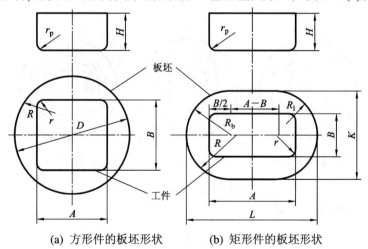

(a) 方形件的板坯形状　　　　(b) 矩形件的板坯形状

图 7.43 盒形件及板坯形状

3. 盒形件拉深系数

盒形件的拉深系数通常用角部的拉深系数来表示(类似圆筒形件)：

$$m = \frac{r}{R}, \ m_1 = \frac{r_1}{R}, \ m_2 = \frac{r_2}{r_1}, \ \cdots \tag{7-35}$$

式中：R 为毛坯圆角部分的半径，mm；　　r_1, r_2, …为各次拉深后的侧壁圆角半径，mm。

圆角部分的拉深系数也可用拉深相对高度来表示：

$$m = \frac{d}{D} = \frac{1}{\sqrt{2H/r}} \tag{7-36}$$

一次拉深能达到的最大相对高度可查表 7-13。

表 7-13　盒形件一次拉深能达到的最大相对高度

相对角部圆角半径 r/B	0.4	0.3	0.2	0.1	0.05
相对高度 H/r	2～3	2.8～4	4～6	8～12	10～15

4. 高方形件的拉深方法

高方形件是指需要多次拉深才能成形的方形件。根据图 7.43(a)，方形件的坯料可以采用直径为 D 的圆形板坯。

按照方形件相对厚度 t/B 的大小，可将高方形件分为以下三种拉深方式，如图 7.44 所示。

(1) 当 $t/B \times 100 \geqslant 2$ 时，拉深的中间各次工序均按圆筒形件进行拉深，只在最后一道工序才将工件拉深成设计所要求的形状和尺寸，如图 7.44(a)所示。

(2) 当 $t/B \times 100 \geqslant 1$ 时，拉深的中间各次工序也按圆筒形件进行拉深，但由于板坯较薄，相对厚度较小，故在倒数第二道工序时便将工件拉深成与设计所要求形状相似的形状，并在最后一次拉深时将工件拉深成形，如图 7.44(b)所示。

(3) 当 $t/B \times 100 < 1$ 时，拉深的中间各次工序仍按圆筒形件进行拉深，由于此时的 t/B 值很小，故至少在倒数第三道工序时必须将工件拉深成相似形状，并在后续工序中逐渐将工件拉深成设计所要求的形状和尺寸，如图 7.44(c)所示。

由此可见，在上述各道拉深工序中，由圆筒形件过渡为盒形件的那道工序非常关键。

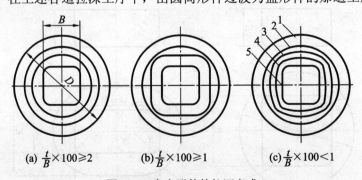

图 7.44　高方形件的拉深方式

5. 盒形件拉深模具设计原则

(1) 盒形件拉深模凸、凹模圆角半径应取较大数值，拉深凹模入口圆角半径 $r_d = (4～10)t$。

(2) 模具间隙：

① 当盒形件公差等级要求高时：直边单边间隙 $Z/2 = (0.9～1.05)t$；

② 当盒形件公差等级要求不高时：直边单边间隙 $Z/2 = (1.1～1.3)t$。

③ 凸、凹模间隙沿周边分布不均匀, 转角部分间隙一般比直边部分大$(0.1\sim0.2)t$。

(3) 间隙取向: 如果工件要求内形尺寸, 则间隙值由修正凹模口尺寸获得; 反之则靠修正凸模尺寸获得, 如图 7.45 所示。

(4) 中间工序拉深凸模形状: $n-1$ 次工序件的形状对盒形件的外观质量甚至拉深的成败都有很大影响, 为了便于末次拉深时材料的流动, 应减小板坯的折弯, 拉深凸模的形状应是底部具有与拉深成品相似的矩形, 四边以 45° 斜面过渡到直壁, 如图 7.46 所示。$n-1$ 次以前各工序的拉深凸模取正常形状, 以大圆角连接平底与直壁。

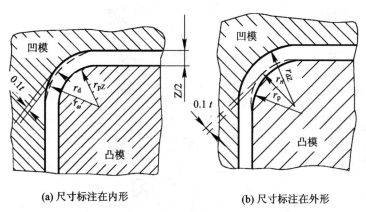

(a) 尺寸标注在内形　　　　　(b) 尺寸标注在外形

图 7.45　拉深模间隙取向

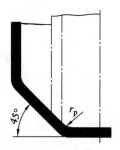

图 7.46　$n-1$ 次拉深的凸模形状

7.6.3 阶梯形件的拉深

如图 7.47 所示, **阶梯形件**的拉深过程与圆筒形件的基本相同, 可以认为每一阶梯相当于相应圆筒形件的拉深, 变形区的应力状态也与圆筒形件的相似。

1. 拉深次数

阶梯形圆筒件能够一次拉深成功的条件是: 拉深件的总高度与其最小阶梯筒部直径之比不超过相应带凸缘筒形件首次拉深的允许相对高度, 如图 7.47 所示。判定公式如下:

$$\frac{h_1 + h_2 + h_3 + \cdots + h_n}{d_n} \leqslant \frac{h_{max}}{d_n} \quad (7\text{-}37)$$

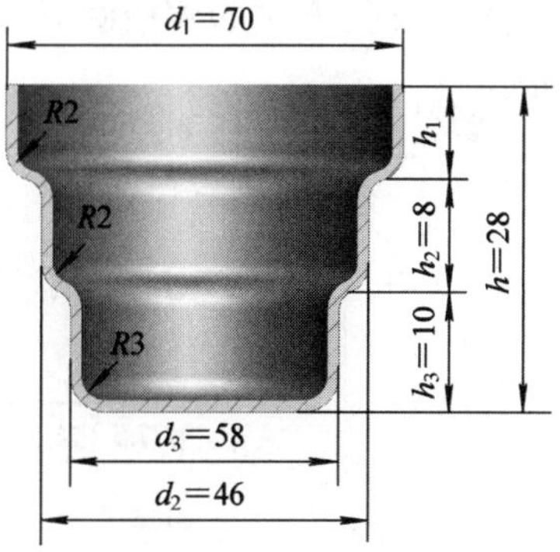

图 7.47　阶梯形圆筒件

式中: h_1, h_2, h_3, $\cdots$, h_n 为各个阶梯的高度, mm; h_{max} 为直径是 d_n 的圆筒形件一次拉深可能获得的最大拉深高度, mm; d_n 为最小阶梯筒部的直径, mm; h_{max}/d_n 为首次拉深允许的相对拉深高度(见表 7-11), 这里 $h_{max}/d_n = h_1/d_1$。

2. 拉深方法

如果不满足式(7-37), 则需进行多次拉深, 通常有以下几种拉深方法:

(1) 当相邻阶梯的直径比 d_2/d_1, d_3/d_2, $\cdots$, d_n/d_{n-1} 均大于相应圆筒形件的极限拉深系数 m_{imin} 时(表 7-1), 拉深方法为: 从最大直径的阶梯逐一拉深到最小直径的阶梯, 每次拉深成一个阶梯, 阶梯数即为拉深次数, 如图 7.48(a)所示。

(2) 当相邻阶梯的直径比 d_2/d_1，d_3/d_2，…，d_n/d_{n-1} 均小于相应圆筒形件的极限拉深系数时，也可采用带有凸缘圆筒形件的拉深方法：先拉小直径 d_n，再拉大直径 d_{n-1}，即先进行小阶梯拉深再进行大阶梯拉深。例如，在图 7.48(b)中，d_2/d_1 小于相应的圆筒形件的极限拉深系数，故先拉 d_2，再用第五道工序拉出 d_1。

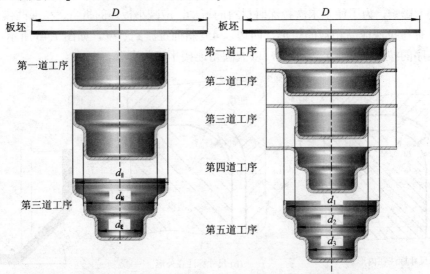

(a) $d_n/d_{n-\mathrm{II}}$ 大于极限拉深系数 $m_{i\min}$ 时   (b) d_n/d_{n-1} 小于极限拉深系数 $m_{i\min}$ 时

图 7.48　阶梯形件的拉深方法

(3) 当 d_n/d_{n-1} 过小，最小直径阶梯高度 h_n 又不大时，最小阶梯可用胀形获得。

(4) 当阶梯形件较浅，且每个阶梯的高度又不大，但相邻阶梯直径相差又较大而不能一次拉出时，可先拉深成圆形或带有大圆角的筒形，最后通过整形得到所需工件，如图 7.49 所示。

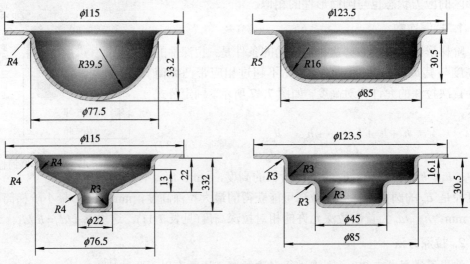

(a) 球面过渡形状(08 钢板：板厚 $t = 0.8$ mm，板坯 $D = 128$ mm)　　(b) 大圆角过渡形状(低碳钢板：板厚 $t = 1.5$ mm)

图 7.49　浅阶梯形件的拉深方式

7.6.4　锥形件的拉深

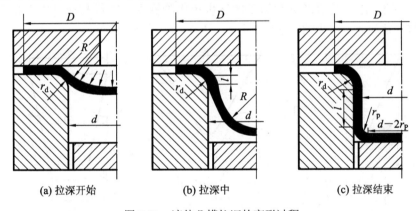

图 7.50　浅、中锥形件

锥形件的拉深次数及拉深方法取决于锥形件的几何参数，即相对高度 h/d、锥角 α 和相对料厚 t/D，如图 7.50 所示。当相对高度较大，锥角较大，而相对厚度较小时，由于变形较困难，通常需进行多次拉深。

1. 浅锥形件的拉深方法

对于**浅锥形件**($h/d_2 < 0.1 \sim 0.25$，$\alpha = 50° \sim 80°$)，一般可以一次拉深成形，但因相对厚度($t/D < 0.02$)或相对锥顶直径(锥角 $\alpha > 45°$)较小，拉深件回弹较严重，精度不高。故通常采用带拉深筋(如图 7.20 所示)的凹模或压边圈，或采用**软模拉深**(指用橡胶、液体或气体的压力代替刚性凸模或凹模)，如图 7.51 及图 7.52 所示。拉深时橡胶凹模将坯料压紧在凸模上，增加了凸模与材料间的摩擦力，从而防止了坯料的局部变薄，提高了筒部传力区的承载能力，同时减少了坯料与凹模之间的滑动和摩擦，降低了径向拉应力，能显著降低极限拉深系数，而且零件壁厚均匀，尺寸精度高，表面质量好。

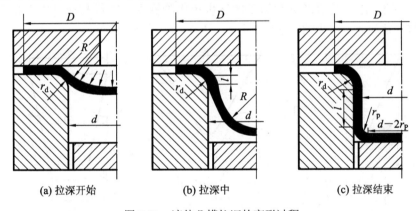

(a) 拉深开始　　　　　(b) 拉深中　　　　　(c) 拉深结束

图 7.51　液体凸模拉深的变形过程

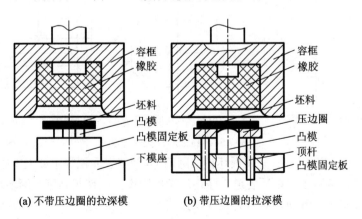

(a) 不带压边圈的拉深模　　　　(b) 带压边圈的拉深模

图 7.52　橡胶凹模拉深

2. 中锥形件的拉深方法

对于**中锥形件**($h/d_2 < 0.3 \sim 0.7$，$\alpha = 1° \sim 45°$)，拉深方法取决于坯料的相对厚度：

（1）当 $t/D > 0.025$ 时，不需采用压边圈，可一次拉深成形。为保证工件的精度，最好在拉深终了时增加一道整形工序。

（2）当 $t/D = 0.015 \sim 0.025$ 时，也可一次拉深成形，但需采用拉深筋、压边圈、增加工艺凸缘(如图 7.53 所示)等措施以提高径向拉应力，防止起皱。

（3）当 $t/D < 0.015$ 时，因板坯厚度较薄而容易起皱，需采用压边圈，并经多次拉深。首次拉深成形带有大圆角筒形件或球面零件，然后再采用正拉深或反拉深成形。

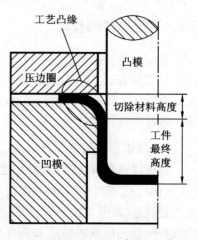

图 7.53　工艺凸缘

3. 高锥形件的拉深方法

对于**高锥形件**($h/d_2 > 0.7 \sim 0.8$，$\alpha \leqslant 10° \sim 30°$)，因大小直径相差很小，变形程度较中锥形件更大，故材料很容易产生严重变薄而拉裂和起皱。常需如下特殊拉深工艺方法：

（1）阶梯拉深法：将板坯分数道工序逐步拉成阶梯形。阶梯与成品内形相切，最后在成形模内整形成锥形件，如图 7.54(a)所示。

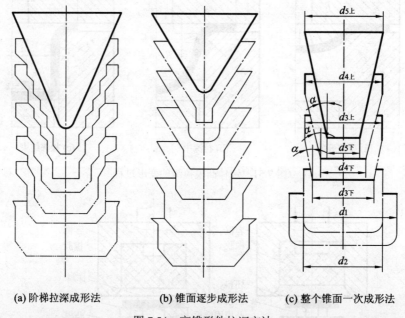

(a) 阶梯拉深成形法　　　(b) 锥面逐步成形法　　　(c) 整个锥面一次成形法

图 7.54　高锥形件拉深方法

（2）锥形表面逐步成形法：先将板坯拉成圆筒形，使其表面积等于或大于成品圆锥表面积，而直径等于圆锥大端直径，以后各道工序逐步拉出圆锥面，使其高度逐渐增加，最后形成所需的圆锥形，如图 7.54(b)所示。若先拉成圆弧曲面形，然后过渡到锥形，效果将会更好些。

（3）整个锥面一次成形法：先拉深出相应的圆筒形，然后侧壁先成形为锥面，在各道工序中保持工件口部直径大小不变，但锥面变形逐渐增大，直至最后锥面一次成形，如图 7.54(c)所示。

7.6.5　球面零件的拉深

1. 拉深特点

典型**球面零件**如图 7.55 所示。球面零件拉深时，径向应力 σ_1 均为拉应力，而切向 σ_3 从凸缘到板坯中心，由压应力逐渐变成拉应力，如图 7.56 所示。所以，球面零件拉深变形的特点是：从凸缘的拉深变形过渡到板坯中心的胀形变形，由于板坯中心部分受较大的垂直压力，故该部位容易产生变薄拉裂现象，如图 7.56 所示。

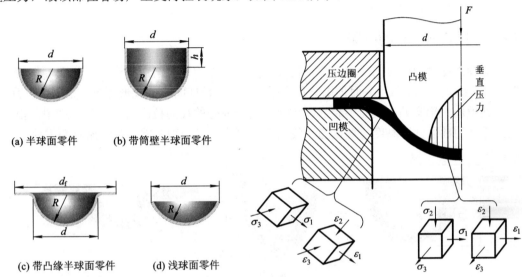

(a) 半球面零件　　　　(b) 带筒壁半球面零件

(c) 带凸缘半球面零件　　　　(d) 浅球面零件

图 7.55　典型球面零件　　　　　图 7.56　球面零件拉深时的应力、应变状态

另外，自由表面区域(凸、凹模间隙部分材料)很大，容易失稳起皱，故起皱成为此类零件拉深要解决的主要问题。常采用加强筋(如图 7.20 所示)、反向拉深(如图 7.21 所示)、加大压边力等方法，以增大径向拉应力和有效胀形成分，防止起皱等。

2. 球面零件的拉深方法

半球面形件拉深系数为常数，计算公式为

$$m = \frac{d}{D} = \frac{d}{\sqrt{2}d} = \frac{\sqrt{2}}{2} = 0.707 \tag{7-38}$$

因此，拉深系数不能作为球面零件拉深工艺设计的根据，而是通常采用板坯的相对厚度 t/D 来判断半球面零件拉深难易程度和选择拉深方法的。

- 当 $t/D > 0.03$ 时，可一次拉深成形且不需用压边装置，但拉深时板坯的贴模性不好，拉深件的形状和尺寸精度不高，故必须采用与凸模相配的球形底凹模，在压力机行程终了时进行一定的精整校形。当半球面零件表面质量和尺寸精度要求较高时，可增大板坯尺寸，先拉深成带有高度为 $0.15d$ 左右的圆筒直边或带有单边宽度为 $0.15d$ 左右的凸缘半球形工件，之后再切除余料(如图 7.55(b)、(c)所示)。

- 当 $t/D = 0.005 \sim 0.03$ 时，此时板坯凸缘部位有起皱现象，故需要采用压边装置。

- 当 $t/D < 0.005$ 时，由于板坯较薄，极易产生起皱现象，但较薄的板坯又不能承受较大的径向拉应力，故应采用带加强筋的拉深模或采用反拉深法进行拉深，如图 7.20 及图 7.21

所示。

对于浅球面零件(如图 7.55(d)所示)，其拉深工艺应分两类来处理：

• 当坯料直径 $D \leqslant 9\sqrt{Rt}$ 时，板坯一般不会起皱，无需采用压边装置，用球形底凹模一次拉深即可成形。但在拉深过程中板坯较易发生位置偏移，并且产生一定的回弹，故往往需要按回弹量来修正模具。

• 当坯料直径 $D > 9\sqrt{Rt}$ 时，板坯易起皱，常采用压边装置或带加强筋的模具，并增加板坯尺寸，以防止板坯回弹或发生位置偏移，来提高拉深件的尺寸精度和表面质量。多余材料拉深成形后再切除。

7.6.6 抛物面零件的拉深

抛物面零件拉深时的受力及变形特点与球面零件相似，但由于一些抛物面零件的深度较大，口部直径相对较小，而顶端圆角半径较小，故较球面零件成形困难，如图 7.57 所示。为了使板坯中部紧贴凸模而不起皱，需加大胀形成分的径向拉应力。实际生产中，根据抛物面零件的曲面部分高度与直径的比值大小，可分为浅抛物面零件和深抛物面零件。

(a) 抛物面零件结构

(b) 灯罩　　　　　　　　(c) 卫星电视接收装置

图 7.57　抛物面零件

1. 浅抛物面零件

浅抛物面零件($h/d < 0.5 \sim 0.7$)：高径比接近球形，因此拉深方法与球面零件相似。

2. 深抛物面零件

深抛物面零件($h/d \geqslant 0.5 \sim 0.7$)：由于零件高度大，口部直径小，顶部圆角更小，故拉深难度较浅抛物面零件有所加大。深抛物面零件通常需要多次拉深，其拉深方法主要有如下几种：

(1) 当板坯相对厚度较大时，由于壁部起皱的可能性小，可直接逐渐拉深成形。先使零件口部按图纸尺寸拉深成形，然后使底部接近图纸尺寸，最后全部拉深成形，如图 7.58(a)所示。

(2) 当板坯相对厚度较小时，先拉深成粗筒形，使零件接近大直径，然后将零件逐步转变成抛物线形，如图 7.58(b)所示。

(3) 当 $t/d<0.003$，$h/d=0.7\sim1$ 时，常用阶梯拉深法或反拉深法，如图 7.59 所示。

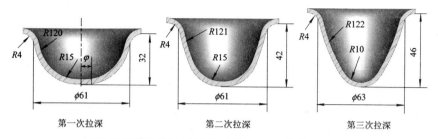

第一次拉深　　　　第二次拉深　　　　第三次拉深

(a)当坯料相对厚度较大时(黄铜板：板厚$t=1$ mm，板坯$D=98$ mm)

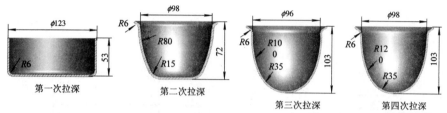

第一次拉深　　第二次拉深　　第三次拉深　　第四次拉深

(b) 当板坯相对厚度较小时(冷轧钢板：板厚$t=0.8$ mm，板坯$D=190$ mm)

图 7.58　深抛物面形件的多次拉深

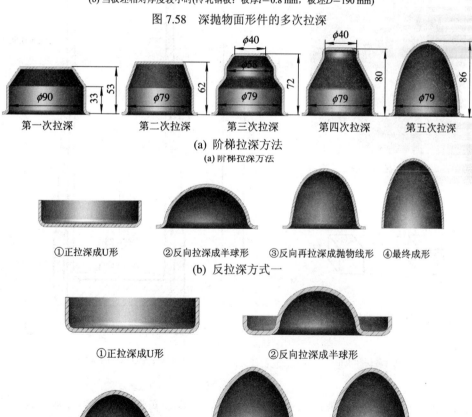

第一次拉深　　第二次拉深　　第三次拉深　　第四次拉深　　第五次拉深

(a) 阶梯拉深方法

①正拉深成U形　②反向拉深成半球形　③反向再拉深成抛物线形　④最终成形

(b) 反拉深方式一

①正拉深成U形　　　　②反向拉深成半球形

③反向再拉深成浅抛物形　　④反向拉深成深抛物线形　　⑤最终成形

(c) 反拉深方式二

图 7.59　深抛物面形件的阶梯拉深或反拉深

7.7　变 薄 拉 深

7.7.1　变薄拉深的特点

所谓**变薄拉深**，是指在拉深过程中通过较小的模具间隙强制改变筒壁厚度，而板坯的直径变化很小。变薄拉深模的凸、凹模间隙小于板坯的厚度，因此拉深后板坯受压变薄而高度增加。在一次冲压行程中，用多个凹模进行变薄拉深，可以获得很大高度，如图 7.60 所示。

变薄拉深主要用来拉深底厚壁薄的圆筒形件，如炮弹壳、氧气罐、雷管套等，如图 7.5 所示。

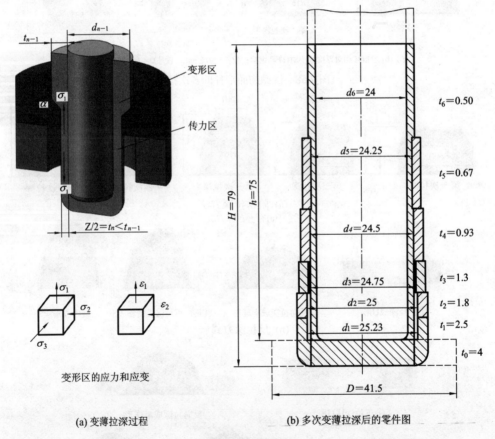

(a) 变薄拉深过程　　　　　　　　　(b) 多次变薄拉深后的零件图

图 7.60　变薄拉深

变薄拉深所用的材料一般应具有较好的塑性，如铜、黄铜、铝及铝合金、软钢等。

变薄拉深具有如下特点：

(1) 由于材料在轴向和径向的压应力及轴向的拉应力作用下变形，材料产生很大的加工硬化，增加了强度。

(2) 拉深件的表面粗糙度小，Ra 可达 0.2 μm 以下，壁厚偏差 ±0.01 mm。

(3) 因不易起皱，故不需压边，可在单动压力机上拉深，且模具结构简单、造价低。

(4) 拉深件存在较大的残余应力，有的甚至在存放期间就开裂，需要进行低温回火来消除残余应力。

(5) 因拉深过程的摩擦对工件的成形质量影响较大，故对润滑及模具材料的要求较高。

变薄拉深过程中需要解决的主要问题是如何才能既提高传力区强度又降低变形区变形抗力。而传力区所产生的轴向拉应力 σ_1 的大小主要由材料力学性能及前后变形量、模具结构和摩擦条件决定。

7.7.2 变薄系数

变薄拉深的变形程度计算公式为

$$\varepsilon = \frac{F_{i-1} - F_i}{F_{i-1}} \tag{7-39}$$

式中：F_i、F_{i-1} 为在第 i、$i-1$ 次变薄拉深后的横剖面上的断面面积，mm^2。

变薄拉深的变形程度常用变薄系数来表示，为

$$\varphi_i = \frac{F_i}{F_{i-1}} \tag{7-40}$$

由于变薄拉深前后的板坯直径变化很小，即 $d_i \approx d_{i-1}$，故根据式(7-40)简化可以得到

$$\varphi_i = \frac{F_i}{F_{i-1}} = \frac{\pi d_i t_i}{\pi d_{i-1} t_{i-1}} \approx \frac{t_i}{t_{i-1}} \tag{7-41}$$

式中：t_i、t_{i-1} 为在第 i、$i-1$ 次变薄拉深后的工件壁厚，mm；d_i、d_{i-1} 为在第 i、$i-1$ 次变薄拉深后的工件内径，mm。

常用材料的极限变薄系数值可查表 7-15。

表 7-15 极限变薄系数值 φ_{min}

材 料	首次拉深变薄次数 φ_1	中间工序变薄系数 φ	末次变薄系数 φ_n
铜、黄铜(H68、H80)	0.45~0.55	0.58~0.65	0.65~0.73
铝	0.50~0.60	0.62~0.68	0.72~0.77
软钢	0.53~0.63	0.63~0.72	0.75~0.77
25~35 钢*	0.70~0.75	0.78~0.82	0.85~0.90
不锈钢	0.65~0.70	0.70~0.75	0.75~0.80

注：① *为试用数据；② 厚料时取较小值，薄料时取较大值。

7.7.3 坯料尺寸的计算

变薄拉深的板坯尺寸确定原则是体积不变原则，即拉深前后板坯体积相等。即

$$V_0 = aV_1 \tag{7-42}$$

式中：V_0 为板坯的体积，mm^3；V_1 为成形后拉深件的体积，即按工件公称尺寸计算的体积，mm^3；a 为考虑修边余量和退火损耗的体积的修正因子，一般 $a = 1.15 \sim 1.2$。

板坯直径的计算公式为

$$D = 1.13 \sqrt{\frac{V_0}{t_0}}$$ (7-43)

式中：t_0 为板坯的厚度，mm。

通常工件底部厚度 $t_0 = t$，如果工件底部需要切削加工，则应加上切削余量 δ，即 $t_0 = t + \delta$。

习　题

1. 变薄拉深与不变薄拉深主要的区别是什么？

2. 圆筒形件拉深后，其硬度和厚度怎样变化？

3. 拉深过程中，圆筒形件变薄最严重的部位在哪里？为什么？

4. 试画出圆筒形件拉深时各区域的应力、应变状态图。

5. 简述圆筒形件拉深时，在平面凸缘部分应变的分布情况。

6. 拉深起皱、拉裂发生在何时、何位置？为什么？

7. 拉深中的起皱是如何产生的？影响起皱的因素有哪些？如何防止起皱？

8. 常用的压边装置有哪些？各有何特点？

9. 为什么有时采用反拉深？反拉深的特点是什么？

10. 拉深筋的作用是什么？通常在什么情况下使用？

11. 拉深系数的含义是什么？多次拉深时，各次拉深系数的关系是什么？

12. 什么是极限拉深系数？影响极限拉深系数的因素有哪些？

13. 材料的延伸率 δ、屈强比 σ_s/σ_b、厚向异性指数 $r = \varepsilon_b/\varepsilon_t$ 的值怎样影响拉深性能？

14. 怎样理解"凡是能提高拉深凸缘部位材料的径向流动性、减小变形区的变形阻力、增加传力区内危险断面强度、降低破裂可能性的因素，均有利于板坯成形，使极限拉深系数减小"这句话的含义？

15. 拉深件毛坯尺寸的计算应遵循什么原则？

16. 如何判定是否需要采用压边圈？压边力的理想变化规律是什么？

17. 什么情况下要核算拉深功？

18. 对于小凸缘件($d_f/d = 1.1 \sim 1.4$)，应该怎样拉深？

19. 带凸缘圆筒形件的拉深系数 m，与哪三个几何参数有关？哪个的影响最大？

20. 应该怎样拉深窄凸缘件($d_f/d \leqslant 1.0 \sim 1.4$)？

21. 对于中小型宽凸缘件($d_f < 200$ mm，$d_f/d > 1.4$)和大型宽凸缘件($d_f < 200$ mm，$d_f/d > 1.4$)要分别怎样进行拉深？试画出示意图并进行必要的符号标注。

22. 简述拉深凹模圆角半径 r_d 过大或过小对拉深质量的影响。

23. 简述(或画图表示)拉深模间隙对拉深件质量的影响。

24. 盒形件可以认为是由圆角部分和直边部分组成的，这两部分的变形近似什么的变形？

25. 在进行盒形件的拉深时，径向拉应力σ_1与切向压应力σ_3的分布规律是什么？

26. 怎样选取盒形件拉深模间隙？

27. 在确定方形件毛坯形状及尺寸时，应遵循什么原则？

28. 变薄拉深的特点是什么？主要质量问题有哪些？

29. 摩擦条件对拉深过程有何影响？应该怎样润滑模具？

30. 如图 7.61 所示，圆筒形拉深件及毛坯(毛坯直径 $\phi283$ 已加入了切边余量 δ)，材料为 10 钢，已知各次拉深的极限拉深系数分别为：$m_1=0.54$，$m_2=0.76$，$m_3=0.78$，$m_4=0.80$。试计算：(1) 总的拉深系数 $m_{总}$ 是多少？(2) 需几次拉深？(3) 各次拉深系数及直径取多少较为合理？

31. 如图 7.62 所示圆筒形拉深件，大批量生产，材料为黄铜 H62，切边余量 $\delta=2.5$ mm，已知各次拉深的极限拉深系数分别为：$m_{1min}=0.53$，$m_{2min}=0.76$，$m_{3min}=0.79$，$m_{4min}=0.81$，$m_{5min}=0.84$。试计算：(1) 毛坯尺寸；(2) 总的拉深系数 $m_{总}$；(3) 需几次拉深？(4) 各次拉深系数及直径取多少较为合理？(5) 计算各次拉深力、压边力和压力机吨位。

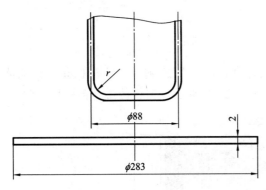

图 7.61 习题 30 图

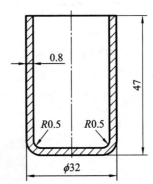

图 7.62 习题 31 图

32. 如图 7.63 所示圆筒形拉深件，大批量生产，材料为 08 钢，切边余量 $\delta=9$ mm，已知各次拉深的极限拉深系数分别为：$m_{1min}=0.55$，$m_{2min}=0.78$，$m_{3min}=0.80$，$m_{4min}=0.82$，$m_{5min}=0.85$。试计算：(1) 毛坯尺寸；(2) 总的拉深系数 $m_{总}$；(3) 需几次拉深？(4) 各次拉深系数及直径取多少较为合理？(5) 计算各次拉深力、压边力和压力机吨位。

33. 试确定如图 7.64 所示压紧弹簧座(材料 08Al，料厚 2 mm)的各工序尺寸。

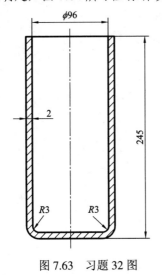

图 7.63 习题 32 图

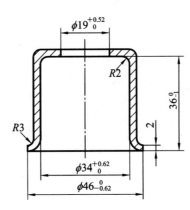

图 7.64 习题 33 图

34. 试确定如图 7.65 所示零件的拉深次数，计算各工序件尺寸，零件材料为 08 钢，料厚 1 mm。

35. 拉深成形如图 7.66 所示零件的工序尺寸，厚度为 2 mm，材料为 08 钢。

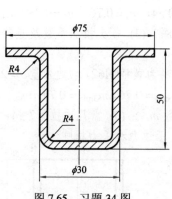

图 7.65　习题 34 图

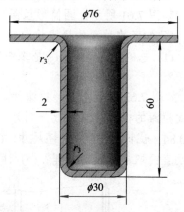

图 7.66　习题 35 图

36. 拉深成形如图 7.67 所示阶梯形拉深件，材料为 20 钢板，板厚 1 mm，大批量生产，试确定：(1) 该零件的板坯尺寸和拉深次数；(2) 拉深凸、凹模的工作部分结构和尺寸。

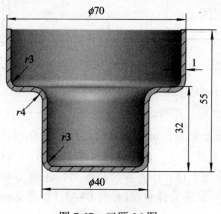

图 7.67　习题 36 图

第8章 拉深模具的设计

在第 7 章拉深工艺基础上，本章介绍拉深模设计的基本知识。首先分析一些典型拉深模的结构组成、工作过程、模具特点及应用场合等，内容涉及首次拉深模与再次拉深模、有压边装置与无压边装置拉深模、反拉深模、拉深复合模；然后介绍拉深模工作零件的设计，最后举例说明拉深工艺与拉深模设计的方法和步骤。

8.1 拉深模的典型结构

8.1.1 首次拉深模

1. 无压边装置的拉深模

1) 无压边装置的简单拉深模

如图 8.1(a)所示为无压边装置的简单拉深模。

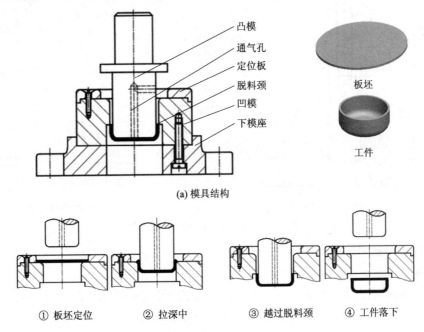

(a) 模具结构

① 板坯定位　　② 拉深中　　③ 越过脱料颈　　④ 工件落下

(b) 工作过程

图 8.1　无压边装置的简单拉深模

其工作过程如图 8.1(b)所示：

① 将板坯放在定位板中定位；

② 凸模下行与凹模共同作用对板坯进行拉深；

③ 工件被拉至凹模底部的台阶(脱料颈)以下，板坯完全成形；

④ 凸模上行，由于回弹，工件口部略为增大，被脱料颈阻挡，工件从凸模上卸下，自然下落。

为防止在拉深结束时工件紧贴在凸模上而难以取下，或在取件过程中工件与凸模之间形成真空而引起工件变形，在拉深凸模上应设计有与大气相通的通气孔。

该种模具结构简单、尺寸较小、制造容易、成本低廉。

因拉深凸模要下行到凹模脱料颈之下，所以该模具只适合于浅拉深。

2) 无压边拉簧刮件环落件拉深模

如图 8.2(a)所示为无压边拉簧刮件环落件拉深模。其卸料机构由一个三瓣结构的刮件环及环形拉簧组成，其内径大小可以变化。

其工作过程如图 8.2(b)所示，与图 8.1(b)类似：

① 将板坯放在定位板中定位；

② 工件被拉过刮件环时，凸模及工件将刮件环撑开；

③ 待工件越过刮件环后，在拉簧作用下，刮件环收缩、紧贴凸模；

④ 凸模回程时，工件被刮件环阻挡而落下，拉深完成。

该种模具采用拉簧刮件环的卸料结构，卸料比较可靠。

这种结构的拉深模常用于工件材料塑性好、拉深后回弹小的工件。

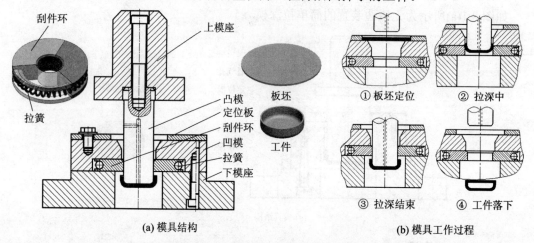

(a) 模具结构　　　　　　　　　　　　　　(b) 模具工作过程

图 8.2　无压边拉簧刮件环落件拉深模

2. 有压边装置的拉深模

1) 正装拉深模

如图 8.3(a)所示为带弹性压边装置的正装拉深模。采取弹性压边圈压料，利用凹模底部的台阶(脱料颈)完成卸料。其工作过程如图 8.3(b)所示，与图 8.1(b)类似。

该种模具结构简单、制造成本低，压料装置能防止板坯起皱。但由于采用上压边结构，上模空间位置有限，不能使用很高的弹簧或橡皮，因此能提供的压边力小。

这种结构的拉深模主要用于压边力不大、拉深高度小的工件。

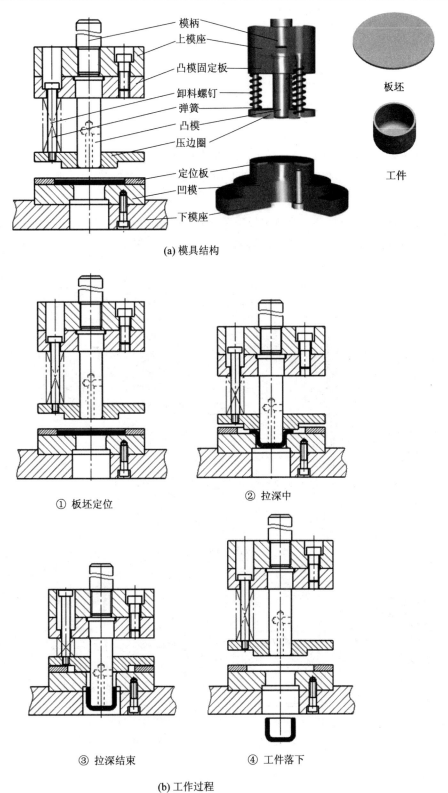

(a) 模具结构

① 板坯定位

② 拉深中

③ 拉深结束

④ 工件落下

(b) 工作过程

图 8.3　带弹性压边装置的正装拉深模

2) 倒装拉深模

如图 8.4(a)所示为带锥形压边圈的倒装拉深模，采用下压边装置。

其工作过程如图 8.4(b)所示：

① 板坯放在压边圈上，利用限位柱进行定位；

② 上模(凹模)下行，凹模将板坯压紧在压边圈上，限位柱控制凸、凹模之间的压边间隙；

③ 上模继续下行，板坯被全部拉入凹模型腔而成形；

④ 上模回程，压边圈将工件从凸模上刮出。如果工件卡在凹模中，则通过推杆、推件板将其推出。

该种模具结构相对较复杂，板坯定位较正装拉深模难度稍大。但由于采用下压边方式，故所能提供的压边力较大，可用于对较厚板坯进行拉深。

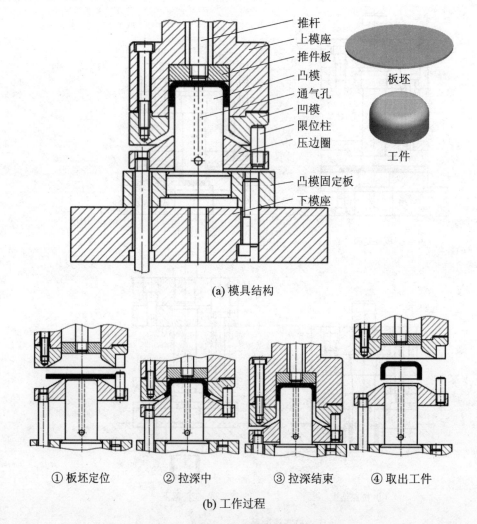

(a) 模具结构

(b) 工作过程

① 板坯定位　　② 拉深中　　③ 拉深结束　　④ 取出工件

图 8.4　带锥形压边圈的倒装拉深模

3) 刚性压边拉深模

如图 8.5 所示为带刚性压边装置的拉深模的结构及工作过程。带刚性压边装置的拉深模一般在双动压力机上使用，凸模与压力机内滑块(拉深滑块)相连接，压边圈与外滑块(压边滑块)相连。

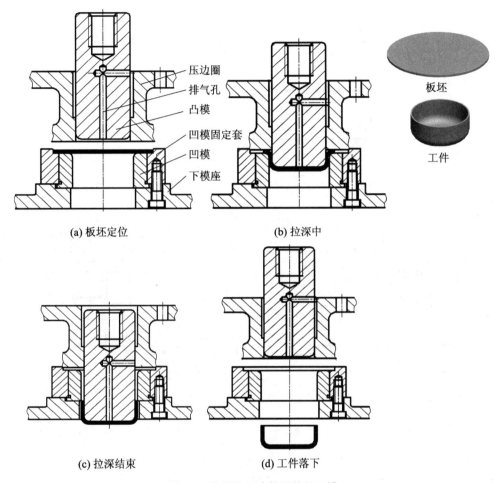

图 8.5　带刚性压边装置的拉深模

其工作过程如下：

① 板坯在凹模固定套上面的凹槽内定位；

② 压边圈压住板坯，拉深凸模下行进行拉深；

③ 工件被拉过凹模下表面后，拉深成形结束；

④ 利用凹模洞孔与下模座洞孔大小差异形成脱料颈来卸料。

如图 8.6 所示为双动压力机工作过程：上模下行时，外滑块首先带动压边圈压住板坯，然后拉深滑块带动拉深凸模下行进行拉深。上模回程时，内滑块先带动凸模回程，外滑块保持不动，压边圈阻止工件跟着凸模上行，使凸模顺利从工件中抽出来。当凸模从工件中完全抽出来后，外滑块才开始回程。

此模具因装有刚性压边装置，所以结构简单，制造周期短，成本低，但要求使用双动压力机。

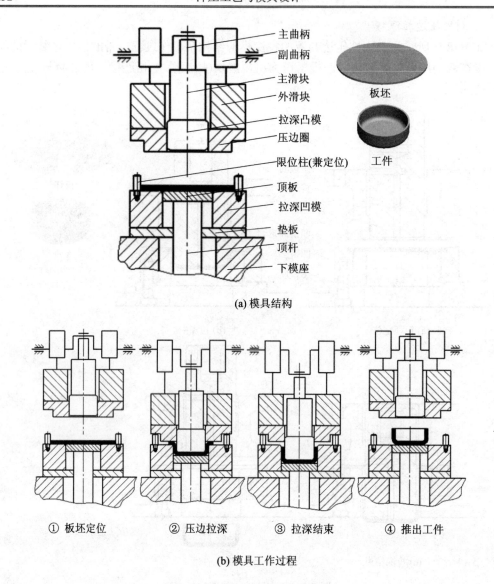

(a) 模具结构

① 板坯定位　　② 压边拉深　　③ 拉深结束　　④ 推出工件

(b) 模具工作过程

图 8.6　双动压力机装置工作过程

8.1.2　再次拉深模

1. 无压边装置的再次拉深模

如图 8.7(a)所示为无压边装置的再次拉深模。如图 8.7(b)所示为其工作过程图。将经过前次拉深的半成品筒形工件放在定位板内定位，上模随压力机滑块下行，对工件进行拉深直至工件的口部被拉深至凹模底部的台阶(脱料颈)以下；之后上模回程，由凹模底部的台阶(脱料颈)完成卸件工作。

后续拉深用的板坯是已经过首次拉深的半成品筒形件，而不再是板坯。其定位装置、压边装置与首次拉深模是完全不同的。后续各工序拉深模的定位方法常采用特定的定位板。因无压边圈，故不能进行严格的多次拉深，主要用于直径缩小较少的拉深或整形等。

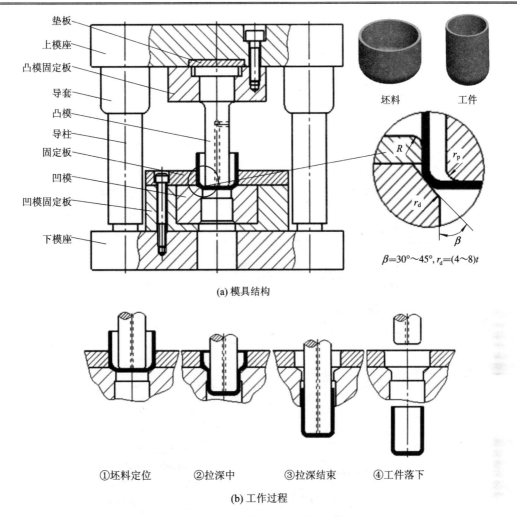

垫板
上模座
凸模固定板
导套
凸模
导柱
固定板
凹模
凹模固定板
下模座

坯料 工件

$\beta=30°\sim45°,\ r_d=(4\sim8)t$

(a) 模具结构

①坯料定位 ②拉深中 ③拉深结束 ④工件落下

(b) 工作过程

图 8.7 无压边装置的再次拉深模

模具结构相对简单，制造成本低，操作方便。凹模表面采用斜面形式，有利于材料的流动，使成形更容易。因上、下模设有导向装置，故凸、凹模间隙容易得到保证。

该模具主要适用于侧壁厚度均匀、直径变化量不大、稍加整形即可达到尺寸精度要求的深筒形拉深件。

2. 有压边装置的再次拉深模

如图 8.8(a)所示为有压边装置的再次拉深模，是倒装结构。

如图 8.8(b)所示为其工作过程图：

① 将经过前次拉深的半成品工件套在筒状压边圈上，通过半成品工件内表面和压边圈外表面配合定位；

② 上模下行，凹模与压边圈配合对工件进行压边，筒状压边圈后退(下行)，逐渐进行拉深；

③ 上模继续下行，工件被全部拉入凹模型腔而最终成形；

④ 上模回程，通过推杆将工件推出凹模，筒状压边圈可将箍在凸模上的工件顶出。

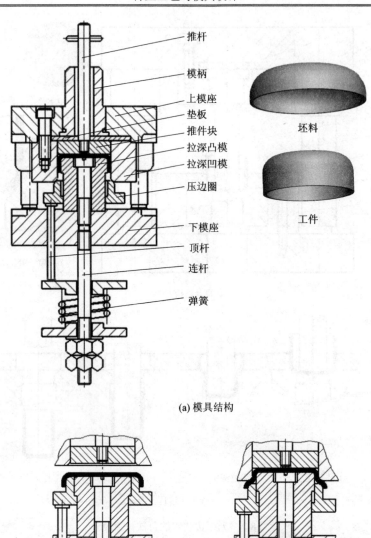

推杆
模柄
上模座
垫板
推件块
拉深凸模
拉深凹模
压边圈
下模座
顶杆
连杆
弹簧

坯料

工件

(a) 模具结构

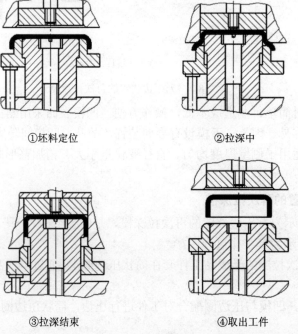

①坯料定位　　　　　　　②拉深中

③拉深结束　　　　　　　④取出工件

(b) 工作过程

图 8.8　有压边装置的再次拉深模

　　该模具结构形式被广泛采用。由于半成品是圆筒形的，故此时的压边装置不是平板结构，而是筒状结构，兼有定位、压边、卸料作用。压边圈的压边面积较小，具有拉深筋的作用，可降低工件起皱的可能性。

　　模具结构相对较复杂，制造成本高。

　　适用于精度要求较高的筒形件再次拉深。

3. 反拉深模

1) 无压边装置的反拉深模

　　如图 8.9(a)所示为无压边装置反拉深模。以凹模外形对坯料定位。

　　如图 8.9(b)所示为其工作过程图：

① 将半成品坯料反扣在凹模上；

② 上模下行，坯料被逐渐拉入凹模，材料绕凹模流动 180°、内壁经翻转成为外壁；

③ 板坯被拉通过凹模洞孔，此时板坯完全成形；

④ 凹模洞孔与下模座洞孔形成一个脱料颈，阻止工件随着凸模上行而将工件卸下。

　　模具结构简单，尺寸不大，制造成本低。

　　该模具主要用于精度要求不高、材料厚度较薄的再次拉深。

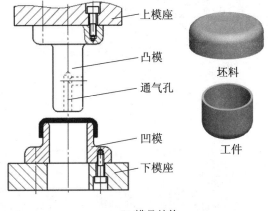

(a) 模具结构

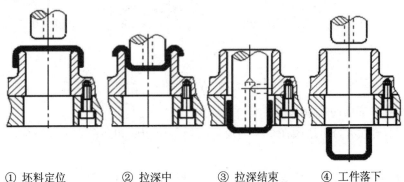

① 坯料定位　　② 拉深中　　③ 拉深结束　　④ 工件落下

(b) 工作过程

图 8.9　无压边装置的反拉深模

2) 压边圈在上模的反拉深模

如图 8.10(a)所示为压边圈在上模的反拉深模。压边圈和凸模安装在上模，凹模安装在下模，同时对坯料进行定位。

如图 8.10(b)所示为其工作过程图，与图 8.9(b)的工作过程类似。只不过增加了一个压边圈来防止坯料的起皱，同时起卸料作用。

由于安装弹簧的空间有限，压边行程不大，故该模具适用于压边力不大的浅拉深。

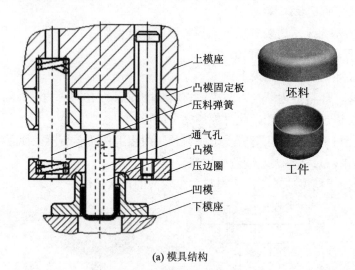

(a) 模具结构

① 坯料定位　　② 拉深中　　③ 拉深结束　　④ 工件落下

(b) 模具工过程

图 8.10　压边圈在上模的反拉深模

3) 压边圈在下模的反拉深模

如图 8.11(a)所示为压边圈在下模的反拉深模。压边圈和凸模安装在下模，凹模安装在上模。

如图 8.11(b)所示为其工作过程图，与图 8.10(b)的工作过程类似。压边圈同时对坯料进行定位、压边，卡在凹模内的工件由弹性推件块推出。

由于弹性压边装置安装在下模，可以提供较大的压边行程，故适用于深拉深场合。

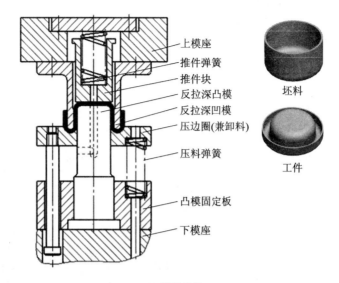

上模座
推件弹簧
推件块
反拉深凸模
反拉深凹模
压边圈(兼卸料)
压料弹簧
凸模固定板
下模座

坯料

工件

(a) 模具结构

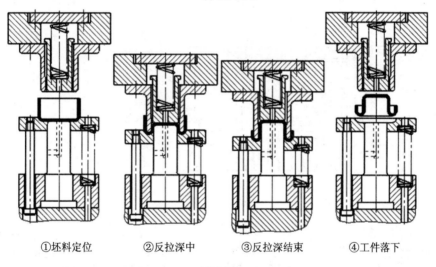

①坯料定位　②反拉深中　③反拉深结束　④工件落下

(b) 工作过程

图 8.11 压边圈在下模的反拉深模

8.1.3 落料拉深复合模

1. 正装落料拉深复合模

1) 结构组成

正装落料拉深复合模如图 8.12(a)所示。工作零件为凸凹模、落料凹模和拉深凸模,压边零件为压边圈和顶杆,推件零件为推杆和推件板,卸料零件为卸料板,定位零件为导料销和挡料销(后者未画出),支承零件为模柄、上模座、垫板、凸凹模固定板、凸模固定板和下模座,导向零件为导柱和导套。此外还有螺钉、销钉、弹簧等。

2) 工作过程(如图 8.12(b)所示)

(1) 条形板坯从前向后沿导料销送进，由送料前方的挡料销(图中未画出)控制进距；

(2) 上模下行，卸料板压紧板坯，凸凹模外形与落料凹模完成落料工序，压边圈在顶杆、弹性元件作用下与凸凹模下端面对板坯实现压边，凸凹模内形与拉深凸模同时进行拉深成形；

(3) 上模继续下行，拉深凸模与凸凹模作用将坯料完全拉深成形；

(4) 上模回程，压边圈此时起顶件卸料作用将工件从落料凹模顶出、从拉深凸模上脱出，而卡在凸凹模内的工件可由推件板推出，弹性卸料板将箍在凸凹模外形上的冲裁废料卸下。

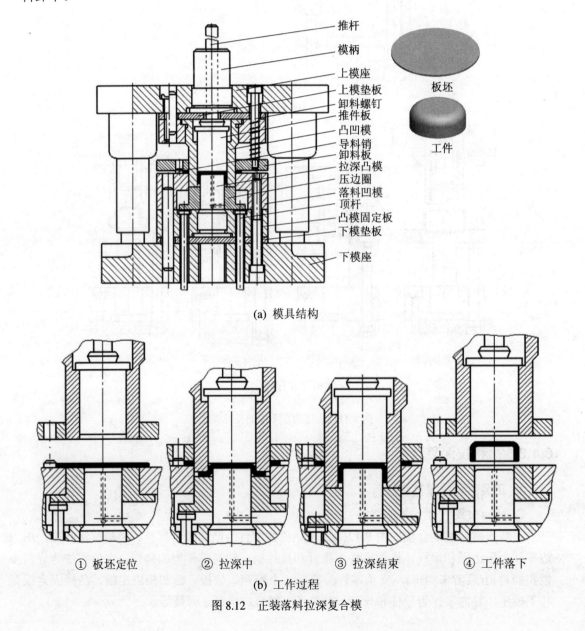

(a) 模具结构

① 板坯定位　　　② 拉深中　　　③ 拉深结束　　　④ 工件落下

(b) 工作过程

图 8.12　正装落料拉深复合模

3) 主要特征

采取正装复合模结构，在一个工位上实现落料、拉深两个工序，生产效率较高。

4) 模具特点

(1) 模具结构比较复杂，尺寸较大，制造精度要求高，制造成本相对较高。

(2) 模具采用导柱、导套进行精密导向，使得落料拉深后的工件精度较高。

(3) 由于采用固定导料销和挡料销定位，故需要在卸料板上钻出让位孔。

(4) 板坯在压紧状态下进行拉深，能防止板坯起皱。

5) 应用场合

该模具主要用于生产批量大、精度要求高的工件。

2. 落料、正拉深、反拉深模

1) 结构组成

如图 8.13(a)所示为落料、正拉深、反拉深模。工作零件为凸凹模、拉深凸凹模、反拉深凸模、落料凹模，卸料零件为刚性卸料板，压料零件为弹性压边圈，导向零件为导料板(开设在刚性卸料板下表面的凹槽)，支承零件为模柄、上模座、下模座等。此外还有螺钉、销钉、推杆、顶杆、弹性介质等零件。

2) 工作过程(如图 8.13(b)所示)

(1) 条形板坯从落料凹模上表面、刚性卸料板下表面之间的导向槽从前向后送进模具，由前方的挡料(未画出)控制进距；

(2) 上模下行，凸凹模外形与落料凹模作用完成落料工序，压边圈与凸凹模下端面对板坯实现压边，凸凹模内形与拉深凸凹模外形开始正拉深成形；

(3) 上模继续下行，凸凹模内形与拉深凸凹模外形进行正拉深；

(4) 上模继续下行，正拉深结束，反拉深凸模与拉深凸凹模内形对板坯底部进行反拉深；

(5) 上模继续下行，板坯完全被拉入拉深凸凹模内，反拉深结束；

(6) 上模回程，卸料板将卡在凸凹模外形的冲裁废料卸下，顶件块将工件从拉深凸凹模内顶出，若工件卡箍在反拉深凸模上，则由推件块推出，此时将板坯再向前推进一个步距，准备下一次冲压成形。

3) 主要特征

(1) 有一个凸凹模和拉深凸凹模。

(2) 拉深、切边凹模为同一零件。

(3) 能在一个工位上完成落料、正拉深、反拉深等三个工序，生产效率较高。

4) 模具特点

模具有凸凹模、反拉深凸模、拉深凸凹模、落料凹模等工作零件，要求相互之间的间隙配合精度高；推杆和顶杆较多，其孔之间相互配合精度要求高，否则极易发生阻滞现象。故模具结构复杂，尺寸较大，装配难度大，设计和制造成本较高。

5) 应用场合

该模具适用于生产效率要求高、能实现流水线生产的场合。

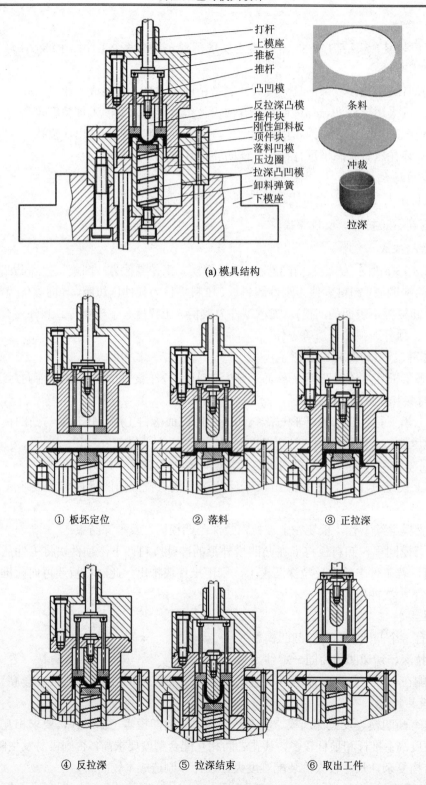

(a) 模具结构

① 板坯定位　　　　② 落料　　　　③ 正拉深

④ 反拉深　　　　⑤ 拉深结束　　　　⑥ 取出工件

(b) 工作过程

图 8.13　落料、正拉深、反拉深模

3. 再次拉深、整形、冲孔、切边复合模

圆筒形件切边的工作过程：在工件拉深结束时，切边凸模与拉深切边凹模共同作用，将多余的边料切断，如图 8.14 所示。该模具在结构设计时除了应考虑冲裁间隙设计外，还应注意拉深凸模工作部分的长度，太长则无法实现切边，太短则不能得到预期的工件高度。

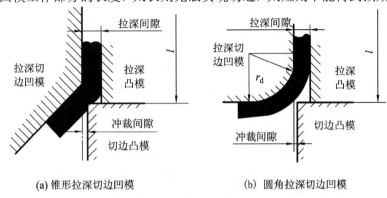

(a) 锥形拉深切边凹模　　　　　(b) 圆角拉深切边凹模

图 8.14　圆筒形件切边的工作过程

再次拉深、整形、冲孔、切边复合模如图 8.15 所示。

1) 结构组成

再次拉深、冲孔、切边复合模如图 8.15(a)所示。工作零件为冲孔凹模、冲孔凸模、切边凸模、拉深切边凹模，导向零件为导柱和导套，定位、压边、卸料零件均为筒形压边圈，推件机构为推件板等，支承零件为模柄、上模座、凸模固定板、凹模固定板、垫板、固定块、垫柱、下模座等。此外还有螺钉、销钉、弹性介质、推杆、顶杆、螺母等。

2) 工作过程

其工作过程如图 8.15(b)所示：① 将半成品拉深件倒扣在压边圈上定位；② 上模下行，安装在下模的拉深凸模与处于上模的拉深切边凹模共同进行拉深——将半成品逐渐拉入垫柱孔内；③ 上模继续下行，推件板回到最上止点位置时，与拉深凸模和冲孔凹模对工件底部整形；④ 上模继续下行，冲孔凸模与冲孔凹模作用对工件底部实现冲孔工序；⑤ 上模继续下行，切边凸模与拉深切边凹模对工件口部进行切边；⑥ 上模回程，压边圈将切边废料从切边凸模上卸下，卡在垫柱内的工件由刚性推件板推出，冲孔废料从模具中心通孔直接落下。

3) 主要特征

冲孔凹模与拉深凸模镶在一起，外形是拉深凸模，内形是冲孔凹模，两者上端面构成整形凹模；拉深切边凹模既担当拉深凹模又担当切边凹模。这样，此副模具是在同一个工位上完成拉深、整形、冲孔、切边多个工序的。

4) 模具特点

这种模具结构复杂，制造成本较高，各配合部位的配合精度要求较高，故调试难度大。但模具生产效率高，且能生产精度要求较高的产品。

5) 应用场合

该模具适用于具有一定精度要求、生产率较高的再次冲压场合。

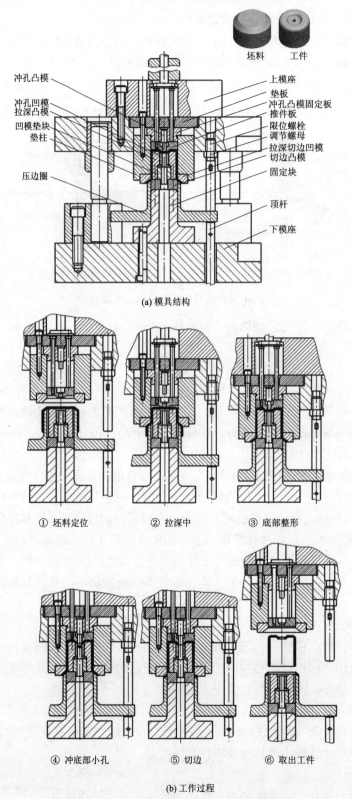

坯料　工件

冲孔凸模　　　　　　　　　　　　　　上模座
　　　　　　　　　　　　　　　　　　垫板
冲孔凹模　　　　　　　　　　　　　　冲孔凸模固定板
拉深凸模　　　　　　　　　　　　　　推件板
凹模垫块　　　　　　　　　　　　　　限位螺栓
垫柱　　　　　　　　　　　　　　　　调节螺母
　　　　　　　　　　　　　　　　　　拉深切边凹模
　　　　　　　　　　　　　　　　　　切边凸模
压边圈　　　　　　　　　　　　　　　固定块

　　　　　　　　　　　　　　　　　　顶杆

　　　　　　　　　　　　　　　　　　下模座

(a) 模具结构

① 坯料定位　　　② 拉深中　　　③ 底部整形

④ 冲底部小孔　　　⑤ 切边　　　⑥ 取出工件

(b) 工作过程

图 8.15　再次拉深、整形、冲孔、切边复合模

8.1.4 大型件拉深模

1. 单动拉深模

1) 结构组成

如图 8.16 所示为汽车左右门外蒙皮单动拉深模。工作零件为凸模和凹模，板坯定位零件是定位块，上、下模定位零件是导板和定位板，模具在压力机上的定位零件是定位键，压料零件为压边圈、顶杆和气垫(未画出)，此外还有限位螺钉、到位标志器、塑料弯管(排气)、螺钉、销钉等。

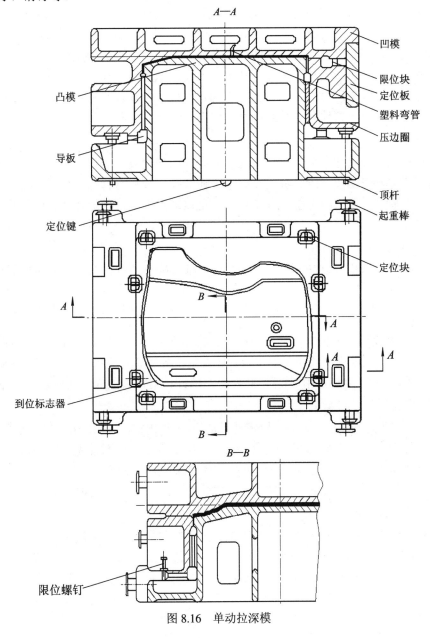

图 8.16 单动拉深模

2) 工作过程

工作时，顶杆在下方气垫(未画出)的作用下，将压边圈向上顶起到与凸模上表面平齐，其位置由限位螺钉控制。之后，送入板坯并用四个定位块定位(图 8.16 俯视图)。凹模开始向下运动，将板坯压紧在压边圈上。随着凹模继续下行，压边圈随凹模一起向下运动，同时将板坯拉深成形。凹模回程时，压边圈将工件顶出。

3) 主要特征

该模具在加工大型零件时，精度控制较困难。导板用于凸模和压边圈的导向，限位螺钉控制压边圈向上的极限位置，以便将板坯顺利送入模具中。限位块用于模具冲压到位时的限位，同时也用于调整凹模与压边圈之间的间隙。到位标志是检验拉深件到位的标志，如果它能在拉深件工艺补充面或下道工序可冲掉的废料面上压出直径 3 mm 的小圈，即说明已经压到位了。塑料弯管和通气孔的作用是让封闭在型腔内的空气顺利排出，从而保证工件的质量。为了防止灰尘从凹模通气孔中落入模具型腔内，在凹模通气孔上段可安装一段塑料弯管。定位键与压力机工作台上的 T 形槽相配合，使模具在压力机上正确定位。起重棒用于模具的吊运。顶件杆与压力机气垫相连，用于顶件和压料。

4) 模具特点

模具结构复杂，尺寸较大，制造精度要求高，成本也较高。但模具能够成形较大尺寸的汽车门外蒙皮，产生较大的经济效益。采用通气孔、塑料弯管等结构或装置，有利于保证工件的加工质量；采用限位螺钉、定位块、定位键等装置，使板坯在拉深过程中的定位精度得到保证。

5) 应用场合

该模具适用于结构较复杂、尺寸较大、生产批量较大的汽车门窗类蒙皮件的加工。

2. 双动拉深模

1) 结构组成

如图 8.17 为双动压力机大型件拉深模。工作零件为凸模和凹模，压料零件为压边圈，导向装置为导向板，定位零件为左定位装置和右定位装置、限位垫块，支承零件为凸模座、顶料支承装置(与下定位装置相连)等，此外还有螺钉、销钉、顶杆等其他辅助零件。

2) 工作过程

工作时，薄板送料机(或人工)将板坯通过滑道(未画出)送入模具内，此时顶料支承装置已升高至定位平面，以支承板坯，防止下塌。外滑块带动压边圈首先下行，将板坯压住实现压边，接着内滑块带动凸模座和凸模下行进行拉深。拉深完毕后内滑块先带动凸模回程，然后压边圈回程，拉深完成。以上内、外滑块的动作次序由压力机本身来决定。

3) 主要特征

通过螺钉、销钉将凸模固定在凸模座上，凸模座与压力机内滑块紧固；压边圈用螺钉和压板紧固在压力机外滑块上；通过导向板保证压边圈和凸模之间的导向精度；限位垫块控制凹模与压边圈之间的压边间隙，用螺钉和压板将凹模紧固在压力机工作台上。模具中的顶料支承装置(顶件装置)将工件从凹模中顶出。压边圈和凹模之间没有导向装置，拉深时，在水平或侧向力的作用下，上、下模之间易发生错移。

4) 模具特点

该模具结构比较复杂，尺寸较大，制造精度要求高，成本也较高。但该模具利用了压力机的双动功能，能一次性完成冲压和压边工作，功能强大，生产率高。此外，凸模和压边圈之间采用了导向板，压边间隙采用限位垫块控制，在一定程度上提高了工件质量。

5) 应用场合

该模具适用于板坯尺寸较大、生产批量大、需要压边的拉深场合。

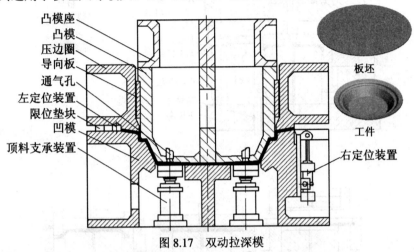

图 8.17　双动拉深模

8.1.5　其他拉深模

1. 盒形件落料拉深模

1) 结构组成

盒形件的落料拉深复合模结构如图 8.18(a)所示。工作零件为落料拉深凸凹模、拉深凸模和落料凹模，压料零件为压边圈和顶料杆，定位零件为定位槽(图中未画出)，卸料零件为固定卸料板，导向零件为导柱、导套和固定卸料板上的导向槽，支承零件为上、下模座，凹模垫板，销钉，螺钉等。

2) 工作过程

其工作过程如图 8.18(b)所示：① 条形板坯沿固定卸料板的导向槽送进定位；② 上模下行，落料拉深凸凹模和落料凹模完成落料；③ 上模继续下行，落料拉深凸凹模和拉深凸模进行拉深；④ 上模继续下行，直至拉深结束；⑤ 上模回程，由固定卸料板将冲裁废料从落料拉深凸凹模卸下，顶料杆和压边圈将工件由拉深凸模上顶出，若拉深工件卡在落料拉深凸凹模内孔中，可由打料杆和打料盘推出。

3) 主要特征

盒形件落料拉深模具有落料拉深凸凹模，是正装复合模。

4) 模具特点

该模具结构相对较复杂，尺寸较大，制造装配困难，成本高。但模具采用了合理的定位装置，故冲压精度高，工件成形质量好，能同时完成落料和拉深工序，功能强大，生产率高。

5) 应用场合

该模具适用于冲压精度要求高、生产批量大的场合。对于矩形油箱、笔记本电脑外壳等盒形件的成形，可以使用该模具进行加工。

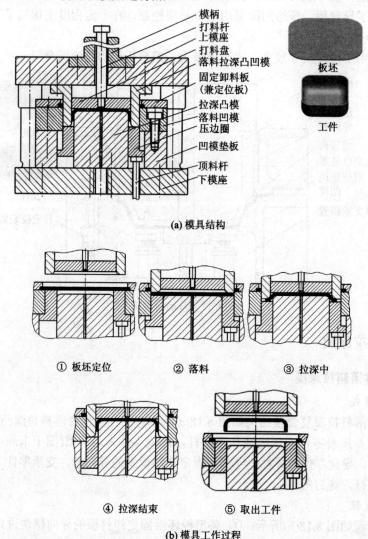

(a) 模具结构

① 板坯定位　　　② 落料　　　③ 拉深中

④ 拉深结束　　　⑤ 取出工件

(b) 模具工作过程

图 8.18　盒形件落料拉深复合模

2. 球面件拉深模

球面件拉深工艺中，常见的拉深模具主要有以下几种。

1) 带压边圈球面件落料拉深复合模

如图 8.19(a)所示为球面零件落料拉深复合模结构，该模具为正装结构。定位零件为具有卸料功能的固定卸料板。

其工作过程如图 8.19(b)所示：① 条形板坯沿固定卸料板的导向槽送进定位；② 上模下行，落料拉深凸凹模和落料凹模完成落料；③ 上模继续下行，落料拉深凸凹模和拉深凸模完成拉深；④ 上模回程，由固定卸料板将条形废料从落料拉深凸凹模卸下，若拉深工件卡在落料拉深凸凹模内孔中，可由打料杆和打料盘推下。

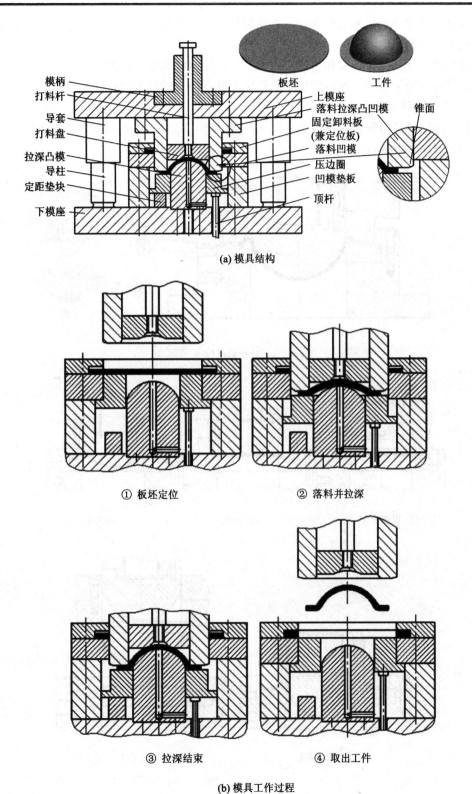

(a) 模具结构

① 板坯定位　　　　　　　　② 落料并拉深

③ 拉深结束　　　　　　　　④ 取出工件

(b) 模具工作过程

图 8.19　球面件落料拉深复合模

为减小拉深时的起皱失稳现象，在落料拉深凸凹模的凸模刃口处设计了一个锥面，这样有利于材料的流动。

定距垫块安装在压边圈和下模座之间，用以控制和确定工件的高度和凸缘的大小。

该模具适用于有一定冲压精度要求且生产批量较大的球形件拉深场合。

2) 带拉深筋的球面件拉深模

带拉深筋的球面件拉深模结构如图 8.20(a)所示，该模具须在双动压边机上使用。其工作过程如图 8.20(b)所示。

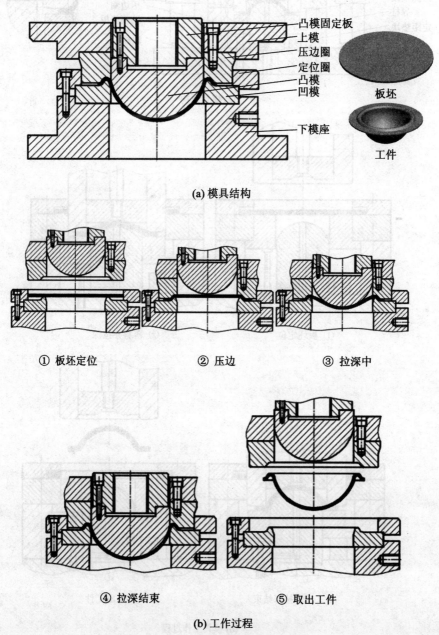

(a) 模具结构

① 板坯定位　　　　② 压边　　　　③ 拉深中

④ 拉深结束　　　　⑤ 取出工件

(b) 工作过程

图 8.20　带拉深筋的球面件拉深模

带拉深筋的压边圈对板坯厚度公差、压边调整和操作等因素的敏感性较低,所以工艺比较稳定,生产中较多采用。

3) 球面件正、反拉深模

球面件正、反拉深模结构如图 8.21(a)所示。该模具由拉深凸凹模、拉深凸模和拉深凹模组成。其工程过程如图 8.21(b)所示,凸凹模与拉深凹模共同完成正拉深,凸凹模与拉深凸模共同完成反拉深。在工作时,正、反拉深工序同时进行。板坯在环形凹模口处受拉,使中间底部拉应力增大,从而使板坯切向应力 σ_θ 减小,避免起皱。

该模具主要应用于大型零件的拉深场合。

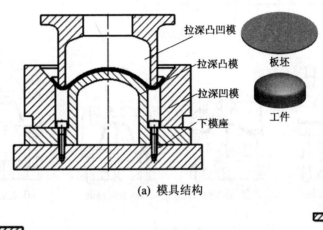

(a) 模具结构

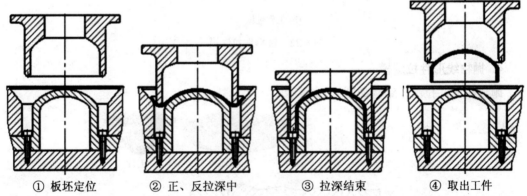

① 板坯定位   ② 正、反拉深中   ③ 拉深结束   ④ 取出工件

(b) 工作过程

图 8.21 球面件正、反拉深模

3. 锥形件拉深模

锥形件拉深模结构如图 8.22(a)所示,该模具为倒装结构,即凹模安装在上模,凸模安装在下模。该模具采用导柱、导套对模具进行导向,冲压精度高。

其工作过程如图 8.22(b)所示。板坯在压边圈中定位,拉深结束后,推件板将工件从凹模中推出。

该模具结构简单,操作方便,在拉深初期凸模与板坯接触面积小、压力集中,容易引起局部变薄,锥形件成形后,回弹量较大。

该模具应用于有一定精度要求的锥形件场合。

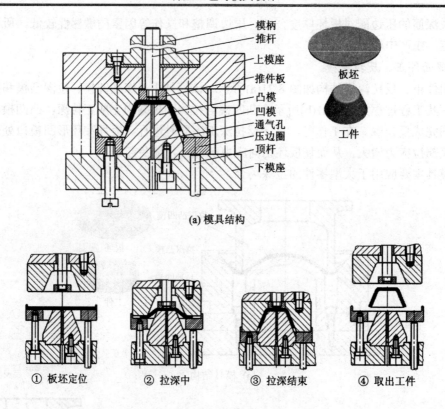

(a) 模具结构

① 板坯定位　　② 拉深中　　③ 拉深结束　　④ 取出工件

(b) 工作过程

图 8.22　锥形件拉深模

4. 抛物线形件拉深模

抛物线形件拉深模结构如图 8.23 所示。

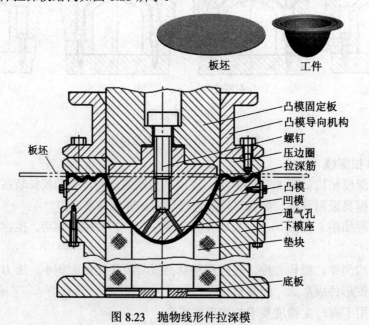

图 8.23　抛物线形件拉深模

　　该模具没有采用专用的导向装置，冲压精度主要是靠凸模与上模导轨的配合来保证。在凹模和压边圈之间采用多重拉深筋，这样能有效防止板坯的起皱。由于零件的高度与口部直径之比较大，故拉深成形比较困难；由于凸模与板坯接触面积较大，故需加工多个通气孔。通过调节或更换垫块的高度，可以成形不同深度的抛物线形工件。

　　该模具结构复杂，零部件较多，制造困难，特别是压边圈的加工，有一定的难度，成本较高。

　　该模具适用于汽车灯罩等形状比较复杂工件的拉深。

5. 变薄拉深模

　　变薄拉深模结构如图 8.24(a)所示。该模具采用变薄方式对工件进行拉深成形。下模采用紧固圈将凹模、定位圈紧固在下模座内，凸模也以紧固环及锥面套紧固在上模座上。不同工序的拉深，只需更换凸模、凹模和定位圈，装卸都较方便。为了装模和对模方便，可采用校模圈校对模具(简称对模)。对模以后应将校模圈取出，然后再进行拉深工作。此过程也可以用定位圈代替校模圈。若在凹模和定位圈处均安装凹模，便可在一次行程中完成两次变薄拉深。

　　其工作过程如图 8.24(b)所示。工件由刮件环自凸模上卸下后，自由下落出件。

　　该模具结构简单，通用性强，而且更换易损件较方便。

　　该模具适用于底部厚度比侧壁厚度大，且相对高度大的开口筒形件的成形。

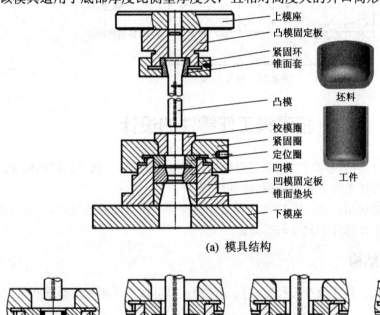

(a) 模具结构

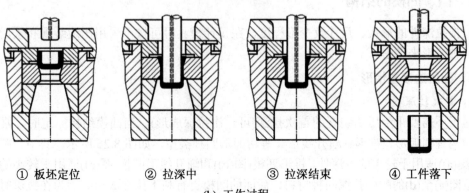

① 板坯定位　　② 拉深中　　③ 拉深结束　　④ 工件落下

(b) 工作过程

图 8.24　变薄拉深模

6. 液压拉深模

液压拉深模结构如图 8.25 所示。将板坯放置在凹模上面的凹槽内定位，上模下行，压边圈首先压住板坯，此时向凹模型腔内充入液体。之后，凸模开始对板坯进行拉深。在凸模下行过程中，凹模型腔内高压液体将板坯紧紧包在凸模上，直至拉深完成。最后开始泄放液体，凸模和压边圈同时上行，此时可以取出工件。

该模具采用液压辅助，利用了液体压力的柔性特点，液压力将板坯紧紧包在凸模上，增大了工件成形部分与凸模之间的摩擦力，使拉深工件的成形极限得到提高，成形质量得到改善。由于需要对液体密封，故拉深时工件凸缘一般不应脱离密封圈。

该模具适用于精度和成形极限都较高的带凸缘件的拉深场合。

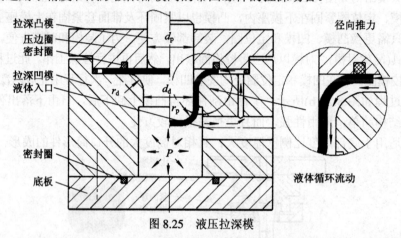

图 8.25　液压拉深模

8.2　拉深模工作零件的设计

拉深模的工作部分是指拉深时直接参与对板坯拉深工作的部分，通常包括凸模和凹模。故拉深模工作部分的设计实际上是对凸模和凹模的设计。

具体设计内容主要包括：凸、凹模结构和尺寸的设计；模具间隙的确定；凸、凹模圆角半径的设计；模具工作部分的尺寸与公差。

8.2.1　凸、凹模的结构

根据拉深件的形状、尺寸及变形程度，在设计模具时可按不采用压边装置和采用压边装置两种情形来考虑。

1. 无压边装置情形

1) 首次拉深模

对于不需要采用压边装置的首次拉深(可一次拉深成形)，当凸模结构一定时，常见的凹模结构有圆弧形、锥形、渐开线形和等切面形四种类型，如图 8.26 所示。其中，圆弧形凹模(图(a))适用于较大的拉深件，锥形凹模(图(b))和渐开线形凹模(图(c))适用于较小的拉深件。按图(a)至(d)的顺序拉深同种材料，后面的凹模更有利于拉深成形。因为在拉深时，后面的凹模结构使板坯的过渡形状呈曲面形状，因而增大了抗失稳能力；而且后面的凹模口部对板坯变形区的作用力也有助于板坯产生切向压缩变形，从而减小了摩擦阻力和弯曲变形阻力，并且可以采用较小的拉深系数。

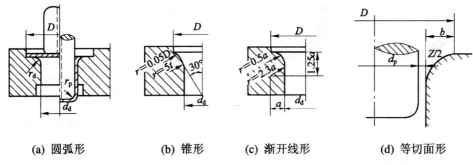

(a) 圆弧形　　　　(b) 锥形　　　　(c) 渐开线形　　　　(d) 等切面形

图 8.26　无压边装置时凹模工作部分结构

2) 再次拉深模

如果需要进行多次拉深，严格来说不采用压边装置是不允许的。由于相邻工序间的变形程度不大，只能有少量变形，因此，再次拉深模主要用于提高拉深件质量，使拉深件间壁厚一致，形状准确。同时，前、后两道工序的凸模与凹模还应具有良好的配合关系，在图 8.27 中，一般取 $a = 5$ mm～10 mm，$b = 2$ mm～5 mm。

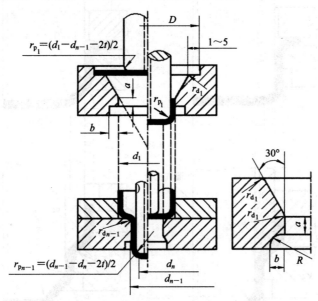

图 8.27　无压边装置多次拉深的凹模结构

此外，如图 8.28 所示，在进行再次拉深模具设计时，还应注意以下几点：

(1) 前道工序凸模的锥顶径 d_1' 应比后续工序凸模的直径 d_2 小，以避免板坯在 A 部可能产生不必要的反复弯曲，而使工件筒壁的质量变差等，如图 8.28(a) 及图 8.28(b) 所示。

(2) 为了使最后一道拉深工序完成后零件的底部平整，如果是圆角结构的凸模，可使其最后一次拉深凸模圆角半径的圆心与倒数第二道拉深凸模圆角半径的圆心位于同一条中心线上(铅垂方向)，如图 8.28(c) 所示；如果是斜角结构的冲模结构，则应使倒数第二道工序($n-1$ 道)凸模底部的斜线与最后一道工序的凸模圆角半径相切，如图 8.28(d) 所示。

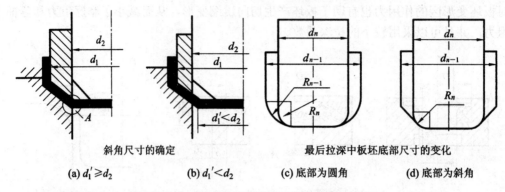

斜角尺寸的确定　　　　　　　　　最后拉深中板坯底部尺寸的变化

(a) $d_1' \geq d_2$　　　(b) $d_1' < d_2$　　　(c) 底部为圆角　　　(d) 底部为斜角

图 8.28　前、后两次拉深模具工作部分的尺寸关系

2. 有压边装置情形

当需要进行多次拉深时，一般都需要采用压边装置，如图 8.29 所示。图中上、下部分分别为板坯的首次拉深和再次拉深。在图 8.29(a)中，凸、凹模均具有圆角结构，一般用于拉深件直径 $d \leq 100$ mm 的情形；在图 8.29(b)中，凸、凹模均具有斜角结构，一般用于拉深件直径 $d > 100$ mm 的情形。

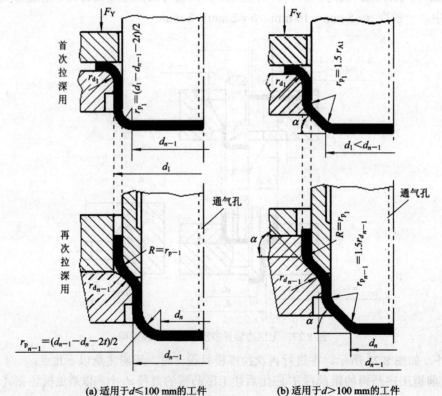

(a) 适用于 $d \leq 100$ mm 的工件　　　(b) 适用于 $d > 100$ mm 的工件

图 8.29　有压边装置多次拉深成形的凹模结构

采用具有斜角的凹模结构具有如下优点：

- 能够有效地改善金属的流动性；
- 能减少板坯反复弯曲变形的程度，提高板坯的成形质量；
- 能够制造高精度工件。

需注意前、后两道工序的冲模在形状和尺寸上的协调(如图 8.29 所示):

- 在进行多次拉深时,凹模锥面斜角要与上道工序的凸模斜角相等;
- 压边圈与板坯内表面接触部分的形状和尺寸要与上道工序的凸模的相应部分相同。

在拉深过程中由于模具对板坯的挤压作用,每道工序后工件通常都会受到大气压力的作用而紧紧地包在凸模上,故在进行凸模设计时,应在凸模中心加工一细小通气孔。一般是根据凸模直径来选取不同直径的通气孔,通气孔的尺寸见表 8-1。

表 8-1 通气孔尺寸 mm

凸模直径	≤50	>50~100	>100~200	>200
通气孔直径	5	6.5	8	9.5

3. 末次拉深凸模底部结构

末次拉深时,凸模圆角半径 r_{p_n} 应等于设计零件的内圆角半径 r,但末次拉深的圆角半径不得小于 $(2\sim3)t$,如果设计要求小于 $(2\sim3)t$,则需再加一道整形工序来得到要求的凸模圆角半径值。

最后一次拉深凸模常见的底部结构如图 8.30 所示。

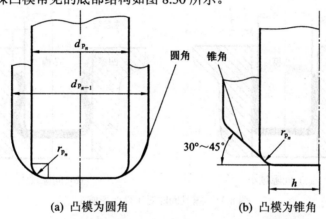

(a) 凸模为圆角　　　　　(b) 凸模为锥角

图 8.30　最后拉深凸模与倒数第二次拉深凸模的关系

为了使最后一道拉深工序完成后零件的底部平整,如果是圆角结构的凸模,可使其最后一次拉深凸模圆角半径 r_{p_n} 的圆心与倒数第二道拉深凸模圆角半径的圆心位于同一条中心线上(铅垂方向);如果是斜角结构的冲模结构,则应使倒数第二道工序 $(n-1$ 道)凸模底部的斜线与最后一道的凸模圆角半径 r_{p_n} 相切。

8.2.2　凸、凹模间隙

拉深间隙通常是指拉深凹模与凸模直径之差的一半,即单边间隙,即 $Z/2 = (D_d - D_p)/2$。

拉深间隙对拉深力 F、工件质量、模具寿命等均有影响:

- 若 Z 太小,则变形阻力大,零件减薄量大,甚至开裂,模具磨损严重,但工件侧壁光滑、质量较好,精度较高,如图 8.31(a)所示;
- 若 Z 太大,则对板坯的校直和挤压作用小,因而使拉深力降低,模具使用寿命长,但零件侧壁不直,会形成弯曲形状,如图 8.31(b)所示。

拉深间隙的确定原则:既要考虑板坯本身的公差,又要考虑板坯的增厚现象。

- 对于无压边装置的拉深模，模具间隙一般比板坯厚度略大一些，单边间隙为

$$\frac{Z}{2} = (1 \sim 1.1)t_{\max} \qquad (8\text{-}1)$$

式中：$Z/2$ 为模具的单边间隙，mm；$t_{\max}$ 为板坯的极限厚度，mm。

对于式中的系数 $1 \sim 1.1$，末次拉深或精密零件拉深取小值，首次拉深或低精度零件的拉深取大值。

- 对于有压边装置的拉深模，当拉深件的精度要求较高时，可采用负间隙拉深模：

$$\frac{Z}{2} = (0.9 \sim 0.95)t_{\max} \qquad (8\text{-}2)$$

间隙值 Z 的选取亦可查表 8-2。

表 8-2　单边间隙值

总拉深次数	拉深工序	单边间隙
1	第一次拉深	$(1 \sim 1.1)t$
2	第一次拉深	$1.1t$
	第二次拉深	$(1 \sim 1.05)t$
3	第一次拉深	$1.2t$
	第二次拉深	$1.1t$
	第三次拉深	$(1 \sim 1.05)t$
4	第一、二次拉深	$1.2t$
	第三次拉深	$1.1t$
	第四次拉深	$(1 \sim 1.05)t$
5	第一、二、三次拉深	$1.2t$
	第四次拉深	$1.1t$
	第五次拉深	$(1 \sim 1.05)t$

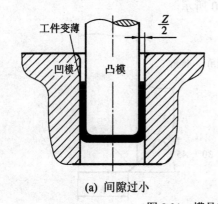

(a) 间隙过小

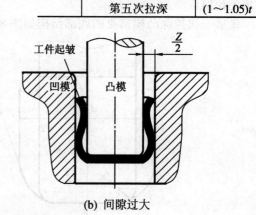

(b) 间隙过大

图 8.31　模具间隙对工件的影响

8.2.3　凸、凹模圆角半径

板坯在拉深过程中，凸模圆角区域是工件严重变薄和极易发生破裂的"危险区域"，而凹模圆角半径的大小将直接影响到板坯的弯曲变形程度和材料的流动性。可见，确定合理的凸、凹模圆角半径具有重要意义。

1. 凹模圆角半径对拉深的影响

凹模圆角半径 r_d 太小，材料流经时就较困难，弯曲变形阻力、摩擦力、反向弯曲的校直力就较大，从而使拉深力增加，工件表面易刮伤，变薄严重，易拉裂，模具磨损大，使用寿命短，如图 7.24(b) 所示。

凹模圆角半径 r_d 太大，会使板坯过早地脱离压边圈，在无压边作用的情况下，起皱的可能性会增大，如图 7.24(b) 所示。

2. 凹模圆角半径的选取

凹模圆角半径的选取原则：在不起皱的条件下，凹模圆角半径 r_d 愈大愈好。

- 首次拉深时(如图 8.29 所示)，凹模的圆角半径计算公式为

$$r_{d_1} = 0.8\sqrt{(D-d)t} \tag{8-3}$$

式中：r_{d_1} 为首次拉深时凹模的圆角半径，mm；D 为板坯的直径，mm；d 为凹模内径，mm；t 为板坯厚度，mm。首次拉深时的 r_{d_1} 亦可查表 8-3。

- 再次拉深时(如图 8.29 所示)，凹模圆角半径的计算公式为

$$r_{d_n} = (0.6\sim0.8)\,r_{d_{n-1}} \geqslant 2t \tag{8-4}$$

表 8-3　首次拉深时的 r_{d_1}

拉深方式	板坯相对厚度 t/D				
	0.02～0.015	0.015～0.01	0.01～0.006	0.006～0.003	0.003～0.001
无凸缘拉深	$(4\sim7)t$	$(5\sim8)t$	$(6\sim9)t$	$(7\sim10)t$	$(8\sim13)t$
有凸缘拉深	$(6\sim10)t$	$(8\sim13)t$	$(10\sim16)t$	$(12\sim18)t$	$(15\sim22)t$

3. 凸模圆角半径对拉深的影响

- 若凸模圆角半径 r_p 太小，则材料在圆角处的弯曲变形大、危险断面强度降低、厚度严重变薄甚至开裂，在成形件侧壁上会遗留局部变薄和弯曲变形的痕迹，如图 7.24(b)所示。
- 若凸模圆角半径 r_p 太大，则在拉深初期板坯与模具的接触面积小，不但容易起皱，而且会减少传递拉深力的承载面积，如图 7.24(b)所示。

4. 凸模圆角半径的选取

- 首次拉深时(如图 8.29 所示)，凸模圆角半径计算公式为

$$r_{p_1} = (0.7\sim1.0)\,r_{d_1} \tag{8-5}$$

- 后续各次拉深时(如图 8.29 所示)，凸模圆角半径计算公式为

$$r_{p_{n-1}} = \frac{d_{n-1} - d_n - 2t}{2} \tag{8-6}$$

- 未次拉深时(如图 8.30 所示)，凸模圆角半径与拉深件圆角半径相等，即

$$r_{p_n} = r \geqslant (2\sim3)t \tag{8-7}$$

8.2.4　模具工作部分的尺寸与公差

对于需要进行多次拉深的工件，未次拉深模的尺寸及公差决定了工件的精度，为此，其凸、凹模的尺寸及公差应按工件的要求来确定。

(1) 当零件给定外形尺寸和公差时(如图 8.32(a)所示)，末次拉深以凹模为基准件，间隙由减小凸模而得到：

$$D_d = (D_{max} - 0.75\Delta)^{+\delta_d}_{0}, \quad D_p = (D_d - Z)^{0}_{-\delta_p} \tag{8-8}$$

(2) 当零件给定内形尺寸和公差时(如图 8.32(b)所示)，末次拉深以凸模为基准件，间隙由增大凹模得到：

$$d_p = (d_{min} + 0.4\Delta)_{-\delta_p}^{~0}, \quad d_d = (d_p + Z)_0^{+\delta_d} \tag{8-9}$$

式中：D_d、d_d 为凹模的基本尺寸，mm；D_p、d_p 为凸模的基本尺寸，mm；D_{max} 为工件外径的最大极限尺寸，mm；d_{min} 为工件内径的最小极限尺寸，mm；Δ 为工件公差，mm；δ_p、δ_d 为凸、凹模的制造公差，mm，见表 8-4；Z 为模具双边间隙，mm。

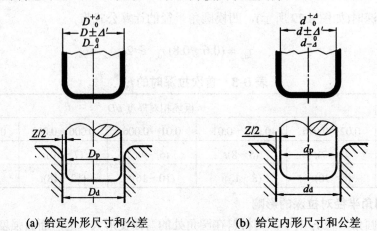

(a) 给定外形尺寸和公差　　　　　(b) 给定内形尺寸和公差

图 8.32　拉深件的尺寸标注

表 8-4　凸、凹模制造公差　　　　　　　　　　　mm

材料厚度 t	工件直径 d					
	不大于 20		大于 20～100		大于 100	
	δ_p	δ_d	δ_p	δ_d	δ_p	δ_d
不大于 0.5	0.01	0.02	0.02	0.03	—	—
大于 0.5～1.5	0.02	0.04	0.03	0.05	0.08	0.05
大于 1.5	0.04	0.06	0.05	0.08	0.10	0.06

注：上述制造公差可按公差标准 IT10～IT6 级选取，工件公差小的可取 IT6 级，工件公差大的可取 IT10 级。

首次拉深与中间(过渡)工序，板坯的尺寸没有必要给以严格限制，这时，模具的尺寸只要等于板坯的过渡尺寸即可。若以凹模为基准，则

$$D_d = D_0^{+\delta_d}, \quad D_p = (D_d - Z)_{-\delta_p}^{~0} \tag{8-10}$$

对凸、凹模工作部分的表面粗糙度有一定要求，与板坯接触的凹模表面和型腔的表面粗糙度要求为 $Ra = 0.8~\mu m$，对凹模圆角处的表面粗糙度要求较高，一般应达到 $Ra = 0.4~\mu m$；凸模工作部分与工件之间应存在一定的有益摩擦，故对其表面粗糙度要求不应太高，一般为 $Ra = 1.6~\mu m \sim 0.8~\mu m$。

8.3　拉深模设计实例

零件名称：筒形件；生产批量：大批量；板坯材料：10 钢；板坯厚度：1 mm；零件图：

如图 7.32 所示。

1．产品工艺性分析

产品工艺性分析见例 7-1 相关内容。

2．拉深工艺计算

拉深工艺性计算的内容包括：① 确定修边余量；② 计算板坯直径 D；③ 确定拉深次数 n；④ 计算各次拉深凹模和凸模工作部分的尺寸；⑤ 确定凸、凹模圆角半径；⑥ 确定拉深后半成品的高度。以上内容的具体计算方法见例 7-1 及例 7-2。

3．筒形件拉深工艺方案的确定

通过上述分析计算可以得出该零件的正确工艺方案：首先是落料拉深复合，然后进行3次拉深，最后是切边至要求高度。即落料与首次拉深复合→第2次拉深→第3次拉探→第4次拉探→切边。

- 第一步：落料与首次拉深复合(如图 8.33 所示)。

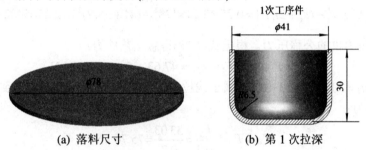

(a) 落料尺寸　　　　　　(b) 第 1 次拉深

图 8.33　第一道工序尺寸

- 第二步：工件的第 2 次拉深(如图 8.34(a))。
- 第三步：工件的第 3 次拉深(如图 8.34(b))。
- 第四步：工件的第 4 次拉深(如图 8.34(c))。
- 第五步：工件口部切边，得到最终工件(如图 8.34(d))。

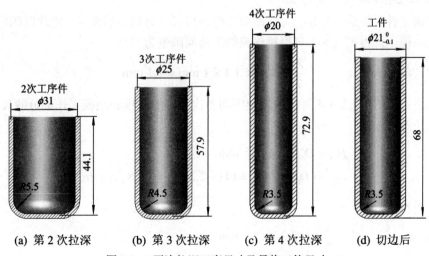

(a) 第 2 次拉深　　(b) 第 3 次拉深　　(c) 第 4 次拉深　　(d) 切边后

图 8.34　再次拉深工序尺寸及最终工件尺寸

在图 8.34 中，每道工序完成后，必要时要采取退火处理，以去除应力，防止应力集中而产生的破坏。

4. 筒形件拉深工艺的计算

以下仅对第一步工序(落料与首次拉深)作相关计算。

1) 首次拉深力及压力机吨位的确定

(1) 落料力。查表 2-8 得到 10 钢的剪切强度 $\tau = 260\ \text{MPa} \sim 340\ \text{MPa}$，取 $\tau = 300\ \text{MPa}$，由式(3-2)计算落料力：

$$F_{落} = KLt\tau_b = K\pi Dt\tau_b = 1.3 \times 78\pi \times 1 \times 300 = 95\ 518.8\ \text{N} \approx 95.52\ \text{kN}$$

因板厚 $t = 1\ \text{mm}$，故本设计采用刚性卸料板卸料。

(2) 首次拉深力。由例 7-2 可知，首次拉深力为

$$F_1 = 47.63\ \text{kN}$$

(3) 首次拉深的压边力。查表 7-8 得到单位压边力 $q = 2.0\ \text{MPa} \sim 2.5\ \text{MPa}$，取 $q = 2.25$ MPa，由式(7-21)可得首次拉深的压边力：

$$Q_{max} = Q_1 = 0.25\pi[D^2 - (d_1 + 2r_1)^2] = 0.25 \times 3.14 \times [78^2 - (41 + 2 \times 7)^2] \times 2.25 = 5402.96\ \text{N} = 5.4\ \text{kN}$$

(4) 计算压力机的公称压力。根据式(7-28)得总工艺压力：

$$F_{总} = F + Q = F_1 + Q_1 = 47.63 + 5.4 = 53.03\ \text{kN}$$

由于 $H_1/d_1 = 30/41 = 0.73 < 0.8$，属于浅拉深，故根据公式(7-29)可以得到仅拉深时压力机的公称压力为

$$F_{公} = F_0 \geqslant \frac{F_{总}}{0.7} = \frac{53.03}{0.7} = 75.76\ \text{kN}$$

由于此复合模在工作时落料工序和拉深工序是先后进行的，并未产生落料力和拉深力的叠加，落料力较大，故按落料力初选复合工序压力机公称压力为

$$F_{公} \geqslant \frac{F_{落}}{0.7} = \frac{95.52}{0.7} = 136.5\ \text{kN}$$

2) 模具工作部分尺寸的计算

由于该工件标注的是外形尺寸，即对工件外形尺寸有较高的要求，因此以凹模为基准，间隙取在凸模上。根据表 8-2 可得拉深模的单边间隙值为

$$\frac{Z}{2} = 1.1t = 1.1 \times 1\ \text{mm} = 1.1\ \text{mm}$$

根据公式(8-10)及表 8-4 可得首次及中间各次拉深的凹模和凸模工作部分的尺寸为
首次拉深：

$$D_{1d} = D_0^{+\delta_d} = 41_0^{+0.05}\ \text{mm}$$

$$D_{1p} = (D_{1d} - Z)_{-\delta_p}^0 = (41 - 2.2)_{-0.03}^0 = 38.8_{-0.03}^0\ \text{mm}$$

第二次拉深：

$$D_{2d} = D_0^{+\delta_d} = 31_0^{+0.05}\ \text{mm}$$

$$D_{2p} = (D_{2d} - Z)_{-\delta_p}^0 = (31 - 2.2)_{-0.03}^0 = 28.8_{-0.03}^0\ \text{mm}$$

第三次拉深：

$$D_{3d} = D_0^{+\delta_d} = 25^{+0.05}_0 \text{ mm}$$

$$D_{3p} = (D_{3d} - Z)^0_{-\delta_p} = (25 - 2.2)^0_{-0.03} = 22.8^0_{-0.03} \text{ mm}$$

根据公式(8-8)及表 8-4 得到最后一次拉深凹模、凸模工作部分的尺寸为

$$D_d = (D_{max} - 0.75\Delta)^{+\delta_d}_0 = (21 - 0.75 \times 0.5)^{+0.05}_0 \text{ mm} = 20.63^{+0.05}_0 \text{ mm}$$

$$D_p = (D_d - Z)^0_{-\delta_p} = (20.63 - 2.2)^0_{-0.03} \text{ mm} = 18.43^0_{-0.03} \text{ mm}$$

3) 确定凸模的通气孔

按表 8-1 选取该凸模的通气孔直径为 5 mm。

5. 设备的选定

本工件首次拉深的落料力为 95.52 kN,由上述计算可取压力机的公称压力至少为 136.5 kN。由于需要压边,故采用双动压力机。要求压力机行程应满足 $S \geqslant 2H_{\text{工件}} = 2 \times 30 \text{ mm} = 60 \text{ mm}$,模具闭合高度为 210 mm,最后确定选择型号为 JC23—35 型开式双柱可倾压力机。

校核过程:确定所选型号压力机的滑块许用载荷图,根据工艺安排、设备参数和模具结构确定工作过程中对应的落料拉深力曲线(图 1.14),若落料拉深力曲线处于许用载荷曲线下,则所选设备符合工作要求;若落料拉深力曲线超出许可范围,则需选择标称压力更大型号的压力机,并再次进行校核。

6. 模具总图的绘制

这里仅绘制第一步的落料拉深模,模具结构图如图 8.35 所示。

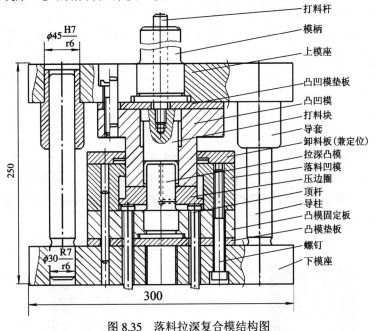

图 8.35　落料拉深复合模结构图

7. 拉深模的工作过程

首先将板坯送至落料凹模上表面,并以定位板定位,上模随压力机滑块下行,凸凹模与落料凹模配合,先对板坯进行落料;紧接着上模继续下行,拉深凸模与凸凹模配合对落

料件进行拉深，当压边圈被压至下止点时，拉深结束。之后上模上行，滑块回程达到上止点时，压边圈受顶杆、弹顶器(未画出)作用回到与落料凹模水平的位置，而打料杆通过打料块将工件推出凸凹模型腔，整个工作过程结束。

习　题

1. 凹模上的脱料颈和刮件环起什么作用？有何特点？
2. 在拉深模具上采用压边圈时，如果压边力过大、过小易导致什么质量问题？
3. 为什么在单动压力机上使用的再次拉深模常常采用倒装结构形式？
4. 大型、复杂的拉深件，应采用什么冲压设备？
5. 在双动压力机上进行拉深时，压力机内、外滑块的作用分别是什么？动作顺序怎样？
6. 双动拉深模的结构特点是什么？
7. 落料拉深复合模为何要设计成先落料后拉深？
8. 拉深模工作部分的设计内容有哪些？
9. 变薄拉深模、液压拉深模的结构特点分别是什么？
10. 在设计次拉深模时应注意些什么问题？
11. 末次拉深、再次拉深模具的间隙取向原则是什么？
12. 拉深模的凸、凹模圆角半径对拉深过程有何影响？
13. 如图 7.62 所示圆筒形拉深件，确定最后一次拉深的凸、凹模工作部分尺寸，并绘制模具结构草图及凸、凹模零件图。
14. 如图 7.63 所示圆筒形拉深件，确定最后一次拉深的凸、凹模工作部分尺寸，并绘制模具结构草图及凸、凹模零件图。
15. 如图 8.36 所示圆筒形拉深件，材料为 08 钢，大批量生产，试完成以下工作：
(1) 分析零件的工艺性；
(2) 计算零件坯料尺寸、拉深次数及各次拉深工序件尺寸；
(3) 计算各次拉深时的拉深力和压料力；
(4) 绘制首次拉深和最后一次拉深的模具结构图；
(5) 确定最后一次拉深的凸、凹模工作部分尺寸，绘制凸、凹模零件图。
16. 拉深成形如图 8.37 所示零件，材料为 08 钢，厚度 $t = 1\,mm$，大批量生产。试确定该零件的拉深工艺，并设计拉深模。

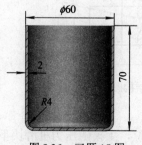

图 8.36　习题 15 图

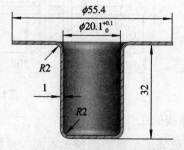

图 8.37　习题 16 图

第9章　其他成形工艺

从广义上讲，板料成形是指除分离工序以外的所有冲压成形工序。关于弯曲和拉深成形在冲压加工中的特殊性和在生产中的广泛应用，本教材在第5～8章中已分别讲述。本章讲述通过局部变形来改变板料毛坯或半成品制件形状的各种成形工艺。这些成形工艺方法主要有胀形、翻边、缩口、校形、旋压等，本章分别介绍这五种成形工艺的变形特点、工艺计算和模具设计。

在冲压生产中，除常用的冲裁、弯曲和拉深等工序外，还有胀形、翻边、缩口、校形、旋压等局部变形方法，统称为**其他冲压成形工艺**。每种成形工艺都有各自的变形特点，它们可以是独立的冲压工序，如球体无模胀形、钢管缩口、封头旋压等，但在实际生产中，它们往往与其他冲压工艺组合在一起加工某些复杂形状的制件。

9.1　胀　　形

胀形是指利用模具在板料或制件的局部施加压力，使变形区内的材料在拉应力作用下，厚度减薄而表面积增大，以获得具有凸起或凹进曲面几何形状制件的冲压加工方法。

胀形主要用于平板毛坯的局部成形，俗称**起伏成形**，如压制凹坑、压加强筋(压筋)、压起伏状花纹图案(压印)等，如图9.1所示；管类毛坯的胀形，俗称**凸肚**，如波纹管的成形即属于胀形工序，如图9.2所示。

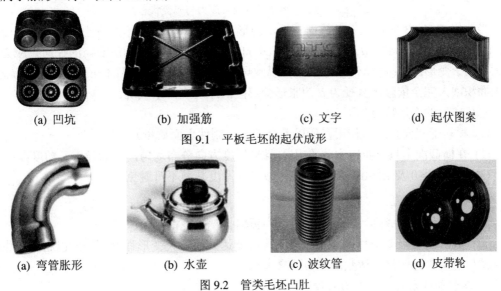

(a) 凹坑　　　　　(b) 加强筋　　　　　(c) 文字　　　　　(d) 起伏图案

图 9.1　平板毛坯的起伏成形

(a) 弯管胀形　　　　(b) 水壶　　　　(c) 波纹管　　　　(d) 皮带轮

图 9.2　管类毛坯凸肚

胀形变形特点如下：

(1) 塑性变形仅局限在局部的范围，变形区以外的材料不向变形区内转移；

(2) 材料处于双向或单向拉应力状态，厚度方向收缩，板平面属于伸长类变形；

(3) 不会产生失稳起皱现象，因此成形零件表面光滑，不易发生形状回弹。

9.1.1　平板毛坯的起伏成形

起伏成形是一种使平板料发生拉深，形成局部的凹进或凸起，借以改变毛坯形状的方法，如图 9.1 所示。

1. 变形特点

如图 9.3 所示，直径为 D 的圆形毛坯在直径约为 d 的球头凸模的作用下，中部(直径小于 d 的部分)发生了塑性变形，成为向下凸出的凹坑。

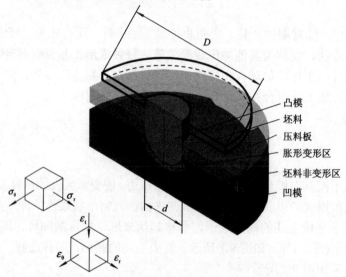

图 9.3　起伏成形变形区及其应力与应变状态

当比值 $D/d < 3$ 时，随着凸模向下压，圆形毛坯的直径 D 会不断变小，变形类似于拉深。但当比值 $D/d > 3$ 时，d 与 D 之间环形部分的金属发生切向收缩所必需的径向拉应力 σ_θ 很大，属于变形的强区(即不易变形区)，以致环形部分($D - d$)的材料不可能向凹模内流动。其表面积增大完全依赖于直径为 d 的胀形变形区的厚度变薄来实现。

起伏成形的变形特点如下：

(1) 板料受双向拉应力作用，所以不会起皱，制件表面质量好；

(2) 在横截面上只有拉应力 σ_r 作用，且沿厚度方向分布均匀，故回弹小，精度高；

(3) 由于 $\varepsilon_r > 0$ 及 $\varepsilon_\theta > 0$，必有 $\varepsilon_t < 0$，故制件厚度减薄不可避免。

2. 极限变形程度

起伏属于伸长类成形，若变形量过大，板料会严重变薄甚至胀裂。

起伏成形的极限变形程度是指一次胀形所能达到的最大变形程度。一般以材料发生破裂时试样的某些总体尺寸达到的极限值来表示。

1) 压制加强筋的极限变形程度

压制**加强筋**的极限变形程度可以按制件截面的最大伸长率 δ 不超过材料单向拉伸时的

许用断后伸长率 $[\delta]$ 的 70%～75% 来控制，即

$$\delta = \frac{L - L_0}{L_0} \times 100\% < k[\delta] \qquad (9-1)$$

式中：L_0、L 为起伏前后变形区截面的轮廓长度(如图 9.4 所示)；δ 为变形区截面的最大伸长率，%；$[\delta]$ 为单向拉伸时的许用断后伸长率，%；k 为系数，一般取 0.7～0.75，视筋的形状而定，球形筋取大值，梯形筋取小值。

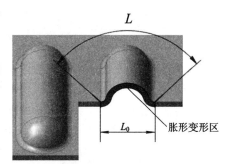

图 9.4　平板胀形前后长度变化

提高胀形极限变形程度的措施：

(1) 选用塑性好、硬化指数 n 大的板料；

(2) 在工序间可增加退火工序以恢复塑性；

(3) 视破裂部位分别加大凸模圆角半径和凹模圆角半径，这样可使变形均匀，最后再加整修工序；

(4) 在凸模光磨之后加镜面磨削工序，或对凹模圆角部分进行研磨，以减小摩擦，这样也可使变形均匀。

2) 压制凹坑的极限变形程度

压制凹坑的极限变形程度用凹坑深度 h 来表示。用圆形凸模、平端面凸模在低碳钢、软铝等材料上压制凹坑时可能达到的极限深度 h_{max} 可查表 9-1。

表 9-1　在平板毛坯上压制凹坑的极限深度 h_{max}

名称	简图	材料	极限深度 h_{max}
圆形凹坑		软铝	≤$d/3$
		铝	
		黄铜	
锥形凹坑		软钢	≤$(0.15～0.20)d$
		铝	≤$(0.10～0.15)d$
		黄钢	≤$(0.15～0.22)d$

3. 多次成形方法

如果式(9-1)的条件满足，则可一次胀形成功；否则，需要采取多道工序来进行压制。

● 方法一：第一道用大直径的球形冲头先压制出弧形的中间过渡形状(图 9.5(a))，达到在较大范围内聚料和均匀变形的目的，得到最终变形所需的表面积，后续工序形状逐渐过渡至零件最终要求的形状(图 9.5(b))。

● 方法二：当零件成形部位有通孔时，可先冲出一个较小直径孔 d(图 9.6(a))，使得成形时中心部位的材料在凸模的作用下，向外扩张变大(图 9.6(b))，这样可以缓解材料局部变薄的情形，解决成形深度超过极限变形程度的问题，并可减少成形工序次数，但预制孔的孔径 d 应小于胀形结束时零件的孔径 d_0。

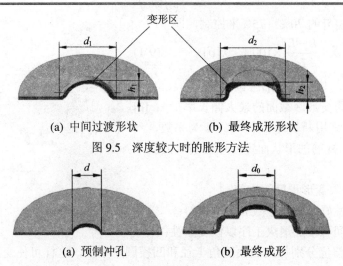

变形区

(a) 中间过渡形状   (b) 最终成形形状

图 9.5　深度较大时的胀形方法

(a) 预制冲孔   (b) 最终成形

图 9.6　有孔零件的胀形方法

4．起伏制件的结构工艺性

起伏制件的结构尺寸见表 9-2，常见的加强筋形式和尺寸见表 9-3。

表 9-2　起伏间距离和起伏距边缘的极限尺寸　　　　　　　　　　mm

图　　例	D	L	L_0
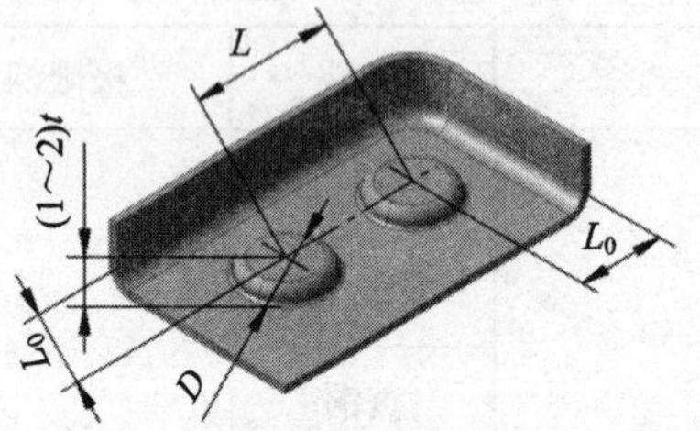	6.5	10	6
	8.5	13	7.5
	10.5	15	9
	13	18	11
	15	22	13
	18	26	16
	24	34	20
	31	44	26
	36	51	30
	43	60	35
	48	68	40
	55	78	45

表 9-3　加强筋的形式和尺寸　　　　　　　　　　mm

名称	图　　例	R	h	D 或 B	r	$\alpha(°)$
半圆形筋	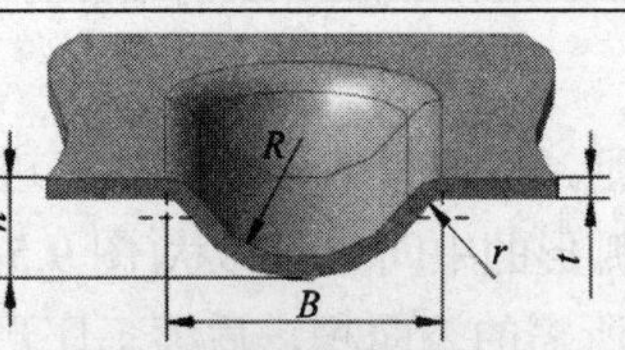	$(3\sim4)t$	$(2\sim3)t$	$(7\sim10)t$		
梯形筋	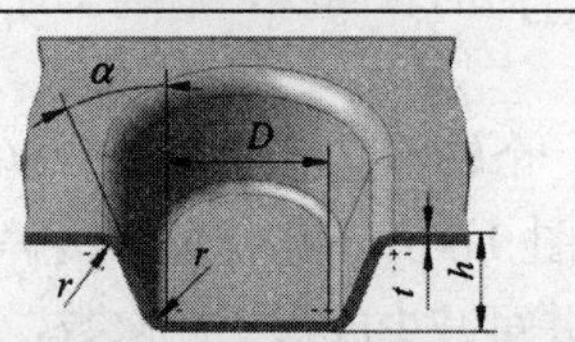		$(1.5\sim2)t$	$\geqslant3h$	$(0.5\sim1.5)t$	$15\sim30$

注意：如果起伏到制件边缘的距离 S 小于$(3\sim3.5)t$，起伏边缘处的材料会因受牵连而

向内收缩，从而影响制件质量。在制定工艺规程时，必须注意这点。因此，应留出适当的切边余量，成形后增加切边工序再予以切除，以确保制件质量。胀形后的收缩与切边如图 9.7 所示。

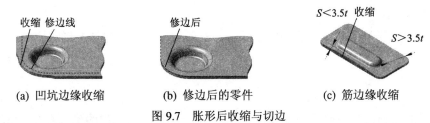

(a) 凹坑边缘收缩　　　　　(b) 修边后的零件　　　　　(c) 筋边缘收缩

图 9.7　胀形后收缩与切边

5. 胀形冲压力的计算

平板毛坯胀形所需的冲压力，通常是基于实验数据而获得的。当采用刚性模具在平板毛坯上胀形成形加强筋时，可作如下的近似计算：

$$F = KLt\sigma_b \qquad (9\text{-}2)$$

式中：F 为胀形所需的力，N；L 为胀形区周边长度，mm；t 为板料厚度，mm；σ_b 为材料的抗拉强度，MPa；K 为考虑变形大小的系数，一般 $K = 0.7 \sim 1$（加强筋窄且深时取大值）。

在曲轴压力机（图 1.9）上用薄料（$t < 1.5$ mm）成形面积较小（$A < 200$ mm^2）的胀形件（加强筋除外）时，或压筋同时校正时，冲压力按下式估算：

$$F = Akt^2 \qquad (9\text{-}3)$$

式中：A 为成形面积，mm^2；k 为系数，钢取 200 N/mm^4 $\sim$ 300 N/mm^4，铜、铝取 150 N/mm^4 $\sim$ 200 N/mm^4。

9.1.2　空心板料毛坯的胀形

空心板料毛坯的胀形俗称**凸肚**，它是将拉深件或管类毛坯的形状加以改变，使其材料沿径向拉伸，胀出凸起曲面的冲压工艺。常见的凸肚件有壶嘴、波纹管、皮带轮等，如图 9.2 所示。

1. 变形特点

空心板料毛坯的胀形具有与平板毛坯胀形相同的变形特点，应力-应变状态也相同。如图 9.8 所示。

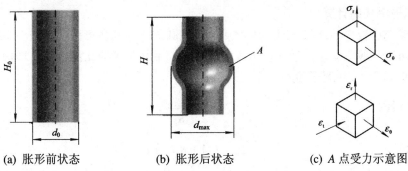

(a) 胀形前状态　　　　　(b) 胀形后状态　　　　　(c) A 点受力示意图

图 9.8　空心板料毛坯胀形示意图

如果管坯长度 H_0 不是很长，胀形后管件的长度就会缩短成 H。这表明胀形区以外的材料向中部胀形区内补充，使胀形区的径向拉伸变形 ε_r 得到缓和，从而使切向的拉伸变形 ε_θ 成为最主要的变形。反之，如果管子很长，胀形区外的材料就很难进入胀形区内，胀形区的径向拉伸变形 ε_r 就很困难。胀破就是由于切向拉应变 ε_θ 过大、超过了材料的许用应变而引起的一种现象。因此，为了防止胀破现象，需控制切向最大拉应变 $\varepsilon_{\theta max}$，使其小于许用伸长率。

2. 胀形系数

凸肚变形主要是依靠材料的切向拉深，其变形程度受材料塑性的影响比较大。胀形变形的程度用**胀形系数** K 来表示：

$$K = \frac{d_{max}}{d_0} \tag{9-3}$$

式中：d_0 为胀形前空心板料毛坯的直径，mm；d_{max} 为胀形后制件的最大直径，mm。

- 胀形系数 K 与材料的许用伸长率 $[\delta]$ 的关系为

$$\delta = \frac{d_{max} - d_0}{d_0} = K - 1 \quad 或者 \quad K \leqslant 1 + \delta \tag{9-4}$$

- 可以顺利胀形而制件不破裂的胀形系数叫做**极限胀形系数**，记为 K_{max}。

由于毛坯的变形程度 K 受到材料的许用伸长率 $[\delta]$ 的限制，所以可以按式(9-4)求出相应的极限胀形系数 $K_{max} = 1 + [\delta]$。表 9-4 给出了部分材料的许用伸长率和极限胀形系数 K_{max} 的实验值，以供设计时参考。

表 9-4 许用伸长率 δ 和极限胀形系数 K_{max} 实验值

材　　　料	厚度/mm	许用伸长率 δ/%	极限胀形系数 K_{max}
高塑铝合金	0.5	25	1.25
纯铝	1.0	28	1.28
	1.2	32	1.32
	2.0	32	1.32
低碳钢	0.5	20	1.20
	1.0	24	1.24
耐热不锈钢	0.5	26～32	1.26～1.32
	1.0	26～32	1.26～1.32
黄铜	0.5～1.0	35	1.26～1.32
	1.5～2.0	40	1.40

3. 胀形毛坯的计算

圆柱形空心板料毛坯胀形时，为增加材料在圆周方向的变形程度和减小材料的变薄现象，毛坯两端一般不固定，使其自由收缩。因此，毛坯长度应比制件长度增加一定的收缩量，如图 9.9 所示。毛坯长度可按下式近似计算：

毛坯直径：

$$d_0 = \frac{d_{max}}{K} \tag{9-5}$$

毛坯长度：

$$L_0 = L(1 + K_1\delta) + b \tag{9-6}$$

式中：d_0 为毛坯的原始直径；d_{max} 为胀形后制件的最大直径；L 为变形后母线的展开长度；δ 为材料的许用伸长率，见表 9-4；K_1 为因切向伸长而引起高度缩小所需要的余量系数，一般取 0.3～0.4；b 为切边余量，一般取 10 mm～20 mm。

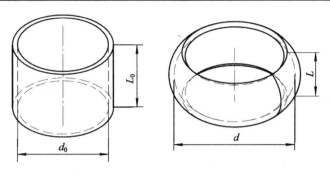

(a) 空心板料毛坯胀形前　　　　　(b) 空心板料毛坯胀形后

图 9.9　空心板料毛坯胀形

4. 胀形力的计算

1) 刚模胀形力的计算

对于如图 9.10 所示的刚性凸模，可以根据力的平衡方程式推导得到其胀形力为

$$F = 2\pi H t \sigma_{\text{b}} \frac{\mu + \tan\beta}{1 - \mu^2 - 2\mu\tan\beta} \tag{9-7}$$

式中：F 为所需胀形压力，N；H 为胀形后高度，mm；t 为材料厚度，mm；μ 为摩擦系数，一般 $\mu = 0.15 \sim 0.20$；σ_{b} 为材料抗拉强度，MPa；β 为芯模半锥角，一般取 $8° \sim 15°$。

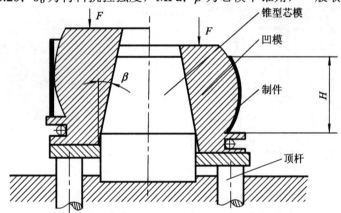

图 9.10　刚性凸模的胀形力

2) 软质凸模胀形力的计算

对于如图 9.11 所示的软质凸模胀形，其胀形力可分为以下三种情况来进行计算：

(1) 当管两端固定，不产生轴向收缩时：

$$P = \left(\frac{1}{r} + \frac{1}{R}\right) t \sigma_{\text{b}} \tag{9-8}$$

(2) 当管两端自由，允许轴向自由收缩时：

$$P = \frac{t}{r} \sigma_{\text{b}} \tag{9-9}$$

(3) 液压胀形的胀形力：

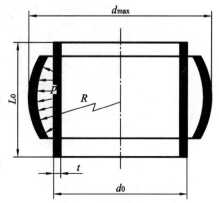

图 9.11　软质凸模的胀形力

$$P = 1.15\sigma_b F \frac{2t}{d} \tag{9-10}$$

式中：r 为胀形后制件的半径，$r = d/2$，mm；R 为胀形后轴向截面的曲率半径，mm；F 为胀形面积，对于空心圆柱体 $F = \pi DH$，mm^2。其中，D 为圆柱直径，mm；H 为胀形区的高度，mm。

9.1.3 胀形模具结构

胀形模具有刚模胀形、软模胀形两种。下面分别简单介绍。

1. 刚模胀形

如图 9.12 所示，**刚模胀形**的凸模做成分瓣式结构形式，毛坯由下凹模定位。当上凸模下行时，分瓣凸模沿锥形芯块的表面向下移动，在锥形芯块的作用下向外胀开，使毛坯胀形成所需形状尺寸的零件。胀形结束后，在顶杆和顶板的作用下将分瓣凸模连同制件一起顶起，分瓣凸模在复位弹簧箍紧力的作用下，将始终紧贴着锥面上升，同时分瓣凸模外形不断减小，一直至上止点，这样能保证胀形完成的制件从分瓣凸模上顺利地抽出。

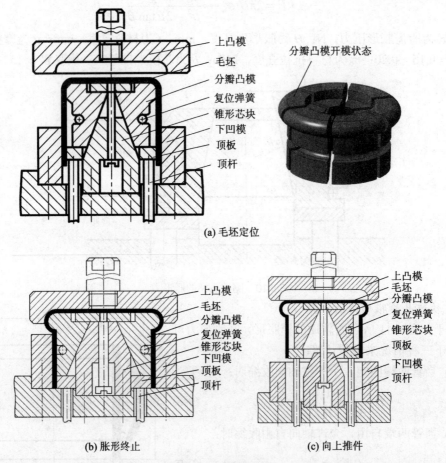

图 9.12 刚模胀形

刚模胀形的变形均匀性差，零件的质量取决于凸模的瓣数，分瓣越多，质量越好。其模具结构一般要比软模胀形的复杂、成本高，且难以得到精度较高的复杂形状件。

刚模胀形一般适合于制件精度要求不高和形状简单的制件。

2. 软模胀形

软模胀形以橡胶、塑料、石蜡、液体甚至气体等物质作为传力介质，代替金属凸模进行胀形。软模胀形时板料的变形比较均匀，容易保证制件的几何形状和尺寸精度，而且对于形状不对称和复杂的空心件也很容易实现胀形加工。因此软模胀形的应用比较广泛，并具有广阔的发展前景。

1) 橡胶胀形模

如图 9.13 所示为**橡胶胀形模**，空心板料毛坯在分块凹模内定位。胀形时，上、下冲头一起挤压橡胶及毛坯，使毛坯与凹模型腔紧密贴合而完成胀形。胀形完成以后，先取下模套，再揭开分块凹模便可取出制件。

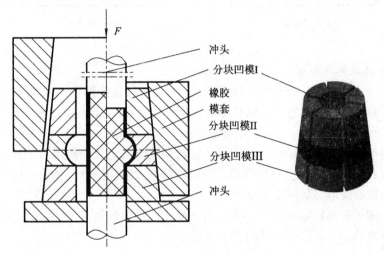

图 9.13　橡胶胀形模

2) 液压胀形模

如图 9.14 所示，将液体作为胀形凸模。上模下行时侧楔先使分块凹模合拢，然后柱塞下行，将其压力传给液体，凹模内的毛坯在高压液体的作用下直径胀大，最终紧贴凹模内壁成形。**液压胀形模**可加工大型零件，零件表面质量较好。

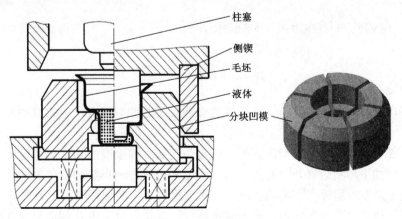

图 9.14　液压胀形模

3) 轴向加压液体胀形模

如图 9.15 所示为管材的轴向加压液体胀形模(简称**轴压胀形模**)。将一定长度的薄壁管坯放入上模、下模构成的模腔内,上、下分瓣模具合模、锁紧。左、右两个冲头朝着管材方向同步运动将管坯两端压紧、密封,向管坯内注入高压液体,在液体(水或油)压力 P_i 及轴向载荷 F_a 的共同作用下,使管坯沿径向向外扩张、贴紧模具型腔。

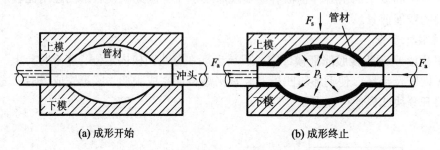

(a) 成形开始　　　　　　　　　　(b) 成形终止

图 9.15　管材轴向加压液体胀形模

4) 径向加压液体胀形模

如图 9.16 所示为管材的径向加压液体胀形模(简称**径压胀形模**)。管材在上、下分瓣模具内定位,如图9.16(a)所示;然后在液体压力作用下产生**自然胀形**(仅在液体作用下的胀形),径向尺寸胀大到某一个值 D_1,如图9.16(b)所示;随后,在保持合理大小液体压力的同时,模具做径向运动,对管材施加径向压力,使管材在液体压力及径向压力下复合成形直至模具闭合,如图9.16(c)所示;模具闭合后,可以继续增大液体压力,使管材尽可能充分填充模具,以达到精整成形,如图9.16(d)所示。

径向加压液体胀形特别适合于汽车引擎支架(图 9.17)等轴向尺寸大、受模具结构形状限制而补料困难的异形截面中空件的成形加工。

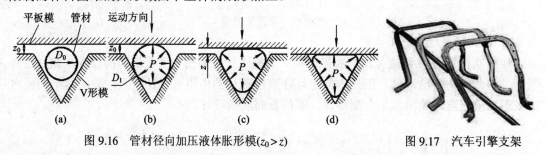

图 9.16　管材径向加压液体胀形模($z_0 > z$)　　　　图 9.17　汽车引擎支架

9.2　翻　　边

翻边即在模具的作用下,将毛坯的孔边缘或外边缘冲制成有一定角度的直壁或凸缘的成形方法。

翻边主要用于制出零件的装配部位,或是为提高零件刚度而加工出特定的形状。利用这种方法可以加工形状较复杂、且具有良好刚度和合理空间形状的立体零件。所以,**翻边**工艺在冲压生产中应用较广,尤其在汽车、大型机器等生产领域应用更为普遍。

根据制件边缘的形状和应力、应变状态不同,翻边可分为**内孔翻边**和**外缘翻边**,如图9.18 所示。

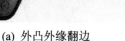

　　(a) 外凸外缘翻边　　　　　　(b) 内凹外缘翻边　　　　　　(c) 内孔翻边

图 9.18　内孔翻边和外缘翻边实物图

　　若模具间隙能保证对材料的厚度而无强制性的挤压，则为**不变薄翻边**，材料厚度的自然变薄主要是补偿拉伸变形的结果；反之为**变薄翻边**，其材料厚度的变薄主要是模具强制挤压的结果。

9.2.1　圆孔翻边

　　在平板毛坯或空心半成品上将预先冲好的孔口周边翻起扩大，使之成为具有一定高度的直壁孔部的成形工艺，称做内孔翻边，也称为**翻孔**。内孔翻边有圆孔翻边和非圆孔翻边两种，如图 9.19 所示为圆孔翻工作边过程。

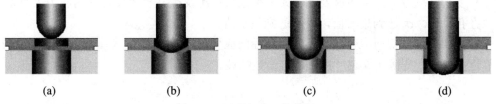

　　(a)　　　　　　　　(b)　　　　　　　　(c)　　　　　　　　(d)

图 9.19　圆孔翻边工作过程

　　圆孔翻边是一种伸长类成形。这种成形工艺既能制出合适的螺纹底孔、增加拉伸件高度，也可以代替先拉伸后切底的工艺，还能制成空心铆钉，如图 9.20 所示。

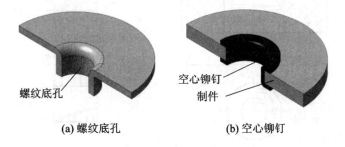

　　(a) 螺纹底孔　　　　　　　　(b) 空心铆钉

图 9.20　圆孔翻边应用实例

1. 圆孔翻边变形特点

　　如图 9.21 所示，带有预孔 d_0、画有等间距坐标网格的圆形毛坯，翻边后，其坐标网格发生了变化。根据网格变化得到其变形特点如下：

- 坐标网格由扇形变为矩形，说明金属沿切向伸长，愈靠近孔口伸长愈大；
- 同心圆之间的距离变化不明显，即金属在径向变形很小；
- 竖边的壁厚有所减薄，尤其在孔口处减薄最为显著；
- 毛坯外径不变化或变化不大，即变形区是 d_0 和 D_1 之间的环形部分。

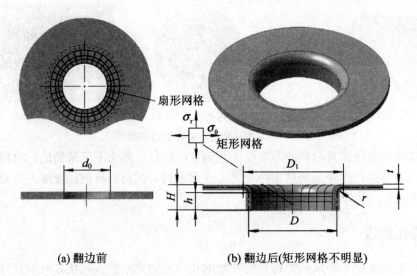

(a) 翻边前　　　　　　　(b) 翻边后(矩形网格不明显)

图 9.21　圆孔翻边的变形

圆孔翻边的应力、应变情况如图 9.22 所示：

● 变形区受双向拉应力 σ_r 及 σ_θ，其中 σ_θ 最大；σ_r 及 σ_θ 在整个变形区内应力大小是变化的，在孔口处，σ_θ 达到最大值，而 σ_r 达到最小值。

● 主要变形是切向应变 ε_θ 为拉伸，而径向应变 ε_r 及厚向 ε_t 均为压缩，因而厚度减薄，越靠近孔口部，变薄现象越严重，越容易被拉裂。

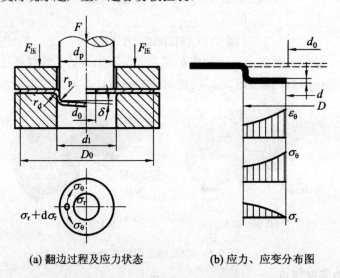

(a) 翻边过程及应力状态　　　　　(b) 应力、应变分布图

图 9.22　圆孔翻边的应力应变情况

2. 圆孔翻边的变形程度

翻边破裂的条件取决于变形程度的大小。翻边的变形程度用**翻边(孔)系数** m 来表示，即

$$m = \frac{d_0}{D} \tag{9-11}$$

式中：m 为翻边系数；d_0 为翻边前孔径，mm；D 为翻边后孔径，mm。

翻边时口部切向拉伸应变为

$$\varepsilon_\theta = \frac{\pi D - \pi d_0}{\pi d_0} = \frac{D}{d_0} - 1 = \frac{1}{m} - 1 \tag{9-12}$$

显然 m 越小，则切向拉伸应变 ε_θ 就越大，所以 m 表示了翻边的变形程度。

翻边时口部不破裂所能达到的最小翻边系数称为**极限翻边系数**，用 m_{min} 表示。表 9-5 列出部分材料的一次翻边系数和极限翻边系数。

表 9-5　一些材料的翻边系数和极限翻边系数

经退火的毛坯材料	m	m_{min}
镍铬合金钢	0.65～0.69	0.57～0.61
软钢 $t = 0.25$ mm～2.0 mm	0.72	0.68
$t = 3.0$ mm～6.0 mm	0.78	0.75
黄铜 H62($t = 0.5$ mm～6 mm)	0.68	0.62
铝 $t = 0.5$ mm～5.0 mm	0.70	0.64
软铝($t = 0.5$ mm～5 mm)	0.71～0.83	0.63～0.74
低碳钢($t = 0.25$ mm～6 mm)	0.74～0.87	0.65～0.71
硬质合金	0.89	0.80
钛合金 TA1(冷态)	0.64～0.68	0.55
TA1(加热 300℃～400℃)	0.40～0.50	0.45
TA5(冷态)	0.85～0.90	0.75
TA5(加热 500℃～600℃)	0.70～0.65	0.55
不锈钢、高温合金	0.69～0.65	0.614～0.57

影响极限翻边系数 m_{min} 的因素如下：

● 材料性能：材料的塑性愈好，如延伸率 δ 愈大，则 m_{min} 愈小；

● 孔的边缘状态：翻边前预孔的边缘表面质量好、无撕裂、无毛刺和无加工硬化时，对翻边有利，常用钻孔代替冲孔；

● 材料的相对厚度：t/d_0 越大，在撕裂前材料的绝对伸长可以大些，则 m_{min} 越小；

● 凸模的形状：凸模制件边缘的圆角半径越大，对翻边变形越有利；

● 翻边孔的形状：非圆形孔的 m_{min} 要比圆形孔的小；

● 翻边凸模形状的影响：如图 9.23 所示，从利于翻孔变形来看，以抛物线形凸模为最好，球形凸模次之，平底凸模再次之，而从凸模的加工难易程度来看则相反。

(a) 平底凸模　　　(b) 锥形凸模　　　(c) 球形凸模　　　(d) 抛物线形凸模

图 9.23　圆孔翻边凸模形状

3. 圆孔翻边的工艺计算

圆孔翻边的工艺计算主要是依据制件尺寸计算出预制孔直径 d_0 和核算翻边高度 H。

由于翻边时材料主要沿切向拉伸、厚度变薄，径向变形不大，所以可以根据弯曲件中性层长度不变的原则近似计算预制孔的孔径。实践证明，这种近似计算方法的误差不大。

1) 平板毛坯圆孔翻边

如图 9.24 所示，平板毛坯翻边的尺寸计算，在进行翻边之前，需要在毛坯上加工出待翻边的孔，按弯曲件中性层长度不变原则，根据零件的尺寸 D(翻边孔中径)，近似计算出预制孔直径 d_0，并核算其翻边高度 H。

- 预制孔直径：

$$d_0 = D - 2(H - 0.43r - 0.72t) \tag{9-13}$$

- 翻边高度：

$$H = \frac{D(1-m)}{2} + 0.43r + 0.72t \tag{9-14}$$

- 最大翻边高度：

$$H_{max} = \frac{D(1-m_{min})}{2} + 0.43r + 0.72t \tag{9-15}$$

式中：D 为翻边孔中径，mm；H 为翻边高度，mm；r 为翻边圆角半径，mm。

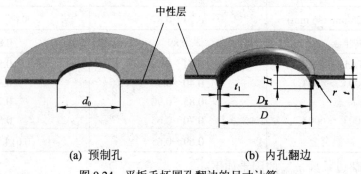

(a) 预制孔　　　　　　(b) 内孔翻边

图 9.24　平板毛坯圆孔翻边的尺寸计算

2) 拉深毛坯圆孔翻边

如果零件的翻边系数 $m = d_0/D < m_{min}$ 或 $H > H_{max}$，则不能一次翻边成形，常采用拉深后冲孔再翻边。

如图 9.25 所示，根据零件图的翻边后直径 D(按厚度中心线的直径计算)、零件高度 H、零件圆角 r 和板料厚度 t，可计算得到翻边前拉深高度 h_1、预制孔孔径 d 和翻边高度 h。

- 翻边高度：

$$h = \frac{D(1-m)}{2} + 0.57r \tag{9-16}$$

或

$$h_{max} = \frac{D(1-m_{min})}{2} + 0.57r \tag{9-17}$$

- 预制孔直径：

$$d_0 = D + 1.14r - 2h \tag{9-18}$$

或

$$d_0 = m_{min}D \tag{9-19}$$

- 拉深高度：

$$h_1 = H - h_{min} + r + t \tag{9-20}$$

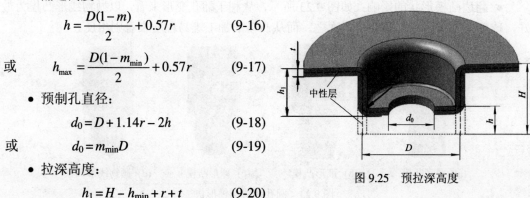

图 9.25　预拉深高度

3) 多次翻边计算

如果系数 $m = d_0/D < m_{min}$ 或 $H > H_{max}$，则不能一次翻边成形，亦可采用加热翻边或**多次翻边**的方法。

- 采用多次翻边时，在翻边工序间可增加退火工序，而且每次翻边系数应比上一次加大 15%～20%。
- 各次翻边高度按下式计算：

$$h_n = \frac{d_n - d_0}{2} + 0.43r + 0.72t \tag{9-21}$$

式中：h_n 为第 n 次翻边后半成品的高度，mm；d_n 为第 n 次翻边中线直径，mm；n 为翻边次数。

4) 翻边件的口部壁厚

如图 9.24 所示，翻边时，直壁部分口部变薄现象比较严重，可按下式估算：

$$t' = t\sqrt{\frac{d_0}{D}} \tag{9-22}$$

5) 圆孔翻边力及翻边功的计算

- 翻边力一般不大，用普通圆柱形平底凸模(图 9.23(a))翻边时所需的翻边力为

$$P = 1.1\pi(D - d_0)t\sigma_s \quad (\text{N}) \tag{9-23}$$

- 采用球形、锥形或抛物线形凸模(图 9.23(b)、(c)、(d))时，翻边力比上式计算值小 20%～30%；适当增加凸、凹模间隙也可降低翻边力；无预制孔的翻边力要比有预制孔的大 1.33～1.75 倍。
- 翻边所需的功 W 为

$$W = Ph \quad (\text{N} \cdot \text{m}) \tag{9-24}$$

式中：D 为翻边后直径(按厚度中心线直径计算)，mm；d_0 为翻边预冲孔直径，mm；t 为板料厚度，mm；σ_s 为板料屈服极限，MPa；h 为凸模的有效行程，mm。

4. 圆孔翻边模设计

1) 翻边模间隙的确定

由于翻边时直壁厚度有所变薄，因此翻边的单边间隙 $Z/2$ 一般小于板料的初始厚度。圆孔翻边模的单边间隙见表 9-6。

- 由于翻孔后材料要变薄，圆孔翻边的单向间隙 $Z/2 = (0.75～0.85)t$，这样可使翻边直壁稍有变薄，以保证筒壁直立。其中，系数 0.75 用于拉深后的翻孔，系数 0.85 用于平板毛坯的翻孔。
- 如果对翻边竖孔的外径精度要求较高，则凸、凹模之间应取小的间隙，以便凹模对直壁外侧产生挤压作用，从而控制直壁的外形尺寸。
- 对于具有小圆角半径的高筒壁翻边，如螺纹底孔(图 9.20(b))或与轴配合的小孔筒壁，取 $Z/2 = 0.65t$ 左右，以便使模具对板料产生一定的挤压，从而保证直壁部分的尺寸精度。
- 当 $Z/2$ 增大到(4%～5%)t 时，翻边力可降低 30%～35%，所翻出的制件圆角半径较大，相对其筒壁高度较小，尺寸精度较低。

• 翻边凸、凹模单边间隙 $Z/2$ 可小于材料的原始厚度 t，一般可取 $Z/2 = (0.75 \sim 0.85)t$。

表9-6　圆孔翻边的单边间隙 $Z/2$　　　　　　mm

简　图	平板毛坯圆孔翻边	拉深毛坯圆孔翻边

材料厚度 t	间隙值 Z	
0.3	0.25	
0.5	0.45	
0.7	0.6	
0.8	0.7	0.6
1.0	0.85	0.75
1.2	1.0	0.9
1.5	1.3	1.1
2.0	1.7	1.5
2.5	2.2	2.1

2）凸、凹模尺寸的计算

通常不对翻边竖孔的外形尺寸和形状提出较高的要求，其原因是在不变薄的翻边中，模具对变形区直壁外侧无强制挤压，加之直壁各处厚度变化不均匀，因而使竖孔外径不易被控制。

翻边圆孔的尺寸精度主要取决于凸模。翻边凸模和凹模的尺寸按下式计算：

$$D_{\mathrm{p}} = (D_0 + \varDelta)_{-\delta_{\mathrm{p}}}^{0} \tag{9-25}$$

$$D_{\mathrm{d}} = (D_{\mathrm{p}} + Z)_{0}^{+\delta_{\mathrm{d}}} \tag{9-26}$$

式中：D_{p} 为翻边凸模的直径，mm；D_{d} 为翻边凹模的直径，mm；δ_{p} 为翻边凸模直径的公差，mm；δ_{d} 为翻边凹模直径的公差，mm；D_0 为翻边竖孔的最小内径，mm；$\varDelta$ 为翻边竖孔内径的公差，mm。

3）翻边模的设计

圆孔**翻边模**的结构与拉深模相似，模具制件部分的形状和尺寸，不仅对翻边力有影响，而且直接影响翻边的质量和效果。

翻边模的凹模圆角半径对翻边成形的影响不大，可直接按制件圆角半径来确定。凸模圆角半径一般取得较大，平底凸模可取 $r_{\mathrm{p}} \geqslant 4t$，以利于翻孔或翻边成形。为了改善金属塑性流动条件，翻边时还可采用抛物线形凸模或球形凸模。

如图 9.26 所示是几种常用的圆孔翻边凸模。图(a)带有导正段，可对制件位置不固定、直径 10 mm 以上的圆孔进行翻边；图(b)没有导正段，可翻制处于固定位置制件的圆孔；图(c)带有导正段，用做直径 $\phi10$ mm 以下的翻边凸模；图(d)带有导正段，用做直径较大的翻边凸模；图(e)所示的翻边凸模，用来翻制无预制孔且精度要求不高的圆孔。

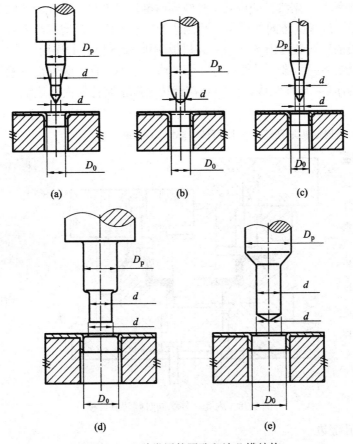

图 9.26　几种常用的圆孔翻边凸模结构

5．圆孔翻边模典型结构

如图 9.27 所示为倒装圆孔翻边模的结构，凸模和压边圈装在下模，凹模和推料杆装在上模。翻孔后的制件由顶杆顶出。

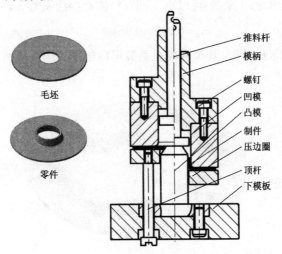

图 9.27　圆孔翻边模

如图 9.28 所示为一副典型的内孔、外缘同时翻边复合模。圆孔翻边的凸模和外缘翻边的翻边圈在上模,外缘翻边的凸模与内孔翻边的凹模组成一体构成组合式的凸凹模,并且装在下模。上模的压料装置由环形的上卸料板(同时起到压料的作用)、卸料弹簧等零部件组成,用于压紧制件的凸缘,以便进行外缘翻边。下模的顶件装置由下模顶件块、顶杆、气垫(图中未画出)等零部件组成,作用是在翻边时压紧制件的内孔边缘,翻边后把制件从凸凹模中顶出。

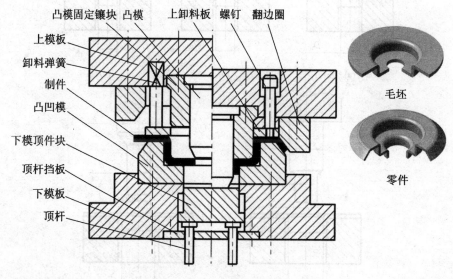

图 9.28 内孔、外缘同时翻边复合模

6. 非圆形孔翻边

如图 9.29 所示为非圆形孔的内孔翻边,也称为非圆孔翻边。根据内孔翻边时的变形,可以沿孔边分成圆角区 Ⅰ、直边区 Ⅱ、外凸内缘区 Ⅲ 和内凹内缘区 Ⅳ 四种性质不同的区域。其中,区域 Ⅰ 属于内孔翻边,区域 Ⅱ 属于弯曲,而区域 Ⅲ 和 Ⅳ 与拉深变形相似。由于 Ⅱ 和 Ⅲ 区两部分的变形可以减轻区域 Ⅰ 的变形程度,因此,非圆形孔翻边时的翻边系数 m_u(一般指小圆弧部分的翻孔系数)可以小于同直径圆孔翻边系数 m。两者的关系为

$$m_u = (0.85 \sim 0.95)m \tag{9-27}$$

在低碳钢上翻制非圆形孔,其极限翻孔系数可以根据各圆弧段所对应圆心角 α 的大小,从表 9-7 中查得。

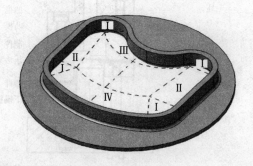

图 9.29 非圆孔翻边

表 9-7 低碳钢非圆孔翻边的极限翻边系数 m_u

圆心角 $\alpha/°$	d/t						
	50	33	20	12～8.3	6.6	5	3.3
180～360	0.8	0.6	0.52	0.50	0.48	0.46	0.45
165	0.73	0.55	0.48	0.46	0.44	0.42	0.41
150	0.67	0.5	0.43	0.42	0.4	0.38	0.375
130	0.6	0.45	0.39	0.38	0.36	0.35	0.34
120	0.53	0.4	0.35	0.33	0.32	0.31	0.3
105	0.47	0.35	0.30	0.29	0.28	0.27	0.26
90	0.4	0.3	0.26	0.25	0.24	0.23	0.225
75	0.33	0.25	0.22	0.21	0.2	0.19	0.185
60	0.27	0.2	0.17	0.17	0.16	0.15	0.145
45	0.2	0.15	0.13	0.13	0.12	0.12	0.11
30	0.14	0.1	0.09	0.08	0.08	0.08	0.08
15	0.07	0.05	0.04	0.04	0.04	0.04	0.04
0	按弯曲变形处理						

9.2.2 外缘翻边

外缘翻边是将毛坯或零件外缘冲制成有一定角度的直壁或凸缘的成形方法。外缘翻边类型见表 9-8。

- 按变形性质分类，可分为伸长类翻边和压缩类翻边；
- 按制件形状分类，可分为**内凹翻边**和**外凸翻边**；
- 按毛坯形状分类，可分为**平面翻边**和**曲面翻边**。

表 9-8 外缘翻边类型

翻边类型	压缩类翻边(外凸翻边)	伸长类翻边(内凹翻边)
平面翻边		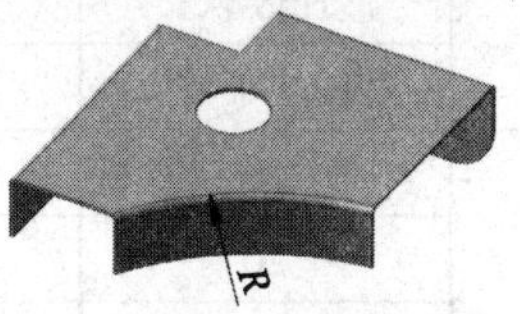
曲面翻边	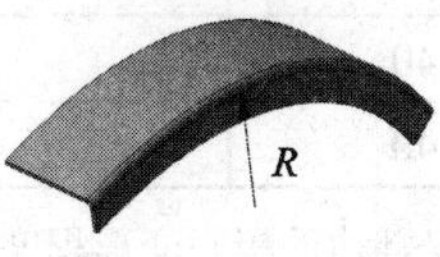	

1. 外凸翻边

用模具把毛坯上外凸的外边缘翻成竖边的冲压加工方法叫**外凸外缘翻边**，简称**外凸翻边或外曲翻边**，如图 9.30 所示。

外凸翻边的应力与应变情况与浅拉深的相似，圆角部分产生弯曲变形，竖边受切向压缩应力作用而收缩，属于压缩类翻边，因此边缘容易起皱。

外凸翻边的变形程度 $\varepsilon_{凸}$ 可按下式计算：

$$\varepsilon_{凸} = \frac{b}{R+b} \tag{9-28}$$

式中：b 为翻边的外缘宽度，mm；R 为翻边的外凸圆半径，mm。

外凸翻边的极限变形程度受翻边后竖边的起皱限制，当翻边高度大时，起皱严重，可采用压边圈来防止。外凸翻边的极限变形程度值可查表 9-9。

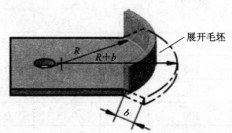

图 9.30　外凸外缘翻边

表 9-9　外缘翻边的极限变形程度

材料名称及牌号		$\varepsilon_{凸}/\%$		$\varepsilon_{凹}/\%$	
		橡胶成形	模具成形	橡胶成形	模具成形
铝合金	1035	25	30	6	40
	1A30	5	8	3	12
	3003	23	30	6	40
	3A21	5	8	3	12
	5A01	20	25	6	35
	5A03	5	8	3	12
	LY12M	14	20	6	30
	2A12	6	8	0.5	9
	LY11M	14	20	4	30
	2A11	6	6	0	0
黄铜	H62 软	30	40	8	45
	H62 半硬	10	14	4	16
	H68 软	35	45	8	55
	H68 半硬	10	14	4	16
铜	10		38		10
	20		22		10
	1Cr18Ni9 软		15		10
	1Cr18Ni9 硬		40		10
	2Cr18Ni9		40		10

注：本表为外缘翻边的极限变形程度表，包括内凹外缘翻边的极限变形程度和外凸外缘翻边的极限变形程度。

2．内曲翻边

用模具把毛坯上内凹的外边缘翻成竖边的冲压加工方法叫**内凹外缘翻边**，简称**内凹翻**

边或内曲翻边，如图 9.31 所示。

内曲翻边的应力与应变情况与圆孔翻边相似，竖边切向伸长而厚度减薄，所以属于伸长类翻边，因此边缘常被拉裂。

内曲翻边的变形程度 $\varepsilon_{凹}$ 可按下式计算：

$$\varepsilon_{凹} = \frac{b}{R-b} \qquad (9\text{-}29)$$

式中：b 为翻边的外缘宽度，mm；R 为翻边的内凹圆半径，mm。

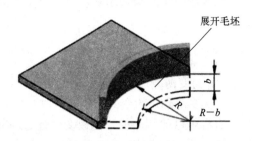

图 9.31　内凹外缘翻边

内曲翻边的极限变形程度是根据翻边后竖边的边缘是否发生破裂来确定的，其值可查表 9-9。

3．外缘翻边模具

(1) 圆角半径。不论是内凹翻边还是外凸翻边，翻边模的凹模圆角半径一般对成形过程影响不大，可将其圆角半径等于制件的圆角半径。

为了利于翻边成形，凸模的形状宜做成球形、抛物线形，圆角半径宜大不宜小。

(2) 模具间隙。翻边凸模和凹模之间的双边间隙 Z 为

$$Z = D_d - D_p \qquad (9\text{-}30)$$

式中：D_d 为凹模直径，mm；D_p 为凸模直径，mm。

翻边后材料一般会变薄，故凸、凹模之间的单边间隙可取为材料厚度的 85%，即

$$\frac{Z}{2} = 0.85t \qquad (9\text{-}31)$$

9.2.3　变薄翻边

变薄翻边是指通过减小凸、凹模间隙，强迫材料变薄，提高制件竖边高度，以达到提高生产效率及节约原材料的方法。如图 9.32 所示，$d_3 - d_1 < 2t$。

在普通翻边时材料竖边亦变薄，但这是由于拉应力作用的自然变薄，是翻边的普遍现象。

当零件的翻边高度较大，难于一次翻边成形时，在不影响使用要求的情况下宜采用变薄翻边。在薄板零件上加工小螺纹孔常用变薄翻边工艺，既可增加螺孔深度，又不必增加板料厚度(如图 9.20 所示)。

变薄翻边属于体积变形，与普通翻边类似，但它们成形为竖边后，将会在凸、凹模间的小间隙内受到挤压，进一步发生较大的塑性变形，使厚度显著减薄，从而提高翻边的高度。竖边高度应按体积不变定律进行计算。

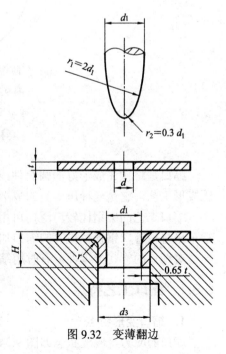

图 9.32　变薄翻边

变薄翻边因其最终结果是使材料竖边部分变薄，所以变形程度可以用变薄系数 η 来表示：

$$\eta = \frac{t_1}{t_0} \tag{9-32}$$

式中：t_1 为变薄翻边后制件竖边的材料厚度，mm；t_0 为变薄翻边前材料厚度，mm。

一次变薄翻边的变薄系数 η 可取 0.4～0.5。

如图 9.33 是用阶梯形凸模变薄翻边的例子。由于凸模采用阶梯形，压力机在一次行程中，经过不同阶梯使工序件竖壁部分逐步变薄，而高度逐渐增加。凸模各阶梯之间的距离大于零件高度，以便前一个阶梯的变形结束后再继续后一阶梯的变形。采用阶梯形凸模进行变薄翻边时，应有强力的压料装置和良好的润滑。

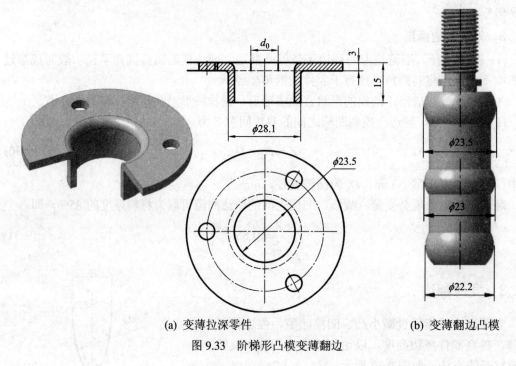

(a) 变薄拉深零件　　　　　　　　　　　(b) 变薄翻边凸模

图 9.33　阶梯形凸模变薄翻边

9.3　缩　　口

缩口是将预先成形好的圆筒件或空心板料毛坯，通过缩口模具将其口部缩小的一种冲压成形工艺，它是一种压缩类的成形方法。与缩口相对应的是扩口工艺。

缩口工艺的应用比较广泛，可用于子弹壳、炮弹壳、钢制气瓶、自行车车架立管、自行车坐垫鞍管、钢管拉拔等的缩口加工。如图 7.5 所示。

对细长的管状类零件，有时用缩口代替拉深可取得更好的效果。

9.3.1　缩口工艺特点

1. 缩口变形特点

缩口的应力、应变状态如图 9.34 所示。在压力作用下，凹模制件部分压迫毛坯口部，使变形区的材料处于轴对称应力、应变状态。在切向压缩应力 σ_θ 的作用下，产生切向压缩应变 ε_θ，由此方向产生的材料转移引起了径向和厚度方向的伸长应变 ε_r 和 ε_t。

变形区由于受到较大切向压应力的作用，易产生切向失稳而起皱；而起传力作用的筒壁区由于受到轴向压应力的作用易产生轴向失稳而起皱，所以失稳起皱是缩口工序的主要缺陷。

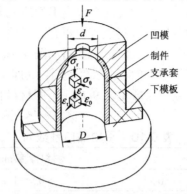

图 9.34 缩口的变形特点及应力、应变状态

2. 缩口模支承方式

如图 9.35 所示，是缩口模对筒壁的三种不同支承方式：

(1) 图 9.35(a)是无支承方式，缩口过程中毛坯的稳定性差，因而允许的缩口系数较大，适用于管件锥形缩口。

(2) 图 9.35(b)是外支承方式，此类模具较前者复杂，但是在缩口时毛坯的稳定性较前者好，允许的缩口系数可小些。适用于高度不大、带底制件的锥形缩口。

(3) 图 9.35(c)是内外支承方式，此类模具最为复杂，对毛坯筒壁的支承性最好，缩口时毛坯的稳定性最好，允许的缩口系数为三者中最小的。

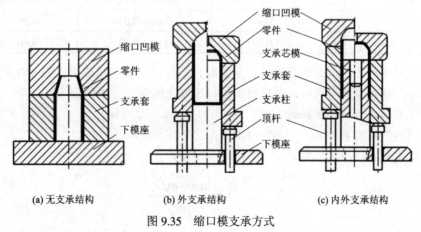

图 9.35 缩口模支承方式

3. 缩口变形程度

缩口的变形程度用 **缩口系数** m 来表示：

$$m = \frac{d}{D} \tag{9-33}$$

式中：d 为缩口后直径，mm；D 为缩口前直径，mm。

　　缩口系数 m 越小，表示变形程度越大。当缩口变形所需压力 F 大于筒壁材料的失稳临界压力时，非变形区筒壁将先失稳起皱。

　　缩口极限变形程度 m_{min} 取决于对失稳条件的限制，与材料的机械性能、毛坯厚度、模具的结构形式和毛坯表面质量有关。

- 材料的塑性好、屈强比值大，允许的缩口变形程度就大，即 m_{min} 越小。
- 毛坯越厚，抗失稳起皱的能力就越强，也越有利于缩口成形。
- 采用内支承(芯模)模具结构，口部不易起皱(如图 9.35(c)所示)。
- 合理的模具锥角、小粗糙度值和良好的润滑条件，可以降低缩口力，对缩口成形有利。

　　不同的材料及厚度的平均缩口系数见表 9-10。不同材料和不同支承方式所允许的极限缩口系数值见表 9-11。

表 9-10　平均缩口系数 m_m

材料	材料厚度/mm		
	~0.5	> 0.5~1.0	> 1.0
黄铜	0.85	0.8~0.7	0.7~0.65
钢	0.85	0.75	0.7~0.65
硬铝(淬火)	0.75~0.80	0.68~0.72	0.40~0.43

表 9-11　不同支承方式的极限缩口系数 m

材料	支承方式		
	无支承	外支承	内支承
软钢	0.70~0.75	0.55~0.60	0.30~0.35
黄铜	0.65~0.70	0.50~0.55	0.27~0.32
铝	0.68~0.72	0.53~0.57	0.27~0.32
硬铝(退火)	0.73~0.80	0.60~0.63	0.35~0.40
硬铝(淬火)	0.75~0.80	0.68~0.72	0.40~0.48

　　当缩口制件的 d/D 值大于极限缩口系数时，则可以一次缩口成形；当 d/D 值小于极限缩口系数时，则需要多次缩口，并且每次缩口工序之间须进行中间退火热处理。

- 首次缩口系数 $m_1 = 0.9m_0$；
- 以后各次缩口系数 $m_n = (1.05 \sim 1.1)m_m$；
- 缩口次数 n 按下式估算：

$$n = \frac{\ln d - \ln D}{\ln m_m} \tag{9-34}$$

式中：m_m 为平均缩口系数，见表 9-10。

9.3.2　缩口工艺计算

1. 颈口直径

各次缩口后的颈口直径为

$$d_1 = m_1 D$$
$$d_2 = m_n d_1 = m_1 m_n D$$
$$d_3 = m_n d_2 = m_1 m_n^2 D$$
$$\vdots$$
$$d_n = m_n d_{n-1} = m_1 m_n^{n-1} D$$

d_n 应等于制件的颈口直径。

缩口变形后，由于回弹，制件的缩口直径将比模具的尺寸增大 0.5%～0.8%。

2. 毛坯高度

缩口毛坯尺寸，主要指的是缩口制件的高度。一般是根据变形前后体积不变的原则来进行计算的，各种制件缩口前高度 H 的计算可查冲压设计资料中相应的公式。如图 9.36 所示缩口制件可以按下式进行计算：

图 9.36(a)所示锥形缩口前制件高度：

$$H = 1.05 \left[h_1 + \frac{D^2 - d^2}{8D \sin \alpha} \left(1 + \sqrt{\frac{D}{d}} \right) \right] \tag{9-35}$$

图 9.36(b)所示带圆筒部分缩口前制件高度：

$$H = 1.05 \left[h_1 + h_2 \sqrt{\frac{d}{D}} + \frac{D^2 - d^2}{8D \sin \alpha} \left(1 + \sqrt{\frac{D}{d}} \right) \right] \tag{9-36}$$

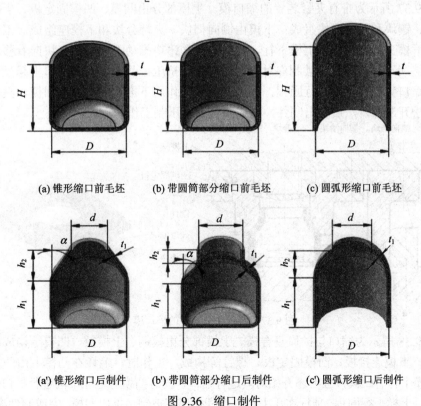

(a) 锥形缩口前毛坯　　　(b) 带圆筒部分缩口前毛坯　　　(c) 圆弧形缩口前毛坯

(a') 锥形缩口后制件　　　(b') 带圆筒部分缩口后制件　　　(c') 圆弧形缩口后制件

图 9.36　缩口制件

图 9.36(c)所示圆弧形缩口前制件高度：

$$H = h_1 + \frac{1}{4}\left(1 + \sqrt{\frac{D}{d}}\right)\sqrt{D^2 - d^2} \qquad (9-37)$$

在上面的公式中，凹模的半锥角 α 对缩口成形过程有重要影响。若半锥角取值合理，则允许的缩口系数可以比平均缩口系数小 10%～15%。一般应使 $\alpha < 45°$，最好使 $\alpha < 30°$。

3．缩口力

如图 9.36(a)所示锥形缩口件，在无支承缩口模上进行缩口时，其缩口力 F 可用下式来进行计算：

$$F = K\left[1.1\pi D t \sigma_b \left(1 - \frac{d}{D}\right)(1 + \mu\cot\alpha)\frac{1}{\cos\alpha}\right] \qquad (9-38)$$

式中：μ 为凹模与制件接触面的摩擦系数；σ_b 为材料抗拉强度，MPa；K 为速度系数，在曲柄压力机上制件时取 $K = 1.15$；α 为凹模圆锥孔的半锥角；t 为制件厚度，mm。

4．缩口模

控制制件缩口部分成形的主要是缩口凹模。凹模工作部分的尺寸根据缩口部分的尺寸来确定，同时要考虑缩口制件在缩口后有回弹。因此，缩口凹模尺寸应比制件实际尺寸小0.5%～0.8%的弹性恢复量，以减少试模时的修正量。

如图 9.37 所示为带有夹紧装置的缩口模。上模部分由凹模、凹模固定板、上模座、弹簧、凸模、镶块和侧向滑块组成；下模由侧向挡块、夹持分块和下模座组成。工作时，把制件放入下模夹持分块中，上模下行，侧向滑块和镶块推动下模夹持分块向右移动夹紧制件，上模继续下行，凹模接触制件对制件缩口进行挤压，凸模进入制件口里起尺寸限位作用。制件缩口完成后上模上行回程，凸模在弹簧力作用下推动制件顶出凹模，夹持分块向左移动，松开制件，然后取出制件，完成整个缩口压制工作。

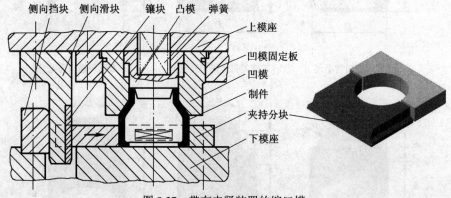

图 9.37　带有夹紧装置的缩口模

如图 9.38 所示为缩口与扩口复合模。上模部分由模柄、上模板、凹模等构成；下模部分由凸模、下模连接板、凸模固定板、螺钉等构成。工作时，毛坯在凸模上由凸模的锥面定位，上模下行、凹模接触毛坯开始对其进行缩口，同时凸模对毛坯下端进行扩口，缩口和扩口完成后上模上行回程，顶杆在压力机打料杆作用下把制件推出凹模，完成制件缩口工作。

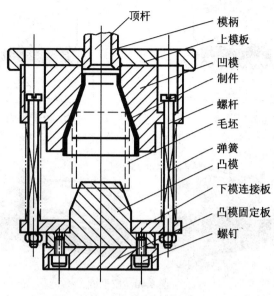

顶杆
模柄
上模板
凹模
制件
螺杆
毛坯
弹簧
凸模
下模连接板
凸模固定板
螺钉

图 9.38　缩口与扩口复合模

9.4　校　　形

校形属于修整的成形工序，它包括两种情况：一种是将毛坯或冲裁件的不平度和翘曲压平，即**校平**；另一种是将弯曲、拉深或其他成形件校整成最终的正确形状，即整形。

校形大都在冲裁、弯曲、拉伸等冲压工艺之后进行，当其形状、尺寸精度不能满足要求时，为进一步提高制件质量的弥补措施，校形在实际生产中应用较为广泛。

校平和整形工序的共同特点：

● 变形量小，只在工序件局部位置使其产生不大的塑性变形，以达到修整的目的；

● 要求经校平或整形后，零件的误差比较小，因而要求模具的精度高；

● 要求压力机的滑块达到下止点时，对制件刚性卡压一下，故对设备有一定的刚度要求。所用设备最好为精压机，若使用机械压力机时，机床应具有较好的刚度，并需要装有过载保护装置。

9.4.1　校平

将不平整的制件放入模具内施加压力，使之平整的成形工艺称为**校平**，如图 9.39 所示。主要用于减少制件的平直度误差。校平方式有模具校平、手工校平、加热校平、在专门校平设备(图 9.40)上校平等多种。

校平时的变形情况如图 9.39 所示，当冲床处于下止点位置时，在上、下两块平模板的作用下，板料处于很大的三向压应力状态，产生反向弯曲变形，出现微量塑性变形。卸载后回弹小，在模板作用下的平直状态就被保留下来，从而使板料压平。

根据板料厚度和表面质量要求的不同，平板制件的校平模有光面校平模和齿面校平模两种类型。

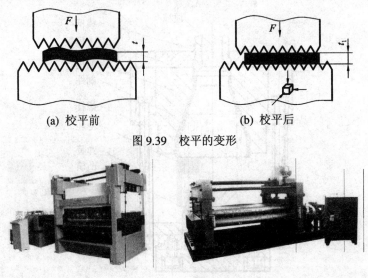

(a) 校平前   (b) 校平后

图 9.39 校平的变形

图 9.40 校平机

1. 光面(平面)校平模

光面(平面)校平模如图 9.41 所示,模具由上、下两块平模板组成,模压板面是光滑的。

光面校平模由于单位压力小,作用于制件的有效单位压力较小,故改变材料内部应力状态的效果较差,卸载后制件有一定的回弹,对于高强度材料的制件校平效果较差。

光面校平模主要用于平直度要求不高或由软薄金属(铝、软钢、软黄铜)制成的小型零件,或者零件表面不允许有压痕的板件的校形。

为使校平不受板料厚度偏差或压力机滑块导向精度的影响,平面校平模可以采用浮动凹模的结构,如图 9.42 所示。

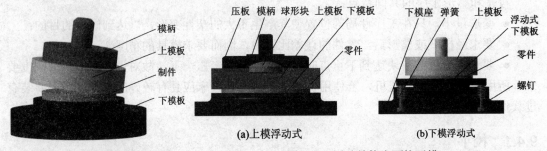

压板 模柄 球形块 上模板 下模板   下模座 弹簧 上模板

模柄
上模板
制件
下模板

零件

浮动式下模板
零件
螺钉

(a)上模浮动式   (b)下模浮动式

图 9.41 固定结构光面校平模   图 9.42 浮动结构光面校平模

2. 齿面校平模

对于材料较厚及平直度要求较高的零件,应采用如图 9.43 所示的**齿面校平模**。上、下两块平模板有许多小形齿,上、下模齿形应相互交错。由于齿尖突出部分压入毛坯表层有一定的深度,因此形成了许多塑性变形的小坑,有效地改变了制件的残存应力状态,构成较强的三向压应力状态,因而校平效果较好。

齿面校平模有细齿和粗齿两种。用齿面校平模校平时会在校平面上留下塑性变形的小网点,细齿模的齿痕更加明显,因此,细齿模适合于表面允许有压痕的零件,而粗齿模适合于厚度较小的软金属(铝、青铜、黄铜等)、表面不允许有压痕的零件。

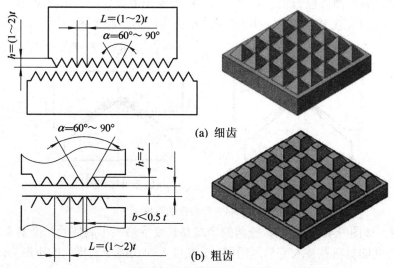

(a) 细齿

(b) 粗齿

图 9.43 齿面校平模示意图

3. 校平力的计算

制件的校平行程不大，但是压力却很大。校平力 F 可用下式进行估算：

$$F = p \cdot A \text{ (N)} \tag{9-39}$$

式中：A 为校平面积，mm^2；p 为单位面积上的校平压力，MPa，见表 9-12。

校平力 F 的大小与制件的材料性能、厚度和校平模的齿形等因素有关，因此，在确定校平力时应作适当的调整。

表 9-12 单位面积上的校平力 p MPa

材料	校平			光模整形	
	平面模	细齿模	粗齿模	敞开制件整形	减小圆角半径
软钢	80～100	250～4000	250～400	500～100	150～200
软铝	80～100	20～50	20～50	500～100	150～20
硬铝	80～100	300～40	300～400	500～100	150～200
软黄铜	80～100	100～150	100～150	500～100	150～200
硬黄铜	80～100	500～600	500～600	500～100	150～200
一般材料	80～100	100～120	200～300	500～100	150～200

9.4.2 整形

整形是指对弯曲和拉深后的立体零件进行形状和尺寸修整的校形。整形的目的是为了提高立体零件的形状和尺寸精度。整形主要是修正弯曲件的回弹、拉深件筒壁的锥形、冲压件的尺寸误差或圆角过大等情形。整形模和前道工序的成形模相似，只是模具工作部分的精度和光洁度更高、圆角半径和凸、凹模间隙更小。

1. 弯曲件的整形

弯曲件的整形方法主要有**压校**和**镦校**两种。

(1) 压校。如图 9.44(a)所示，压校中由于材料沿长度方向无约束，整形区的变形特点与弯曲时相似，材料内部应力状态变化不大，因而整形效果一般。压校 V 形件时，应使两个侧面的水平分力大致平衡(即 $P_1 = P_2$)和压校单位压应力分布大致均匀，如图 9.44(b)所示。

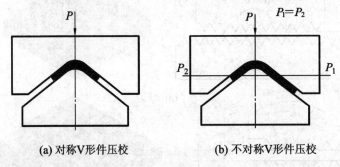

(a) 对称V形件压校　　　　　　　　　(b) 不对称V形件压校

图 9.44　弯曲件的压校

(2) 镦校。如图 9.45 所示，镦校前的半成品长度应略大于制件的长度要求，以满足在变形时长度方向的材料在补入变形区的同时，长度方向还能受到极大的压应力(来自模具台阶的阻碍作用)而产生微量的压缩变形。从而改变了材料内原有的应力状态，使之处于三向压应力状态中，这样压应力分布也比较均匀，镦校后材料回弹小、精度高，因而整形效果较好。但是，镦校受零件形状的限制，对于带大孔和宽度不等的弯曲件不宜采用，否则易造成孔的形状和宽度不一致的变形现象。

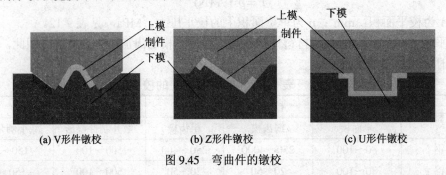

(a) V形件镦校　　　　　　　(b) Z形件镦校　　　　　　　(c) U形件镦校

图 9.45　弯曲件的镦校

2. 拉深件的整形

如图 9.46 所示为拉深件的整形示意图。拉深件的整形部位不同，所采用的整形工艺也有所不同。

(1) 拉深件凸缘平面、底部平面的整形：主要是利用模具的校平作用。

(2) 拉深件筒壁的整形：通常取整形模间隙等于$(0.9 \sim 0.95)t$，即采用变薄拉深的方法进行整形，目的主要是提高筒壁的形状和尺寸精度。这种整形方式也可以与最后一次拉深合并，但是应取稍大点的拉深系数。

(3) 拉深件圆角的整形：小凸缘件根部圆角半径 r_d 的整形要求从外部向圆角部分补充材料，根据情况有以下三种方法：

● 如果根部圆角半径 r_d 变化大，则在工艺设计时，可以使半成品高度 h_1 大于零件高度 h，整形时从直壁部分(高度减少)获得材料补充，如图 9.46(a)所示；

● 如果半成品高度与零件高度相等，则可以由凸缘外径 d_{f1} 收缩至 d_f 来获得材料补充，如图 9.46(b)所示；

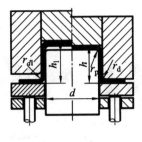 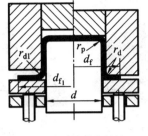

(a) 直壁补充材料　　　　　　　　(b) 凸缘缩小补充材料

图 9.46　拉深件整形示意图

- 如果凸缘的外径 d_f 大于筒壁直径 d 的 2.5 倍，即 $d_f/d > 2.5$，凸缘的外径 d_f 已经不可能产生收缩变形，圆角邻近的材料不能流动过来，此时，则只有靠圆角变形区域本身的材料变薄来实现。这时，变形部位材料的伸长变形以 2%～5%为宜，若变形过大制件会破裂。

底部圆角半径 r_p 的整形也可采用与凸缘根部圆角半径 r_d 整形相同的办法。

各种冲压件整形力 F 按下式计算：

$$F = pA \tag{9-40}$$

式中：A 为整形的投影面积，mm^2；p 为整形单位压力，MPa。对于软钢和黄铜，p 的值取：

- 对敞开式制件的整形：$p = (50～100)$ MPa；
- 对底面、侧面减小圆角的整形：$p = (150～200)$ MPa。

9.5　旋　　压

旋压又称**赶形**，是将平板毛坯或空心板料毛坯固定在旋压机模具上，在毛坯随机床主轴转动的同时，用旋轮或赶棒对毛坯施加压力，使毛坯逐渐紧贴模具，从而获得所要求的旋转体制件的成形工艺，如图 9.47 所示。

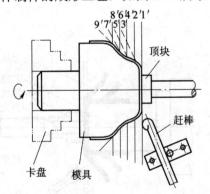
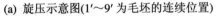

(a) 旋压示意图(1′～9′ 为毛坯的连续位置)

(b) 旋压实物

图 9.47　旋压示意图

旋压加工的优点：设备和模具比较简单，可以成形圆筒形、锥形、抛物面形或其他各种曲线构成的旋转体，如图 9.48 所示。旋压生产的产品涉及日常生活、工业生产、航空航天等许多领域，能加工许多形状复杂的旋转体制件，可替代这些制件的拉深、翻边、缩口、胀形、弯边和叠缝等工序。

(a) 锅炉　　　　　　　　　(b) 航空零件　　　　　　　　　(c) 礼品

(d) 压力容器　　　　　　　(e) 汽车轮毂　　　　　　　　　(f) 灯具

(g) 厨具　　　　　　　　　(h) 通风零件　　　　　　　　　(i) 其他

图 9.48　旋压零件

旋压加工的缺点：当旋压工艺采用手工操作时，质量不稳定，生产效率低，要求操作人员技术水平高。若人员操作不当，旋压时材料可能会产生失稳起皱、振动或者撕裂现象，转角处的板料毛坯也容易变薄旋裂。旋压多用于小、中批量生产场合。

按照旋压前后材料壁厚的变化与否，旋压又可分为不变薄旋压和变薄旋压。不变薄旋压也称做普通旋压，变薄旋压也称做强力旋压。

9.5.1　普通旋压

1. 变形特点

普通旋压(又称**不变薄旋压**)成形制件原理如图 9.49 所示，是将平板毛坯旋压成圆筒形制件的变形过程。芯模装在旋压机的主轴上，将平板毛坯或工序件贴靠芯模，用机床尾座顶尖顶住顶块、压紧毛坯或工序件，毛坯随主轴旋转。此时，沿轴线运动的赶棒(或滚轮)在旋

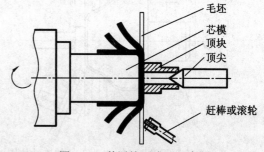

毛坯
芯模
顶块
顶尖

赶棒或滚轮

图 9.49　普通旋压成形示意图

转的毛坯面上形成螺旋形的碾压接触轨迹，使接触点处的板料毛坯在赶棒接触力的作用下产生局部塑性变形。毛坯材料由点到线、由线到面逐渐贴紧芯模，从而加工出形状和尺寸符合图纸要求的制件。

(1) 普通旋压变形特点：点接触，毛坯剖面发生弯曲、切向压缩、径向伸长。

(2) 普通旋压时制件出现两种形状变化：

① 与赶棒直接接触的材料产生局部凹陷的塑性变形；

② 毛坯沿着赶棒加压的方向大片倒伏。

(3) 旋压的基本要点：合理的转速；合理的过渡形状；合理的加力。

2. 变形程度

旋压的变形程度用旋压系数 m 来表示：

$$m = \frac{d}{D} \tag{9-41}$$

式中：D 为板料毛坯直径，mm；d 为制件直径，mm，(当制件为锥形件时，d 取圆锥的小端直径)。

毛坯直径 D 可按等面积法求出，但旋压时因材料减薄表面积增大，因此应将理论计算值减小 5%～7%。

圆筒或圆锥形制件的极限旋压系数见表 9-13。

表 9-13 极限旋压系数

制件形状	m_{min}
圆筒件($t/D = 0.5～0.25$)	0.6～0.8
圆锥件	0.2～0.3

注：圆筒形件极限旋压系数可取 $m = 0.6～0.8$，相对厚度 $t/D = 0.5$ 时取较大值，相对厚度 $t/D = 0.25$ 时取较小值。

当旋压制件的变形程度较大时，可采取多次旋压：在几个尺寸由大到小的芯模上分次旋压，芯模以锥形过渡，每个锥形芯模的最小直径相等，使毛坯逐步变形。

旋压工艺的加工硬化程度比较严重，多次旋压的毛坯应安排中间退火工序。

3. 工艺参数

旋压件的主要质量问题：毛坯皱折、振动和旋裂。为保证旋压件的质量，除要求控制变形程度外，还需要合理选择芯模的旋转速度、旋压件的过渡形状以及赶棒加压压力。

旋压时芯模的旋转速度对制件成形质量很重要。若旋转速度过低，则毛坯边缘容易起皱，增加了成形阻力，甚至导致旋压制件破裂；若旋转速度过高，则材料变薄严重。当板料毛坯的直径较大、厚度较小时，主轴转速可取较小值；反之取较大值。旋压成形转速可以按表 9-14 所示经验数据来选取。

表 9-14 旋压时芯模转速的经验值

材　料	芯模转速 / (r · min^{-1})
铝	350～800
黄铜	600～800
铝合金	400～700
铜合金	800～1100
软铜	400～600

普通旋压一般是手工操作，属于半机械化生产。赶棒施加于毛坯的压力大小一般凭操作者的经验来控制，着力要均匀并逐渐移动着力点，使制件变形稳定。特别要注意的是，

赶棒加压不能过大,以避免材料起皱。

旋压件的表面留有赶棒的痕迹,其表面粗糙度 R_a 值约为 3.2 μm～1.6 μm,旋压件的尺寸精度可达到其直径的 0.1%～0.2%。

旋压时,赶棒与材料间有剧烈的摩擦,因而需要润滑。常用的润滑剂有肥皂、黄油、蜂蜡、石蜡和机油以及它们的混合物等。

4．普通旋压方法及工具

旋压芯模取决于制件的形状和尺寸。赶棒和旋轮也是重要的工具。图 9.50 所示为旋压机上使用的各种赶棒和旋轮。

常用赶棒的头部形状如图 9.50(a)所示。用金属制成型头时,应镀铬并抛光。赶棒的长度一般取 700 mm～1200 mm,过短时操作费力,过长时容易摆动,影响旋压件的质量。

如图 9.50(b)所示为几种常用旋轮的结构形式。旋轮一般用碳素工具钢或合金工具钢制造,并经淬火、抛光、镀铬处理,以提高耐用度。在旋压不锈钢制件时,可采用青铜作为旋轮或赶棒的成形头,以防止在旋压过程中出现材料粘结现象。旋轮的圆角半径 R 对旋压件的质量影响较大,R 越大,旋出的制件表面越光滑,但操作时较费力;R 小时旋压较省力,但制件表面容易出现沟槽。旋轮的圆角半径 R 的推荐值见表 9-15。

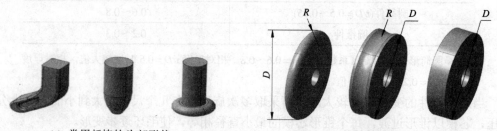

(a) 常用赶棒的头部形状　　　　　　　　(b) 旋轮的结构形式

图 9.50　常用的赶棒与旋轮结构示意图

表 9-15　旋轮直径和圆角半径的推荐值

mm

旋轮直径 D	150	130	100	70	64	54
旋轮圆角半径 R	30	18	18	15	5	4

9.5.2　强力旋压

板料毛坯厚度在旋压过程中被强制变薄的旋压即为**强力旋压**,又叫**变薄旋压**。

1．工艺过程及应用

通过强力旋压可以加工形状复杂、尺寸较大的旋转体制件;表面粗糙度 R_a 值可达 1.25 μm,尺寸公差等级可达 IT8 级左右,制件比普通旋压和冲压加工方法加工质量要高,如图 9.51 所示。

强力旋压的成形过程如图 9.52 所示。旋压时,顶块将毛坯压紧在芯模的顶端,芯模安装在旋压机卡盘上,与毛坯和顶块一起随同旋压机主轴旋转。旋轮通过机械或液压机构沿靠模板与芯模的母线平行的轨迹移动,旋轮与芯模之间保持着变薄规律所规定的间隙,此间隙小于毛坯的厚度。旋轮施加压力可达 2500 MPa～3500 MPa,使毛坯贴合芯模,并被碾薄逐渐形成制件。强力旋压属于局部变形,因此当变形力比冷挤压小得多时,不会出现凸缘起皱现象，也不受毛坯相对厚度的限制，可一次旋压出相对深度较大的零件。

(a) 毛坯　　　　　　　(b) 旋压件　　　　　　　(c) 旋压开裂

图 9.51　强力旋压件实例

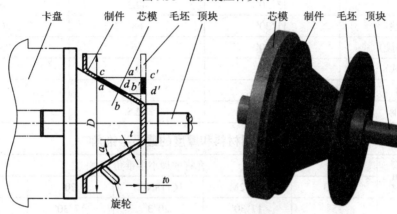

图 9.52　强力旋压成形过程示意图

如图 9.53 所示，铝合金铸造件经强力旋压后，材料晶粒紧密细化，不仅提高了强度，而且表面质量也比较好，表面粗糙度 R_a 可达 0.4 μm。

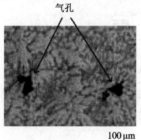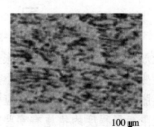

(a) 旋压前　　　　　　　　　(b) 旋压后

图 9.53　铝合金铸造件加热强力旋压前后组织对比

强力旋压一般要求使用功率大、刚度大，并有精确靠模机构的专用强力**旋压机**，如图 9.54 所示。

2. 变薄率

强力旋压制件厚度 t 与毛坯厚度 t_0 的关系是

$$t = t_0 \sin\alpha \qquad (9-42)$$

式中：α 为芯模的半锥角。

图 9.54　西班牙 DENN 数控旋压机

强力旋压的变形程度用变薄率 ε 来表示:

$$\varepsilon = \frac{t_0 - t}{t_0} = 1 - \frac{t}{t_0} = 1 - \sin \alpha \tag{9-43}$$

因此,对于锥形件,也可用芯模的半锥角来表示强力旋压的变形程度。

极限变薄率 ε_{max} 是衡量材料可旋压性的指标。强力旋压时各种材料的变薄率见表 9-16,不同材料和厚度的最小半锥角见表 9-17。

表 9-16　部分材料强力旋压的变薄率

材料	$\alpha/2$	$\varepsilon/\%$	$\varepsilon_{max}/\%$
铝	8°30′	83.7	85
硬铝合金	13°30′	42.2	76
黄铜(硬)	11°30′	68	80
黄铜(半硬)	15°40′	56	73
黄铜(软)	9°54′	63.5	
纯铜	15°	76.1	
不锈钢	15°	62.5	

表 9-17　不同材料和厚度的最小半锥角

材料厚度/mm	允许的最小半锥角				
	3003	LY12M	1Cr18NiTi	20	08F
1.0	15°	17°30′	20°3	17°30′	151°
2.0	12°30′	15°	15°	15°	12°30′
3.0	10°	15°	15°	15°	12°30′

习　　题

1. 什么叫做胀形?胀形有几种类型?胀形的变形特点是什么?
2. 为何说胀形变形区内板料的厚度减小是不可避免的?
3. 试写出平板胀形时变形区的应力、应变状态。
4. 提高胀形极限变形程度的措施有哪些?
5. 试写出管材自然胀形时最大变形处的应力、应变状态。
6. 试对比刚模胀形与软模胀形的模具结构特点及制件质量。
7. 用钻孔的方法代替冲孔,为何可以提高圆孔翻边的极限变形程度?
8. 什么是翻边?翻边有几种类型?
9. 对比胀形与翻边的应力和应变。
10. 影响极限翻边系数 m_{min} 的因素有哪些?
11. 常用的内孔翻边凸模形状有哪四种?试从有利于翻孔变形、凸模加工难易程度分别进行排序。
12. 如果圆孔翻边系数 $m = d_0/D < m_{min}$,或 $H > H_{max}$ 时,就难于一次翻边成形,这时应如何进行冲压加工?

　13. 在平板毛坯上的翻边与弯曲,它们的变形特点分别是什么?

　14. 在平板毛坯上进行外缘翻边,怎样翻边分别属于压缩类翻边和伸长类翻边?

　15. 翻边变形程度用什么量来描述? 翻边的变形程度与哪些因素有关?

　16. 什么是变薄翻边? 常用于成形什么工件?

　17. 变薄翻边模具的工件零件有何特点?

　18. 胀形、圆孔翻边、扩口和缩口分别属于哪类(伸长、压缩)变形? 它们的成形极限分别受到什么的限制?

　19. 缩口与拉深的变形特点有何异同?

　20. 缩口模对制件筒壁的支承方式有哪三种?

　21. 缩口、旋压的变形程度分别用什么来表示?

　22. 整形模与一般的成形模很相似,但也不尽相同,差别在哪里?

　23. 利用什么原理来达到整形的目的?

　24. 光面校平模与齿形校平模相比,前者的校平效果更好,为什么? 两者各用于什么场合?

　25. 为什么校平模要采用浮动式上模或下模?

　26. 弯曲件的整形方法主要有压校和镦校两种,为何后者比前者整形效果好?

　27. 拉深件圆角部位的整形方法有哪几种?

　28. 为什么旋压能够得到其他冲压方法得不到的复杂形状制件?

　29. 普通旋压与强力旋压有何不同?

　30. 如图 9.55 所示的翻孔零件,材料为 10 钢。试判断该零件的内形是否能通过"冲底孔、翻孔"成形得到? 计算底孔冲孔尺寸,并确定翻孔凸、凹模工作部分的尺寸及公差。

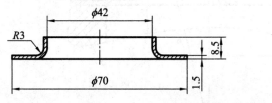

图 9.55　习题 30 图

　31. 要压制如图 9.56 所示的凸包,已知零件材料为 08 钢,料厚为 1.0 mm,断后延伸率 $\delta = 2\%$,抗拉强度 $\sigma_b = 380$ MPa。试判断能否一次胀形成形? 计算用刚模胀形的胀形力。

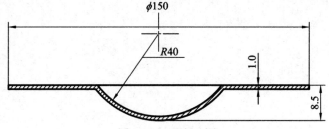

图 9.56　习题 31 图

　32. 如图 9.57 所示带底孔圆筒形零件,材料为 08F,料厚 1.5 mm,为中批量生产。该零件既能采用拉深工艺生产,也可以采用缩口工艺生产,试通过工艺性分析和设计计算,确定采用何种工艺最佳？

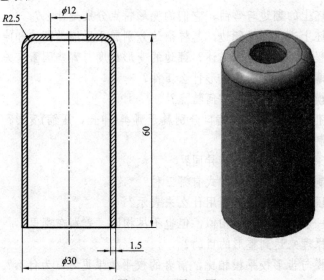

图 9.57　习题 32 图

33. 如图 9.58 所示是平板毛坯液压胀形示意图。毛坯初始厚度为 t_0，其周边被压紧在模具上，并承受单位静液压力 P，毛坯仅在直径 $2a$ 范围内成形为极高 h 的圆顶形。设成形后的零件外形近似球形，试求胀形所需要的单位静液压力 P。

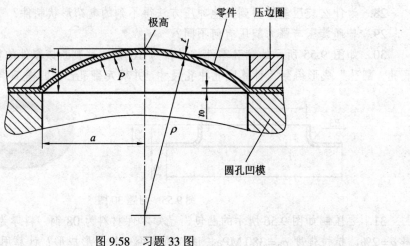

图 9.58　习题 33 图

第 10 章　冲压模具设计内容及步骤

前面几章分别介绍了冲压各基本工序的变形特点、冲压工艺设计、模具结构设计。在此基础上，本章将综合归纳介绍冲压模具的设计内容及步骤，主要包括冲压件加工工艺性分析、冲压工艺方案的确定、模具类型及结构形式的确定、必要的冲压工艺计算、模具总装配图及零件图的绘制、冲压设备的选择及冲压工艺文件和模具设计说明书的编写等内容。

冲压模具的设计必须按程序进行，才能保证用最少的时间、最高的质量完成设计任务。冲压模具设计一般应按以下程序进行：

(1) 收集和分析原始资料。

(2) 分析冲压件的加工工艺性。

(3) 确定冲压工艺的方案。

(4) 确定模具的类型及结构形式。

(5) 进行必要的工艺计算。

(6) 绘制模具总装配图及零件图。

(7) 选择冲压设备(模具尺寸与压力机尺寸的相关性：闭合高度、压力中心、模柄尺寸等)。

(8) 编写冲压工艺文件及撰写模具设计说明书。

设计冲模的大致工作过程，反映了在设计时应考虑的主要问题及需要做的工作。在具体设计时，这些内容往往是交替进行的。

10.1　原始资料的收集和分析

着手设计冲裁模前应仔细分析和熟悉下列原始资料，从而确定冲模设计的任务和着重点：

(1) 产品图及技术条件或实物样品；

(2) 生产纲领或生产批量；

(3) 原材料的牌号、尺寸规格、冲压性能；

(4) 可提供的冲压设备种类、型号、规格、技术参数及使用说明；

(5) 可提供的现有模具制造能力与技术水平；

(6) 相关技术标准、国家及行业标准、设计资料和手册等。

10.2　冲压件加工工艺性的分析

冲压件加工工艺性是指零件在冲裁、弯曲、拉深冲压加工中的难易程度。良好的冲压工艺性应保证材料消耗少，工序数目少，模具结构简单，使用寿命长，产品质量稳定。影响冲压加工工艺性的因素很多，从技术和经济方面来看，主要因素是冲压件的结构形状及尺寸、尺寸精度要求和尺寸标注形式等。

10.2.1　冲压件的形状和尺寸

1. 冲裁件

(1) 冲裁件的形状应尽可能简单、对称，尽量避免复杂形状，以使排样时废料最少，有利于材料的合理利用。

(2) 如图 10.1 所示，冲裁件内形及外形的转角处要尽量避免尖角，应以圆弧过渡(一般 $R > 0.5t$，参见表 10-1)，以便于模具加工、减少模具热处理开裂、减少冲裁时模具尖角处的崩刃和过快磨损。

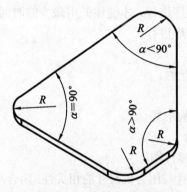

图 10.1　冲裁件过渡圆角

表 10-1　冲裁件最小圆角半径 R　　　　　　　　　mm

零件种类		黄铜、铝	合金铜	软钢
落料	交角≥90°	0.18t	0.35t	0.25t
	交角<90°	0.35t	0.70t	0.50t
冲孔	交角≥90°	0.2t	0.45t	0.3t
	交角<90°	0.4t	0.9t	0.6t

注：在同种材料情况下，外形上的圆角半径值可比内形上的圆角半径值小 10%～20%。

(3) 尽量避免在冲裁件上有过长的凸出悬臂和凹槽，悬臂和凹槽宽度 b 也不宜过小，以免冲裁时折断凸模，其许可值如图 10.2(a)所示。

(4) 冲裁件的孔边距和孔间距(c 和 c_1)不能过小，以免孔与孔间材料的扭曲或使边缘材料变形，复合冲裁时因凸凹模壁厚过薄而容易破损，冲裁件的质量及模具强度不能保证。其许可值如图 10.2(a)所示。

(5) 在弯曲件或拉深件上冲孔时，孔边与直壁之间应保持一定距离 L，以免冲孔时凸模受到水平推力的作用而折断，如图 10.2(b)所示。

(6) 冲孔尺寸不应太小，否则凸模易折断或压弯。采用无导向凸模、有导向凸模所能冲制的最小冲孔直径分别见表 10-2 和表 10-3。

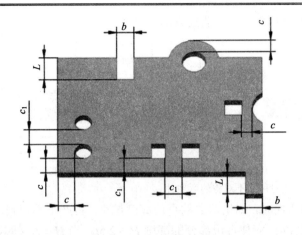

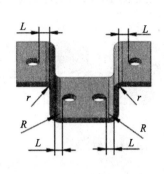

$$b_{\min}=1.5\,t \qquad c\geqslant(1\sim1.5)\,t \qquad\qquad L\geqslant r+0.5\,t$$

$$L\geqslant R+0.5t \qquad L_{\max}=5b \qquad c_1\geqslant(1\sim2)\,t$$

(a) 冲裁件　　　　　　　　　　　　　　　　　(b) 弯曲件上冲孔

图 10.2　冲压件孔边距图

表 10-2　无导向凸模可冲孔的最小孔径　　　　　mm

材　料	圆形孔(直径 d)	方形孔(孔宽 b)	长圆形孔(直径 d)	矩形孔(孔宽 b)
钢 $\tau>700$ MPa	$d\geqslant1.5t$	$b\geqslant1.35t$	$b\geqslant1.1t$	$b\geqslant1.2t$
钢 $\tau=400\sim700$ MPa	$d\geqslant1.3t$	$b\geqslant1.2t$	$b\geqslant0.9t$	$b\geqslant t$
钢 $\tau<400$ MPa	$d\geqslant t$	$b\geqslant0.9t$	$b\geqslant0.7t$	$b\geqslant0.8t$
黄铜、铜	$d\geqslant0.9t$	$b\geqslant0.8t$	$b\geqslant0.6t$	$b\geqslant0.7t$
铝、锌	$d\geqslant0.8t$	$b\geqslant0.7t$	$b\geqslant0.5t$	$b\geqslant0.6t$
纸胶板、布胶板	$d\geqslant0.7t$	$b\geqslant0.7t$	$b\geqslant0.4t$	$b\geqslant0.5t$
纸	$d\geqslant0.6t$	$b\geqslant0.5t$	$b\geqslant0.3t$	$b\geqslant0.4t$

注：t 为板料厚度，τ 为材料抗剪强度。

表 10-3　有导向凸模可冲孔的最小孔径　　　　　mm

材　料	圆形孔(直径 d)	矩形孔(孔宽 b)
硬　钢	$d\geqslant0.5t$	$b\geqslant0.4t$
软钢及黄铜	$d\geqslant0.35t$	$b\geqslant0.3t$
铝、锌	$d\geqslant0.3t$	$b\geqslant0.28t$

2. 弯曲件

(1) 弯曲半径：一般要求工件的弯曲半径不能小于其最小弯曲半径，以免出现开裂等工艺问题。若实际情况要求弯曲半径很小时，可采用 5.2.4 节相关内容中所介绍的解决方法。最小弯曲半径值可参见表 5-1。

(2) 弯曲件形状：弯曲件的形状应对称，左右弯曲半径一样，这样在弯曲时毛坯受力平衡而无滑动，如图 10.3(a)所示。否则会因为摩擦阻力的不均匀，使毛坯在弯曲过程中产生滑动，造成偏移，如图 10.3(b)所示。对于非对称的弯曲件，可预冲工艺孔，弯曲时用定位销定位(如图 10.3(c)所示)；或者先采用成对弯曲，弯曲后再剖切开来。

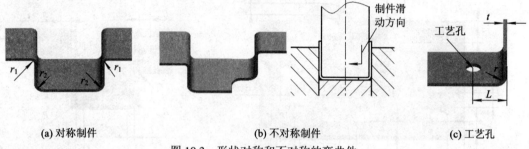

(a) 对称制件　　　　　　　　(b) 不对称制件　　　　　　　(c) 工艺孔

图 10.3　形状对称和不对称的弯曲件

(3) 弯曲件直边高度：在进行直角弯曲时，如果弯曲的直边高度过小，将产生不规则形状或称为稳定性不好。为了避免这种情况，应使直边部分的高度 $H > 2.5t$ 时。当 $H < 2.5t$ 时，应在弯曲部位加工出槽，使之便于弯曲，如图 10.4 所示；或者加大此处的弯边高度 H，弯曲后再切去加高的部分。

(4) 弯曲件孔边距离：若在弯曲线附近有预先冲出的孔，则在弯曲时由于材料的流动，会使原有的孔变形。为了避免这种情况，必须使这些孔分布在变形区以外的部位。一般孔边缘至弯曲半径中心的距离 a 与板厚有关。当 $t < 2$ mm 时，$a \geqslant t$；当 $t \geqslant 2$ mm 时，$a \geqslant 2t$；当 $b < 25$ mm 时，$a \geqslant 2.5t$；当 $b > 50$ mm 时，$a \geqslant 3t$，如图 10.5 所示。

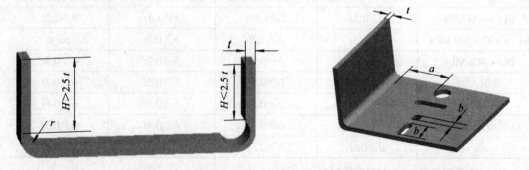

图 10.4　弯曲部位加工出槽　　　　　　　　图 10.5　弯曲件孔边距离

(5) 防止弯曲根部裂纹的工艺结构：为避免在尺寸突变的尖角处弯裂，应改变零件形状，使突变处退出弯曲线之外，即 $s \geqslant r$，如图 10.6(a)所示；或在尺寸突变处冲槽，且 $b \geqslant t$，$h = t + r + b/2$，如图 10.6(b)所示；或冲出直径为 $d \geqslant t$ 的工艺孔后再弯曲，如图 10.6(c)所示。

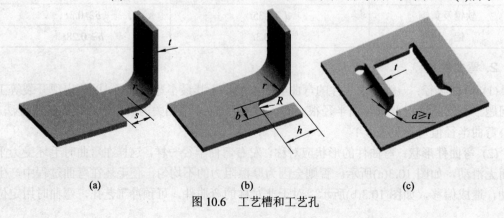

(a)　　　　　　　　　　(b)　　　　　　　　　　(c)

图 10.6　工艺槽和工艺孔

(6) 添加连接带和定位工艺孔：在弯曲变形区附近有缺口的弯曲件，若在毛坯上先冲出缺口，弯曲时会出现叉口，严重时将会无法成形，这时应在缺口处留连接带，待弯曲成形后再将连接带切除，如图 10.7(a) 和图 10.7(b) 所示。为保证毛坯在弯曲模内准确定位，或防止在弯曲过程中板料的偏移，最好能在毛坯上预先冲出定位工艺孔，如图 10.7(b) 和图 10.7(c) 所示。

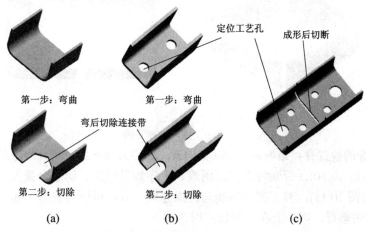

图 10.7　弯曲件的定位孔和连接带

3. 拉深件

(1) 设计拉深件时，应明确注明必须保证的是外形还是内形，不能同时标注内、外形尺寸。

(2) 拉深件高度应尽可能小，以便能通过 1～2 次拉深工序就能成形。

(3) 拉深复杂外形的空心件时，要考虑工序间工序件的工艺定位基准。

(4) 拉深件的圆角半径不宜过小(式 8-3 和式 8-7)，应尽量避免急剧的轮廓变化，否则，必须采取拉深后再增加一次整形工序。尽量避免工艺性差的曲面空心零件的尖底形状，尤其当高度较大时，其工艺性更差。如图 10.8 所示的消声器后盖，原设计的工艺性较差，在保证其使用性能不变的前提下改进其设计，结果由原 8 道冲压工序减为 2 道，材料消耗也减少了 50%。

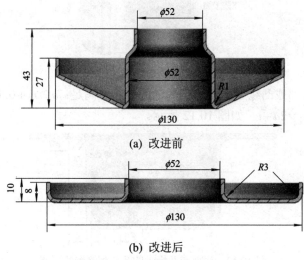

图 10.8　消声器后盖的结构改进

(5) 拉深件的形状尽可能简单、对称，以保证变形均匀，尽量避免采用非对称的拉深件；对半敞开的或非对称的空心件，可采用成对拉深后再剖切成两件，如图 10.9 所示。

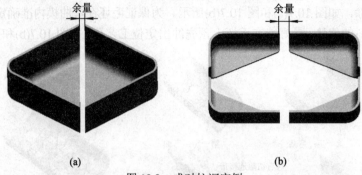

(a) 　　　　　　　　　　　　　　　　　　(b)

图 10.9　成对拉深实例

(6) 有凸缘的拉深件，最好满足 $d_f \geqslant d + 12t$，$d_f < 3d$，$h < 2d$，而且凸缘外形最好与直壁断面形状相似(图 10.10)，否则将会拉深困难、工序数量增加、切边余量大。在凸缘面上有下凹的拉深件(图 10.11)，若下凹的轴线与拉深方向一致，可以与直壁一起拉出；若下凹的轴线与拉深方向垂直，则只能在最后校正时压出。

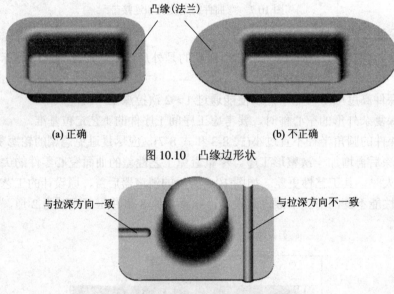

(a) 正确 　　　　　　　　　　　　　　(b) 不正确

图 10.10　凸缘边形状

图 10.11　凸缘面上带下凹的拉深件

(7) 拉深件的底部或凸缘上的孔边到侧壁的距离应满足：$a \geqslant r_p + 0.5t$(或 $r_d + 0.5t$)；孔与底边距离应满足：$h_1 > 2d + t$。如图 10.12 所示。

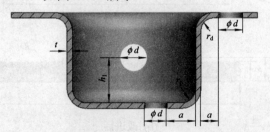

图 10.12　底部或凸缘上的孔边到侧壁的距离

10.2.2　冲压件的尺寸精度

1. 冲裁件

金属冲裁件的**经济精度**一般不高于 IT11 级，最高可达 IT8～IT10 级，冲孔比落料的精度约高 1 级。冲裁件的尺寸公差、孔的中心距公差及孔对外缘轮廓的偏移公差分别见表 10-4、表 10-5 和表 10-6。

表 10-4　冲裁件内、外形所能达到的经济精度

材料厚度 t / mm	基本尺寸 / mm				
	≤3	3～6	6～10	10～18	18～500
≤1	IT11～IT13			IT11	
>1～2	IT14	IT12～IT13			IT11
>2～3	IT14			IT12～IT13	
>3～5	—	IT14			IT12～IT13

表 10-5　两孔中心距公差

材料厚度 t / mm	孔距基本尺寸 / mm					
	一般精度			较高精度		
	≤50	50～150	150～300	≤50	50～150	150～300
≤1	±0.10	±0.15	±0.20	±0.03	±0.05	±0.08
>1～2	±0.12	±0.20	±0.30	±0.04	±0.06	±0.10
>2～4	±0.15	±0.25	±0.35	±0.06	±0.08	±0.12
>4～6	±0.20	±0.30	±0.40	±0.08	±0.10	±0.15

表 10-6　孔中心与边缘距离尺寸公差

材料厚度 t / mm	孔距基本尺寸(孔中心与边缘距离) / mm			
	≤50	50～120	120～220	220～360
≤2	±0.5	±0.6	±0.7	±0.8
2～4	±0.6	±0.7	±0.8	±1.0
>4	±0.7	±0.8	±1.0	±1.2

非金属冲裁件内、外形的经济精度为 IT14～15 级。冲裁件的断面表面粗糙度一般为 $R_a = 12.5\,\mu m \sim 50\,\mu m$，最高 $R_a = 6.3\,\mu m$，见表 10-7。

表 10-7　一般冲裁件断面的表面粗糙度

材料厚度 t/mm	≤1	1～2	2～3	3～4	4～5
断面表面粗糙度 R_a/μm	3.2	6.3	12.5	25	50

2. 弯曲件

弯曲件的精度一般受毛坯的定位精度、模具精度、弯曲回弹等因素的影响。

普通弯曲件尺寸公差等级一般在 IT13 级以下，弯曲角度公差 > 15′，否则需要增加整形工序。一般弯曲件长度的未标注公差尺寸的极限偏差见表 10-8。

表 10-8　弯曲件长度的未注公差尺寸的极限偏差　　　　　　　　　　mm

长度尺寸 *l*		3～6	> 6～18	> 18～50	> 50～120	> 120～260	> 260～500
材料厚度 *l*	≤2	±0.3	±0.4	±0.6	±0.8	±1.0	±1.5
	>2～4	±0.4	±0.6	±0.8	±1.2	±1.5	±2.0
	>4	—	±0.8	±1.0	±1.5	±2.0	±2.5

3. 拉深件

一般情况下拉深件的断面尺寸精度应在 IT13 级以下，不宜高于 IT11。如果公差等级要求较高，可增加整形工序。

多次拉深件的内外壁及凸缘表面上，应允许产生压痕；拉深件口部稍有回弹，应允许拉深件侧壁有一定的斜度；受工艺的限制，拉深件的壁厚一般都有上厚下薄的现象，差值约为 $1.2t \sim 0.6t$。如果要求拉深零件不允许有壁厚不均的现象，则应注明，以便采取措施予以消除。

10.2.3　冲压件的尺寸标注

1. 冲裁件

(1) 尺寸标注应符合冲压工艺的要求。当要求保证两孔（或几个孔）的中心距时，必须直接标注孔中心线之间的距离，如图 10.13(a)所示的直接标注较合理，而如图 10.13(b)所示的间接标注则不合理。因为两孔位置的尺寸会随模具的磨损而增大，孔心距误差就会随着模具的磨损而增大。

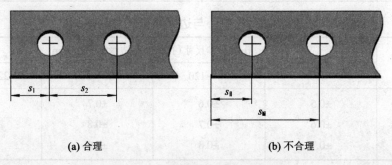

|(a) 合理|(b) 不合理|

图 10.13　冲裁件尺寸标注示意图

(2) 孔尺寸基准应尽量选择在冲压过程中自始至终不参与变形的面上，不要与参与变形的区域联系起来。

(3) 零件结构尺寸的基准应尽可能与定位基准重合，以避免基准不重合而产生误差。若在图 10.14 所示零件上方冲孔，如果按图 10.14(a)所示标注尺寸，尺寸基准与定位基准（"▽"）不一致，则总长尺寸误差就会影响方孔位置尺寸精度。所以，方孔位置的基准应与定位基准重合，如图 10.14(b)所示。

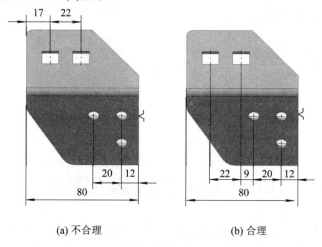

(a) 不合理　　　　　　　　　　　(b) 合理

图 10.14　尺寸基准与定位基准

2. 弯曲件

弯曲件上孔的位置尺寸标注，应考虑到冲孔与弯曲的顺序、弯曲工艺特点等因素，尽量避免由于回弹和变形而引起变形区尺寸变化。如图 10.15 所示的三种标注方法：

(1) 图 10.15(a)中的标注法，孔的位置精度不受毛坯展开长度和回弹的影响，将大大简化工艺设计。因此，在不要求弯曲件有一定装配关系时，应尽量考虑冲压工艺的方便来标注尺寸。

(2) 图 10.15(b)中的标注法是必须在成形后再进行冲孔，以保证尺寸与公差。

(3) 图 10.15(c)中的标注法是必须在成形后以内边为基准，再进行冲孔，以保证尺寸和公差。

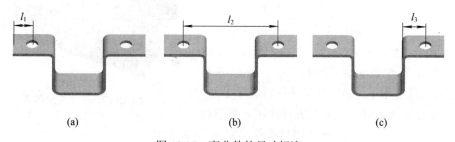

(a)　　　　　　　　　　　(b)　　　　　　　　　　　(c)

图 10.15　弯曲件的尺寸标注

3. 拉深件

在拉深过程中，金属的塑性流动现象会使拉深件各区域的厚薄不一致。因此，在进行尺寸标注时应注意以下两点：

(1) 应根据零件使用要求明确标注内壁尺寸或外壁尺寸，不得同时标注内壁尺寸和外壁尺寸。

(2) 对于阶梯拉深件，最好以底部为统一基准进行标注，如图 10.16(a)所示；因拉深后口部不平齐、高度尺寸不易保证，通常需要进行切边，所以不宜以口部为基准进行标注，如图 10.16(b)所示。

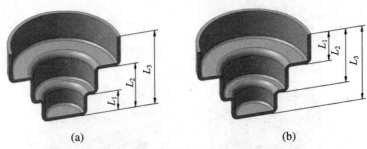

(a)　　　　　　　　　　　　(b)

图 10.16　阶梯拉深件的尺寸标注

10.3　冲压工艺方案的确定

在分析冲压件加工工艺性的基础上，拟订各种可能的冲压工艺方案，经过综合分析、比较，最后确定适合生产条件的最佳工艺方案，其内容主要包括工序性质、工序数目、工序顺序、工序组合以及其他辅助工艺(热处理等)的安排。

10.3.1　工序性质的确定

工序性质是由冲压件的结构形状、尺寸精度、变形弱区的性质所决定的。一般冲压件的加工过程是由基本工序中的一个或几个组成。

简单冲压件的形状能很直观地反映出冲压加工的工序性质类别，如图 10.17 所示弯曲零件，需要经过落料、弯曲(或拉深)、冲孔等工序完成。

一般的冲压件均可以从产品零件图上直观地看出冲压工序性质。如板状零件可以采用冲裁工序，但对于精度、断面质量要求高的平板零件，可根据具体情况，考虑采用校平工序、整修工序或精冲工序；对于精度要求高及圆角半径太小的成形件，可考虑安排整形工序；对于不对称的成形零件，为了改善其冲压工艺性，可采用成对冲压，变不对称为对称，成形后，再切断或剖切为单件，如图 10.9 所示。

图 10.17　多个弯曲零件

但是有些较复杂的冲压件的工序性质类别并不能直观地反映出来，其变形的弱区和强区是相对的，必须结合工艺计算及变形趋向性的分析，才能确定所需的冲压基本工序。

如图 10.18 所示为油封内夹圈、外夹圈的冲压工艺方案对比。两个零件都是翻孔件，材料均为 08 钢，厚度为 0.8 mm，形状相同，但尺寸不同。可初步判断它们均需要落料、冲孔、翻孔三道基本工序。

如图 10.18(a)所示油封内夹圈，预孔直径 $d_0 = 76$ mm，翻边凸模直径 $d_p = 92$ mm，查表 9-5 得到极限翻孔系数 $m_{min} = 0.72$，内夹圈翻孔系数为 $d_0/d_p = 76/92 \approx 0.83 > m_{min}$，且外形拉深系数 $d_p/D = 92/117 \approx 0.79$($D$ 为毛坯外径)，尺寸关系满足翻孔变形趋向的要求(如图 10.19 中 A 点所示)，因此采用落料、冲孔、翻孔三道基本工序是可行的。

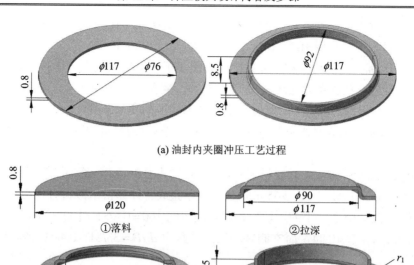

(a) 油封内夹圈冲压工艺过程

①落料　　　　　　　　②拉深

③冲孔　　　　　　　　④翻边

(b) 油封外夹圈冲压工艺过程

图 10.18　油封内夹圈、外夹圈冲压工艺方案比较

　　如图 10.18(b)所示油封外夹圈，按平板预冲孔后翻孔，先假定采取落料、冲孔、翻孔三道基本工序。根据式(9-13)计算得到预孔直径 $d_0 \approx 65$ mm，则其翻孔系数为 $d_0/d_p = 65/90 \approx 0.72 < m_{\min}$，不满足翻孔要求，且 $d_p/D = 90/117 \approx 0.77$，尺寸关系介于拉深与翻孔趋向区域的交界处(如图 10.19 中 B 点所示)，冲压时不能可靠保证单一的翻孔趋向，所以采取上述三道基本工序不能满足该零件的成形需要。

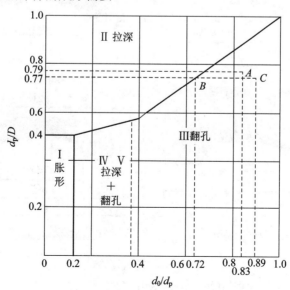

图 10.19　平板环形毛坯相对尺寸及其变形趋向
(此图主要是用来判断变形是处在哪个变形区域)

宜改为在拉深件底部冲孔后再翻孔的工艺方法来保证零件的直壁高度,因此油封外夹圈的冲压工艺过程应为如图 10.18(b)所示: ① 落料 ϕ120 mm→② 拉深 ϕ90 mm→③ 冲底孔 ϕ80 mm→④ 翻孔到 ϕ90 mm,可见比内夹圈多了一道拉深工序。这时翻孔系数 d_0/d_p=80/90≈0.89,且外形拉深系数 d_p/D=90/117≈0.77,翻孔时外环带有直立筒壁,所以翻孔趋向显著(如图 10.19 中 C 点所示),以保证变形区为弱区的变形条件。

在变形区与非变形区对比不是很明显时,为了改善变形区(弱区)的变形条件,可以增加一些辅助工序。

如图 10.20(a)所示轴承盖,板料为 08 钢,厚度为 0.8 mm。直观判断可用落料、拉深 ϕ33 mm、冲孔 ϕ23 mm、切边 ϕ65 mm 基本工序完成。计算得出落料直径应为 ϕ81 mm,凸缘相对直径 d_f/d=65/33=1.97,坯料相对厚度 $(t/D)/100$=0.8/81×100=0.99。查表 7-10 得到极限拉深系数 m_{1min}=0.44,而本制件的拉深系数为 d_p/D=33/81≈0.4<0.44,故不能一次拉深成形。

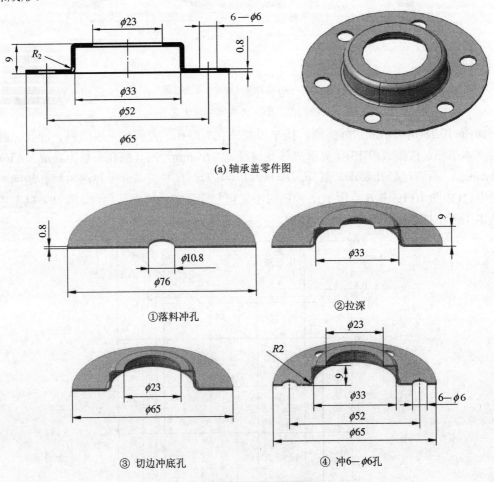

(a) 轴承盖零件图

①落料冲孔

②拉深

③ 切边冲底孔

④ 冲6—ϕ6孔

(b) 轴承盖冲压工艺方案

图 10.20　轴承盖冲压工艺性质的确定

在实际生产中采用了如图 10.20(b)所示的工艺过程,增加了一道辅助工序,工序为:

① 落料 $\phi 76$ mm 并冲预孔 $\phi 10.8$ mm→② 拉深 $\phi 33$ mm→③ 切边冲底孔 $\phi 23$ mm→④ 冲孔 $6-\phi 6$ mm，使得凸缘仍然保持为弱区，但毛坯在拉深过程中底部可以产生一定的变形。在拉深中 $\phi 10.8$ mm 的预冲孔扩大，底部的部分材料转向侧壁，从而使成形高度得到增加，因此制件可以一次拉深成形。此时，所得的平板环形毛坯的尺寸关系可满足图 10.19 中IV、V区的条件，即形成了拉深与翻孔同时进行的变形趋向。该方案不仅省去一道拉深工序，而且毛坯直径减小(从上述方案的 $\phi 81$ mm 减小到此方案的 $\phi 76$ mm)，节约了原材料。

10.3.2　工序数目的确定

冲压件工序性质确定后，**工序数目**主要根据工序性质、变形规律、极限变形参数(如拉深系数、翻边系数、缩口系数、胀形系数等)等因素来确定。此外，下列因素也对工序数目的确定会产生影响。

1．冲压件的形状、尺寸要求的影响

对于复杂的冲裁件，由于受模具结构或强度的限制，常常将其内、外轮廓分成几个部分，用几道冲压工序或在连续模中分几个工步进行冲裁。非常靠近的孔不能同时冲出，要分步冲裁(图 3.35)。弯曲件的工序数目取决于弯角的多少以及相对位置和弯曲方向。

2．工序合并情况的影响

工序的合并主要取决于生产批量大小。在大批量生产中，应尽可能把冲压基本工序合并起来，采用复合模具或连续模具冲压，以缩短工艺流程，提高生产效率，减少劳动量，降低成本；相反，小批量生产宜采用单工序冲压为宜，因为单工序模具结构简单，成本低。对于料薄、尺寸小的冲压件，宜通过工序合并方式，采用连续工序进行冲压；形位精度高的冲压件，宜通过工序合并方式，采用复合工序加工相关尺寸。工序合并与否，还需考虑冲压设备能力、模具制造能力、模具造价及使用的可靠性等因素。

3．冲压件的尺寸精度及形位公差要求

如图 10.21 所示的垫片，因为内孔 $\phi 24^{+0.1}_{0}$ mm 是配合尺寸，有精度要求，所以其工艺方案为：落料→成形→冲孔；如果其内孔 $\phi 24$ mm 没有精度要求，则其工艺方案可以是：落料、冲孔复合→成形，这样工序少、效率高。

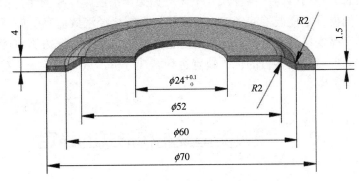

图 10.21　有精度要求的垫片

对于弯曲件，弯曲角度公差要求较高时，需增加校正弯曲工序；拉深件底部和凸缘有

平面度要求时，须增加整形工序。因为难以直接得到规则而平齐的拉深件口部、翻边件边缘等，一般情况下，最后都要有修边工序。

10.3.3　工序顺序及工序组合

在确定了各道加工工序后，需要根据冲压件的生产批量、零件形状、尺寸大小、工序性质、变形规律及冲压件的精度和定位要求等因素来决定**工序顺序**，并进行必要而可能的**工序组合**，其确定方法可参照以下几点进行：

(1) 所有的孔，只要其形状和尺寸不受后续工序的变形影响，都应在平板毛坯上优先冲出，因为在立体冲压件上冲孔时操作不方便、定位困难、模具结构复杂。另外，先冲的孔还可以作为后续工序的定位孔。

(2) 对于带孔的多工序弯曲件，当孔径与变形区或孔与基准面有较高要求时，应先弯曲后冲孔。除此之外，一般情况下都应先冲孔后压弯。

(3) 对于多角弯曲件，应先弯外角，后弯内角；后道工序弯曲时不能破坏前道工序弯曲的变形部分；前道工序弯曲必须考虑后道工序弯曲时有合适的定位基准。

(4) 多工序拉深件应按照工艺计算来确定工序的数量。对于形状复杂的拉深件，一般应先成形内部形状，后成形外部形状；对于带孔口(或缺口)的拉深件，一般应先拉深后冲孔(或缺口)；对于带底孔的拉深件，当孔径要求不高时，可先冲孔后拉深。即使孔径精度要求较高，为使确定的工序顺序有利于发挥材料的塑性，以减少工序数目，也可采取先冲孔后拉深，最后修边达到要求，如图 10.20(b)所示。

(5) 对于复杂旋转体拉深件，一般应按直径由大到小顺序进行拉深(先拉出大尺寸的外形，后拉深小尺寸的圆筒)；对于非旋转体复杂形状的拉深件，为便于材料的变形流动，应先成形内部形状再拉深外部形状。

(6) 附加的整形、校平工序应安排在基本成形工序之后。

(7) 冲压的辅助工序，可根据冲压基本工序的需要、零件技术要求等具体情况，穿插安排在冲压基本工序之间进行，如热处理及酸洗工序，一般安排在多次拉深工序中间或压弯工序之前。

(8) 下列情况下有必要考虑工序组合：大批量生产的产品需提高生产率；生产任务重需减少场地与机台的占用时间；零件尺寸小需避免操作不便、保障安全；零件形位精度要求高，需避免不同模具定位误差的影响；工序组合后综合经济效益有所提高等。

经过工序的顺序安排与组合，就形成了工艺方案。可行的工艺方案可能有几个，必须从技术、经济的角度对它们各自的优、缺点进行客观分析，从中确定一个符合现有生产条件的最佳冲压工艺方案。

10.4　模具类型及结构形式的确定

根据已确定的最佳冲压工艺方案，以及冲压件的形状、尺寸、精度、材料性能和生产批量及冲压设备、模具加工条件、工艺方案等来确定模具类型(简单模、连续模或复合模)，然后确定模具各个部分的具体结构形式。在满足冲压件品质的前提下，力求模具结构简单、制造周期短、成本低、生产效率高、使用寿命长。

1. 模具类型

模具类型是指采用单工序模具、复合模具还是连续模具，这主要取决于冲压件的生产批量。一般大批量生产时，应尽可能地把工序集中起来，即采用复合模或连续模，以提高生产率，降低生产成本；小批量生产时，则宜采用结构简单、制造方便的单工序模具。但是，对于一些不便取拿的小制件，从方便送料和安全角度考虑，批量小时也可采用工序集中的复合模或连续模；对于大型冲压件，考虑工序的传递不便和采用单工序模有可能使模具费用增加等因素，批量小时也可采用复合模。

2. 结构形式

模具结构形式是指模具采用正装结构还是倒装结构。

(1) 单工序冲裁模具：一般都采用正装式(冲落部分从凹模内落下，结构简单)，当落料要求平整时，可采用弹顶装置将落料从凹模内顶出(冲裁时，弹顶板和凸模一起夹紧平板料)。

(2) 复合模：为保证凸凹模的强度，冲裁一般采用倒装式。

(3) 首次拉深模：无压边装置时，多采用正装式(出料方便，从凹模内漏下)；带压边装置时，多采用倒装式(考虑弹顶系统的安装位置)。

(4) 其他模具根据实际情况而定。

3. 定位方式

制件在模具中的**定位方式**，主要考虑定位基准、送料方式、操作安全可靠性等因素。一般情况下，在选择定位基准时，应尽可能与设计基准重合；当分别在不同的模具上采用多工序冲压时，应尽量使各工序采用同一基准。

定位方式的具体选择如下：

(1) 平板零件：最好用相距较远的两孔定位，或用一个孔和外形定位。

(2) 弯曲件：可用孔或外形定位。

(3) 拉深件：可用外形、内形、底面上的孔，或切边后的凸缘等来定位。

(4) 用条料冲压时，应考虑其纵向的挡料和横向的导料。

4. 卸料方式

冲压后，制件会卡箍在凸模或凸凹模上，为了保证能正常、连续生产，设计冲压模具时必须考虑**卸料方式**。

(1) 冲裁模具必须使用卸料装置。当制件较厚时($t \geqslant 3$ mm)，应选用刚性卸料装置；当带孔部分有平整要求时，应选用弹性卸料装置。

(2) 弯曲模具一般不使用卸料装置，因弯曲件有回弹现象，所以一般不会卡箍在凸模上，但当弯曲模单边间隙值 $Z/2 < t$ 时，可能会出现负回弹现象，这时需设计卸料装置。

(3) 拉深模一般不设计专用的卸料装置。

- 当无压边装置时，可利用拉深件的回弹，用凹模底部的台阶(脱料颈)卸料(图 8.1)。

- 当带压边装置时，可利用压边圈卸料(图 8.3)。

5. 模具零部件的设计

确定工作零件、定位零件、卸料与推(顶)件装置、导向零件和固定零件的结构形式和固定方法。设计内容详见 4.3 节。在设计时，要考虑到**模具零部件**的加工工艺性和装配工艺性。

1) 模具零部件具体结构形式的确定

确定模具零部件的具体结构形式主要包含如下几个方面：

(1) 根据冲压件形状和尺寸，确定凸、凹模加工精度、结构形式和固定方法；

(2) 根据毛坯的特点、冲压件精度和生产批量，确定定位、导料和挡料方式；

(3) 根据制件和废料形状、大小，确定进料、出件和排除废料的方式；

(4) 根据板料厚度和冲压件精度要求，确定压料与卸料方式；

(5) 根据生产批量，确定操作方式——手工操作，自动或半自动操作；

(6) 根据冲压特征和对模具寿命要求，确定合理的模具加工精度；

(7) 根据所使用的设备，确定模具的安装与固定方式。

2) 冲模结构设计注意事项

在进行模具结构设计时，要尽量选用标准件，在无标准件可选时，才自行设计。此外，为便于模具加工、维修和操作安全，冲模结构设计时还应注意以下几点：

(1) 大型、复杂形状的模具零件，加工困难时，应考虑采用镶拼结构，以利于加工。

(2) 模具结构应保证磨损后修磨方便，尽量做到不拆卸即可修磨工作零件，影响修磨而必须去掉的零件(如模柄等)，可做成易拆卸的结构，等等。

(3) 冲模工作零件较多，而且使用寿命相差较大时，应将易损坏及易磨损的工作零件做成快换结构的形式，而且尽量做到可以分别调整和补偿易磨损件的相关尺寸。

(4) 需要经常修磨和调整的部分尽量放在模具的下部。

(5) 质量较大的模具应有方便起运的孔或钩环等。

10.5　必要冲压工艺的计算

冲压工艺的计算主要包括如下几个方面：

(1) 排样设计与计算，包括选择排样方法、确定搭边值、计算送料步距与条料宽度、计算材料利用率、画出排样图等内容。

(2) 计算冲压力，包括冲裁力、弯曲力、拉深力、卸料力、推件力、压力等的计算，以便选择压力机。

(3) 计算模具压力中心，防止模具因受偏心负荷作用而影响模具的精度和使用寿命。

(4) 确定凸、凹模的间隙，计算凸、凹模工作部分尺寸并确定其制造公差。

(5) 对于拉深模，需要计算是否采用压边圈，计算毛坯尺寸的拉深次数、半成品尺寸和各中间工序模具的尺寸分配等。

(6) 其他零件的计算，包括弹性元件的选取与计算，必要时，须对模具的主要零件进行强度验算。

10.6　模具总装配图及零件图的绘制

冲模图纸由总装图和零件图两部分组成。在模具的总体结构及其相应的零部件结构形式确定后，便可绘制**模具总装配图和模具零件图**。总装配图的绘制应与零件的选用、设计相结合，采用 1∶1 的比例，同时还要保存相关资料，以备拆绘零件图时使用。

先绘制总装配图的草图，模具总体结构确定无误后，再详细绘制正式的总装配图。

模具总装配图和零件图均应严格按照机械制图国家标准绘制。考虑到模具的特点，允许采用一些常用的习惯画法。

10.6.1　模具总装配图的绘制

1. 视图的布局

装配图应能清楚地表达各模具零件之间的相互位置关系，一般用主视图和俯视图表示，必要时再另外加画左视图和局部视图。

2. 主视图的绘制

主视图一般绘制冲压结束时的工作位置，绘制主视图时应注意以下几点：

(1) 应尽可能将模具的所有零件画出，可以采用全剖视或阶梯剖视，另加局部剖视的画法。

(2) 若下模座上有弹顶装置，可以不全部画出，只画出顶杆等零件，其他零件从画出的零件上用引件号标出。

(3) 当剖视位置较小时，螺钉和圆柱销可以各画一半，各引一个件号标出。

(4) 剖视图中所剖切到的凸模、顶杆、顶件块等实体旋转体，在剖视图中可以不剖。

3. 俯视图的绘制

俯视图一般是把上模部分拿开后下模部分的投影图，但是须在俯视图下方注明是去掉上模部分的投影。当模具对称时，可以上、下模视图各画一半；当下模部分被刚性卸料板遮挡，虚线太多时，可以仅画出去掉刚性卸料板后下模部分的投影图，但在技术要求中要注明俯视图是去掉刚性卸料板后的下模视图。

4. 冲压零件图和排样图的绘制

冲压零件图是指经模具冲压生产后所得到的冲压件图形，即使用该套模具生产的冲压件的图样；排样图是排样设计的最终表达形式。

(1) 在冲压模具的总装配图上，应画出零件图；有落料工序的模具，还应画出排样图。

(2) 零件图和排样图一般放在总装配图的右上角位置，若图面位置不够，或零件较大时，可另立一页。

(3) 排样图要按送料方向画出(相关内容参见 3.6.5 节)。

5. 尺寸标注

在总装配图上要标注出模具的闭合高度、外形尺寸、靠装配保证的有关配合尺寸及精度要求等，其他尺寸一般不在总装配图上进行标注。

6. 总装配图的布置

总装配图的布置如图 10.22 和图 10.23 所示，应包括标题栏、明细表、技术要求等内容。

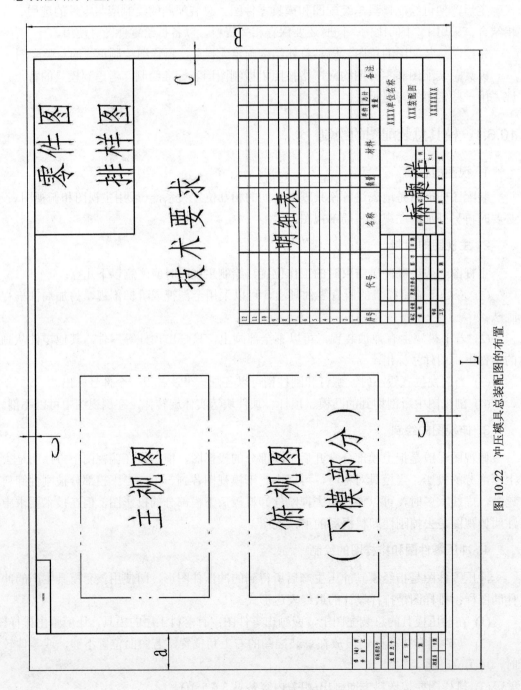

图 10.22　冲压模具总装配图的布置

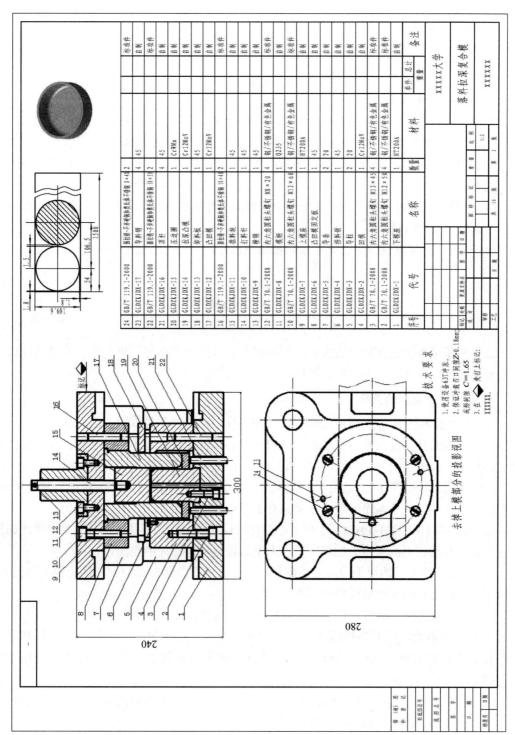

图 10.23　落料拉深复合模装配图

10.6.2　模具零件图的绘制

1．标准件的选用

冲压模具中所使用的各个零件，要尽可能地按《冲模国家标准》来进行选用，以降低模具的制造费用，缩短模具的制造周期。标准件需要补充加工的，要绘制出零件图。

2．非标准件的拆绘

非标准件是按已绘制好的总装配图来进行拆绘的。零件图的设计需注意以下几点：

(1) 在零件图的设计中，要充分考虑机加工工艺性和经济性、现实性。

(2) 零件图应注明详细的尺寸、公差要求、表面粗糙度、材料及热处理要求、技术要求等内容。

(3) 拆绘零件图时，尽量按总装配图中零件的装配方位画出，不要随意地旋转和颠倒，以防在装配过程中出错。

(4) 分析、计算资料应注意保存，以备编制设计计算说明书时使用。

10.7　冲压设备的选择

选择冲压设备包括选择合适类型的冲压设备，并确定其型号，以使模具尺寸与压力机相关尺寸如闭合高度、压力中心、模柄孔尺寸等相匹配。

1．冲压设备类型的选择

(1) 曲轴压力机(图 1-9)适用于落料模、冲孔模、弯曲模和拉深模。C 形床身的开式曲柄压力机具有操作方便及容易安装机构化附属设备等优点，适用于中、小型冲模。闭式机身的曲柄压力机刚度较好，精度较高，适用于大、中型或精度要求较高的冲模。

(2) 液压压力机(图 1-23)适用于小批生产大型厚板的弯曲模、拉深模、成形模和校平模。它不会因为板料厚度超差而过载，特别是对于行程较大的加工。

(3) 摩擦压力机(图 1-19)适用于中、小型件的校正模、压印模和成形模。生产率比曲柄压力机低。双动压力机适用于批量生产、大型、较复杂拉深件的拉深模。

(4) 多工位压力机适用于同时安装落料、冲孔、压花、弯曲、拉深、切边等多副模具，适用于连续模生产的大批量成形冲压件。

(5) 弯曲机适用于小型、复杂的弯曲件生产。弯曲机是一种自动化机床，它具有自动送料装置及多滑块，可对带料或丝料进行切边、冲载、弯曲等加工。每一个动作都是利用凸轮、连杆和滑块单独进行驱动，模具各部分成为独立的单一体，从而大大减化了模具结构。

(6) 精冲压力机适用于精冲模，能冲载出具有光洁平直剪切面的精密冲裁件，也可以进行冲裁—弯曲、冲裁—成形等连续工序。

(7) 高速压力机(图 1-22)是高效率、高精度的自动化设备，一般配有卷料架、校平和送料装置，以及废料切刀等附属设施。高速压力机适用于连续模。

(8) 数控冲床的**步冲次数**(数控冲床工作步距和频率简称步冲次数)高、冲压稳定，并配有高效自动编程软件。主要用于带多种尺寸规格孔型的板冲压件加工，在大型电气控制柜加工行业有着广泛的市场，也可用于其他大批量板料冲压件的加工。

2. 模具尺寸与压力机尺寸的相关性

冲模总体结构尺寸须与所选用的压力机相适应，即模具的总体平面尺寸应与压力机工作台或垫板尺寸和滑块下平面尺寸相适应；模具的封闭(闭合)高度应与压力机的装模高度或封闭高度相适应。

模具的其他外形尺寸也必须与压力机相适应。如模具外形轮廓平面尺寸与压力机的滑块底面尺寸及工作台面尺寸、模具的模柄与滑块的模柄孔的尺寸、模具下模座下弹顶装置的平面尺寸与压力机工作台面孔的尺寸等都必须相适应，才能使模具正确地安装和正常地使用。其具体内容详见 1.4.1 节。

10.8　冲压工艺文件和设计说明书的编写

1. 冲压工艺文件的编写

为了有序地进行生产，保证产品质量，需要根据各种生产方式编写不同程度的**冲压工艺文件**。编写时需要考虑如下几点。

(1) 大批量生产时，需要编制冲压工艺过程卡片(图 10.24)、每一道工序的工序卡片或作业指导书、零件的排样卡片等。

(2) 批量生产时，需要编制工艺过程卡片或作业指导书。

(3) 小批量生产时，只需要编制工艺路线明细表。

2. 设计计算说明书的编写

对于一些重要冲压件的工艺制定和模具设计，在设计的最后阶段应编写**设计计算说明书**，以供以后审阅备查。设计计算说明书应包括以下内容：

(1) 冲压件的工艺分析；

(2) 毛坯展开尺寸的计算；

(3) 排样设计及材料利用率的计算和分析；

(4) 冲压工艺方案的拟订及技术性、经济性综合分析的比较；

(5) 工序次数的确定，半成品过渡形状及尺寸的计算；

(6) 模具结构形式的合理性分析；

(7) 模具主要零件的结构形式、材料选取、公差配合、技术要求等的说明；

(8) 凸模、凹模、凸凹模工作部分尺寸与公差的计算；

(9) 模具主要零件的强度核算、冲压中心的计算、弹性元件的选用和校核等；

(10) 冲压设备的选择；

(11) 其他需要说明的内容。

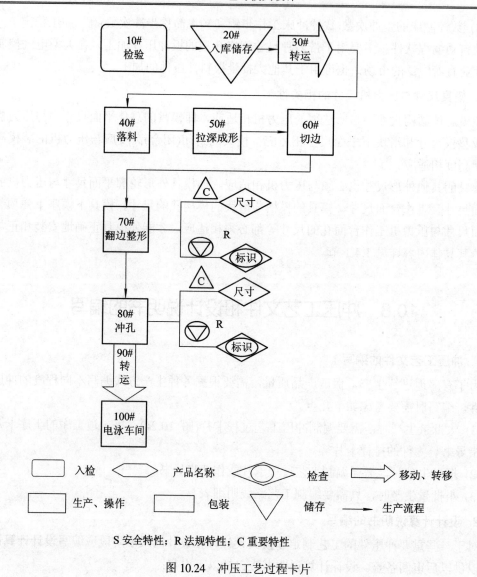

S 安全特性；R 法规特性；C 重要特性

图 10.24　冲压工艺过程卡片

10.9　冲压模具设计实例

本节通过柴油机消声器排气管垫片的冲孔-落料复合模具的设计、保持架的弯曲模设计、半挂车车轮轮辋的拉深模设计这几个实例，更深入地了解冲模的设计内容及步骤。在设计过程中，有些数据、尺寸很关键，需要准确计算合理取整。往往是一个数据有误，就得全部改动，增加了设计难度。

10.9.1　冲裁模综合设计

1. 设计题目

CF25 柴油机消声器排气管垫片的冲压模具设计。

2. 零件参数

排气管垫片如图 3.40 所示，材料为碳素钢 Q235，$t = 1.5$ mm，大批量生产。尺寸公差按冲压件未注尺寸公差选取。

3. 冲裁工艺性分析

零件材料具有良好的冲压性能，适合于冲裁。

零件有三个直径为 $\phi 9$ mm 的圆孔，一个 47 mm×35 mm、圆角半径为 R8 mm 的长方形孔，零件结构属于中等复杂，分别可以冲孔、落料两个工序来完成。

根据图 10.2，孔与孔、孔与边缘的最小间距满足冲裁的加工要求。

零件图上均未标注尺寸公差，故按 IT14 级确定尺寸公差。尺寸精度一般，普通冲裁完全能够满足要求。查标准公差数值表 3-12，得到各尺寸公差为(单位：mm)：$98_{-0.87}^{0}$，$70_{-0.74}^{0}$，$47_{0}^{+0.62}$，$35_{0}^{+0.62}$，50 ± 0.37，$54.8_{-0.62}^{0}$，78 ± 0.37，$\phi 9_{0}^{0.36}$，$R8_{0}^{+0.36}$，$10_{0}^{+0.36}$ (R10 及 10)，$15_{0}^{+0.36}$，$38.5_{0}^{+0.62}$。

4. 冲裁工艺方案的确定

(1) 冲压方案。该工艺包括落料、冲孔两个基本工序，可以有以下三种工艺方案：

方案一：先冲孔，后落料，采用单工序模生产。

方案二：冲孔-落料连续模冲压，采用连续模生产。

方案三：采用落料、冲孔同时进行的复合模生产。

(2) 方案对比。三个冲压方案的特点及对比如下：

方案一：模具结构简单，制造方便，但需要两道工序和两副模具，模具成本相对较高，生产效率低，更重要的是在第一道工序完成后，进入第二道工序时需要重复定位必然会产生更大的累积误差，使制件精度、质量难以保证，难以满足大批量生产的需要。因此不选此方案。

方案二：连续模是一种多工位、效率高的加工方法。但是连续模的结构比较复杂，模具设计和制造技术要求较高，模具的成本高，同时对冲压设备、原材料也有相应的要求，一般用于冲制厚度较薄(一般不超过 2 mm)、产量大、形状复杂、精度要求较高的中、小型零件。因此，本方案虽然可以采用，但考虑到模具结构较复杂，维护技术较难，故不采用。

方案三：复合模在压紧状态下完成冲裁，因此冲裁的制件平直，精度可高达 IT10～IT11 级，形位误差小；并且采用复合模只需要一套模具，制件的精度及生产效率要求都能满足，模具轮廓尺寸较小、模具的制造成本不高，故采用此方案。

5. 模具结构形式的确定

复合模分为倒装式和正装式两种(参见表 4-1)。

(1) 倒装式复合模：废料能直接从压力机落料孔落下，制件留在上模，只需在上模装一副推件装置就可将冲裁件从上模中推下，容易取出制件；倒装复合模有利于安装送料装置，操作方便安全，生产效率较高，因此应用比较广泛。

(2) 正装式复合模：顶件板、卸料板均由弹性元件推动，条料与冲裁件同时受到压平作用，所以冲出的软、薄冲裁件比较平整，精度也较高；凸凹模的孔内不会积聚废料，可以避免废料对四周孔壁产生过大的涨力，有利于保持凸凹模的强度。

针对本制件结构，宜采用倒装式复合模。

6. 工艺尺寸的计算

1) 冲裁排样的设计

(1) 排样方法的确定。排样的方法很多，针对本案例，由于采用的是复合模具，故须考虑模具的结构和强度、条料刚度等因素，若采用无废料排样的方法是不可能实现的，可采用有废料和少废料的排样方法。图 10.25(a)所示排样方式，条料送料刚度不足，将会引起送料障碍，所以决定采用如图 10.25(b)所示的横向排样图。

(a) 纵向排样

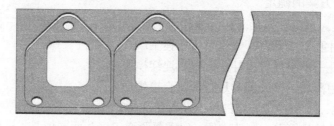

(b) 横向排样

图 10.25　初步排样图

(2) 搭边值的确定。查表 3-17，得制件间搭边值 $a_1 = 1.5$ mm，制件侧搭边值 $a = 1.8$ mm。考虑实际剪床下料的精度(表 3-18)、材料的送料强度，如果采用刚性卸料板卸料，可以适当加大搭边值，取 $a_1 = 2.0$ mm 及 $a = 2.5$ mm。

(3) 条料步距及料宽的计算。如图 10.26 所示，步距 $S = 72.5$ mm；料宽 $B = 98 + 2 + 2 = 102$ mm。

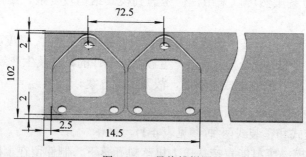

图 10.26　最终排样图

(4) 条料的利用率。经过计算得到零件面积 $A = 4000$ mm^2。由式(3-29)得到条料的利用率为

$$\eta = \frac{nA}{BS} \times 100\% = \frac{1 \times 4000}{102 \times 72.5} \times 100\% = 54.09\%$$

(5) 画出排样图。根据以上数据画出的排样图如图 10.26 所示。

2) 冲裁力的计算

(1) 冲裁力 F。经过计算得到零件内、外形轮廓周长 $L \leqslant 521$ mm，查表 2-8 可知，材料的抗拉强度 $\sigma_b = 380$ MPa～470 MPa，取 $\sigma_b = 380$ MPa。则由式(3-3)得到冲裁力：$F = Lt\sigma_b = 521 \times 1.5 \times 380 = 296.97$ kN。

(2) 卸料力 F_x。查表 3-8 得到卸料力系数 $K_x = 0.04$。则由式(3-5)得到卸料力：$F_x = K_x = 0.04 \times 296.97 = 11.879$ kN。

(3) 推件力 F_t。取同时卡在凹模洞口内零件或废料的数目 $n = 4$，查表 3-8 得到推件力系数 $K_t = 0.055$。则由式(3-6)得到推件力：$F_t = nK_tF = 4 \times 0.055 \times 296.97 \approx 65.33$ kN。

(4) 顶件力 F_d。查表 3-8 得到顶件力系数 $K_d = 0.06$。则由式(3-7)得到顶件力：$F_d = K_dF = 0.06 \times 296.97 = 17.82$ kN。

(5) 压力机吨位的确定。本副落料冲孔复合模采用刚性卸料装置和下出料方式结构，因此由式(3-8)可以得到压力机吨位为：$F_z = F + F_t = 296.97 + 65.33 = 362.3$ kN。根据此计算结果，可以初选冲压设备 JG23—40A 压力机。

3) 冲裁压力中心的确定

参见例 3-4 计算可得到压力中心坐标为 $x_0 = 35$，$y_0 = 42.95$。

4) 工作部分刃口尺寸的计算

结合模具及制件形状特点，本模具采用配作加工法方法制造。先判断模具各个尺寸在模具磨损后的变化情况，分别统计如下：

(1) 凹模刃口磨损后，第一类尺寸增大，按落料凹模类尺寸处理(mm)：70，98，54.8，$R10$(及 10)，$R15$。

(2) 凸模刃口磨损后，第二类尺寸减小，按冲孔凸模类尺寸处理(mm)：$\phi9$，$R8$，47，35。

(3) 凹模刃口磨损后，第三类尺寸不变，按中心距类尺寸处理(mm)：50，78，38.5。

模具工作零件的刃口尺寸计算见表 10-9。落料凹模及凸凹模尺寸标注如图 10.27 所示。

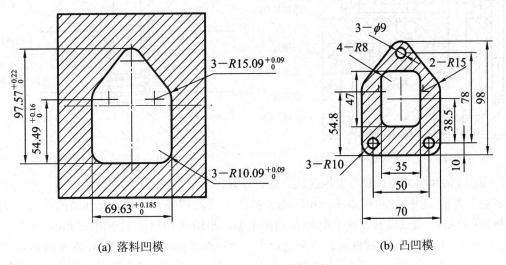

(a) 落料凹模　　　　　　　　　(b) 凸凹模

图 10.27　模具工作零件尺寸

表 10-9　工作零件刃口尺寸的计算　　　　　　　　　　　　mm

尺寸分类		尺寸转换	计算公式	计算结果	备　注
第一类尺寸	70	$70_{-0.74}^{0}$	由式(3-26)计算：$A_j = (A_{max} - x\Delta)_{0}^{+\Delta/4}$	$69.63_{0}^{+0.185}$	磨损系数 x 的取值可按 3.5.2 节相关内容来选取，也可按下列方式选取： ① 非圆形制件公差： $\Delta < 0.2$ 时取 $x=1$； $0.25 \leqslant \Delta \leqslant 0.49$ 时取 $x=0.75$； $\Delta \geqslant 0.5$ 时取 $x=0.5$。 ② 圆形制件： $\Delta \leqslant 0.24$ 时取 $x=0.75$； $\Delta > 0.24$ 时取 $x=0.5$
	98	$98_{-0.87}^{0}$		$97.57_{0}^{+0.218}$	
	54.8	$54.8_{-0.62}^{0}$		$54.49_{0}^{+0.155}$	
	10	$10^{+0.36}$		$10.09_{0}^{+0.09}$	
	15	$15^{+0.36}$		$15.09_{0}^{+0.09}$	
第二类尺寸	9	$9^{+0.36}_{0}$	由式(3-27)计算：$B_j = (B_{min} + x\Delta)_{-\Delta/4}^{0}$	$9.18_{0}^{-0.09}$	
	8	$8^{+0.36}_{0}$		$8.18_{0}^{-0.09}$	
	47	$47^{+0.62}_{0}$		$47.31_{-0.155}^{0}$	
	35	$35^{+0.62}_{0}$		$35.31_{-0.155}^{0}$	
第三类尺寸	50	50 ± 0.37	由式(3-28)计算：$C_j = (C_{min} + 0.5\Delta) \pm 0.125\Delta$	50 ± 0.046	
	78	78 ± 0.37		78 ± 0.046	
	38.5	$38.5^{+0.62}_{0}$			

5) 卸料装置的设计

(1) 上模制件卸料装置。采用如图 10.28 所示的卸料装置，其工作原理如下：上模回程时，在冲压设备打料装置的撞击下(图 1.13)，打杆推动推板，推板又通过连接推杆直接推动推件块下行，最后把留在落料凹模里的制件卸下(涂黑色部分)，即完成卸料功能。

(2) 下模废料卸料装置。采用如图 10.29 所示的活动挡料销的卸料装置，其工作原理如下：挡料销起到板料定位的作用，卸料板起到支撑条料的作用，卸料板在弹簧的作用力作用下弹起，将卡在凸凹模上的废料弹出，完成下模的废料卸除功能。

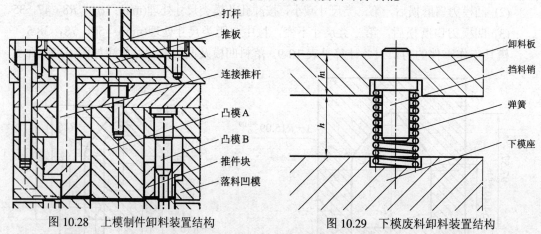

图 10.28　上模制件卸料装置结构　　　　　图 10.29　下模废料卸料装置结构

(3) 弹簧卸料力的计算。根据前述方法，计算出落料件(外轮廓)的冲裁力后，由式(3-5)得到落料件(外轮廓)的卸料力 $F_x = 6.7$ kN。拟选 6 个卸料弹簧，则每个弹簧的预压力 $F_0 = F_x/6 = 1.12$ kN。查《机械设计手册》(闻邦椿主编，2010 年由机械工业出版社出版发行，下同)表 16.1～16.12，初选圆柱螺旋压缩簧规格如下：$d = 5$ mm，$D = 25$ mm，$h_0 = 55$ mm，$F_j = 1200$ N，$h_j = 11.7$ mm，$n = 7.5$，$f = 1.57$ mm，$t = 6.6$ mm。其中，d 为钢丝直径，D 为弹簧大径，F_j 为工作极限负荷，h_0 为自由高度，h_j 为工作极限负荷下变形量，n 为有效圈数，t 为节距。

弹簧的总压缩量为

$$\Delta H = \frac{F_\mathrm{x}}{F_\mathrm{j}} \times h_\mathrm{j} = 10.92 \text{ mm}$$

7．模具总体结构的设计

(1) 模具类型的选择。本案例采用倒装式复合模结构。

(2) 定位方式的选择。该制件采用条料冲裁，控制条料的送进方向采用两个导料销单边导向；采用弹簧弹顶的活动挡料销来定步距，采用手动送料方式送料。

(3) 制件及废料卸料方式的选择。根据模具冲裁的运动特点，该模具结构是倒装式复合模。如果上模零件的卸料方式采用弹性元件卸料，因为受空间限制不宜实现，且弹性元件不稳定，则上模可采用刚性卸料方式，使模具机构紧凑、工作稳定(如图 10.28 所示)，下模废料采用弹性卸料方式(如图 10.29 所示)。

(4) 中间冲制的 3 个 $\phi 9$ mm 孔及 35 mm×47 mm 长孔的废料完全在冲压设备落料孔尺寸内，因此废料可以直接从设备中间的落料孔中排除，不必另外设置卸料装置。

(5) 模架的选择。为了提高模具的使用寿命和制件质量，方便安装、调整、维修模具及缩短模具的制造周期，该模具采用国家标准中间导柱模架(200×200×200～245I GB/T2851.5—1990)。

8．主要零部件的设计

1) 工作零部件的结构设计

(1) 落料凹模的设计。凹模采用整体结构，凹模刃口轮廓在机加工、热处理完成后，用数控线切割机床一次切割成形，凹模在模架上的安装孔位全部采用数控加工中心完成，这样可以保证凹模的压力中心与模柄中心重合。凹模的刃口尺寸如图 10.27(a)所示，其外形轮廓按 4.2.1 节相关公式确定。

凹模厚度：由式(4-8)计算，$H = kL_{\max} = 0.28 \times 98 = 27.44$ mm(查表 4-4 得 $k = 0.28$)。

凹模壁厚：由式(4-9)计算，$C_1 = (1.5 \sim 2)H = 41.16 \sim 54.88$ mm，凹模壁厚取 $C_1 = 45$ mm。考虑到要在凹模内安装推件块(图 10.28)，取凹模厚度 $H = 51.5$ mm。

凹模宽度：$B_\mathrm{d} = B_{\max} + 2C_1 = 70 + 2 \times 45 = 160$ mm(送料方向)。

凹模长度：$L_\mathrm{d} = L_{\max} + 2C_1 = 98 + 2 \times 40 = 188$ mm。

最终取凹模外形轮廓尺寸为 188 mm×160 mm×51.5 mm。

(2) 冲孔凸模的设计。制件中有 4 个孔，其中有 3 个 $\phi 9$ 孔大小相等，另一孔为 35 mm×47 mm 长形孔，因此只需要设计 2 个凸模即可。为了方便固定，3 个 $\phi 9$ 孔凸模采用阶梯式结构，其长度 $L_\mathrm{p} =$ 落料凹模 + 固定板 + $t = 51.5 + 25 + 1.5 = 78$ mm。

(3) 凸凹模的设计。当采用倒装式复合模时，凸凹模尺寸计算如下：

$$L_\mathrm{pd} = h_1 + t + h = 18 + 1.5 + 24 = 43.5 \text{ mm}$$

式中：h_1 为卸料板厚度，取 $h_1 = 18$ mm；t 为材料的厚度，$t = 1.5$ mm；h 为卸料板与固定板之间的安全高度，一般为 15 mm～20 mm，但是考虑到要安装弹性挡料销(如图 10.29 所示)，

取 $h=24$ mm。因为凸凹模为模具设计中的配作零件，所以应保证其与冲孔凸模和落料凹模的双边合理间隙 Z_{min}。

(4) 定位零件的设计。根据制件的特点和模具结构，考虑实际的送料和人员的操作情况，设置一个 $\phi 8$ 活动挡料销(起定步距的作用)，两个 $\phi 10$ 的活动导料销(起到侧边导料的作用)。挡料销和导料销的下方分别采用压缩弹簧，在开模时，弹簧恢复力把挡料销和导料销顶起，使它们处于工作状态，具体结构如图 10.30 所示。

(5) 卸料板的设计。卸料板的周边轮廓尺寸与凹模周边轮廓尺寸相同，厚度取为 18 mm，材料为 Cr12MoV 模具钢，热处理硬度为 HRC58～62。

(6) 模架及其他零部件的设计。该模具采用中间导柱模架，冲压时可以防止由于偏心力矩而引起的模具歪斜。以凹模周边轮廓界限尺寸为依据，选取国家标准模架 200×200×200～240I GB/T2851.5，其具体参数如下：

上模座尺寸：$L(mm) \times B(mm) \times H = 200(mm) \times 200(mm) \times 45mm$

下模座尺寸：$L(mm) \times B(mm) \times H = 200(mm) \times 200(mm) \times 50mm$

导柱尺寸：$d(mm) \times L(mm) = \phi 32 \times 190$ mm，$\phi 35 \times 190$ mm

导套尺寸：$d(mm) \times L(mm) \times D(mm) = \phi 32 \times 105 \times \phi 43mm$，$\phi 35 \times 105 \times \phi 43$ mm

上模垫板厚度 $H_{垫}$ 根据实际模具结构取 20 mm，则模具的闭合高度 h_m 为(参见图 10.30(a))。

$$h_m = h_上 + h_下 + h_垫 + L + H - h = 45 + 50 + 20 + 78 + 43.5 - 1.5 = 235 \text{ mm}$$

式中：L 为凸模高度，mm；H 为凸凹模高度，mm；h 为凸模冲裁后进入凸凹模的深度，mm。

模具的闭合高度为 235 mm，重新选择型号为 J23-63 的压力机，压力最大封闭高度 $h_{max} = 360$，封闭高度调节量 $M = 90$ mm，工作台厚度为 $h = 90$ mm，**压力机最大装模高度 $H_{max} = h_{max} - h = 270$ mm**，**压力机最小装模高度为 $H_{min} = h_{max} - M - h = 180$ mm**。根据1.4.1节内容，满足 $H_{max} + 10$ mm $\leq h_m \leq H_{min} - 5$ mm，因此该压力机可以满足使用要求。

9. 模具总装配图的绘制

通过上述计算与分析，可以得到图 10.30 所示的总装图。模具上模部分主要由模柄、上模座、垫板、冲孔凸模、冲方孔凸模、冲孔凸模固定板、落料凹模等组成；下模部分主要由下模座、凸凹模、卸料板、弹簧、定位销等组成。出件元件由打料杆、推板、连接推杆、推件块等组成的刚性推件装置，利用开模力在打料杆的作用下把制件推下，然后取出制件。在开模时，卸料弹簧恢复弹力，推动卸料板向上运动，从而推出条料。在这过程中冲出的孔废料从凸凹模漏料孔直接漏出。

条料送进时，利用活动挡料销控制步距，模具侧边的两个导料销用来定位条料的宽度方向位置。操作时完成第一步后，手动把条料向上抬起向前移动(本模具没有设计自动送料机构)，移动到刚冲过的料口里并且由前方定位销定位，再利用侧边的导料销侧向定位，继续下一个制件的冲制。重复以上动作来完成所需制件的冲裁。

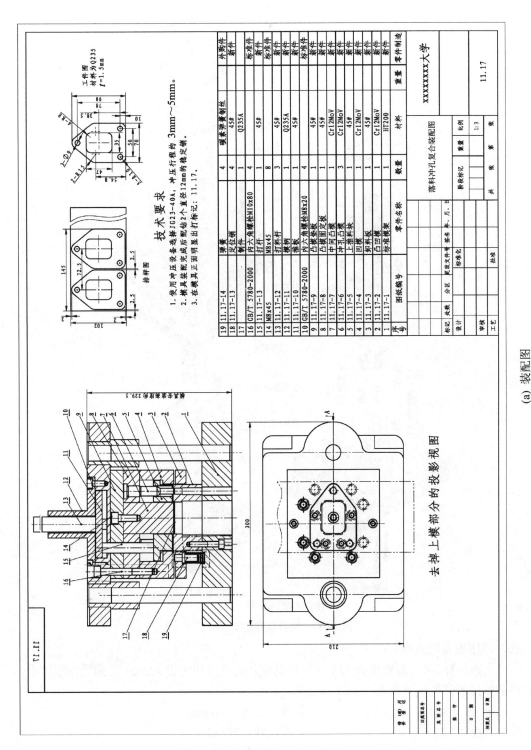

图 10.30　模具总装配图(1)

(a) 装配图

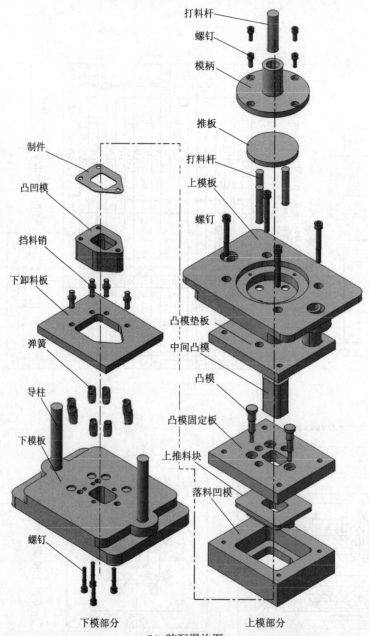

打料杆

螺钉

模柄

推板

打料杆

上模板

螺钉

凸模垫板

中间凸模

凸模

凸模固定板

上推料块

落料凹模

制件

凸凹模

挡料销

下卸料板

弹簧

导柱

下模板

螺钉

下模部分　　　　　　　　　　　　上模部分

(b) 装配爆炸图

图 10.30　模具总装配图(2)

10.冲压设备的选择

通过上述计算,可以确定选择 J23 系列普通型开式可倾压力机 J23-63 能满足使用要求。
压力机主要技术参数如下:

公称压力:630 kN　　　　　　　　公称力行程:86 mm

滑块行程:120 mm　　　　　　　　行程次数:70/min

最大封闭高度:360 mm　　　　　　封闭高度调节量:90 mm

滑块中心至机身距离:260 mm　　　工作台板尺寸(前后×左右):710 mm×480 mm

工作台孔尺寸(前后×左右×直径)：$\phi 340$ mm×180 mm×$\phi 230$ mm

工作台板厚度：90 mm

机身工作台板尺寸(直径×前后×左右)：$\phi 200$ mm×150 mm×300 mm

滑块底面尺寸(前后×左右)：272 mm×320 mm

模柄孔尺寸(直径×深度)：$\phi 50$ mm×70 mm

机身最大可倾角度：30°

立柱间的距离：340 mm

电动机功率：5.5 kW

外形尺寸(前后×左右×高)：1700 mm×1373 mm×2750 mm

11．模具零件加工工艺

模具零件加工的关键在于工作零件，即凸模、凹模、凸凹模。对于圆形类零件可以直接用车削和磨修加工即可，对于非圆形类零件可以采用线切割加工，这些零件的加工就变得相对简单。图 10.31 所示为 $\phi 9$ 圆孔凸模的零件图，表 10-10 为其加工工艺。图 10.32 为冲裁方孔 35 mm×47 mm 的凸模零件图，表 10-11 为其加工工艺。

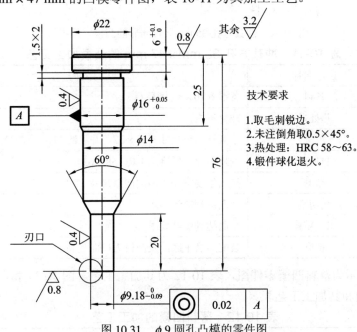

图 10.31　$\phi 9$ 圆孔凸模的零件图

表 10-10　$\phi 9$ 圆孔凸模的加工工艺

工序号	工序名称	工 序 内 容
1	备料	备 $\phi 28 \times 82$ 圆棒料
2	热处理	球化退火
3	粗车	粗车圆柱面，留单边余量 0.5 mm
4	热处理	调质，淬火硬度达 HRC 58～63
5	精磨	按图纸要求加工至尺寸
6	钳工精修	全面达到图纸要求
7	精磨	装配后磨平底面及凸模刃口面等高

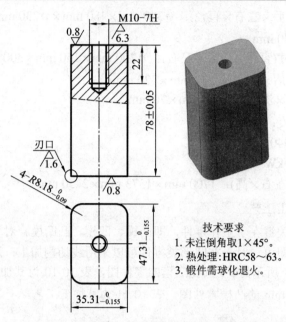

图 10.32　冲裁方孔 35 mm×47 mm 的凸模零件图

表 10-11　冲裁方孔 35 mm×47 mm 的凸模加工工艺

工序号	工序名称	工　序　内　容
1	备料	备锻 φ 70×83 圆棒料
2	热处理	球化退火
3	车削	车圆柱面至尺寸 φ 65×77，并攻丝 M10 至图纸尺寸
4	热处理	调质，淬火硬度达 HRC 58～63
5	精磨	按图纸要求加工两端面至尺寸
6	线切割	全面达到图纸要求
7	钳工精修	全面达到图纸要求
8	精磨	装配后磨平底面及凸模刃口面等高

图 10.33 所示为落料凹模零件图，表 10-12 为其加工工艺。图 10.34 和表 10-13 分别为凸凹模的零件图和其加工工艺表。

表 10-12　落料凹模的加工工艺

工序号	工序名称	工　序　内　容
1	备料	锻成(150×110×60)mm 方料
2	热处理	球化退火
3	铣削	铣六面，留单边余量 0.5 mm，铣(120×100)mm 内四方孔
4	钳工	钻攻丝 4-M10 螺纹孔，并钻穿线孔 φ 2 mm
4	热处理	调质，淬火硬度达 HRC 58～63
5	精磨	按图纸要求加工至尺寸
6	线切割	全面达到图纸要求
7	钳工精修	全面达到图纸要求

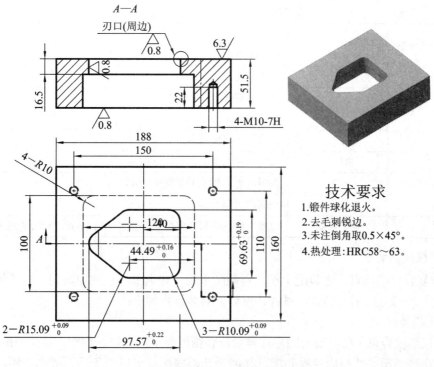

图 10.33　落料凹模零件图

技术要求
1.锻件球化退火。
2.去毛刺锐边。
3.未注倒角取0.5×45°。
4.热处理：HRC58～63。

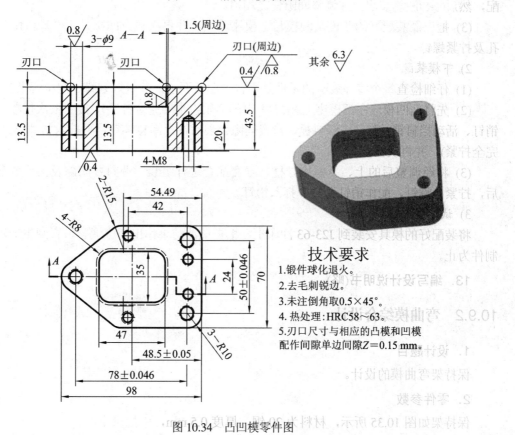

技术要求
1.锻件球化退火。
2.去毛刺锐边。
3.未注倒角取0.5×45°。
4. 热处理：HRC58～63。
5.刃口尺寸与相应的凸模和凹模
配作间隙单边间隙Z＝0.15 mm。

图 10.34　凸凹模零件图

表 10-13　凸凹模的加工工艺

工序号	工序名称	工 序 内 容
1	备料	锻成$(120 \times 85 \times 55)$mm 方料
2	热处理	球化退火
3	铣削	铣六面至$(110 \times 80 \times 43.5)$mm 铣$(50 \times 38)$mm 内四方孔
4	钳工	钻攻丝 4-M10 螺纹孔，并钻穿线孔 $\phi 2$ mm
4	热处理	调质，淬火硬度达 HRC 58~63
5	精磨	按图纸要求加工上下面至尺寸精度
6	线切割	全面达到图纸要求
7	钳工精修	与对应的凸模和凹模配修间隙 $Z = 0.15$ mm，全面达到图纸要求

12．模具的装配

根据复合模的特点，先装配上模，再装配下模，并调节冲裁间隙均匀，然后锁紧各紧固件，配作销钉孔、安装销钉，试冲，返修，具体过程如下：

1) 上模装配

(1) 仔细检查每个将要装配的零件是否符合图纸要求，并做好划线、定位等准备工作。

(2) 先将凸模与凸模固定板装配，并磨平凸模底面及刃口使各凸模等高，再与凹模装配，然后与凸凹模装配，并调整间隙使之均匀。

(3) 把已经装配好的凸模及凹模与上模座连接，并再次检查间隙是否合理，配作销钉孔及拧紧螺钉。

2) 下模装配

(1) 仔细检查每个将要装配的零件是否符合图纸要求，并做好划线、定位等准备工作。

(2) 先将凸凹模放在下模座上并初步用螺钉固定(不要完全拧紧)，接着依次按顺序装入销钉、活动挡料销、弹簧、卸料板，检查间隙合理后拧上卸料螺钉，再拧入紧固螺钉(不要完全拧紧)，并再次检查调整间隙。

(3) 将经调整后的上、下模按导柱、导套配合进行组装，调整各间隙及其他装配合理后，拧紧各螺钉，配作销钉孔，并打入销钉。

3) 试冲裁

将装配好的模具安装到 J23-63 冲床上，根据试冲结果作出相应调整，直到生产出合格制件为止。

13．编写设计说明书(略)

10.9.2　弯曲模综合设计

1．设计题目

保持架弯曲模的设计。

2．零件参数

保持架如图 10.35 所示，材料为 20 钢，厚度 0.5 mm，中批量生产。

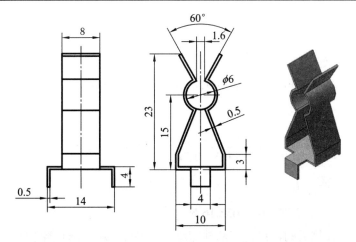

图 10.35　保持架零件图

3. 弯曲模工艺分析

如图 10.36 所示，保持架采用三道单工序冲压，依次为落料、异向弯曲、最终弯曲，每道工序各用一套模具。现将第二道工序的异向弯曲模介绍如下。

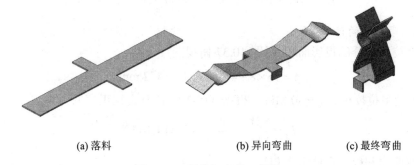

(a) 落料　　　　　　　(b) 异向弯曲　　　(c) 最终弯曲

图 10.36　保持架弯曲工艺图

异向弯曲工序尺寸图如图 10.37 所示。制件左右对称，在 b、c、d 各有两处弯曲。bc 弧段的半径为 $R3$，其余各段是直线。中间 e 部位为对称的向下直角弯曲(即突耳)，因此，共有 8 条弯曲线。

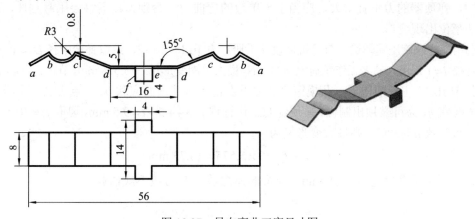

图 10.37　异向弯曲工序尺寸图

4. 异向弯曲工艺尺寸的计算

1) 弯曲力的计算

8 条弯曲线均按自由弯曲计算。

(1) 对于 V 形件，当弯曲内半径 R 取 $0.1t$ 时，则 b、c、d 每处的弯曲力按经验公式(5-15)计算：

$$F_z = \frac{0.6Kbt^2\sigma_b}{1000(r+t)} = \frac{0.6 \times 1.3 \times 8 \times 0.5^2 \times 450}{1000 \times (0.1 \times 0.5 + 0.5)} = 1276.36 \text{ N}$$

制件 b、c、d 共 6 处总的弯曲力为

$$1276.36 \times 6 = 7658.16 \text{ N}$$

(2) e 处的直角弯曲与上述计算类同，只是弯曲件宽度为 4 mm，则 e 处单侧弯曲力为 638.18 N，而两侧的弯曲力为

$$2 \times 638.18 \text{ N} = 1276.36 \text{ N}$$

(3) 总计弯曲力为

$$F_总 = 7658.16 + 1276.36 = 8934.52\text{N} \approx 8.94 \text{ kN}$$

2) 校正弯曲力的计算

制件被校正部分的投影面积(见图 10.37 俯视图)：

$$A = 56 \times 8 + 4 \times (14 - 8) = 472 \text{ mm}^2$$

查表 5-4 得到单位校正力 $q = 30$ MPa。根据式(5-18) 计算出校正弯曲力为

$$F_j = \frac{qA}{1000} = \frac{30 \times 472}{1000} = 14.16 \text{ kN}$$

自由弯曲力和校正弯曲力之和为

$$F = 14.16 + 8.94 = 23.1 \text{ kN}$$

3) 弹顶器的计算

弹顶器的作用是将弯曲后的制件顶出凹模，由于所需的顶出力很小，在突耳 e 的弯曲过程中，弹顶器的力不宜太大，应当小于单边的弯曲力，否则弹顶器将会压弯制件，或者使直边部位出现变形。

选用圆柱螺旋压缩弹簧，查《机械设计手册》表 16.1～16.12，选取弹簧中径 $D_2 = 14$ mm，钢丝直径 $d = 1.2$ mm，最大工作负荷 $P_n = 41.3$ N，最大单圈变形量 $f = 5.575$ mm，节距 $t = 7.44$ mm。

如图 10.37 主视图所示，凸模镶块 2 位于上止点时其顶面应和 b、c 点等高，上模下压时与 f 点等高，为可靠顶出制件，弹顶器的工作行程 $f_x > 4 + 5 + t = 9.5$ mm，现取 $f_x = 10.5$ mm，弹簧有效圈数 $n = 3$ 圈，则最大变形量为

$$f_1 = n \times f_x = 3 \times 5.575 = 16.73 \text{ mm}$$

弹簧预先压缩量选为 $f_0 = 8$ mm，弹簧的弹性系数 K 可按下式估算：

$$K = \frac{P_n}{nf_n} = \frac{41.3}{3 \times 5.575} = 2.47 \text{ N/mm}$$

则弹簧预紧力为

$$P_0 = Kf_0 = 2.47 \times 8 = 19.76 \text{ N}$$

下止点时弹簧弹顶力为

$$P_1 = Kf_x = 2.47 \times 10.2 = 25.2 \text{ N}$$

此值远小于 e 处的弯曲力 638.18 N，故符合要求。

4) 回弹量的计算

零件图上对弯曲圆角半径的大小没有要求，但为了减少回弹，圆角半径应尽量选择小一些。现在设定弯曲线与纤维线的方向：在 b、c、d 点属于垂直方向，在 e 点属于平行方向。材料为正火状态，查表 5-1 得 b、c、d 点的最小圆角半径为 0.05 mm，而 e 点的为 0.25 mm。

利用查表法确定各弯曲线上的回弹量，d 点弯曲角是 155°，r/t=0.05/0.5=0.1，根据表 5-5 和式(5-27)得出 d 点回弹角小于 30′。c 点的弯曲角是指 R3 圆弧在 c 点的切线与 cd 的夹角，其角度值可用作图法求出，约为 81°。根据表 5-5 和式(5-27)可得出其回弹角约为 1°40′。采用同样方法可以得出 b 点回弹角约为 1°45′，如图 10.38 所示。

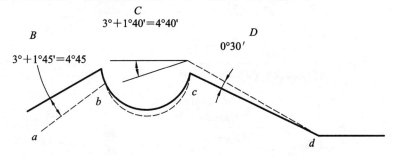

(实线表示回弹后位置，虚线表示回弹前位置)

图 10.38　回弹角示意图

R 圆弧段弯曲后产生的回弹会有两个影响：其一是圆弧曲率半径变大，其二是影响 ab 段的角度。对于前者，当 r/t<5～8 时，可忽略不计；对于后者，可以通过查表估计其值。R 圆弧段 r/t=6，折弯角度是 b、c 两点圆弧切线的夹角，用作图法求出弯曲角约为 30°。根据《最新冲压新工艺新技术及模具设计实用手册》(文献[16])查表可得回弹角为 6°。也就是说，由圆弧产生的回弹将使 ab 与 cd 两直线的夹角产生 6°的回弹。在后面的补偿角分配中，b、c 两点各分配 3°回弹补偿角。

采用补偿法消除回弹，凸模与凹模各部位补偿的角度如图 10.38 所示。图中 0°30′ 是 d 点的弯曲补偿角。4°40′ 是用圆心偏移的角度实现 c 点补偿的，其中 3°是圆弧的补偿角，1°40′ 是 c 点弯曲的补偿角。4°45′ 是 b 点的补偿角，其中 3°是圆弧补偿角，1°45′ 是 b 点弯曲的补偿角。

5. 异向弯曲模具结构设计

模具总体结构如图 10.39 所示。毛坯在弯曲过程中极易滑动，故必须采取定位措施。制件中部有两个突耳，可在凹模的对应部位设置沟槽，冲压时突耳始终处于沟槽内，用这种方法可以实现毛坯的定位。

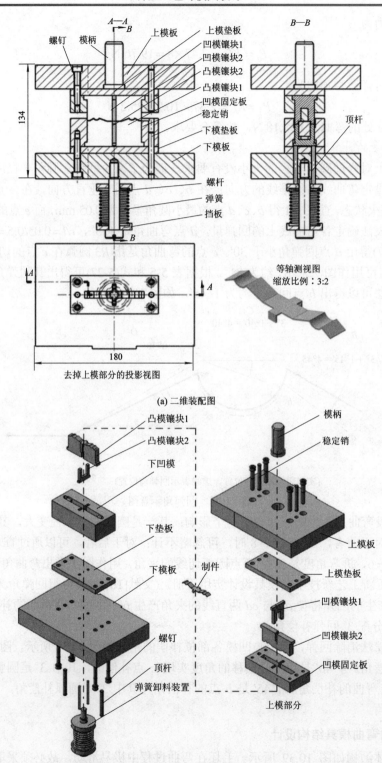

(a) 二维装配图

(b) 三维爆炸图

图 10.39　保持架模具装配图

上模座采用带模柄的矩形模座，凸模用凸模固定板固定；下模部分由凹模、凹模固定板、垫板和下模座组成，下模座下面装有弹顶器，弹顶力通过两根顶杆传递到顶件块(凸模镶块 2)上。

模具工作过程：将落料后的毛坯放在凹模上，并使中部的两个突耳进入凹模固定板的槽中。当模具下行时，凸模中部和顶件块(凹模镶块 1)压住毛坯的突耳，使毛坯准确定位在槽内。模具继续下行，使各部弯曲逐渐成形。上模回程时，弹顶器通过顶件块(凸模镶块 2)将制件顶出。

6. 主要零部件的设计

1) 凸模

凸模是由两个镶拼部分组成，如图 10.40 所示。这样的结构便于线切割机床加工。凸模 A 部位的尺寸按前述回弹补偿角度设计，B 部位在弯曲制件的两个突耳起着凹模的作用。凸模用凸模固定板和螺钉来固定。该部位模具间隙根据 6.2.2 节所述方法选取，单边间隙为 Z/2 = 0.525 mm。

2) 凹模

凹模采用镶拼结构，与凸模结构类同，如图 10.41 所示。凹模下部设计有凸台，用于凹模的固定。凹模工作部位的几何形状，可对照凸模的几何形状并考虑制件厚度进行设计。

凸模和凹模均采用 Cr12 制造，热处理硬度为 HRC 62～64。

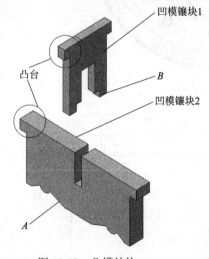

图 10.40　凸模结构

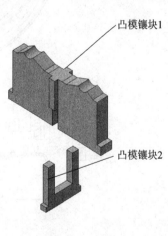

图 10.41　凹模结构

7. 其他设计(略)

8. 编写设计说明书(略)

10.9.3　拉深模综合设计

1. 设计题目

半挂车车轮轮辋拉深模的设计。

2. 零件参数

半挂车车轮轮辋如图 10.42 所示，材料为 10 钢板，料厚 t = 3.0 mm，大批量生产。

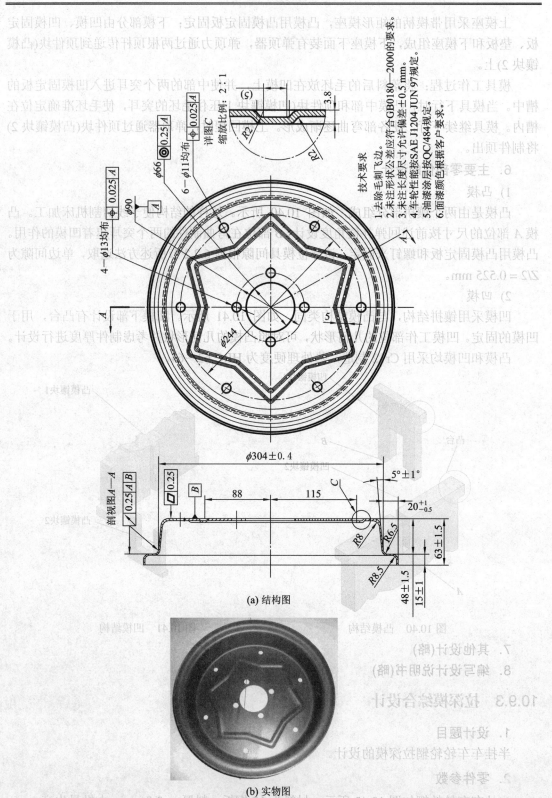

(a) 结构图

(b) 实物图

图 10.42　半挂车车轮轮辋

3．拉深工艺性分析

这是一个窄凸缘筒形拉深件，其尺寸精度、各处的圆角半径均符合拉深件工艺要求。该零件形状较简单，可以采用落料→拉深→切边→翻边整形→冲孔的加工方案，如图 10.43 所示。但是能否一次翻边达到零件所要求的高度，需要进行计算才能确定。

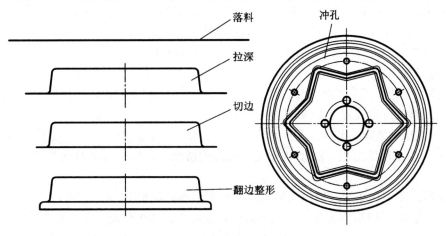

图 10.43　冲压工序简图

4．工艺尺寸计算

1) 修边余量的计算

凸缘筒直径 $d_f = (304 + 20 \times 2) \approx 344$ mm，筒形部分小端直径 $d = 304 - (48 \times \tan 5) = 299$ mm，则 $d_f/d = 344/295 \approx 1.15$，在 1.1～1.4 之间，因此制件属于窄凸缘件拉深。查表 7-6 可以得到有凸缘零件切边余量 $\delta = 6$ mm。

2) 毛坯尺寸的计算

根据平板毛坯面积等于拉深件表面积(加上修边余量)的原则，可以计算得到毛坯直径为：$D = 435$ mm。

3) 拉深系数的计算

考虑了切边余量 $\delta = 6$ mm 的拉深件尺寸如图 10.44 所示，此时 $d_f/d = (344 + 2 \times \delta) \approx 1.19$，$t/D \times 100 = 3/435 \times 100 = 0.69$，查表 7-11 得到凸缘件首次拉深的最大相对高度 $h_1/d_1 = 0.50 \sim 0.60$，而本零件的相对高度 $h/d = (48 + 1.5)/299 \approx 0.165 < h_1/d_1$，故可以一次拉深完成。

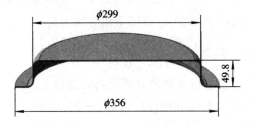

图 10.44　拉深工序图

4) 压边力、拉深力和拉深功的计算

(1) 采用压边圈的条件。由上述分析可知，本制件的 $t/D \times 100 = 3/435 \times 100 = 0.69$，拉深系数 $m_1 = d/D = 299/435 = 0.687$，满足表 7-7 的采用压边圈条件，故本制件拉深时需要

压边。

(2) 压边力的计算。在拉深过程中压边力起到防止起皱的作用，压边力太小，防止起皱效果不好；压边力过大，则拉深力也增加，从而增加危险断面的拉应力，易拉裂。所以，压边力的大小要适当，在保证变形区不起皱的前提下，尽量选用较小的压边力。

在压边圈上毛坯的投影面积 $A=$ 毛坯面积$(\pi D^2/4)-$凹模内径部分面积$(\pi d^2/4)=\pi\times$ $435^2/4^2/4\pi\times299^2/4\approx0.078\times10^6$ mm^2，单位压边力 $q=3$ MPa(查表 7-8)。则总压边力的大小可根据式(7-20)计算：$Q=A\cdot q=0.078\times10^6\times3=234\ 000$ N。

(3) 压边装置的设计。拉深的压力装置有两种：

① 弹性压边装置：该类压边装置多用于普通冲床，通常有橡胶式压边装置、弹簧式压边装置、气垫式压边装置三种(参见图 7.17)。

② 刚性压边装置：其特点是压边力不随行程变化，拉深效果较好，且模具结构简单。这种结构用于双动压力机，凸模装在压力机的内滑块上，压边装置装在外滑块上(参见图 8.6)。

经分析，本案例采用刚性压边装置，安装在单动液压机上。

(4) 拉深力的计算。因 $m_1=d/D=299/435=0.68$，查表 7-9 得到拉深力修正系数 $k_1=0.66$。查表 2-8 得到材料抗拉强度 $\sigma_b=300$ MPa~440 MPa，取 $\sigma_b=370$ MPa，由式(7-23)可计算拉深力为

$$F_1=\pi d_1 t\sigma_b k_1=3.14\times295\times3\times370\times0.66=678\ 607.4\ N$$

(5) 拉深功的计算。查表 7-9 得到平均变形力与最大变形力的比值 $\lambda_1=0.74$，首次拉深 $H_1=h=49.8$ mm(图 10.44)。由式(7-26)可计算拉深功为

$$W_1=\frac{\lambda_1 F_{1max}H_1}{1000}=\frac{0.74\times678607.4\times49.8}{1000}=25\ 008\ N\cdot m$$

5) 压力机的选取

在选择压力机时，应考虑压力机情况和拉深工艺的特点。根据总拉深力 ΣF 和拉深功来选取压力机。

(1) 拉深力的验算。在一般单动压力机上采用弹性压边装置拉深时，压边力与拉深力同时产生，所以其总拉深力 ΣF 包括压边力在内。即

$$\Sigma F=F_1+Q=216\ 117+243\ 000=459.1(kN)$$

本制件为浅拉深件，故由式(7-29)计算压力机公压力为

$$F_0\geqslant\frac{\Sigma F}{0.7\sim0.8}=\frac{459.1}{0.75}=612.1\ (kN)$$

在本案例中，考虑零件轮廓尺寸和模具轮廓尺寸均较大，所以选择型号为 JC36M-250 型闭式压力机(2500 kN)。压力机每分钟行程次数 $n=20$。

(2) 压力机功率的验算。在深拉深时，由于拉深行程较长，消耗功较多，为保证压力机的安全，需要验算压力机的的电动机功率。

由式(7-31)计算拉深功率为

$$P=\frac{W_1 n}{60\times75\times1.36\times10}=\frac{25008\times20}{60\times75\times1.36\times10}=8.2\ kW$$

由式(7-32)可计算所需压力机的电动机功率为

$$P_{电机} = \frac{W_1 \gamma n}{60 \times 75 \times \eta_压 \eta_电 \times 1.36 \times 10} = \frac{25\,008 \times 1.3 \times 20}{60 \times 75 \times 0.7 \times 0.9 \times 1.36 \times 10} = 16.8 \text{ kW}$$

从上述计算可知 $P_{电机} > P$，故上述选择的压力机 JC36M-250 达到了要求，其主要参数为：

公称力	2500 kN；	最大装模高度	600 mm；
行程次数	20 /min；	电机功率	37 kW
滑块行程	400 mm；		

6) 凸、凹模工作部分的设计

(1) 凸、凹模间隙的计算。带压边圈模具的间隙，拉深模具的间隙按表 8-2 确定，即 $Z/2 = (1 \sim 1.1)t = 1.1 \times 3.0 = 3.3$ mm。

(2) 凸、凹模工作部分尺寸与公差的计算。因本制件尺寸标注在外形，故可按式(8-8)计算凸、凹模工作部分的尺寸：

$$D_d = (D_{max} - 0.75\Delta)^{+\delta_d}_0 = (304.4 - 0.75 \times 0.8)^{+\delta_d}_0 = 303.8^{+0.1}_0 \text{ mm}$$

$$D_p = (D_d - Z)^0_{-\delta_p} = (303.8 - 6.6)^0_{-0.06} = 297.2^0_{-0.06} \text{ mm}$$

式中：δ_d 和 δ_p 为凹模和凸模的制造公差，mm，可根据表 8-4 来进行选取。

考虑到该零件的具体情况，零件上有一个 5° 的角度要求保证(图 10.42(a))，因其拉深成形的回弹量无法准确地计算，可以在后序整形工艺中予以修正，因此凸模尺寸取 $D_p = 295.6^0_{-0.06}$ mm，这样 5° 角度尺寸便可自动拉深成形。

(3) 凸、凹模圆角半径的计算。

拉深凹模圆角半径按式(8-3)计算

$$r_d = 0.8\sqrt{(D-d)t} = 0.8\sqrt{(435 - 304) \times 3} = 15.87 \approx 16 \text{ mm}$$

拉深凸模圆角半径按式(8-5)计算

$$r_p = (0.7 \sim 1.0)r_d = 0.8 \times 16 = 12.8 \approx 13 \text{ mm}$$

本案例所有产品尺寸由最后一道翻边整形工序加工到零件图尺寸。

5. 模具拉深总装配图的绘制

如图 10.45 所示为拉深模具结构总装图。其结构组成是：

● 上模部分：由凹模圈、凹模垫板、推料块、推料螺杆、推料螺母、推料板、模具连接座、橡胶和上模座组成，通过螺钉和六角头螺栓进行连接。

● 下模部分：由凸模、凸模垫板、顶料杆、下模座等组成。

● 压料装置：由压边圈、顶料杆及压力机的气垫等组成。

● 上模卸料装置：由推料块、推料螺杆、推料螺母、推料板、模具连接座和橡胶等组成。

● 下模卸料装置：由压边圈、顶料杆及压力机的气垫等组成。

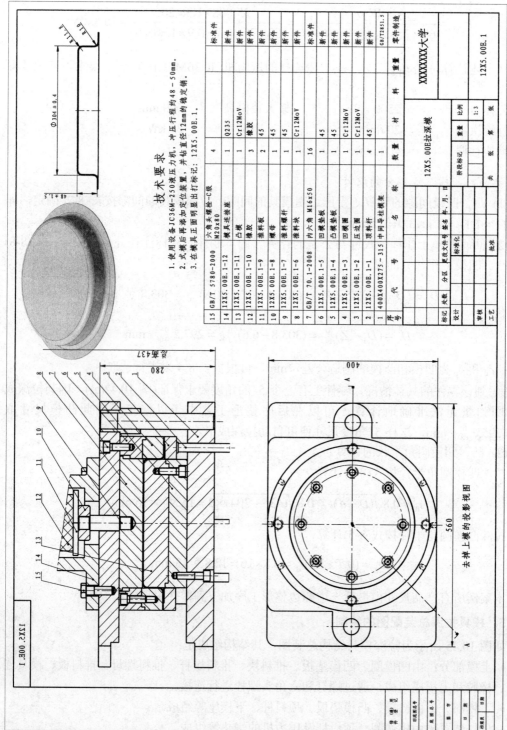

技 术 要 求

1. 使用设备 JC36M-250 液压力机，冲压行程约 48～50mm。
2. 式模后再添加定位装置，并粘直径 12mm 的线定锁。
3. 在模具正面明显出打标记：12X5.00E.1。

序号	代　号	名　称	数量	材　料	重　量	备注
15	GB/T 5780-2000 M20x80	六角夹螺栓-C级	4			标准件
14	12X5.00E.1-12	模具连接座	1	Q235		新件
13	12X5.00E.1-11	凸模	1	Cr12MoV		新件
12	12X5.00E.1-10	橡胶	3	橡胶		新件
11	12X5.00E.1-9	推料板	2	45		新件
10	12X5.00E.1-8	螺母	1	45		新件
9	12X5.00E.1-7	推料螺杆	1	45		新件
8	12X5.00E.1-6	推料块	1	Cr12MoV		新件
7	GB/T 70.1-2008	内六角 M16x50	16			标准件
6	12X5.00E.1-5	凹模垫板	1	45		新件
5	12X5.00E.1-4	凹模圈	1	45		新件
4	12X5.00E.1-3	压边圈	1	Cr12MoV		新件
3	12X5.00E.1-2	顶料杆	4	Cr12MoV		新件
2	400X400X275~315	中间导柱模架	1	45		GB/T2851.5

XXXXXXXX大学　12X5.00E拉深模　12X5.00E.1

图 10.45 拉深模总装图
（a）总装结构图

去掉上模的投影视图

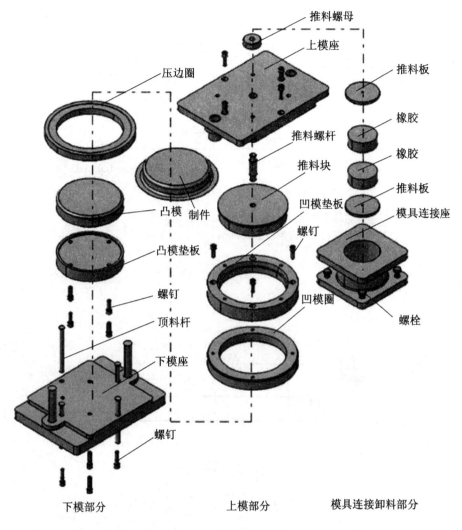

(b) 爆炸视图

图 10.45　拉深模总装图

● 定位装置：主要是定位圈。

模具工作过程：首先压边圈在机床气垫作用下通过顶料杆把压边圈顶起到与凸模等高，然后把圆形板料放在压边圈上用定位圈定位。此时，上模下行，凹模圈和压边圈把圆形板料夹住实现压料。上模继续下行，直到上模下行到下止点，制件完全压制成形。然后，上模回程，上模卸料装置在橡胶力的作用下，把制件顶出凹模，使制件留在凸模上。此时，压力机顶出气缸作用推动顶杆，将压边圈顶起，制件被顶出，最后取出制件，完成一次制件的压制过程。

6. 拉深模具零件图的绘制

凸模零件图如图 10.46 所示，凹模零件图如图 10.47 所示。

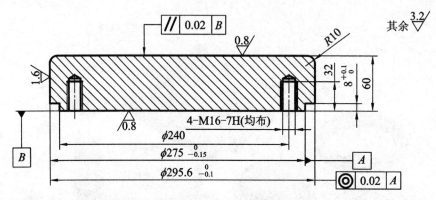

技　术　要　求

1. 去除毛刺飞边。
2. 未注形状公差应符合GB01804—2000的要求。
3. 未注长度尺寸允许偏差±0.5mm。
4. 热处理：HRC58～63。

图 10.46　拉深模凸模

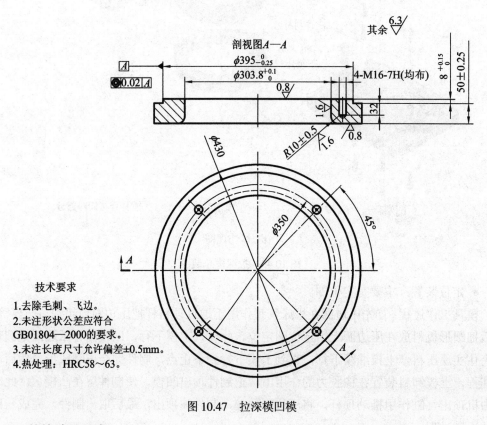

技术要求

1.去除毛刺、飞边。
2.未注形状公差应符合
GB01804—2000的要求。
3.未注长度尺寸允许偏差±0.5mm。
4.热处理：HRC58～63。

图 10.47　拉深模凹模

7. 其他冲压工序

第二次翻边整形模，如图 10.48 所示。最终工序压制实物图如图 10.49、图 10.50、图 10.51 所示。

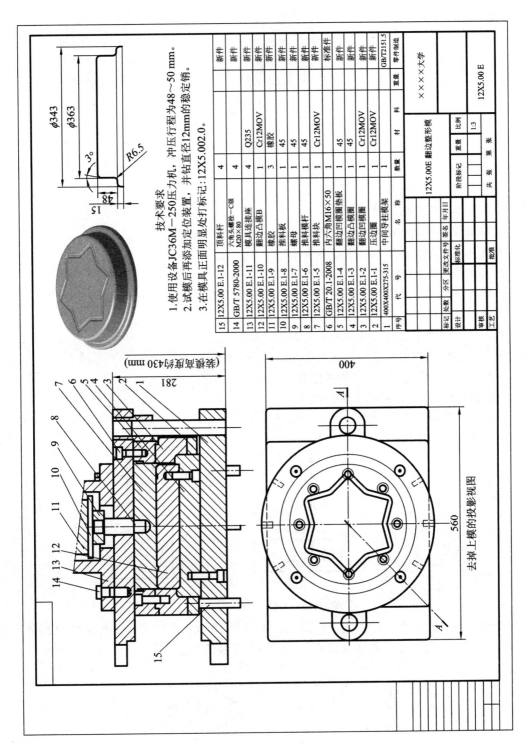

序号	代 号	名 称	数量	材 料	重量	备注
15	12X5.00 E.1-12	顶料杆	4			新件
14	GB/T 5780-2000	六角头螺栓—C级 M20×80	4			新件
13	12X5.00 E.1-11	模具连接座	4	Q235		新件
12	12X5.00 E.1-10	翻边凸模B	1	Cr12MOV		新件
11	12X5.00 E.1-9	橡胶	3	橡胶		新件
10	12X5.00 E.1-8	推料板	1	45		新件
9	12X5.00 E.1-7	螺母	1	45		新件
8	12X5.00 E.1-6	推料模杆	1	45		新件
7	12X5.00 E.1-5	推料块	1	Cr12MOV		新件
6	GB/T 20.1-2008	内六角M16×50	1			标准件
5	12X5.00 E.1-4	翻边凹模垫板	1	45		新件
4	12X5.00 E.1-3	翻边凸模圈	1	Cr12MOV		新件
3	12X5.00 E.1-2	翻边凹模圈	1	Cr12MOV		新件
2	12X5.00 E.1-1	压边圈	1			GB/T2151.5
1	400X400X275-315	中间导柱模架	1			零件制造

技术要求

1. 使用设备JC36M—250压力机，冲压行程为48～50 mm。
2. 试模后再添加定位装置，并钻直径12mm的稳定销。
3. 在模具正面明显处打标记：12X5.002.0。

ϕ343
ϕ363
R6.5
3°
15
48

（素描深度约ϕ430 mm）

281

400

560

去掉上模的投影视图

A

A

××××大学

12X5.00E 翻边整形模

12X5.00 E

比例 1:3

图 10.48　翻边整形模装配图

图 10.49 拉深工序实物图

图 10.50 翻边工序实物图

图 10.51 冲孔工序实物图

习　　题

1.　简述冲模设计的程序。

2.　冲压件加工工艺性是什么？

3.　对冲裁件的形状和结构有何基本要求？

4.　对弯曲件的形状和结构有何基本要求？

5.　对拉深件的形状和结构有何基本要求？

6.　普通冲裁件、弯曲件、拉深件的尺寸公差等级一般不高于多少？

7.　模具类型、模具结构形式分别是指什么？

8.　模具设计时通常要进行哪些必要的工艺计算？

9.　模具总装配图的主视图、俯视图有哪些习惯画法？

10.　模具与压力机之间有哪些相关性尺寸？

11.　设计计算说明书通常包含哪些内容？

12.　试分析图 10.52 所示冲压件的冲压工艺性。

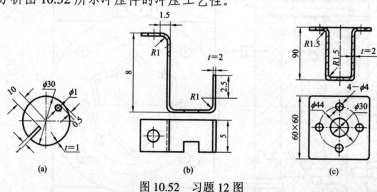

图 10.52 习题 12 图

13.　分析如图 10.53 所示零件(材料：65Mn，料厚为 1 mm，未注尺寸公差为 IT12)的冲裁工艺性，确定其工序性质、数量及组合方式，画出冲裁工序图。

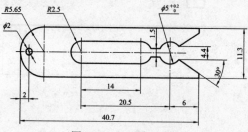

图 10.53 习题 13 图

附录 A 英 文 目 录

Contents

附录 B　中英文专业术语
(Terminology of Stamping Dies)

序号	中　文	英　文	类别	所属章节
1	冲压	stamping/pressing/sheet forming	一般术语	1
2	冲模	stamping die	一般术语	1
3	分离工序	cutting process	一般术语	1
4	成形工序	forming process	一般术语	1
5	工序性质	process attributes/procedure properties	一般术语	10
6	工序数目	process number	一般术语	10
7	工序顺序	process order	一般术语	10
8	工序组合	process combination	一般术语	10
9	送料方向	feed direction	一般术语	4
10	原材料	material	一般术语	1
11	坯料/半成品	blank/preform	一般术语	1
12	工件	workpiece	一般术语	1
13	冲压件	stamping parts/stamped parts/stamping	一般术语	1
14	经济精度	economic precision/economic tolerance	一般术语	10
15	材料利用率	stock utilization	一般术语	3
16	冲压工艺计算	calculation of stamping process	一般术语	10
17	冲压工艺文件	stamping technological document	一般术语	10
18	设计计算说明书	design & calculation specification	一般术语	10
19	模具寿命	die life	一般术语	3
20	模具零件图	drawing of die parts	一般术语	10
21	模具总装配图	general assembly drawing of die	一般术语	10
22	伸长类成形	tensile type of deformation	成形理论	1
23	压缩类成形	compressive type of deformation	成形理论	1
24	变形	deformation	成形理论	2
25	弹性变形	elastic deformation	成形理论	2
26	塑性变形	plastic deformation	成形理论	2
27	塑性	plasticity	成形理论	2
28	塑性指标	plasticity index	成形理论	2
29	超塑性	superplasticity	成形理论	2

30	变形力	deforming force/deforming load	成形理论	2
31	变形抗力	deformation resistance	成形理论	2
32	主应力	principal stress	成形理论	2
33	静水压力	hydrostatic stress	成形理论	2
34	应力状态	stress state	成形理论	2
35	应变状态	strain state	成形理论	2
36	平面应变状态	plane strain state	成形理论	2
37	等效应变	equivalent strain/effective strain	成形理论	2
38	等效应力	equivalent stress/effective stress	成形理论	2
39	名义应力	nominal stress/conventional stress	成形理论	2
40	名义应变/工程应变	nominal strain/engineering strain	成形理论	2
41	真实应变/对数应变	true strain/logarithmic strain	成形理论	2
42	真实应力/对数应力	true stress/logarithmic stress	成形理论	2
43	体积不变定律(条件)	constancy of volume/incompressibility	成形理论	2
44	屈服准则/塑性条件	yield criterion	成形理论	2
45	能量准则/密席斯屈服准则	energy criterion/mises yield criterion	成形理论	2
46	最大剪应力准则/屈雷斯加屈服准则	maximum shear stress/tresca yield criterion	成形理论	2
47	增量理论	incremental strain theory	成形理论	2
48	全量理论	total strain theory	成形理论	2
49	应力应变曲线	stress-strain curve	成形理论	2
50	硬化曲线	curve of hardening	成形理论	2
51	加工硬化指数	work-hardening exponent	成形理论	2
52	最小阻力定律	the law of minimum resistance	成形理论	2
53	拉伸失稳	instability in tension	成形理论	2
54	压缩失稳	compression instability	成形理论	2
55	力学性能/机械性能	mechanical property/mechanical behaviour	成形理论	2
56	弹性指标	elasticity index	成形理论	2
57	刚性指标	stiffness index	成形理论	2
58	强度指标	strength index	成形理论	2
59	屈强比	yield to tensile ratio	成形理论	2
60	冲压成形性能	stamping formability/stamping performance	成形理论	2
61	成形极限曲线	forming limit curve/FLC	成形理论	2
62	成形极限图	forming limit diagram/FLD	成形理论	2
63	各向异性	anisotropy	成形理论	2
64	平面各向异性	plane anisotropy	成形理论	2
65	厚向异性系数	coefficient of normal anisotropy	成形理论	2
66	冲压设备	stamping equipment	冲压设备	1

67	机械压力机	mechanical press	冲压设备	1
68	压力机	press/press machine	冲压设备	1
69	液压机	hydraulic press	冲压设备	1
70	闭式压力机	straight side press/double sided press	冲压设备	1
71	开式压力机	C-frame press/gap frame press	冲压设备	1
72	单点动压力机	one point (suspension) press/single crank press	冲压设备	1
73	双点动压力机	two point (suspension) press/double crank press	冲压设备	1
74	单动压力机	single action press	冲压设备	1
75	双动压力机	double action press	冲压设备	1
76	曲轴压力机/曲柄压力机/曲轴冲床	crank press	冲压设备	1
77	偏心压力机	eccentric gear press/crankless press	冲压设备	1
78	可倾式压力机	inclined/inclinable press	冲压设备	1
79	摩擦(螺旋)压力机	friction (screw) press	冲压设备	1
80	高速压力机/高速冲床	high-speed press	冲压设备	1
81	旋压机	spinning lathes	冲压设备	9
82	曲柄连杆机构	crank link mechanism	冲压设备	1
83	上止点/上死点	upper dead point/top dead centre/top stop	冲压设备	1
84	下止点/下死点	lower dead point/bottom dead centre/bottom stop	冲压设备	1
85	滑块	slide/slide block/ram	冲压设备	1
86	内滑块	inner sliding block	冲压设备	8
87	压料滑块/外滑块	blank holder slide	冲压设备	8
88	滑块行程	slide stroke	冲压设备	1
89	滑块行程次数	number of stroke per minute	冲压设备	1
90	公称压力	capacity	冲压设备	1
91	公称压力行程	nominal working stroke	冲压设备	1
92	打料横杆	knockout bar/knockout beam	冲压设备	1
93	漏料孔	slug clearance hole	冲压设备	1
94	模柄孔	shank hole/recess of press ram	冲压设备	1
95	压力机最大闭合高度	press maximum shut height	冲压设备	1
96	装模高度调节量	die set height adjustment	冲压设备	1
97	最大装模高度	maximum die set height	冲压设备	1
98	压力机许用负荷曲线/滑块允许压力负荷图	scheme of the permissible load for slide	冲压设备	1
99	辊式送料装置	roller feeder	冲压设备	4
100	自动送料装置	automatic feeder	冲压设备	4
101	冲裁	blanking	冲裁工艺	3
102	冲孔	punching/piercing	冲裁工艺	3

103	落料	blanking	冲裁工艺	3
104	断裂带	fracture/torn surface	冲压工艺	3
105	光亮带	burnish zone/smooth cut zone	冲压工艺	3
106	毛刺	burr	冲压工艺	3
107	塌角	rollover/shear droop/die roll	冲压工艺	3
108	变形(畸变)	distortion	冲压工艺	3
109	扭曲	twisting	冲压工艺	3
110	翘曲	warpage/cambering	冲压工艺	3
111	冲裁间隙/模具间隙	blanking clearance/die clearance	冲压工艺	3
112	冲裁力	blanking force	冲压工艺	3
113	顶件力	kicking force	冲压工艺	3
114	推件力	ejecting force	冲压工艺	3
115	卸料力	stripping force	冲压工艺	3
116	压力中心	center of load/load center	冲压工艺	3
117	(送料)进距/步距	feed(ing) pitch	冲压工艺	3
118	(冲裁)搭边	web/scrap bridge/scrap	冲压工艺	3
119	排样	blank layout	冲压工艺	3
120	排样图	blank layout drawing	冲压工艺	3
121	有废料排样	scrap blank layout	冲压工艺	3
122	少废料排样	few-scrap blank layout	冲压工艺	3
123	无废料排样	side-by-side layout/scrapless blank layout/non-scrap blank layout	冲压工艺	3
124	最小冲孔直径	minimum diameter for piercing	冲压工艺	10
125	定位方式	locating sysem	冲压工艺	10
126	卸料方式	discharging sysem	冲压工艺	10
127	弯曲/压弯	bending	弯曲工艺	5
128	滚(辊)弯	roll bending	弯曲工艺	5
129	拉弯	stretch bending/tensile beding	弯曲工艺	5
130	折弯	folded bending	弯曲工艺	5
131	校正弯曲	bending with sizing	弯曲工艺	5
132	自由弯曲	free bending	弯曲工艺	5
133	纯塑性弯曲	pure plastic bending	弯曲工艺	5
134	弹塑性弯曲	elasto-plastic bending	弯曲工艺	5
135	中性层	neutral line	弯曲工艺	5
136	减薄率	reduction of thickness	弯曲工艺	5
137	弯曲性能	bending capacity/bending performance	弯曲工艺	5
138	相对弯曲半径	relative bending radius	弯曲工艺	5
139	最小弯曲半径	minimum bending radius	弯曲工艺	5
140	弯曲线	bend(ing) line	弯曲工艺	5

141	弯曲件展开长度	blank length of a bend	弯曲工艺	5
142	回弹	spring back	弯曲工艺	5
143	弯曲力	bending force	弯曲工艺	5
144	弯曲角	bending angle	弯曲工艺	5
145	弯曲中心角	bending centre angle	弯曲工艺	5
146	拉深凸耳	earing/lugs	冲压工艺	2
147	拉深/不变薄拉深	deep drawing	冲压工艺	7
148	筒形件拉深	cup drawing	冲压工艺	7
149	变薄拉深	ironing	冲压工艺	7
150	变薄系数	thinned coefficient	冲压工艺	7
151	反拉深	reverse redrawing	冲压工艺	7
152	正拉深	obverse redrawing	冲压工艺	7
153	拉深次数	drawing number	冲压工艺	7
154	多次拉深	multi-stage deep drawing	冲压工艺	7
155	拉深力	drawing force	冲压工艺	7
156	压边力	blankholding force/blank holder force	冲压工艺	7
157	切边余量/修边余量	trimming allowance	冲压工艺	7
158	起皱	wrinkles/wrinkling	冲压工艺	7
159	破裂	fracture/rupture	冲压工艺	7
160	危险断面	critical section	冲压工艺	7
161	拉深性能	deep draw ability	冲压工艺	7
162	拉深系数	drawing coefficient	冲压工艺	7
163	极限拉深系数	limit drawing coefficient	冲压工艺	7
164	最小拉深系数	minimum drawing coefficient	冲压工艺	7
165	拉深比	drawing ratio	冲压工艺	7
166	圆筒形件	circular cup/cylinder/cylindrical part	冲压工艺	7
167	无凸缘筒形件	flangeless cylindrical parts	冲压工艺	7
168	带凸缘筒形件	flange cylinder/flange cylindrical parts	冲压工艺	7
169	凸缘/法兰	flange	冲压工艺	7
170	矩形件/盒形件	rectangular (box) parts	冲压工艺	7
171	(拉深)相对高度	relative height	冲压工艺	7
172	(拉深)相对厚度	relative thickness	冲压工艺	7
173	(拉深)相对转角半径	relative radius	冲压工艺	7
174	高方形件	high square parts	冲压工艺	7
175	阶梯形件	stepped cup	冲压工艺	7
176	浅锥形件	shallow conical parts	冲压工艺	7
177	中锥形件	medium height cone parts	冲压工艺	7
178	高锥形件	high conical parts	冲压工艺	7
179	球面零件	spherical parts	冲压工艺	7

219	简单(落料)模	plain die/plane die/simple die	冲压模具	4
220	剖切模	parting die	冲压模具	4
221	切断模	cut-off die	冲压模具	4
222	切口模	notching die	冲压模具	4
223	切舌模	lancing die	冲压模具	4
224	修边模/切边模	trimming die	冲压模具	4
225	整修模	shaving die	冲压模具	4
226	精冲模	fine blanking die/precision blanking die	冲压模具	4
227	整体(式凹)模	solid die	冲压模具	4
228	镶块(式)模	insert die/sectional die	冲压模具	4
229	无导向(开式)模	open die/guidless die	冲压模具	4
230	导板模	guide plate die	冲压模具	4
231	导柱模	guide pillar die	冲压模具	4
232	复合模	compound die	冲压模具	4
233	倒装复合模	inverse compound die	冲压模具	4
234	正装复合模	obverse compound die	冲压模具	4
235	连续模	progressive die	冲压模具	4
236	预弯模	pre-bending die	冲压模具	6
237	通用弯曲模	universal bending die/general bending die	冲压模具	6
238	卷边(圆)模	curling die	冲压模具	6
239	凹模圆角半径	die radius	冲压模具	6
240	凸模圆角半径	punch radius	冲压模具	6
241	压料装置(机构)	clamping component/clamping mechanism	冲压模具	6
242	承料板	stock-supporting plate	冲压模具	6
243	复位弹簧	offsetting spring/return spring	冲压模具	6
244	限位钉(柱)	limit pin (post)	冲压模具	6
245	压料板(块)	pressure plate/clamping block	冲压模具	6
246	托板	support plate	冲压模具	6
247	侧压(平衡)块	lateral balance block	冲压模具	6
248	滑块	slide block/cam slide	冲压模具	6
249	斜楔	cam driver	冲压模具	6
250	斜楔滑块机构	cam-driven slanted slide mechanism/inclined slide block mechanism	冲压模具	6
251	拉深模	drawing die	冲压模具	8
252	首次拉深模	first-draw die	冲压模具	8
253	再次拉深模	redrawing die	冲压模具	8
254	正(装)拉深模	obverse redrawing die	冲压模具	8
255	反拉深模/倒装拉深模	reverse redrawing die	冲压模具	8
256	单动拉深模	single action drawing die	冲压模具	8

257	双动拉深模	double acting drawing die	冲压模具	8
258	变薄拉深模	iroing die	冲压模具	8
259	落料拉深复合模	blanking drawing die	冲压模具	8
260	压边装置(圈)	blank holder	冲压模具	7
261	刚性压边圈	rigid blank holder	冲压模具	8
262	锥形凹模	conical die	冲压模具	7
263	拉深筋	draw bead/break bead	冲压模具	7
264	通气孔/排气孔	bleeder	冲压模具	8
265	翻边模	flanging die	冲压模具	9
266	光面(平面)校平模	smooth planishing die	冲压模具	9
267	齿形校平模	roughened planishing die	冲压模具	9
268	锌基合金模	zinc-alloy based die/zinc alloy die	冲压模具	4
269	硬质合金模	carbide die	冲压模具	4
270	专用模	die for special purpose	冲压模具	4
271	自动模	transferdie/automatic die	冲压模具	4
272	拼接模(拼块模)	segment die	冲压模具	4
273	阶梯凸模	step punch	模具零件	3
274	斜刃凸模	bevelled punch	模具零件	3
275	刃口	die point	模具零件	3
276	刃口斜度	cutting edge angle	模具零件	4
277	刃口尺寸	hole diemension	模具零件	3
278	上模	upper die	模具零件	4
279	下模	lower die	模具零件	4
280	定距侧刃	pilot punch/pitch punch/side cutter	模具零件	4
281	侧刃挡块	stop block for pitch punch	模具零件	4
282	工作零件	working components	模具零件	4
283	凸模	punch/male die	模具零件	4
284	台阶式凸模	shoulder punch	模具零件	4
285	圆(形)凸模	round punch	模具零件	4
286	凸模保护套	punch-protecting bushing	模具零件	4
287	凹模	die/female die	模具零件	4
288	(凹)模体	die body	模具零件	4
289	(凹模)排料孔	relief hole	模具零件	4
290	凹模外形尺寸	die body dimensions	模具零件	4
291	凸凹模	punch-die/main punch	模具零件	4
292	定位零件	locating component	模具零件	4
293	定位板	locating plate	模具零件	4
294	定位销	locating pin	模具零件	4
295	挡料销	stop pin/locating pin/pinstop/	模具零件	4

296	始用挡料销	trigger stop/finger stop pin/finger stopping block	模具零件	4
297	导料板	stock guide/side gauge	模具零件	4
298	导料销	guide pin	模具零件	4
299	侧压装置/侧压板	side-push plate/side guide	模具零件	4
300	导正销	pilot (pin)	模具零件	4
301	卸料零件	stripping component	模具零件	4
302	卸料板	stripper (plate)	模具零件	4
303	固定卸料板	fixed stripper plate/fixed stripper	模具零件	4
304	弹性卸料板	spring stripper plate	模具零件	4
305	废料切刀	scrap cutter	模具零件	4
306	推件装置(机构，机器)	ejector (mechanism)/knock-out	模具零件	4
307	推板	ejector plate	模具零件	4
308	推杆/打杆	ejector pin/knock-out pin	模具零件	4
309	推件块	ejector (block)	模具零件	4
310	推销	ejector tie rod	模具零件	4
311	顶件装置(机构，机器)	kicker (mechanism)	模具零件	4
312	弹顶器	cushion	模具零件	4
313	托板	suport plate	模具零件	4
314	导向零件	guide component	模具零件	4
315	弹压导板	spring guide plate	模具零件	4
316	导套	guide bush	模具零件	4
317	导柱	guide pillar	模具零件	4
318	模架	die set/subpress	模具零件	4
319	对角导柱模架	diagonal-pillar die set	模具零件	4
320	后侧导柱模架	back-pillar die set	模具零件	4
321	中间导柱模架	center-pillar die set	模具零件	4
322	滑动导向模架	sliding guide die set	模具零件	4
323	滚动导向模架	ball-bearing die set	模具零件	4
324	滚珠导套	ball-bearing guide bush	模具零件	4
325	滚珠导柱	ball-bearing guide pillar	模具零件	4
326	钢球保持圈	cage	模具零件	4
327	固定零件	retaining component	模具零件	4
328	模柄	stalk/die shank	模具零件	4
329	浮动模柄	self-centering shank	模具零件	4
330	上模座(板)	punch holder/upper bolster	模具零件	4
331	下模座(板)	die holder/lower bolster	模具零件	4
332	凸模固定板	punch (retaining) plate	模具零件	4
333	凹模固定板	die (retaining) plate/die block	模具零件	4
334	垫板	bolster plate/punch pad	模具零件	4

参 考 文 献

[1] 刘建超，张宝忠. 冲压模具设计与制造. 北京：高等教育出版社，2004.

[2] 牟林，胡建华. 冲压工艺与模具设计. 北京：中国林业出版社，2006.

[3] 郭成，储家佑. 现代冲压技术手册. 北京：中国标准出版社，2005.

[4] 刘心治. 冷冲压工艺与模具设计. 重庆：重庆大学出版社，2009.

[5] 肖景容，姜奎华. 冲压工艺及模具设计. 北京：机械工业出版社，2002.

[6] 杜东福. 冷冲压工艺及模具设计. 长沙：湖南科学技术出版社，2005.

[7] 中国机械工程学会、锻压学会编. 锻压词典. 北京：机械工业出版社，1989.

[8] 《模具标准汇编》编委会编. 模具标准汇编(冲模卷). 北京：中国标准出版社，2011.

[9] 陈剑鹤，于云程. 冷冲压工艺与模具设计(2 版). 北京：机械工业出版社，2011.

[10] 魏春雷，徐慧民. 冲压工艺与模具设计(3 版). 北京：北京理工大学出版社，2009.

[11] 吴诗惇. 冲压工艺及模具设计. 西安：西北工业大学出版社，2002.

[12] 薛启翔. 冲压工艺与模具设计实例分析. 北京：机械工业出版社，2008.

[13] 田光辉，林红旗. 模具设计与制造. 北京：北京大学出版社，2009.

[14] 洪慎章. 实用冲压工艺及模具设计. 北京：机械工业出版社，2008.

[15] 李奇涵. 冲压成形工艺与模具设计. 北京：科学出版社，2007.

[16] 罗益旋. 最新冲压新工艺新技术及模具设计实用手册. 长春：银声音像出版社，2004.

[17] 闻帮椿. 机械设计手册. 北京：机械工业出版社，2010.